"十二五"国家重点图书出版规划项目

A Series of
Study on Hydrocarbon Accumulation
in Chinese Superimposed Basins

丛书主编 / 庞雄奇

中国西部典型叠合盆地油气成藏动力学研究

Dynamical Studies on Hydrocarbon Migration and Accumulation in Typical Superimposed Basins in Northwestern China

罗晓容 周 路 史基安 康永尚 周世新 等 著

科 学 出 版 社

北 京

内 容 简 介

本书以我国西部叠合盆地为研究区，深入研究不同类型输导体的输导特征，探讨输导体模型建立及输导性能量化表征的方法。作者认为，对于油气运移输导体的研究应该限于时空范围确定的油气成藏系统内，关注输导体内各个组成部分的连通性关系，采用常用的物性参数来量化表征输导性能，以便将不同类型的输导体组合在一起，构成油气成藏系统内完整的输导格架。最后以准噶尔盆地腹部和塔里木盆地塔中地区为解剖实例，建立输导体量化表征的模型，对油气成藏过程进行了系统的动力学分析。

本书可供大学、研究院所、石油公司研究机构科研人员参考，也可作为研究生的教材参考。

图书在版编目(CIP)数据

中国西部典型叠合盆地油气成藏动力学研究/Dynamical Studies on Hydrocarbon Migration and Accumulation in Typical Superimposed Basins in Northwestern China/罗晓容等著. —北京：科学出版社，2014. 6
(中国叠合盆地油气成藏研究丛书)
“十二五”国家重点图书出版规划项目
ISBN 978-7-03-040868-6

Ⅰ. ①中… Ⅱ. ①罗… Ⅲ. ①塔里木盆地-叠合-含油气盆地-油气藏-动力学-研究②准噶尔盆地-叠合-含油气盆-油气藏-动力学-研究 Ⅳ. ①P618. 130. 2

中国版本图书馆 CIP 数据核字(2014)第 118297 号

责任编辑：吴凡洁 刘翠娜 / 责任校对：胡小洁
责任印制：阎 磊 / 封面设计：王 浩

科学出版社 出版
北京东黄城根北街 16 号
邮政编码：100717
http://www.sciencep.com
北京通州皇家印刷厂印刷
科学出版社发行 各地新华书店经销
*
2014 年 6 月第 一 版 开本：787×1092 1/16
2014 年 6 月第一次印刷 印张：19 3/4
字数：442 000

定价：138.00 元

(如有印装质量问题，我社负责调换)

《中国叠合盆地油气成藏研究丛书》
学术指导委员会

《中国叠合盆地油气成藏研究丛书》
编委会

丛书序一

油气藏是油气地质研究的对象，也是油气勘探寻找的最终目标。开展油气成藏研究对于认识油气分布规律和提高油气探明率，揭示油气富集机制和提高油气采收率，都具有十分重要的理论意义和现实价值。《中国叠合盆地油气成藏研究丛书》是“九五”以来在国家973项目、中国三大石油公司研究项目及其相关油田研究项目等的联合资助下，经过近20年的努力取得的重大科技成果。

《中国叠合盆地油气成藏研究丛书》阐述了我国叠合盆地油气成藏研究相关领域的重要进展，其中包括：叠合盆地构造特征及其形成演化、地层分布发育与储层形成演化、古隆起变迁与隐蔽圈闭分布研究、油气生成及其演化、油气藏形成演化与分布预测、油气藏调整改造与剩余资源潜力、油气藏地球物理检测与含油气性评价、油气藏分布规律与勘探实践等。这些成果既涉及叠合盆地中浅部油气成藏，也涉及深部油气成藏，既涉及常规油气藏形成演化，也涉及非常规油气藏分布预测，它是由教育系统、科研院所、油田公司等相关单位近百位中青年学者和研究生联合完成的。研究过程得到了相关领导的大力支持和老一代专家学者的悉心指导，体现了产、学、研结合和老、中、青三代人的联合奋斗。

《中国叠合盆地油气成藏研究丛书》中一个具有代表性的成果是建立了油气门限控藏理论模型，突出了勘探关键问题，抓住了成藏主要矛盾，实现了油气分布定量预测。油气门限控藏研究，提出用运聚门限判别有效资源领域和测算资源量，避免了人为主观因素对资源量评价结果的影响，使半个多世纪以来国内外学者（如苏联学者维索茨基等）追求的用物质平衡原理评价资源量的科学思想得以实现；提出用分布门限定量评价有利成藏区带，用多要素控藏门限组合模拟油气成藏替代单要素分析油气成藏，用定量方法确定成藏“边界＋范围＋概率”替代用传统定性方法“分析成藏条件、研究成藏可能性、讨论成藏范围”；提出依富集门限定量评价有利目标含油气性，实现有利目标钻前地质评价，定量回答圈闭中有无油气以及油气多少等方面的问题，降低了决策风险，提高了成果质量，填补了国内外空白。

“十五”以来，中国三大石油公司应用油气门限控藏理论模型在国内外20多个盆地和地区应用，为这一期间我国油气储量快速增长提供了理论和技术支撑。仅在渤海海域盆地、辽河西部凹陷、济阳拗陷、柴达木盆地、南堡凹陷等五个重点测试区系统应用，即预测出26个潜在资源领域、300多个成藏区带、500多个有利目标，指导油田公司共计部署探井776口，发现三级储量46.8亿t油当量，取得了巨大的经济效益。教育部相关机构在2010年8月28日，组织了相关领域的院士和知名专家对相关理论成果进行了评审鉴定。大家一致认为，油气门限控藏研究创造性地从油气成藏临界地质条件控油气作用出发，揭示和阐明了油气藏形成和富集规律，为复杂地质条件下的油气勘探提供了新的理论、方法和技术。

作为“中国叠合盆地油气成藏研究”的倡导者、见证者和某种意义上的参与者，我十分高兴地看到以庞雄奇教授为首席科学家的团队在近20多年来的快速成长和取得的一项又一项的创新成果。我们有充分的理由相信，随着973项目的研究深入和该套丛书的相继出版，“中国叠合盆地油气成藏研究”系列成果将为我国，乃至世界油气勘探事业的发展做出更大贡献。

中国科学院院士

2013年8月18日

丛书序二

《中国叠合盆地油气成藏研究丛书》集中展示了中国学者近20年来在国家三轮973项目连续资助下取得的创新成果，这些成果完善和发展了中国叠合盆地油气地质与勘探理论，为复杂地质条件下的油气勘探提供了新的理论指导和方法技术支撑。相信出版这些成果将有力地推动我国叠合盆地的油气勘探。

“油气门限控藏”是“中国叠合盆地油气成藏研究”系列创新成果中的核心内容，它从油气运聚、分布和富集的临界地质条件出发，揭示和阐明了油气藏分布规律。在这一学术思想引导下，获得了一系列相关的创新成果，突出表现在以下四个方面。

一是提出了油气运聚门限联合控藏模式，建立了油气生排聚散平衡模型，研发了资源评价与预测新方法和新技术。基于大量的样品测试和物理模拟、数值模拟实验研究，发现油气在成藏过程中存在排运、聚集和工业规模三个临界地质条件，研究揭示了每一个油气门限及其联合控油气作用机制与损耗烃量变化特征；提出了三个油气门限的判别标准和四类损耗烃量计算模型，创建了新的油气生排聚散平衡模型和油气运聚地质门限控藏模式，已在全国新一轮油气资源评价中发挥了重要作用。

二是提出了油气分布门限组合控藏模式，研发了有利成藏区预测与评价新方法和新技术。基于两千多个油气藏剖析和上万个油气藏资料统计，研究发现油气分布的边界、范围和概率受六个既能客观描述又能定量表征的功能要素控制；揭示了每一功能要素的控藏临界条件与变化特征；阐明了源、储、盖、势等四大类控藏临界条件的时空组合决定着油气藏分布的边界、范围和概率；建立了不同类型油气藏要素组合控藏模式并研发了应用技术，实现了成藏过程研究与评价的模式化和定量化，提高了成藏目标预测的科学性和可靠性。

三是提出了油气富集临界条件复合控藏模式，研发了有利目标含油气性评价技术。基于上万个油气藏含油气性资料的统计分析和近千次物理模拟和数值模拟实验研究，发现近源-优相-低势复合区控制着圈闭内储层的含油气性。圈闭内外界面能势差越大，圈闭内储层的含油气性越好。研究成果揭示了储层内外界面势差控油气富集的临界条件与变化特征；阐明了圈闭内部储层含油气性随内外界面势差增大而增加的基本规律；建立了相-势-源复合指数（FPSI）与储层含油气性定量关系模式并研发了应用技术，实现了钻前目标含油气性地质预测与定量评价，降低了勘探风险。

四是提出了构造过程叠加与油气藏调整改造模式，研发了多期构造变动下油气藏破坏烃量评价方法和技术。研究成果阐明了构造变动对油气藏形成和分布的破坏作用；揭示了构造变动破坏和改造油气藏的机制，其中包括位置迁移、规模改造、组分分异、相态转换、生物降解和高温裂解；建立了构造变动破坏烃量与构造变动强度、次数、顺序及盖层封油气性等四大主控因素之间的定量关系模型，应用相关技术能够评价叠合盆地每一次构造变动的相对破坏烃量和绝对破坏烃量，为有利成藏区域内当今最有利勘探区带的预测与资源潜力评价提供了科学的地质依据。

油气门限控藏理论成果已通过产、学、研相结合等多种形式与油田公司合作在辽河西部凹陷、渤海海域盆地、济阳拗陷、南堡凹陷、柴达木盆地等五个测试区进行了全面系统的应用。“十五”以来，中国三大石油公司将新成果推广应用于20个盆地和地区，为大量工业性油气发现提供了理论和技术支撑。

作为中国油气工业战线的一位老兵和油气地质与勘探领域的科技工作者，我有幸担任了“中国叠合盆地油气成藏研究”的973项目专家组组长的工作，见证了年轻一代科技工作者好学求进、不畏艰难、勇攀高峰的科学精神，看到一代又一代的年轻学者在我们共同的事业中快速成长起来，心中感受到的不仅是欣慰，更有自豪和光荣。鉴于“中国叠合盆地油气成藏研究”取得的重要进展和在油气勘探过程中取得的重大效益，我十分高兴向同行学者推荐这方面成果并期盼该套丛书中的成果能在我国乃至世界叠合盆地的油气勘探中发挥出越来越大的作用。

中国工程院院士

2013年2月28日

丛书序三

中国含油气盆地的最大特征是在不同地区叠加和复合了不同时期形成的不同类型的含油气盆地，它们被称为叠合盆地。叠合盆地内部出现多个不整合面、存在多套生储盖组合、发生多旋回成藏作用、经历多期调整改造。四多的地质特征决定了中国叠合盆地油气成藏与分布的复杂性。目前，在中国叠合盆地，尤其是西部复杂叠合盆地发现的油气藏普遍表现出位置迁移、组分变异、规模改造、相态转换、生物降解和高温裂解等现象，油气勘探十分困难。应用国内外已有的成藏理论指导油气勘探遇到了前所未有的挑战，其中包括：烃源灶内有时找不到大量的油气聚集，构造高部位有时出现更多的失利井，预测的最有利目标有时发现有大量干沥青，斜坡带输导层内有时能够富集大量油气……所有这些说明，开展“中国叠合盆地油气成藏研究”对于解决油气勘探问题并提高勘探成效具有十分重要的理论意义和现实价值。

经过近二十年的努力探索，尤其是在国家几轮973项目的连续资助下，中国学者在叠合盆地油气成藏研究领域取得了重要进展。为了解决中国叠合盆地油气勘探困难，科技部自一开始就在资源和能源两个领域设立了973项目，《中国叠合盆地油气成藏研究丛书》就是这方面多个973项目创新成果的集中展示。在这一系列成果中，不仅有对叠合盆地形成机制和演化历史的剖析，也有对叠合盆地油气成藏条件的分析和评价，还有对叠合盆地油气成藏特征、成藏机制和成藏规律的揭示和总结，更有对叠合盆地油气分布预测方法和技术的研发以及应用成效的介绍。《油气运聚门限与资源潜力评价》、《油气分布门限与成藏区带预测》、《油气富集门限与勘探目标优选》和《油气藏调整改造与构造破坏烃量模拟》都是丛书中的代表性专著。出版这些创新成果对于推动我国，乃至世界叠合盆地的油气勘探都具有十分重要的理论意义和现实意义。

“中国叠合盆地油气成藏研究”系列成果的出版标志着我国因“文化大革命”造成的人才断沟的完全弥合。这项成果主要是我国招生制度改革后培养出来的年轻一代学者负责承担项目并努力奋斗取得的，它们的出版标志着“文化大革命”后新一代科学家已全面成长起来并在我国科技战线中发挥着关键作用，也从另一侧面反映了我国招生制度改革的成功和油气地质与勘探事业后继有人，是较之科研成果自身更让我们感到欣慰和振奋的成果。

“中国叠合盆地油气成藏研究”系列成果的出版标志着叠合盆地油气成藏理论研究取得重要进展。这项成果是针对国内外已有理论在指导我国叠合盆地油气勘探过程中遇到挑战后展开探索研究取得的，它们既有对经典理论的完善和发展，也有对复杂地质条件下油气成藏理论的新探索和油气勘探技术的新研发。“油气门限控藏”理论模式的提出以及“油气藏调整改造与构造变动破坏烃量评价技术”的研发都是这方面的代表性成果，它们有力地推动了叠合盆地油气勘探事业的向前发展。

“中国叠合盆地油气成藏研究”系列成果的出版标志着我国叠合盆地油气勘探事业取得重大成效。它是针对我国叠合盆地油气勘探遇到的生产实际问题展开研究所取得的创新成果，对于指导我国叠合盆地，尤其是西部复杂叠合盆地的油气深化勘探具有重大的现实意义。近十年来中国西部叠合盆地油气勘探的不断突破和储产量快速增长，真实地反映了相关理论和技术在油气勘探实践中的指导作用。

“中国叠合盆地油气成藏研究”系列成果的出版标志着能源领域国家重点基础研究（973）项目的成功实践。这项成果是在获得国家连续三届973项目资助下取得的，其中包括“中国典型叠合盆地油气形成富集与分布预测（G1999043300）”、“中国西部典型叠合盆地油气成藏机制与分布规律（2006CB202300）”、“中国西部叠合盆地深部油气复合成藏机制与富集规律（2011CB201100）”。这些项目与成果集中体现了科学研究的国家目标和技术目标的统一，反映了973项目的成功实践和取得的丰硕成果。

“中国叠合盆地油气成藏研究”系列成果的出版将进一步凝聚力量并持续推动中国叠合盆地油气勘探事业向前发展。这一系列成果是在我国油气地质与勘探领域老一代科学家的关怀和指导下，中国年轻一代的科学家带领硕士生、博士生、博士后和年轻科技工作者努力奋斗取得的，它凝聚了老、中、青三代人的心血和智慧。《中国叠合盆地油气成藏研究丛书》的出版既集中展示了中国叠合盆地油气成藏研究的最新成果，也反映了老、中、青三代科研人的团结奋斗和共同期待，必将引导和鼓励越来越多年轻学者加入到叠合盆地油气成藏深化研究和油气勘探持续发展的事业中来。

中国叠合盆地剩余资源潜力十分巨大，近十年来中国西部叠合盆地油气储量和产量的快速增长证明了这一点。随着油气勘探的深入和大规模非常规油气资源的发现，叠合盆地深部油气成藏研究和非常规油气藏研究正在吸引着越来越多学者的关注。我们期盼，《中国叠合盆地油气成藏研究丛书》的出版不仅能够引导中国叠合盆地常规油气资源的勘探和开发，也能为推动中国，乃至世界叠合盆地深部油气资源和非常规油气资源的勘探和开发做出积极贡献。

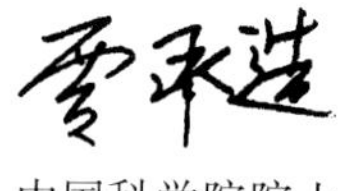

中国科学院院士

2013年2月28日

丛书前言

中国油气地质的显著特点是广泛发育叠合盆地。叠合盆地发生过多期构造变动，发育了多套生储盖组合，出现过多旋回的油气成藏和多期次的调整改造，目前显现出“位置迁移、组分变异、多源混合、规模改造、相态转换”等复杂地质特征，已有勘探理论和技术在实用中遇到了前所未有的挑战。中国含油气盆地具有从东到西，由单型盆地向简单叠合盆地再向复杂叠合盆地过渡的特点，相比之下西部复杂叠合盆地的油气勘探难度更大。揭示中国叠合盆地油气成藏机制和分布规律，是20世纪末中国油气勘探实施稳定东部、发展西部战略过程中面临的最为迫切的科研任务。

《中国叠合盆地油气成藏研究丛书》汇集了我国油气地质与勘探工作者在油气成藏研究的相关领域取得的创新成果，它们主要涉及“中国西部典型叠合盆地油气成藏机制与分布规律（2006CB202300）”和“中国西部叠合盆地深部油气复合成藏机制与富集规律（2011CB201100）”两个国家重点基础研究发展计划（973）项目。在这之前，金之钧教授和王清晨研究员已带领我们及相关的研究团队完成了中国叠合盆地第一个973项目“中国典型叠合盆地油气形成富集与分布预测（G1999043300）”。这一期间积累的资料、获得的成果和发现的问题，为后期两个973项目的展开奠定了基础、确立了方向、开辟了道路，后两个973项目可以说是前期973项目研究工作的持续和深化。

“中国叠合盆地油气成藏研究”能够持续展开，得益于科技部重点基础研究计划项目的资助，更得力于老一代科学家的悉心指导和大力帮助。许多前辈导师作为科技部跟踪专家和项目组聘请专家长期参与和指导了项目工作，为中国叠合盆地油气成藏研究奉献了智慧、热情和心血。中国石油大学张一伟教授，就是众多导师中持续关心我们、指导我们、帮助我们和鼓励我们的一位突出代表。他既将973项目看作年轻专家学者攀登科学高峰的战场，也将它当作培养高层次研究人才的平台，还将它视为发展新型交叉学科的沃土。他不仅指导我们凝炼科学问题，还亲自带领我们研发物理模拟实验装置，甚至亲自开展科学实验。在他最后即将离开人世的时候还在念念不忘我们承担的项目和正在培养的研究生。老一代科学家的关心指导、各领域专家的大力帮助以及社会的殷切期盼是我们团队努力做好项目的强大动力。

“中国叠合盆地油气成藏研究”能够顺利进行，得力于相关部门，尤其是依托单位的强力组织和研究基地的大力帮助。中国石油天然气集团公司，既组织我们申报立项、答辩验收，还协助我们组织课题和给予配套经费支持；中石油塔里木油田公司和中石油新疆油田公司组织专门的队伍参与项目研究，协助各课题研究人员到现场收集资料，每年派专家向全体研究人员报告生产进展和问题，轮流主持学术成果交流会，积极组织力量将创新成果用于油气勘探实践。依托单位的帮助和研究基地人员的参与，一方面保障了项目研究的顺利进行，加快了项目研究进程，另一方面缩短了创新成果用于勘探生产实践的测试时间，促进了科技成果向生产力转化。在相关部门的支持和帮助下，本项目成果已通过多种方法和途径被推广应用到国内外二十多个盆地和地区，并取得重大勘探成效。

“中国叠合盆地油气成藏研究”能够获得创新成果，得益于产、学、研结合和老、中、青三代人的联合奋斗。近二十年来，我们以 973 项目为纽带，汇聚了中国石油大学、中国地质大学、中国科学院地质与地球物理研究所、中国科学院广州地球化学研究所、中石油勘探开发研究院、中石油塔里木油田公司、中石油新疆油田公司等单位的相关力量，做到了产学研强强联合和优势互补，加速了科学问题的解决；每一期 973 项目研究，除了有科技部指派的跟踪专家、项目组聘请的指导专家和承担各课题的科学家外，还有一批研究助手、研究生以及油田公司配套的研究人员和年轻科技人员参加。这种产、学、研结合和老、中、青联合的科研形式，既保障了科研工作的质量、科学问题的快速解决以及创新成果的及时应用，又为油气勘探事业的不断发展创造了条件，增加了新的动力。

《中国叠合盆地油气成藏研究丛书》的创新成果，已通过油田公司的配套项目、项目组或课题组与油田公司联合承担项目等形式，广泛应用于油气勘探生产，该丛书的出版必将更有力地推动相关创新成果的广泛应用并为更加复杂问题的解决提供技术思路和工作参考。《中国叠合盆地油气成藏研究丛书》凝聚了以各种形式参与这一研究工作的全体同仁的心血、汗水和智慧，它的出版获得了 973 项目承担单位和主管部门的大力支持，也得到了依托部门的资助和科学出版社的帮助，在此我们深表谢意。

viii

庞雄奇

2013 年 12 月 30 日

前　言

关于油气运移和聚集的研究和讨论由来已久（Hobson，1954；McAuliffe，1979；李明诚，2004）。先前，人们对油气运移的研究主要集中在对运移动力特征的分析，认为油气运移的通道在宏观上基本均匀，不会从根本上改变运移路径特征（Hubbert，1953；England et al.，1987；Hindle，1997）。近年的研究证实，油气在盆地内的二次运移是一个极不均一的过程（Schowalter，1979；Luo et al.，2004）。即便是在均匀的孔隙介质内，油气也只沿着通道内范围有限的路径发生运移（Luo，2011），在盆地尺度上，二次运移路径的宽度可能仅为数米（Schowalter，1979；Thomas et al.，1995），其体积只占全部输导层的1%～10%（Schowalter，1979；Dembicki et al.，1989；Catalan et al.，1992；Luo et al.，2007a）。

随着对岩性地层油气藏勘探和认识上的深入，人们越发感到运移通道在运移过程中起到了举足轻重的作用（罗晓容等，2012）。近年来的成藏动力学研究和勘探实践表明，烃源岩排出的油气在输导层、断裂及不整合面相互交织而成的复杂的立体输导系统内才能持续远距离运移（Currather，2003；罗晓容等，2007a；Luo et al.，2007b）。运移路径一旦形成，后续运移的油气会沿着该路径运移，这意味着油气运移的路径具有继承性（张发强等，2004；侯平等，2005），所形成的运移路径在整个通道中往往呈现极端的非均匀性（罗晓容等，2007a；Luo，2011），只有处在油气运移路径附近的有效圈闭内才有可能聚集油气，形成油气藏（罗晓容等，2007b；Hao et al.，2009）。

本书涉及的主要内容基于国家重点基础研究发展计划课题“中国西部典型叠合盆地复合优势通道形成演化与油气运移效率（2006CB202305）”。课题主要以塔里木盆地的塔中隆起和库车山前带、准噶尔盆地的南缘山前带和腹部为重点研究区，在对中国西部叠合盆地演化条件下不同地区各类油气运移通道的输导特征的研究基础上，在塔里木盆地的塔中隆起和准噶尔盆地腹部莫索湾地区建立叠合盆地油气复合输导地质模型，并应用地质、地球化学、地球物理、物理模拟和数值模拟的理论、方法和技术，探讨叠合盆地复合输导体系的构成与特征，研究油气沿复合输导格架运移的效率。

本书是在总结该课题的主要成果、并结合作者在此期间及前后相关工作的基础上撰写而成，包括以下内容：

（1）油气成藏动力学研究的思想、方法和认识。主要讨论从动力学角度开展油气运移通道研究的思想、方法和认识基础，介绍作者当前在油气成藏动力学研究方面的主要进展。

（2）砂岩输导层及其量化表征。通过解剖区的实际工作，讨论在碎屑岩系地层中进行油气运移通道研究的建模思想和方法、基本的工作程序及其实际应用效果。

（3）断层输导体及量化表征。通过野外断层特征的观察和分析，研究断层对于油气运移启闭性特征及相关参数的影响，在不同地区利用断层连通概率对其有效性进行评价。

（4）不整合面特征及相关输导体。主要通过对不整合面结构特征的野外观测和井下资料分析，研究不重合及上下不同结构地层构成输导体的条件。

（5）典型地区输导体系与油气成藏。分别以塔中地区古生界海相碎屑岩（志留系—石炭系）、准噶尔盆地莫索湾地区侏罗系为研究对象，分析油气成藏条件，研究主要输导体及其复合而成的输导体系的结构特征和物性变化，通过油气成藏动力学研究，认识复合输导体系的油气运移效率。

本书内容的研究工作由中国科学院地质与地球物理研究所、中国石油大学（北京）、西南石油大学、塔里木油田分公司勘探开发研究院、新疆油田勘探开发研究院等单位共同参与。本书第一章由罗晓容、张立宽执笔；第二章由罗晓容、史基安、周路、康永尚执笔；第三章由罗晓容、周路、王兆明、付碧宏、张立宽等执笔；第四章由杨晚、周路执笔；第五章由赵健、周长迁、罗晓容等执笔；第六章由周路、史基安、康永尚、周世新、罗晓容等执笔；全书由罗晓容统稿，张立宽校对。参加研究的人员还包括曾溅辉、雷德文、刘楼军、史鸿祥、李勇、陈世加、王洪玉、闫建钊、徐田武、方琳浩、孔旭、贾星亮、郑金云、汪长明等。

课题执行期间，课题所在项目首席科学家庞雄奇教授、课题跟踪专家罗治斌教授及多位评审专家在课题研究方向确定、工作开展及成果总结等各方面都给予了指导、建议和鼓励；课题组研究人员与相关油田单位、科研院所及国外有关机构展开了广泛的合作与交流。塔里木油田分公司勘探开发研究院、新疆油田勘探开发研究院、中国石油新疆油田分公司风城油田作业区、新疆油田公司准东作业区等相关领导及工作人员给予了充分的支持和热情的帮助，在此一并致谢。

罗晓容

2012 年 6 月 30 日

目　录

第一章 油气成藏动力学研究的思想、方法和认识

作为流体矿产，石油天然气的形成、运移、聚集以及聚集成藏后的破坏和散失都是在充满水的岩石空间（包括孔隙、裂隙、溶洞等）内进行的（张厚福等，1999）。勘探实践证实，沉积盆地内油气在烃源岩内生成，初次运移到输导层内后发生二次运移，最后在运移动力和阻力达到平衡的圈闭内聚集成藏（Hobson et al.，1981；England et al.，1987；Magoon et al.，1992）。地质条件的非均质性和各种构造活动可使油气运移和聚集的过程复杂化，如较大的水动力作用（Hubbert，1953；Toth，1980）、输导层和储集层岩性、物性的空间变化（Schowalter，1979）、断裂的封隔和连通（Hobson，1956；Allen，1989）等。

长久以来，恰恰是最能反映油气作为流体矿产的本质特征，也最能体现动力学研究内容和方法的运移、聚集和散失等方面的内容在石油地质学中研究较少，所积累的认识也最具有不确定性（罗晓容，2003；李明诚，2004）。这在很大程度上是因为油气的运移和聚集都发生在地质历史复杂的动态过程中，相对于地质历史而言往往非常短暂，在实际的勘探和研究中往往很难直接观察，甚至很难获得运移和聚集的痕迹（Schowalter，1979；Dembicki et al.，1989；Catalan et al.，1992）。

随着隐蔽油气藏目标日益增加和勘探条件日益复杂，定量的动力学研究已逐步成为石油地质学研究的重要方向（杨甲明等，2002；罗晓容，2003；罗晓容等，2007a；Hao et al.，2009）。本章归纳总结研究者近年来在油气成藏动力学研究方面的主要进展，并补充部分对他人工作的综述，以期勾勒出油气成藏动力学研究新进展的脉络。研究中，我们注重对油气运移和聚集过程和机理的分析，关注主要油气运聚期的输导格架的构建，尝试根据盆地演化过程及油气地质条件特征，划定时空有限的油气成藏动力学系统，对其输导性能进行量化表征，展示主要油气运聚期运移路径的分布特征。

第一节　油气成藏动力学研究的思想和方法

含油气系统的概念及其系统研究的思想和方法（Magoon et al.，1994）极大地促进了石油地质学的发展（赵文智等，2002；张厚福等，2002），但其在指导我国叠合盆地复杂油气地质条件下的基础研究和勘探实践中也显露出不足（田世澄，1996；岳伏生等，2003）。叠合盆地中多个含油气系统间相互叠置、交叉，决定了油气藏分布的复杂性和多样性，形成了复杂的油气成藏、调整过程及油气分布特征（任纪舜，2002；金之钧等，2004；庞雄奇等，2007）。

鉴于含油气系统的概念和方法难以理清油气从源到藏的过程，更难以认识不同期

次、不同部位油气运聚成藏的机理（杨甲明等，2002；罗晓容，2008）。我国学者相继提出了油气成藏动力学的概念、动力学系统划分方法及研究内容（姚光庆等，1995；田世澄，1996；杨甲明等，2002）。这是含油气系统思想和方法在面对叠合盆地中油气生运聚散复杂过程所必需的修正和拓延，代表了石油地质学发展的必然趋势（罗晓容，2008）。

1. 成藏动力学研究方法的基础

地质学毕竟是一门以表述为主的学科，从定性到定量的转变才刚刚开始，并非全部的研究对象都可以定量描述（罗晓容，2008）。在过去大多数的时间内，大多数所谓的地质动力学研究都是采用逻辑推理的方法，推测研究对象发生、演化的机制，描述其过程。由于地质研究对象在空间上难以把握，而在时间上不可重复，决定了这种定性的动力学研究往往难以考虑众多地质因素的共同作用及其间的相互关系，无法解决研究结果的多解性难题。因而，定量方法一直是地质学研究追求的目标，是使地质学进入真正的科学研究范畴的有效途径（Allen et al.，1990）。

将物理学、物理化学岩石力学和水动力学等的经典理论，以数学公式或数理方程的形式引入地质学某些方面的定量分析由来之久（Hubbert et al.，1959；Smith，1971）。直至 20 世纪 80 年代，由于计算机技术和数值计算方法的飞速发展，建立在有限元、有限差分等大型离散数值计算基础上的数值模型方法迅速发展，为定量分析地质现象的发生、发展、演化过程提供了方便且现实的方法和工具。在地质学领域，以含油气盆地的发展以及相伴随的油气生成、运移、聚集等过程的盆地模型的研究进展最为迅速。

地质过程十分复杂，每个地质现象在其形成过程中都可能经历了多次构造运动，受到众多地质因素的影响，是多种过程共同作用的结果。精细地刻画该地质现象的每一个细节、再现其所经历的各次地质过程的每一步显然是不可能的。前人的研究发现，盆地内的许多复杂地质现象和过程在某些时间段、某一限定范围内，某一个地质作用甚至其中某一个物理作用明显大于其他作用（Phillips，1991），因而在定量地分析某一地质现象时，不必全面地描述该地质现象的所有组成部分和过程，而只要将研究对象与所研究问题的相关部分抽提出来，在特定的时间和空间范围内建立起简单明了的关系，从而在数学上设立易于求解的限定条件，使描述该体系的方程大大简化，定量地获得对所研究地质对象的某些本质特征的认识，这就是模型化的研究方法。

所谓模拟就是通过对研究对象实质的描述，再现研究对象发生、变化过程的操作。实现模拟分析的基础是根据研究对象的特征所建立的模型（罗晓容，1998）。一个好的模型必须包括并正确描述模拟对象的主要内容及其相互关系，而且其所涉及的各种过程必须在研究者所具备的条件下，在有限的时间内得以实现。地质学研究中使用的模型可能有多种层次和类型，它们可以是地质分析的，如沉积相模式（Wilson，1975）、泥岩压实模型（Athy，1930）等；也可以是物理的，如泥巴构造模型（陈庆宣等，1998）、光弹模拟分析（黄庆华等，1987）等；还可以是数学的，如渗流力学分析（孔祥言，1999）、盆地模拟（Ungerer et al.，1984；Bethke et al.，1988；Lerche，1990；罗晓容，1998）等。

2. 成藏动力学研究的概念和方法

从目前油气勘探开发所获得的石油地质学的认识程度而言，我们在油气成藏研究中所做的或者能够做的，应该是油气成藏过程的动力学研究，而不是建立成藏动力学学科（罗晓容，2008）。油气成藏动力学研究是对油气成藏过程和机理进行定量研究的思想和方法，是含油气系统理论和方法在中国叠合盆地中应用研究基础上的发展。成藏动力学研究应充分尊重和利用石油地质学已取得的研究成果和认识，紧紧抓住油气的流动性特征，从盆地流体动力学角度分析油气运移、聚集、保存、散失的地质动力学背景和条件，认识油气成藏的机理，提出合理实用的成藏模式和过程。

油气成藏过程的动力学研究应该以一期油气成藏过程中从油气源到油气藏的统一动力环境系统为单元，定量研究油气供源、运移、聚集的机理、控制因素和动力学过程（图 1-1）。为了能够在复杂多变的含油气盆地内实现定量的研究，必须重建单一的成藏过程，即以油气成藏期次为依据，在时间和空间上划分出油气运聚成藏的单元，各单元具有统一的压力系统（康永尚等，1998）；对供源的考虑已大大突破由烃源岩生排烃的局限，包括了烃源岩生排烃、原油气藏的溢出和破坏、再次生烃、他源供烃等多种可能（罗晓容，2008）。

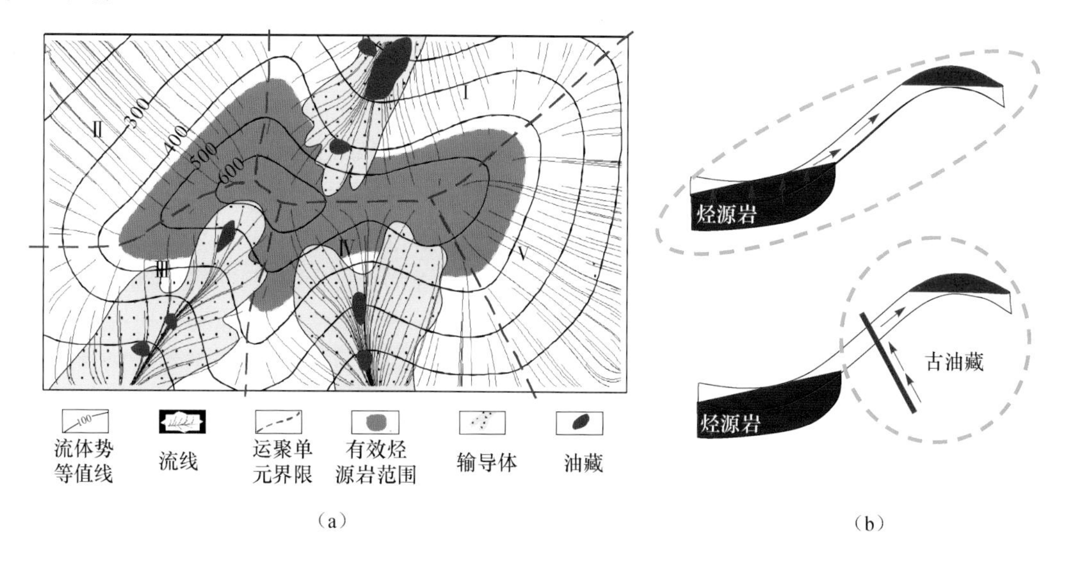

图 1-1 油气成藏动力学系统的概念及系统划分

(a) 对于同一成藏期同一生储盖流体动力学系统，成藏系统的划分以流体势所确定的分隔槽为界限；(b) 对于不同成藏期的同一圈闭，成藏系统包括当时属于同一流体动力系统的供源单元—运移通道—目标圈闭的范围

成藏动力学研究的主体是与油气运聚散有关的动力学过程，而其他的部分则直接利用传统的石油地质条件分析和含油气系统研究的方法和成果，主要关注以下四个方面的研究（罗晓容，2008）。

1）油气成藏的动力学背景

盆地分析（Allen et al.，1990；李思田等，1999）和盆地模拟技术（Ungerer et al.，1990；罗晓容，1998；庞雄奇，2003）为定量分析和描述盆地的演化过程、再现各个时期不同层序地层的埋藏特征及层面起伏状态提供了可能（Lerche，1990；陈瑞银等，2006）。同时盆地模拟方法可以耦合地给出盆地内不同时代的地温场和压力场特征，进而展示出盆地内烃源岩的热演化和油气生成过程、不同输导层面在不同时间的流体势等（任战利，1999；邱楠生等，2004；罗晓容等，2007a，2007b）。

2）成藏单元的划分

成藏单元划分的依据是一期油气运聚成藏期内的流体动力学特征。为减少工作量，应只对曾经发生过油气成藏的单元进行研究。因而首先必须确定盆地内已发现的油气及其与烃源之间的关系，确定不同区块的主要油气成藏期次和油气运移范围；然后由获得的盆地压力场认识划分出成藏单元，利用盆地模拟分析获得主要输导层系的流体势特征，进而分析系统内部的源-藏关系，确定油气运聚单元的构成及范围（罗晓容等，2007a）。

3）输导体系地质特征与分类解析

油气运移是在一个由输导层、断裂及不整合面相互交织构成的复杂的立体输导系统内沿某些运移路径发生的地质过程（郝芳等，2000；罗晓容等，2007b，2012）。输导体系的建立需要几个方面的工作：①分析主要输导层的空间分布及其沉积环境，重点研究输导砂体成岩特征和成岩序列的空间分布及与油气充注间的关系，认识主要运移成藏期输导层系的连通性和物性特征（陈占坤等，2006；武明辉等，2006；陈瑞银等，2007；罗晓容等，2012）。②研究主要不整合面的规模、与上下输导层间的截切和超覆关系，分析不同区块不整合面上下地层内的输导体及其组合方式，确定输导体在油气运聚过程中所起的作用（潘钟祥，1983；牟中海等，2005；吴孔友等，2007；宋国奇等，2010）。③分析控烃断层的产状、相互切割关系及两侧地层间的组合关系，确定断裂活动的时间、期次和强度；研究断层与不同输导层系间的截切关系，从流体动力学角度研究断裂活动过程中断裂启闭性的评价方法，确定主要影响因素（吕延防等，2003；张善文等，2003；张立宽等，2007；Zhang et al.，2010）。④最后，研究油气在研究区内不同类型输导体内运移、聚集的动力学表达方式，确定可以较好地描述不同类型输导体并表述其间关系的参数体系（罗晓容等，2012），建立复合输导体系模型。

4）油气成藏过程分析及油气分布评价

利用合适的油气运聚模型方法（Welte et al.，2000；Luo，2011），定量研究主要成藏时期油气运移的路径及油气运聚成藏的方向和部位；利用已发现的油气来检验模拟分析结果，尝试通过地质统计学及数值模拟方法，分析油气通过运移路径时以不同方式聚集的可能性，估算油气聚集过程中的油气损失量；利用前人关于生排烃量的研究结果，依据物质平衡的原理，评价研究区各运聚系统的油气资源潜力及其分布。

第二节　油气运移的动力与通道

油气在地层空间中时刻保持着流动的趋势，其在地质历史中的状态、位置及其变化取决于在任一时刻作用于其上的力之间的平衡关系（罗晓容，2003）。自从 Hubbert（1953）将水动力学的思想和方法引入油气运移的研究，二次运移的动力问题基本上得到解决（England et al.，1987；李明诚，2004），油气与地层水的密度差异所产生的浮力及水动力是运移的主要动力，而作为运移通道的输导体系中的毛细管力则是主要的阻力（罗晓容，2003；李明诚，2004）。输导体系是油气从“源”到“藏”的桥梁和纽带，烃源岩生成的油气只有经过有效的输导体才能进入圈闭聚集成藏，其在主要运移时期的特征直接影响着油气运移的方向和聚集部位，控制油气富集的规律，因而输导体系分析是油气成藏动力学研究的核心内容之一。20 世纪 90 年代以来，国内外学者针对油气运移的输导体系做了大量的研究工作，取得了很多成果。但由于油气在输导体系中的运移具有历史性、动态性和复杂性的特点，在输导体系的研究中仍存在很多问题亟待解决。

1. 油气运聚的动力

油气二次运移的发生取决于浮力、水动力及毛细管力三者之间的相对大小。利用流体势的概念来表示油气运移的动力学关系十分方便（Hubbert，1953，1957；England et al.，1987）。Hubbert（1953，1957）首先完整地在油气运移和聚集的研究中引入流体势的概念，他将势定义为单位质量的流体相对于基准面所具有的势能，即

$$\Phi = gz + P/\rho \tag{1-1}$$

式中，Φ 为流体势；g 为重力加速度；z 为观察点到基准面之间的距离；P 为观察点处流体的压力，其在静水条件下为静水压力，在动水条件下为异常压力；ρ 为流体密度。在地质条件下，流体势是地下单位质量的流体相对基准面所具有的机械能的总和（Hubbert，1953）。由于水和油气的密度不同且互不相溶，油气的流体势可以在水势基础上考虑油气在水中的浮力获得（Hubbert，1953），即

$$\Phi_o = \frac{\rho_w}{\rho_o}\Phi_w - \frac{\rho_w - \rho_o}{\rho_o}gz \tag{1-2}$$

式中，Φ_w 和 Φ_o 分别为水和油的流体势；ρ_w 和 ρ_o 分别是水和油的密度。由于天然气的密度随温压的变化幅度很大，因而在气势的计算中必须加以考虑，即

$$\Phi_g = \frac{\rho_w}{\bar{\rho}_g}\Phi_w - \frac{\rho_w - \bar{\rho}_g}{\bar{\rho}_g}gz \tag{1-3}$$

式中，Φ_g 为天然气的流体势；$\bar{\rho}_g = \int d\rho_g(P,T)$ 是天然气从观察点到基准面的平均密度，可由气体的状态方程或查经验图版（Weast，1975）获得，其中 P 为地层压力，T 为地层温度，$d\rho_g$ 为该温压条件下天然气的密度。

为了便于在油气运移及聚集分析中应用，Hubbert（1957）进一步从流体驱动力的角度对上述流体势公式进行了推导，即

$$dE = -\mathrm{grad}\Phi = g + \frac{1}{\rho}\mathrm{grad}P \tag{1-4}$$

式中，E 为力场温度，代表单位流体所受的力。

由式(1-2)可得

$$E_o = \frac{\rho_w}{\rho_o}E_w - \frac{\rho_w - \rho_o}{\rho_o}g = \frac{\rho_w}{\rho_o}E_w + \upsilon_o(\rho_o - \rho_w)g \tag{1-5}$$

式中，E_w 和 E_o 分别为水和油的驱动力；v_o 为油的比容。因而式(1-5)右边第二项代表了单位质量的油在水中的浮力，而右边第一项则将水动力放大了 ρ_w/ρ_o 倍，相当于将原先作用于单位质量的水上的力换算成作用于单位质量油上的力（陶一川，1993）。由于气的密度更小，因而作用于气上的驱动力更大。

Hubbert 对油气水势的分析综合了油气二次运移的动力之间的相互关系，说明了油、气运移在动力学上的差异和在聚集过程中水动力的作用。为在运移中考虑毛细管力的作用，England 等（1987）重新推导了油气势公式。他们将基准面放在沉积水体的表面，将流体势定义为将单位体积的流体从基准面搬移到地下某一观察点所需做的功。从理论上，在流体势中考虑毛细管力可以统一地考虑输导层或储集层内部及其与盖层和其他遮挡面之间的油气势差的相互关系。这在定性的油气运聚分析中可能会比较方便（郝石生等，1994），但由于油气运移仅沿着某些范围十分局限的通道发生，对油气运移的定量动力学分析必须摆脱原先通道宏观均匀的假设；对于不均匀的油气运移，运移路径各个可能的突破运移点上毛细管力的方向取决于运移的状态及各点间的相对大小，因而油气势中包含毛细管力给实际应用带来了诸多不便（罗晓容，2008）。

油气势场的分布只给出了运移动力的指向和梯度，在流体势的作用下，油气具有从高势区向低势区流动的趋势。油气在输导层或储集层内的运移方向，在圈闭内油气的聚集范围和位置，盖层及断层、不整合面等油气运聚遮挡面封堵油气的效率等问题都取决于运移动力和阻力之间的平衡关系。由油气势的梯度所推导出的合力在运移通道方向的分力为动力，通道内和遮挡面的毛细管力为阻力。这样，油气的运移、聚集和散失都可以在流体势的概念下统一起来。

2. 输导体的概念

对于油气运移，能够构成运移通道的地质体均可称之为输导体，可定义为：在一空间和时间范围确定的油气成藏系统内，微观上具有孔隙空间和渗透能力、宏观上几何连接、内部各部分之间具有流体动力学连通性的地质体（罗晓容等，2012）。输导体与储集体具有一定的共性，即它们都是具有流体储集空间和渗透能力的地质体，其间的根本差别在于：输导体必须在一定的宏观空间范围内具有连通性，从而构成其输导性能。因而对于输导体的研究应与储集体有一定的区别。上述概念中限定时间是因为地质体内的渗流空间和连通通道的输导性能都在盆地的演化过程中不断发生变化。

碎屑岩盆地中可能的油气运移输导体主要包括砂体、不整合面、断层（裂缝）以及它们组成的复合输导体系。Galeazzi（1998）根据含油气系统基本元素的特征及其构造-地层格架样式，将输导体系划分为由输导层构成的主输导系统和由断层-输导层构成的次输导系统。张照录等（2000）将输导体系定义为某一含油气系统中所有的运移通道及相关围岩的总和，并依据油气运移主干道的不同把输导体系划分为断层型、输导层型、裂隙型及不整合型四种。付广等（2001）则将输导体系划分为砂体-不整合面、砂体-断层、不整合面-断层和砂体-不整合面-断层等四种基本类型。赵忠新等（2002）将油气运移从逻辑上分为直接型和间接型：直接型是指油气从烃源岩直接排到圈闭中，没有经过二次运移，主要是在透镜型和岩性型的油气藏中表现出来；间接型是指油气从烃源岩中初次运移排烃后，进入圈闭之前，在输导体系中经过二次运移进入圈闭，它可以分为输导层（高孔渗砂体）、不整合面、断层和裂缝以及这四种类型的组合。

裂缝对改善输导层的输导能力有重要作用，特别是对于低渗输导层（Berkowitz，2002；Lorenz et al.，2006）。对裂缝的研究及描述方法目前还不成熟，只能较为粗略地对裂缝的发育规模及输导性能进行定性或半定量的预测和评价。对于发育在断层附近、与断层活动密切相关的裂缝系统，可以通过建立断层输导带的概念，将其当成断层的一部分来处理（张立宽等，2007）。但对于一些与断层没有直接关系、裂隙的形成和启闭状态受控于地层的岩性和岩相的裂隙系统，由于其预测和探测的方法与砂岩输导层类似，可以归为砂岩输导层的研究范畴。

因此，从对油气运移影响的大小和研究的可行性来看，将输导体系划分为输导层（连通砂体及裂隙带）型、断层（断裂）型、不整合型及它们的组合类型更为合理。

20 世纪 80 年代末，Dembibki 和 Anderson（1989）在实验室中开始考虑油气沿不整合面运移的问题。张克银等（1996）在研究塔北隆起碳酸盐岩顶部不整合时，提出了不整合的三层结构模型，即不整合面之上发育残积层，不整合面之下为渗流层，渗流层之下为潜流层，并且讨论了不整合结构层的控油作用，提出残积层是油气运移的通道。曲江秀等（2003）、吴孔友等（2003）把准噶尔盆地的不整合面分为不整合面之上的底砾岩及水进砂体、不整合面之下的风化黏土层及半风化淋滤带，认为底砾岩及水进砂体、半风化淋滤带是油气运移的有利通道。付广等（1999）、刘震等（2003）、隋风贵等（2006）、高侠（2007）、郝雪峰（2007）在分析中国东部盆地的不整合面后，认为不整合面和油气的关系非常密切，不整合面之上的底砾岩及水进砂体可以构成油气运移的良好通道。但剥蚀面之下地层为碎屑岩系时，风化淋滤带的结构与物性条件十分复杂，受岩性、成岩过程、风化淋滤过程等地质作用的影响，往往不能构成油气长距离运移的通道（宋国奇等，2010）。但人们对不整合面的研究多限于探讨不整合面的分布与结构、定性分析不整合面与油气运聚的关系等方面，油气到底是在不整合面的什么位置、以什么方式运移、与其他输导层是怎样组合的、怎样定量描述和表征不整合面的输导性能等还有待进一步研究。

一般情况下，在沉积盆地内，油气输导体系往往是两种或几种类型输导体在空间上相互搭配组合构成的立体网状输导格架。李丕龙等（2004）根据济阳拗陷新生代发育的断层（裂隙）、输导层和不整合面等输导体在空间上的组合样式，提出了网毯式、T 型和阶梯型等复合输导格架。张卫海等（2003）认为，近距离的运移以单一输导体系为主，较长距离的运移成藏必然经过多种输导体系，多种输导体系在三维空间上的配置便构成了复杂多变的输导体系。

确定输导体系与成藏因素的时间配置关系是认识成藏过程的重要条件。在研究中，必须考虑输导体系的形成时间、能有效输导油气的时间（特别对于断层）、输导层之间形成有效配置的时间，以及它们与主要排烃期、圈闭形成期的关系等。若仅仅考虑输导体系的空间配置而忽略时间配置关系，就不能全面解析输导体系在油气运移中的作用，影响对油气成藏过程的准确判断。

3. 砂岩输导体

砂岩输导体是一种广泛存在的重要输导体类型，渗透能力强且连通性较好的砂体往往构成最基本的油气运移通道。王震亮等（1999）从砂岩孔隙型通道入手，着眼于资源评价，提出应用同类地区工业性油气田（藏）下限标准与不同时期油气汇聚区的水流量来定义临界饱和度。该饱和度值所圈闭的范围即为有效运聚通道。金之钧等（2003）认为优势运移通道是指油气在无外界干扰的情况下，在二次运移过程中自然优先流经的通道，并提出级差优势通道、分割槽优势通道、压实优势通道和流向优势通道等 4 种优势运移通道基本模式。

因此，储集层构成油气输导体的必要条件为：储集层具有一定的厚度、平面上连通性好，且具有一定的分布规模和孔渗性。一般而言，在整个输导体系中，平面上连通性好、分布广、孔渗性好、围岩封闭性好的输导体被称为优势运移通道。

输导层的连通性主要指砂岩输导层之间及其与烃源岩和圈闭的连通程度，只有连通烃源岩和圈闭的输导层，才能成为油气的有效输导层。从研究的角度，输导层连通性可以分为两个层次，首先为输导层几何连通性，指输导层宏观上纵向和横向的连续性，主要从沉积、储层的角度进行研究；其次为水动力连通性，指微观上输导层对于流体的实际连通性能，其具有很强的非均一性，一般从微观角度或利用动态资料进行分析。

对于连通砂体输导层，其输导油气能力的大小取决于其孔渗性能，特别是渗透率的大小。一般情况下，砂体孔隙度的大小主要取决于颗粒的矿物成分、分选和磨圆度，颗粒的排列方式以及胶结物的类型及含量等多种因素。而渗透率主要取决于砂岩的孔隙结构，即孔隙与喉道的大小及连通性，喉道半径越大，孔隙半径与喉道半径的差值越小，岩石的连通性就越好，其渗透率就越高。具有相同孔隙度的砂岩，由于其孔隙和喉道大小、数量和分布上的不同配置关系，其渗透率可能相差较大。因此对于油气输导层研究来讲，在评价其输导性能时，除孔隙度外，更应注重其渗透性能。

沉积学、高分辨率层序地层学、地球物理储层预测技术的发展和应用，使得对输导层空间展布的预测能力明显提高。研究输导层，特别是砂岩输导层在空间的展布特征，通过测井数据与地震属性的标定，利用地震储层预测技术来描述河道型输导层的空间展布更为准确（Menno，2006）。目前，比较成熟的地球物理储层预测技术主要是地震属性预测技术和储层反演技术。地震属性预测技术是从地震数据本身出发，计算多种地震属性，然后结合地质资料进行地震相解释。储层反演技术是从测井出发，结合纵向高分辨率的测井数据，建立模型进行反演，直接得出具有地质意义的地震信息。地震属性预测技术在测井资料较少，刻画大范围的输导层方面具有优势，而储层反演技术在有测井数据约束的情况下对输导层的刻画更准确。但地震技术的优势在于横向预测，在垂向上其分辨率要远远小于测井技术和录井岩心分析（Escalona，2006）。因此，对于输导层几何连通性（geometric connectitvity）的研究需要综合地质和地球物理两种手段，互相结合，相互验证，才能取得较好效果。

4. 断层输导体

油气勘探证实，断层的启闭性往往是控制油气运移和聚集的关键因素（Harding et al.，1989）。Smith（1966）基于 Hurbbert（1953）的毛细管封闭模型最早系统论述了断层封闭的判别模式；Englder（1974）、Weber 等（1978）、Gibson（1994）、Knipe（1992，1997）、Antonelini 等（1994）、Berg 等（1995）等通过野外和实验观察研究了断层带的物质组成、变形特征、几何特征及断层带内物质的物理和化学变化对断层封闭能力的影响；Allen（1989）提出了通过几何制图识别断面两侧砂泥岩的配置关系，来评价断层侧向封闭性的简单方法。人们目前基本达成共识，无论断层性质如何，断层在活动期间多表现为开启状态，可作为油气垂向和侧向运移的通道（Hooper，1991；Anderson et al.，1994），而静止期间则往往表现为封闭状态，对油气起遮挡作用（Fowler，1970；Bouvier et al.，1989）。因而用断层“启闭性”来表述断层活动过程中不同部位对流体连通性的贡献应该更为恰当。

对于断层启闭性的定量表征，目前仍处于探索阶段。Bouvier 等（1989）、Lindsay 等（1993）、Yielding 等（1997）等分别利用泥岩涂抹潜力 CSP（clay smear potential，GSP）、泥岩涂抹因子（shale smear factor，SSF）、断层泥比率（shale gouge ratio，SGR）等参数来估计断层带内泥岩涂抹的可能性，并结合三维地震技术，识别断层面上砂泥岩对置关系并分析产生泥岩涂抹的可能性来研究断层的封闭性，这些工作极大地推进了断层封闭性研究由定性向定量化发展的进程。此外，国内学者从断层的封闭机制出发，也提出了如逻辑信息法（曹瑞成等，1992）、非线性映射法（吕延防等，1995）、断面正压应力法（周新桂等，2000）等多种断层封闭性的评价方法。

随着对断层启闭性研究的不断深入，在方法和手段上已从单学科和单一手段向多学科、多角度发展（赵密福等，2001）。但在以往的研究中，无论断层的发育规模和特征如何均给予封闭或不封闭的绝对性判断（吕延防，1996）。事实上，断层封闭性的影响因素较多，同一断层面上各种参数随时间不断变化，导致其断层面不同位置的开启、封闭特征及封闭能力有较大的差异（Allen et al.，1990），因而断层的启闭性不能只依据单个因素简单进行描述。换而言之，如何考虑多种因素对断层封闭性产生的影响是该项研究的难题，需要探寻一种更为合适的表征断层启闭性的标志。

5. 复合输导格架建立及量化表征

一般情况下，在沉积盆地内，油气输导体系往往是两种或几种类型的输导体在空间上相互搭配、组成的立体网状输导格架。在复合输导体系的建立过程中，除了研究砂体（不整合）-断层所构成的复合输导格架的空间展布及连通性特征外，油气运聚过程的定量研究要求我们用统一的参数来表征复合输导格架的输导性能。

三维可视化技术可以很好地展示复合输导体系在三维空间的发育特征，但在复合输导格架输导性能的三维空间描述方面还存在较大的不足，而且，目前我们拥有的油气运移模拟软件只能进行二维油气运聚的模拟。为此，可以采用建立多个平面模型来描述这种在三维空间上复杂变化的输导体系的特征（罗晓容等，2007b）。

图 1-2(a)为依据渤海湾盆地岐口凹陷—埕北断阶带沙河街组在上新世—第四纪成藏时期的输导模型（罗晓容等，2007b)。该模型自北向南将沙三段—沙二段—沙一段

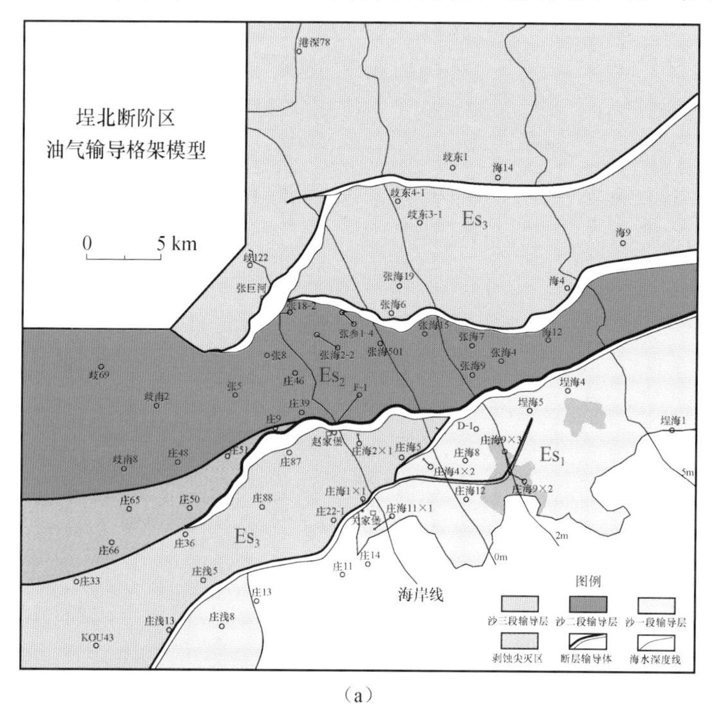

（a）

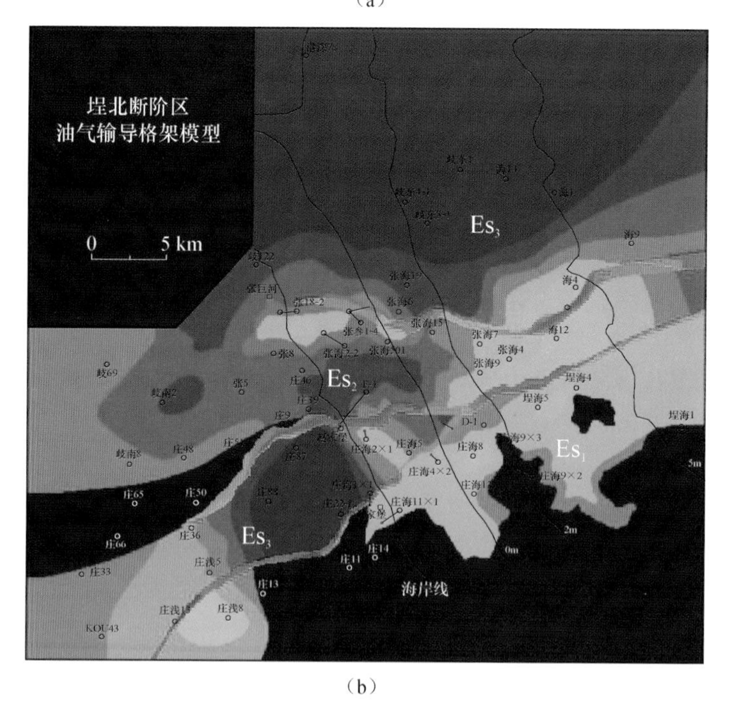

（b）

图 1-2　埕北断阶带复合输导格架平面分布特征

（a）沙三段—沙二段—沙一段输导格架模型；（b）模型中各种输导体对应的输导特征描述：砂体输导层中绿色越浅，输导性能越好，断层中颜色越偏向橙红输导性能越好

不同层位砂岩输导层由几条控烃断层连接起来，成为一个完整的输导格架：在张东—海4井断层以北地区以沙三段连通砂体为侧向运移输导体，张东—海4井断层以北至赵北断层沙二段尖灭处为沙二段连通砂体输导层，赵北—羊二庄南地区则以沙三段连通砂体为油气侧向运移输导体，羊二庄—羊二庄南断层以南地区则以沙一段河道连通砂体为输导层。图1-2(b)为用不同颜色描述的各种输导体对应的输导特征：砂体输导层的输导性能用绿色色阶来表示，绿色由浅到深，输导层的平均候道半径由0.25mm减小到0.05mm；断层的输导性能与断层连通概率相对应，颜色越偏向橙红输导性能越好，共分十个级差，对应的断层带等当裂缝间隙为0.003～2.2mm。

第三节　油气运移模型方法及其适用性分析

对于常规油气成藏，二次运移过程中油气以游离相态为主（Ungerer et al.，1984，1990；李明城，1994；Mann，1997），油气运移的特征主要取决于通道中水动力、毛细管力及油气在孔隙水中的浮力三者间的平衡关系（Hubbert，1953；Berg，1975；Schowalter，1979；England et al.，1987）。实验证明（Schowalter，1979；Dembicki et al.，1989；Allen et al.，1990），油气二次运移的速度很快，因而油气二次运移相对于地质时间实际上是一个瞬时过程。这些认识有助于我们采用逾渗理论来建立油气运移的模型方法（罗晓容等，2007a；石广仁，2010）。

1. MigMOD油气运聚模型

MigMOD油气运聚模型是在物理实验基础上建立的，以浮力为主要运移动力、孔喉分布确定的逾渗模型，综合考虑油气运移的动力和通道两方面的作用，模拟分析油气运移的过程及运移路径的特征（罗晓容等，2007a，2010）；该模型采用重正化群的理论在模型中实现尺度放大，并通过改变标尺的尺度来表现物理量的变化规律，获得符合油气在孔隙介质内运移特征的路径。

MigMOD模型中将孔隙结构抽象成四边形（二维）或六方体（三维）网状结构，由结点和结点间的连线两部分组成，结点代表孔隙，连线代表喉道。设孔隙为球形空间，喉道是圆管状的，其半径按照一定的概率分布规律随机分布（赵树贤等，2003）。可利用实验数据或实际资料进行介质的孔隙结构建模。

假设流体是有黏度且不可压缩的，两种流体之间存在截然界面（无混溶和扩散现象），一个孔隙中只能饱和一种流体，即不存在两相共存于一个孔隙中的情况。模型中油气运移的动力为原始油气柱高度及其运移后形成的连续油气柱所产生的浮力，阻力为毛细管力。

在初始条件下，孔隙介质被水饱和。油气进入网格，在连续油柱界面上的每个孔隙和喉道都对应一定大小的毛细管力，也受到油柱在水中产生的浮力的作用。若不考虑油柱的卡断和分段运移（张发强等，2003；Luo et al.，2004），每个界面孔隙或喉道上的浮力由该点到网格下部基准面的油柱高度所产生。模型中定义驱动力为$\Delta P = P_b - P_c$，其中P_c为毛细管力。

$$P_c = \frac{2\gamma}{r}\cos\theta \tag{1-6}$$

式中，γ 为两相流体间的界面张力；r 为孔隙介质的吼道半径；θ 为两相流体在固体表面的接触角。浮力 P_b 可由下式计算，即

$$P_b = P_0 + \Delta\rho g h_i \tag{1-7}$$

式中，h_i 为对应网格点相对于基准面的实际高程；P_0 为在 $h_i=0$ 处油柱中的初始压力；$\Delta\rho$ 为两相流体的密度差；g 为重力加速度。

模拟过程遵循逾渗理论的基本原则（Luo，2011），当连续油柱上某一喉道处的浮力大于毛细管力时，油气便进入与之相连的孔隙；运移相在连续路径上可在一个或数个运移动力差值最大的喉道同时突破，其数目选择取决于这些喉道相连的孔隙体积及路径所供给的排替相流体体积，也可以由研究者设定。为适应不同条件下的运移、聚集过程，油气注入的方式有多种：连片的、单点的、多点的、随机的等。油气进入一个新的孔隙以后，不会沿原来的毛细管回流。对于二维情况，在一部分为被排替的网格空间完全被驱替相包围的情况下，采用油气在三维空间运移的条件，油可继续进入该空间。

图 1-3 为利用上述模型对油在二维模型和三维模型中运移路径特征的模拟结果。图 1-3(a)为一垂直树立的正方形二维模型，图 1-3(b)为一垂直树立的正方形底面三维柱状模型。模型中用全部网格代表具有一定孔渗能力的介质，亦称为通道，将油气在通道中占据的结点和连线所构成的枝状结构称为运移路径。图 1-3 中，在浮力作用下，从底边或底面进入模型的油向上运移，形成一系列指状路径，随后它们相互竞争，最后只有少数路径能够上升到模型顶部。

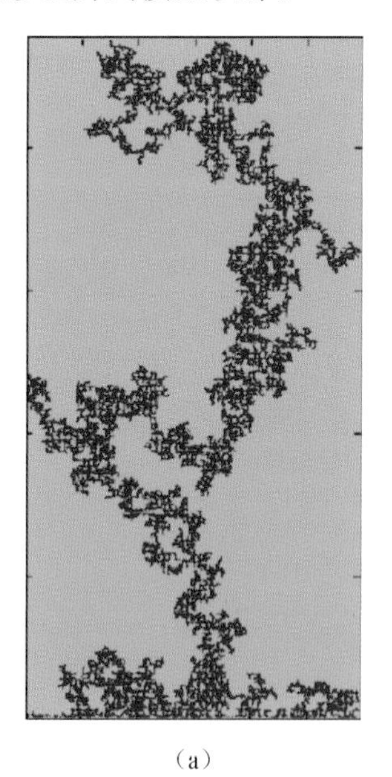

(a)

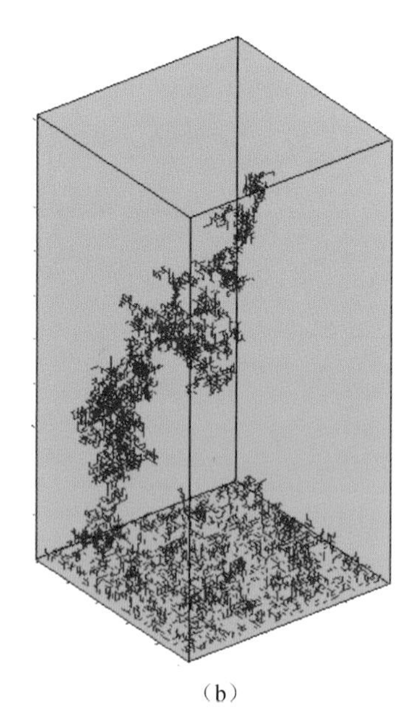

(b)

图 1-3 利用 MigMOD 模型模拟的孔隙介质通道内的油运移路径

(a) 二维模型；(b) 三维模型

进一步利用底部注油的板状模型，采用与物理模型对应的参数条件建立相应的数学

模型，设其底部一层孔隙被连续的油占据，可以通过改变每一运算步长内可发生突破的喉道数目来实现改变施加在这层油上的注入压力。图 1-4(b)～(e)显示了一系列油气运移过程模拟分析的结果，图 1-4(a)为用来对比的物理模拟实验的结果。

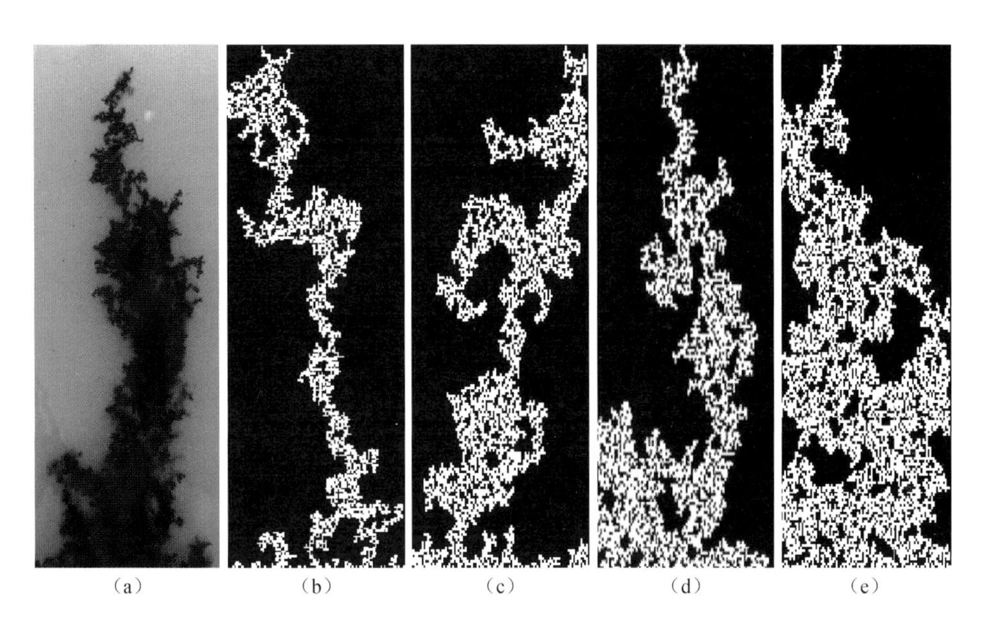

图 1-4 石油二次运移物理模拟实验与数值模拟实验结果对比
(a) 物理模拟实验结果；(b)～(e) 前缘突破点数分别为 5、10、15、20 的数值模拟实验结果

物理实验中所获得的各种模式的油气运移路径均具有分形特征（Lenormand et al.，1988），而且这种分形特征在相当大的尺度范围内保持不变，故前人多采用分形方法对实验和模拟的结果进行对比分析（Wilkinson，1986；Hirsch and Thompson，1995；Wagner et al.，1997）。对图 1-4 中各图像用分形方法处理，获得图 1-4(a)中的图像的分形维数 D 为 1.28，而图 1-4(b)～(e)的分形维数分别为 1.28、1.27、1.28 和 1.29。

为分辨这些图像之间的异同，我们利用图像中运移路径上的像素除以整个模型的像素，获得路径在通道中的比例，定义为路径油饱和度 S_o。图 1-4(a)～(e)中的路径油饱和度 S_o 分别为 20.42%、12.42%、15.42%、20.18%和 30.42%。这两参数值相互约束，表明图 1-4(d)与图 1-4(a)中的结果更为接近。

在上述工作基础上，分别考虑各种因素的影响，对运移路径的形成过程进行模拟分析，这些因素包括颗粒表面润湿性、注入流体性质（密度、黏度、表面张力等）、模型倾斜角度等。其结果基本与物理模拟的结果相近（张发强等，2003）。

2. 宏观均匀输导层内的不均匀运移

孔隙介质输导层内的油气运移的方向及路径特征是运移动力和运移阻力共同作用的结果（England et al.，1995）。实际盆地内发生的油气运移主要是在浮力的作用下发生的，而毛细管力在运移过程中始终起着阻力作用。因而可以利用无量纲的特征参数来表征两者间的关系，Wilkinson（1986）曾定义了一个无量纲数——Bond 数来表征重力与毛细管力间的作用关系，Tokunaga 等（2000）在油气运移研究中将 Bond 数（B_o）定义为

$$B_o = \frac{(\rho_w - \rho_o) g K \sin\theta}{\sigma \phi \cos\gamma} \tag{1-8}$$

式中，σ 为界面张力；γ 为接触角；ρ_w 和 ρ_o 分别为水和油气密度；g 为重力加速度；θ 为输导层顶界的倾角；ϕ 和 K 分别为孔隙介质的孔隙度和渗透率。由式(1-8)，Bond 数为输导层孔隙介质的特征重力与特征毛细管力之比，毛细管力越小 Bond 数值越大，反之亦然。

在其他参数不变的情况下，通过改变输导层的倾角或流体密度，可以得到不同的 Bond 数，亦即得到不同的动力-阻力关系。

设一倾斜放置的平板模型 $Z=CY$，C 值决定了模型的倾斜度，也就决定了作用在运移的油气上的重力加速度分量的大小。模型的网格为 500 像素×500 像素，设油水间的密度差为 0.5g/cm^3，油水间的表面张力为 0.0004N/m，平均喉道半径为 0.18mm、半径方差为 0.08。设在模型底部某一水平线上有若干油气排出点，油气从这些点进入模型后即在浮力的作用下向上运移。图 1-5(a)给出了该模型的形态，图 1-5(b)～(e)给出了在不同 Bond 数条件下所形成的运移路径。

由图 1-5(b)～(e)可以看出，在孔隙介质性质确定的条件下，运移动力与阻力比值的大小决定了运移路径的形态。当运移动力相对较大的条件下［图 1-5(b)，$B_o \approx 4.0 \times 10^{-3}$］，运移路径基本呈垂直于流体势等值线的流线，从各排烃点运移的油气在运移过程中相互独立，在总体上表现出均匀运移的特征。随着运移动力的减弱，运移的路径变得更为曲折［图 1-5(c)，$B_o \approx 4.0 \times 10^{-4}$］，始自不同排烃点的运移路径之间相互合并，形成根系状的运移路径网络，路径方向基本垂直流体势的等值线，全部路径在运移面上基本均匀分布。当运移动力进一步减弱，运移路径的曲折程度也更复杂［图 1-5(d)，$B_o \approx 4.0 \times 10^{-5}$］，运移路径的平均宽度也越大，始自不同排烃点的运移路径之间的合并更为剧烈，最后只有少数路径可以达到模型顶部，路径的总体方向基本垂直流体势的等值线，但在局部已不完全受动力方向的控制。当运移动力减弱，油气自排烃点进入模型之后很容易与始自周围排烃点的路径合并，运移路径较少，呈片状的运移路径网络，路径方向不与流体势等值线垂直［图 1-5(e)，$B_o \approx 4.0 \times 10^{-6}$］。

3. 输导层非均匀性对运移路径的影响

输导层的非均匀性对于油气运移时突破方向的选择必然起着很大的作用。为此我们设计一个简单的模型来模拟分析在输导层渗流特征宏观非均匀条件下运移路径的形成特征。模型为如图 1-6(a)所示的完整抛物线曲面向斜（色标为图 1-7 中运移路径的油气运移通量），以向斜的中心线为界，左右两边输导层的渗流性能截然不同［图 1-6(b)］，左边设平均喉道半径为 0.30mm，方差值为 0.12，右边设平均喉道半径为 0.15mm，方差值为 0.06；图 1-6(b)中部的圆圈内为排烃范围；图 1-7 为不同 Bond 数条件下模拟获得的运移结果。

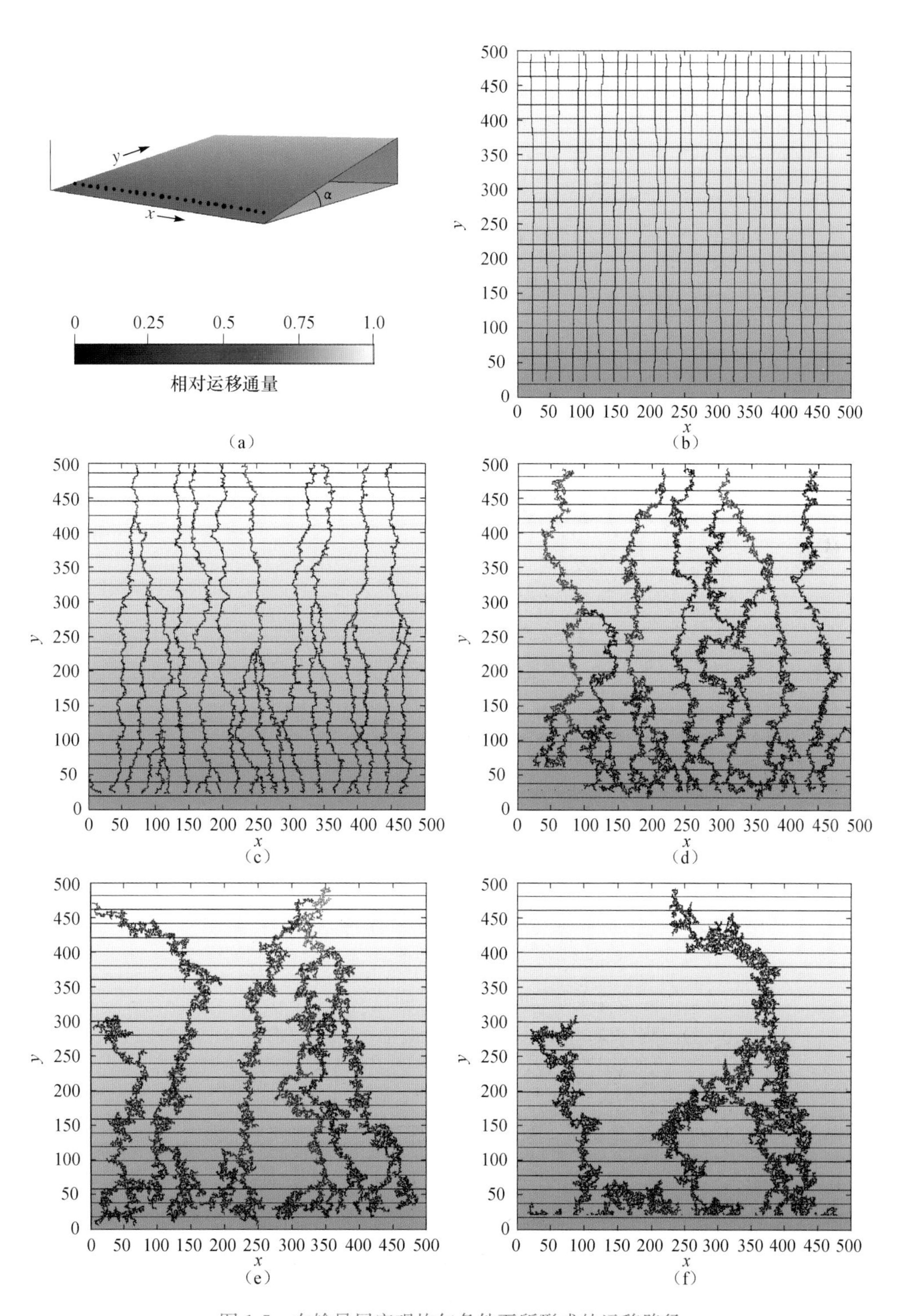

图 1-5 在输导层宏观均匀条件下所形成的运移路径

(a) 倾斜平板模型，运移动力和阻力条件由无量纲数 Bond 数表征；(b) $B_o \approx 4.0 \times 10^{-2}$；(c) $B_o \approx 4.0 \times 10^{-3}$；(d) $B_o \approx 4.0 \times 10^{-4}$；(e) $B_o \approx 4.0 \times 10^{-5}$；(f) $B_o \approx 4.0 \times 10^{-6}$；图(a)下部的标尺给出了路径上油气运移的相对通量，其他图的横纵坐标为长度，数字为单位距离

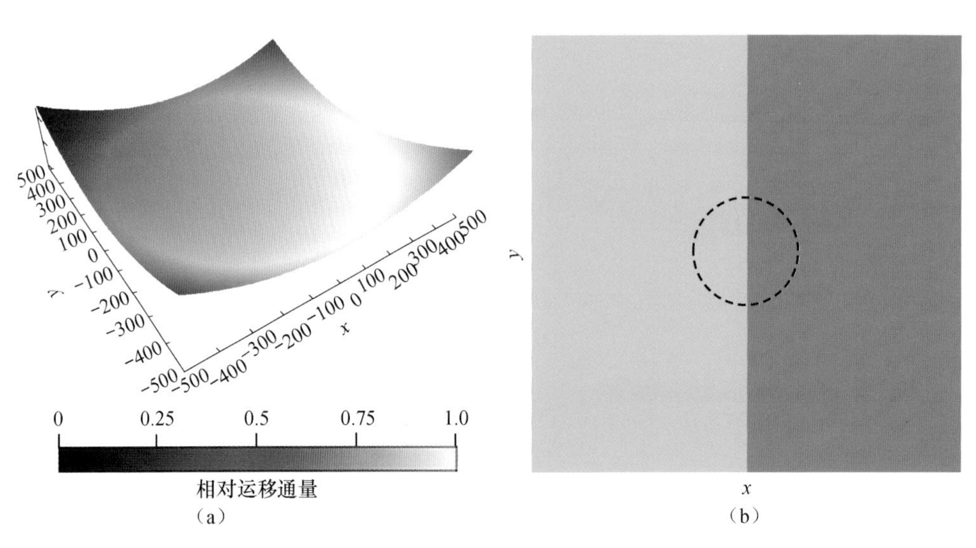

图 1-6 进行非均匀介质影响运移特征模拟分析的圆形向斜盆地模型

(a) 圆形向斜盆地模型；(b) 不均匀孔隙介质模型；图(a)的横纵坐标为长度，数字为单位距离

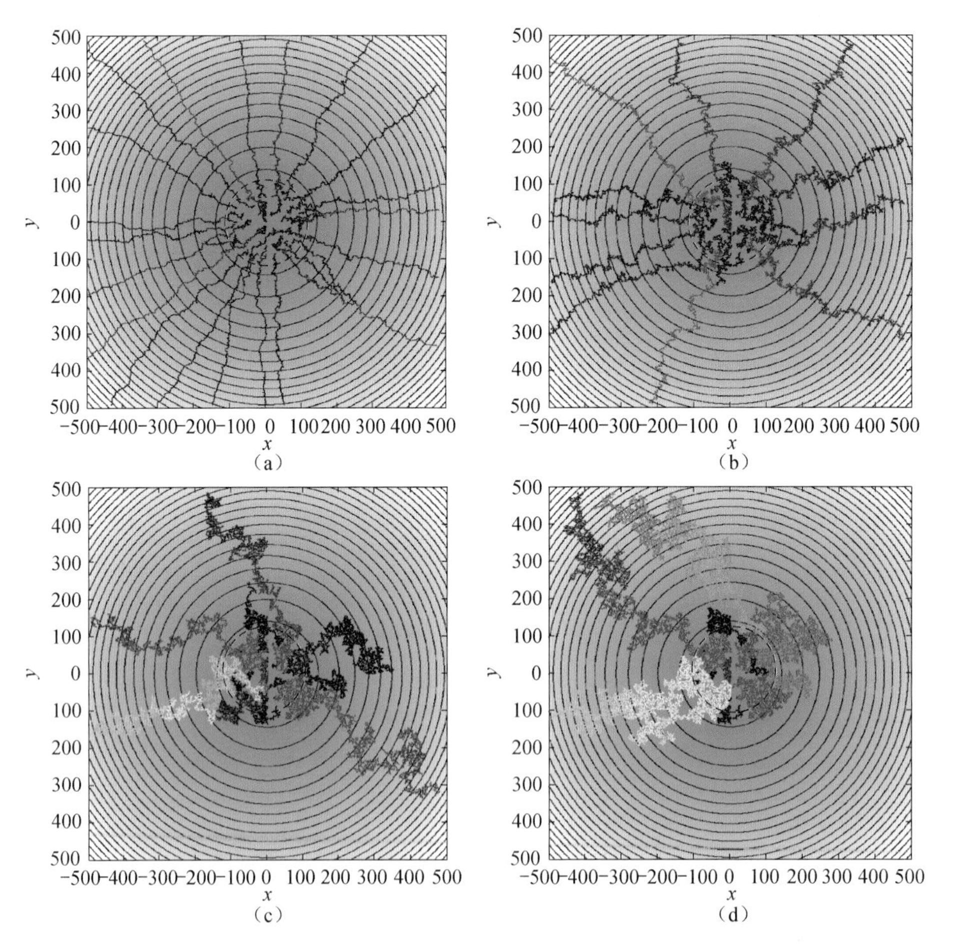

图 1-7 非均匀输导层对油气运移路径的影响

其中，图 (a)、(b)、(c)、(d) 横纵坐标为长度，数字为单位距离

模拟结果表明（图 1-7），当浮力的作用占优势时，输导层非均质性的影响很小，路径在各个方向上的形成机会基本相等，运移的路径很窄［图 1-7(a)］；随着浮力作用因素的减小，输导层非均质性的影响开始显现，路径略微变粗，中间部分的路径开始向左侧偏移［图 1-7(b)］；当浮力进一步减小，路径模式开始转变，路径变得较宽，路径数目锐减，路径的数目及通过路径的运移油量均明显向左偏斜，反映了输导层非均质性的作用［图 1-7(c)］；当 Bond 数降低到 4.0×10^{-6}时，输导层非均质性的影响占了主导，右侧的运移路径范围非常有限，运移路径主要分布在左边，大部分油气沿左边的路径运移［图 1-7(d)］。

为进一步说明非均质输导层对运移过程的影响，建立了图 1-8 所示的非均匀输导层模型。该模型中输导层分布在向斜、背斜相连的构造组合上，左边部分为向斜区，右边部分为背斜区［图 1-8(a)］。该输导层主要由具一定输导能力的孔隙介质组成［图 1-8(b)］，平均喉道半径为 0.15mm，方差值为 0.06；自左向右，一弯曲的河流砂体通道穿过向斜中心并从背斜顶端上方绕过［图 1-8(b)］，其平均喉道半径为 0.30mm，方差值为 0.12；在向斜中心设定排烃的范围，在图 1-8(b)～(f)中以左半部分的虚线圆圈表示，排烃范围比河流砂体通道的宽度略大，因而大部分烃源岩排出的烃都直接进入河流砂体通道，而小部分烃首先排入河流砂体通道之外孔渗性较差的输导层中。

图 1-8(c)～(f)分别给出了不同 Bond 数条件下的运移模拟结果。由图可以看出，油气运移的方向和路径受到了高孔渗性河流砂体通道的控制：由烃源岩直接进入河流砂体通道的油气只能在该砂体通道中运移，而其范围之外输导层内油气在遇到河流砂体通道后必定进入其中，以后一直在河流砂体内运移。当输导层的 Bond 数较小时［图 1-8(c)，河流砂体通道中 $B_o\approx4.0\times10^{-6}$，其余输导层中 Bond 数为 4.0×10^{-7}］，运移路径比较宽，在河流砂体内基本占满了通道，虽然运移的动力指向为背斜顶部，但油气在河流砂体通道内受到了限制，而河流砂体通道之外的运移路径也较宽，因而相当一部分路径与河流砂体中的路径汇合，在河流砂体通道外，输导层内的运移路径都延伸不远。

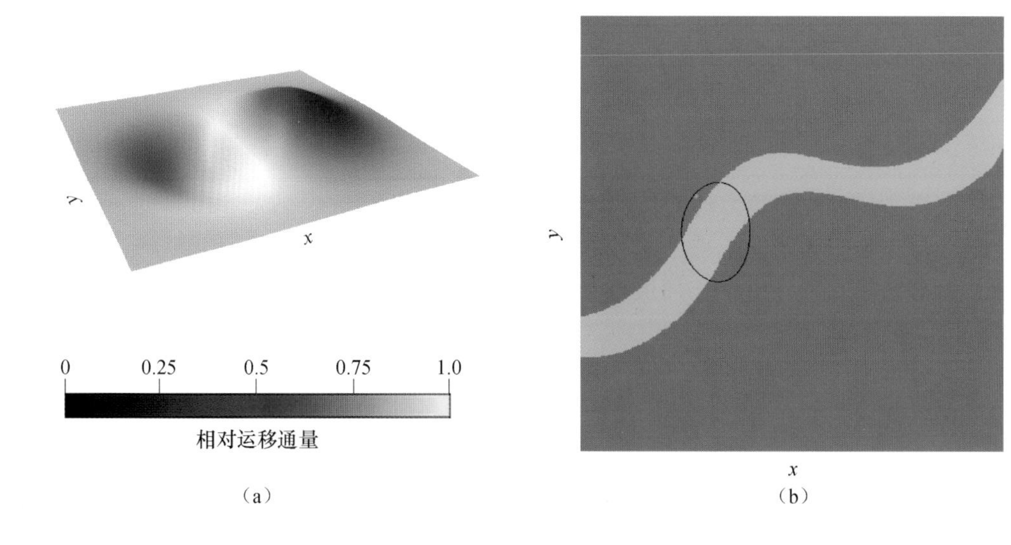

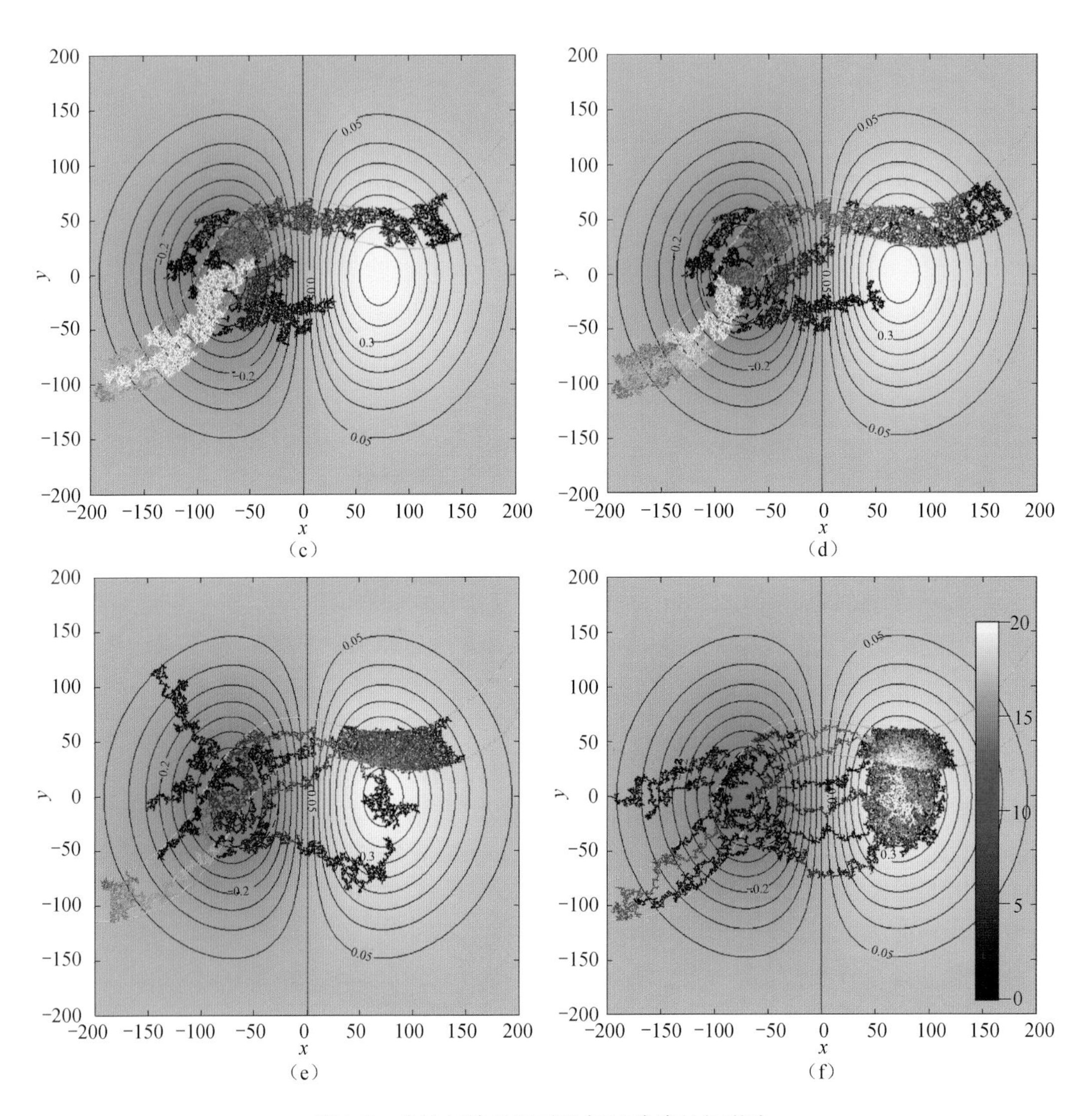

图 1-8 非均匀输导层对油气运移路径的影响

(a) 输导层顶面起伏特征；(b) 不同孔喉半径分布的输导层范围；(c) $B_0 \approx 4.0\times10^{-3}$，(d) $B_0 \approx 4.0\times10^{-4}$；(e) $B_0 \approx 4.0\times10^{-5}$；(f) $B_0 \approx 4.0\times10^{-6}$；图(a)下部的标尺给出了路径上油气运移的通量；图中横纵坐标为长度，数字为单位距离

随着输导层内运移动力的增加，运移路径越来越窄［图 1-8(d)～(f)］，浮力在运移方向的选择过程中起到的作用也越来越明显，河流砂体通道之外的运移路径数目也越来越多，运移的油气不再集中于河流砂体通道内，而是在浮力作用下形成多个较窄的路径，向着合适的圈闭聚集［图 1-8(e)、(f)］。在此过程中，沿河流砂体通道内外路径运移的油气分别聚集在不同的圈闭里［图 1-8(e)～(f)］。沿河流砂体通道之外输导层上路径运移的油气则主要在背斜圈闭中聚集；而沿河流砂体通道运移的油气在背斜北部由河流砂体和鼻状构造共同构成的岩性-构造圈闭中聚集，并有一部分油气穿过该圈闭顶端，继续向背斜圈闭运移［图 1-8(f)］。

第四节　油气资源评价与油气分布预测

油气自生成之后，从源岩排出、发生运移、直至聚集成藏，整个过程中都不同程度地发生了油气的耗散和滞留。准确地认识和估算这些过程中油气的损失量，对一个地区能够以常规油气藏形式聚集起来的油气资源的评价、确定勘探决策十分重要（庞雄奇，2003）。而若能进一步采用可靠的办法分析油气资源的空间分布规律、准确预测待发现油气资源的空间分布位置，对减少勘探风险、优选勘探目标和提高勘探效益有重大的意义（胡素云等，2007）

油气成藏动力学研究思想的提出及相应的油气成藏动力学系统方法的建立，为油气资源估算、输导体系输导效率的评价以及油气资源发布的预测提供了定量化的方法和工具。本节基于物质平衡原理和油气成藏动力学研究的思想，根据油气在不同的运移聚集阶段和相应阶段的散失机理，求取油气的散失量，介绍以油气成藏系统为基本单元的油气资源估算、进而给出评价油气资源分布的方法。

1. 物质平衡模型

油气资源评价的方法众多，所依据的理论和方法也不一致（Lee et al.，1983；金之钧，1995；赵文智等，2005）。我国叠合盆地具有多套烃源岩、多类储盖组合及多次生烃、排烃和多期成藏等特征，通常勘探目的层埋深大，经历长期演化，油气藏充注历史复杂，油气分布规律受多种因素控制，国内外已提出的资源评价方法及相关的运聚系数不适用（庞雄奇等，2002）。在这种情况下，对于建立在物质平衡原理上的油气资源评价方法而言，评价单元的选取十分重要（庞雄奇等，2002；赵文智等，2005）。

在本章第一节中定义的成藏系统中，油气成藏的过程均可归结为：油气从源出发，经过在输导层体系中的运移，在圈闭中聚集形成油气藏；若已形成的油气藏遭到破坏，则可能发生两种结果，一是破坏的油气藏之上没有可以阻止油气散失的盖层，散失的油气运移至地表损失殆尽，二是从该油气藏散失的油气成为另一个成藏系统的供源，沿着输导体系运移、聚集，形成新的油气藏。因而成藏动力学研究方法中时空有限的油气成藏系统划分则似乎更有利于资源的估算和评价。由于成藏系统的时空范围有限，成藏后因圈闭破坏而损失的油气可以视为另一个成藏系统的油气供源，因而对于整个含油气系统而言，常规油气资源量就是烃源岩生成的油气量在经历排烃、运移、非工业规模聚集等过程之后，聚集在具有工业规模的油气藏中的油气量，扣除“残留”在地层中不能有效开采的损失量。一个油气成藏系统的资源量可以用式(1-9)计算：

$$Q_z = Q_k - Q_y - Q_f \tag{1-9}$$

式中，Q_z 为该成藏系统的资源量；Q_k 为供烃量；Q_y 为运移途中损失量；Q_f 为非工业油气聚集量。

那么，对于一个研究区而言，不同成藏时间、不同成藏范围的成藏系统如何综合地进行油气资源评价呢？

在任一沉积盆地中，油气生成、运移、聚集、成藏的过程只是盆地演化过程的一部分，其所涉及的空间范围也往往有限。按照含油气系统的基本概念，含油气系统的范围正是一套烃源岩及相关的油气发现所圈定的范围，所有与该套烃源岩相关的油气成藏系统，包括原生的和次生的，都在这个范围之内。因而含油气系统可以作为油气资源评价的更高一个层次的基本单元（赵文智等，2005），将其范围内不同成藏系统统一起来。

在一个含油气系统内，不同的成藏系统之间在时空上都可能会出现部分或全部叠置的情况。因而含油气系统层次的油气资源评价不是各个成藏系统资源量的简单求和，而是要根据实际地质情况进行分析，要确保各个成藏系统叠合时共用部分的油气损失量不能重复计算。如含油气系统内烃源岩的排烃过程可能经历了多次排烃，每次对应的成藏系统的时空范围及特征均不相同。但从质量平衡的角度，烃源岩中生成的油气量在满足了烃源岩中因吸附、滞留作用所需的油气量之后即能排出（庞雄奇等，2005）。因而第一次排烃的发生基本上就满足了这种要求，后期生成的油气在排出时基本不需要再次吸附滞留，除非烃源岩排烃的机制发生了重要的变化。因而对于烃源岩中的烃残余量可以算“总账”，依据现今的有机质组分的特征加以估算（庞雄奇等，2005），在整个含油气系统中只计算一次。又如输导体系中油气运移路径上残留的烃量也不能叠加，因为油气倾向于沿着阻力最小的路径运移，因而多次运移的油气在通道中往往重复利用已有的路径；运移途中烃损失量的估算应该对每个成藏系统运移途中损失量估算（Luo et al.，2007b，2008）的基础上叠加，路径重复者只计算一次；也可以根据实际情况和对含油气系统的认识，提出更为准确、简便的方法。在一些盆地中，不同时期的油气成藏系统基本上是叠合的，即每个成藏期次的成藏系统范围相差无几，烃源岩、输导体系及圈闭等都共用一套，这样的含油气系统中资源量的估算就相对简单（雷裕红等，2010）。

在一个含油气系统中，进行油气资源的评价需要定量地估算：①在历次成藏过程中排烃后残余在烃源岩中的油气量，或古油气藏中残留的油气（对于古油气藏破坏供源的情况）；②在输导体系内运移路径中残留的量；③非工业规模油气藏中聚集的量；④对于部分含油气系统而言，在某一时期的成藏系统中破坏逸散的量。

需要指出，在许多盆地中，特别是在叠合盆地中，含油气系统的划分没有那么截然，多个含油气系统相互交叉、叠置、部分或全部重合，其资源评价工作可以按照上述思路，在更高的层次上划分出油气资源评价单元，如含油气系统评价单元（赵文智等，2005a）、复合含油气系统单元（庞雄奇等，2002；赵文智等，2005b）等，这都需要针对实际盆地的具体情况，对成藏系统评价单元的评价方法加以综合使用。

2. 排烃量计算方法

准确计算烃源岩排烃量是科学评价油气资源潜力的前提和基础。迄今为止，国内外提出的排烃量计算方法较多，主要包括有机质热模拟实验法（Lewan et al.，1979；Saxby et al.，1986；Tissot et al.，1987；Sweeney et al.，1995）、压实模型法（石广仁，1994；石广仁等，2004）、压差-渗流模型法（石广仁，1994）、扩散排烃法（陈义才等，2002）、饱和度门限法（米石云等，1994）和物质平衡法（肖丽华等，1998；庞雄奇等，2002）等。但因排烃机理的问题尚未完全解决，大多数计算模型争议较大，而且关键参数往往很难获取，因而目前人们更愿意采用简便而实用的方法计算排烃量，其中依据热解数据建立生烃潜力模型是一种有效的方法（庞雄奇等，2002；周杰等，2002）。

该方法的理论基础是物质平衡原理（庞雄奇，2003），无论烃源岩中的有机质以何种方式成烃（早期生物降解或晚期热降解），在生排烃过程的前后物质总量保持不变。烃源岩生成油气只有满足各种滞留烃量之后才能排出源岩，因而有机质在热演化中由三部分构成，即未转化成烃的残余有机质、已生成但滞留在源岩中的烃类和生成并排出的烃类，排烃作用将会导致源岩生烃潜力的降低。

在源岩热解参数中，S_1 代表岩石可抽提的游离烃量，即源岩滞留烃量，S_2 代表干酪根在高温下（300～600℃）的热解生烃量，因此生烃潜力指数［(S_1+S_2)/TOC，mg/(g·TOC)］可以表征源岩的相对生烃潜力。假定现今处在不同埋深（R_o）的含有机质岩石中的热演化程度代表了源岩在不同热演化阶段的状态，就可以通过建立生烃潜力指数随埋深（R_o）的变化剖面来研究源岩的排烃特征（图 1-9）。当源岩达到排烃门限时，随着生成的油气开始排出，源岩生烃潜力将逐渐降低，因此源岩生烃潜力指数在演化剖面上开始减小的深度（R_o）代表了源岩的排烃门限（Z_0，m）（庞雄奇，2003），此时对应的生烃潜力指数可以看成是源岩演化过程中的最大值，即最大原始生烃潜力指数［HCI_o，mg/(g·TOC)］。在排烃门限之下，源岩演化剖面中的生烃潜力指数逐渐减小，称为剩余生烃潜力指数［HCI_p，mg/(g·TOC)］，源岩最大生烃潜力指数与各个演化阶段上的剩余生烃潜力指数的差值为排烃率（q_e，mg/g），排烃率是排烃量计算的关键参数，代表了源岩达到排烃门限后演化至特定演化阶段单位有机碳所排出的烃量。

$$q_e = HCI_o - HCI_p \tag{1-10}$$

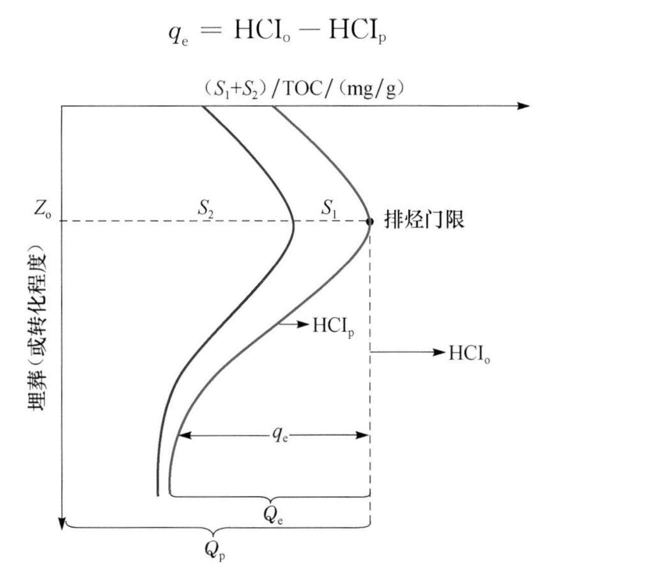

图 1-9 生烃潜力法研究排烃特征的概念模型（庞雄奇等，2002）

HCI_o. 最大原始生烃潜力指数，mg/g；HCI_p. 任一阶段残余生烃潜力指数，mg/g；Z. 埋深，m；Z_o. 最大原始生烃潜力所对应的埋深，m；q_e. 源泉岩排烃率，mg/g；Q_e. 各阶段源岩排出烃总量；Q_p. 源岩生成烃量

在利用生烃潜力演化剖面确定排烃率后，则可以根据盆地埋藏史和热演化史恢复的

结果确定的排烃门限，求取不同地质时期进入排烃门限的有效烃源岩厚度。最后，结合烃源岩不同时期的有机碳含量和密度数据，根据式(1-11)和式(1-12)求取不同时期的排烃强度和排烃量（庞雄奇，2003）。

$$E_{\mathrm{p}} = \int_{R_{\mathrm{o}}}^{R_1} 10^{-1} q_{\mathrm{e}} Z\rho(r) C C_{\mathrm{f}} \mathrm{d}R_{\mathrm{o}} \tag{1-11}$$

$$Q_{\mathrm{p}} = \int_{z_0}^{z} 10^5 q_{\mathrm{e}} Z S \rho_{\mathrm{r}} C C_{\mathrm{f}} \mathrm{d}R_{\mathrm{o}} \tag{1-12}$$

式中，E_{p} 为排烃强度，$\mathrm{t/km^2}$；q_{e} 为单位质量有机碳的排烃率，mg/g；ρ_{r} 为烃源岩密度，$\mathrm{g/cm^3}$；C 为残余有机碳含量，%；C_{f} 为有机碳恢复系数；Z 为烃源岩厚度，m；Q_{p} 为排烃量，t；S 为烃源岩面积，$\mathrm{m^2}$。其中，有机碳恢复系数 C_{f} 可以利用无效碳守恒的方法计算（肖丽华等，1998；陈中红等，2003）。

通过上述方法能够计算烃源岩排烃的总量，但若某时期排出的油气进入输导层后上覆无盖层或缺少有效盖层，这部分油气将得不到保护而发生散失，因而实际盆地的供烃量估算应扣除有效盖层形成之前源岩各时期排出的烃量。

3. 油气二次运移途中的损失量估算

在油气二次运移过程中有相当比例的油气损失在运移通道内（Thomas et al.，1995），以至于这样的烃量损失可能影响到圈闭内的油气聚集（Ringrose et al.，1996）。利用我们先前提出的油气二次运移途中损失量的估算方程（Luo et al.，2007b，2008）计算了研究区油气在二次运移途中的损失量。

在实际盆地中，油气二次运移的过程可分为两个部分（图 1-10、图 1-11），一部分是在烃源岩排烃范围内输导层中的垂直运移；另一部分是油气在盖层之下的输导层顶部的侧向运移。在后者中，烃源岩排烃范围内、外运移路径的空间分布特征截然不同，因而必须分别进行研究。

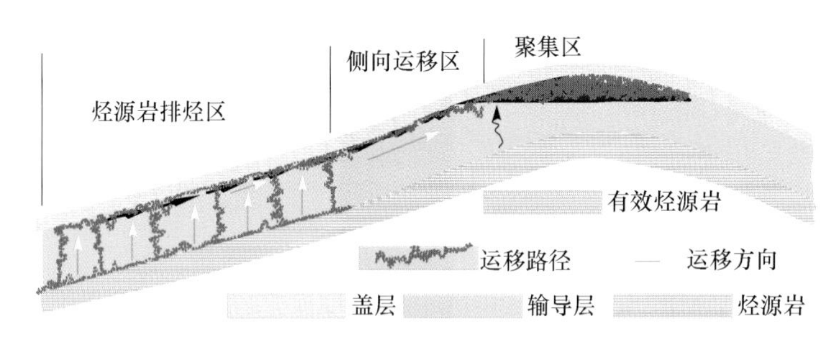

图 1-10 油气二次运移过程的剖面示意图

Luo 等（2007b）根据当前对于油气沿优势路径运移的认识，将油气自烃源岩排出后向盆地边缘圈闭运移的过程划分为烃源岩排烃范围内输导层中的垂直运移、烃源岩排烃范围内沿输导层顶面的侧向运移及烃源岩范围之外的侧向运移等三个部分；并根据实验室运移模拟及数值模拟的结果，总结出运移路径中残留烃量的估算模型。在实际盆

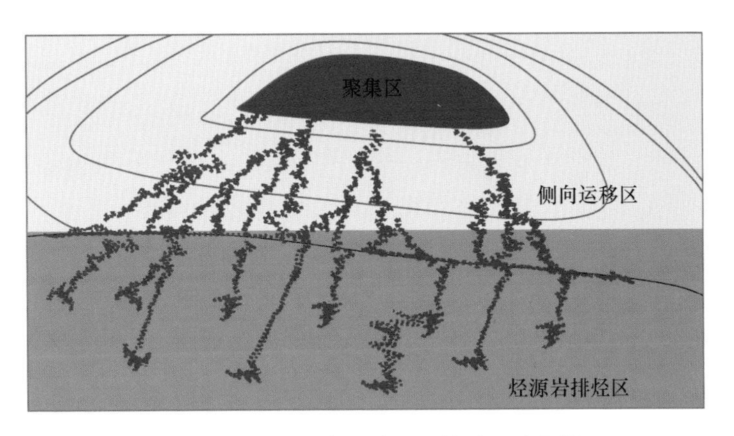

图 1-11　油气二次运移过程的平面示意图

地尺度上，油气在输导层内运移途中所损失的烃量 Q_{ms} 可用式(1-13)估算：

$$Q_{ms}=\rho_o S_r(Q_1+Q_2+Q_3)=\rho_o S_r\phi(S_t S_c h+d_l S_t S_l+d_l S_l W^2 L_v) \tag{1-13}$$

式中，Q_1 为烃源岩范围之内垂向运移通道内损失烃量；Q_2 为烃源岩范围之内侧向运移通道内的损失烃量；Q_3 为烃源岩范围之处侧向运移通道内的损失烃量；ρ_o 为原油密度；S_r 为残余油饱和度；S_c 为垂直运移阶段路径在通道中所占的比例；S_l 为烃源岩范围内的输导层顶面上油气侧向运移路径的比例；W 为烃源岩供烃范围的宽度；d_l 为运移路径的平均直径；ϕ 为输导层的孔隙度；h 为输导层的垂直视厚度；S_t 为烃源岩范围的面积；L_d 为距烃源岩范围边缘的特征距离（L/W）；L 为烃源岩范围外任一点到烃源岩边界的实际距离；L_v 为源外路径分布特征距离。

$$\begin{cases} L_v=L_d, & L_d\leqslant 0.125W \\ L_v=0.125+0.445\int_{0.125}^{L_d} L^{-0.3853}, & L_d>0.125W \end{cases} \tag{1-14}$$

近年来，实验研究发现（张发强等，2003；Luo et al.，2004），在运移发生的不同阶段，路径形成、路径形成后烃持续运移及运移完成后，运移路径上的烃饱和度都不相同。因而残留烃量的大小取决于两个方面：一方面是路径的特征，包括其微观的路径宽度、宏观的路径复杂度和范围、实际盆地内从烃源岩到圈闭之间通道的复杂程度以及通道物性特征等；另一方面是运移之后在路径上残留烃量的大小（Luo et al.，2008）。在实验中观察到运移路径上的残余油饱和度 S_r 只有 20%～50%（张发强等，2003；Luo et al.，2008）。

4. 非工业聚集损失量评价方法

油气沿输导体系运移的过程中将在圈闭的配置下发生聚集，但相当数量的油气聚集在小规模的圈闭中，形成小规模的分散聚集，因单个油气藏低于临界经济油藏规模，不具备工业开采价值，非工业聚集损失量指这些小规模的油气储量之和。

非工业聚集损失烃量可以应用 Pareto（帕雷托）定律或油藏规模序列法（Houghton et al.，1993；金之钧等，1999）估算（图 1-12）。该方法的依据是，某一成藏系统

内油气藏规模的序列，即储量由大到小排序服从 Pareto 定律，即

$$\frac{Q_m}{Q_n} = \left(\frac{n}{m}\right)^k \tag{1-15}$$

式中，Q_m 为序号等于 m 的油藏的概率储量；Q_n 为序号等于 n 的油藏的概率储量；k 为油藏储量规模变化因子；m、n 为油藏序列号，为整数序列（1,2,3,…）中的任一数值，$m \neq n$。若最大油藏（第 1 号）被发现，其储量为 $Q_{\max}$，则有

$$Q_{\max} = n^k Q_n \tag{1-16}$$

$$Q_n = \frac{Q_{\max}}{n^k} \tag{1-17}$$

尽管目前尚不能从理论上很好地解释该规律，但国内外大量含油气区的统计表明，油藏规模序列普遍服从 Pareto 定律（金之钧等，1999；郭永强等，2005；胡素云等，2007），能够用于推测尚未发现的油藏数量和储量。

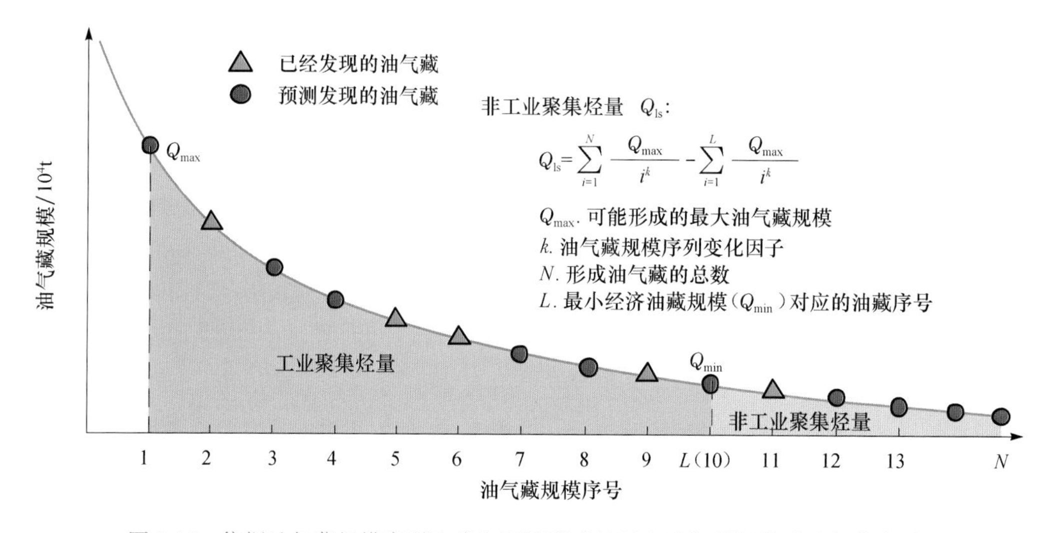

图 1-12 依据油气藏规模序列法确定可能形成的最大油气藏规模及油气藏序号

在估算非工业聚集损失烃量时，首先根据研究区已发现的油藏规模序列，应用 Pareto 定律推算最大油藏储量规模 $Q_{\max}$ 和所有可能形成油藏的规模序列 Q_i（$i=1,2,\cdots,N$ 代表油气藏序号），同时利用最小经济油藏规模评价方法（金之钧等，1999）确定工业油气藏最小下限标准 $Q_{\min}$，利用式(1-18)计算非工业聚集烃量 Q_{ls}。

$$Q_{ls} = Q_a - \sum_{i=1}^{L} \frac{Q_{\max}}{i^k} \tag{1-18}$$

式中，k 为油气藏规模序列变化因子，一般为 1～2；L 为最小工业油气藏（$Q_{\min}$）对应的油气藏序号；Q_a 为所有油藏内聚集的烃量，可通过对确定的油气藏规模序列统计求和计算，即

$$Q_a = \sum_{i=1}^{N} \frac{Q_{\max}}{i^k} \tag{1-19}$$

其中，N 为研究区能够形成的油气藏总数。

5. 研究区资源分布预测

在一个油气成藏系统中知道了供源的总量、在运移途中损失在路径中的油气量及与这些路径相关的非工业性油气聚集的总量，我们可以按照式(1-9)计算该油气成藏系统内的油气资源总量。但仅仅如此还不能认识油气资源的空间分布规律、准确预测待发现油气资源的空间分布位置，需要对上述方法进一步改进，以期减少勘探风险、优选勘探目标和提高勘探效益。因而，油气空间分布规律的预测是对传统资源评价方法的重要补充和延伸，前人在此方面做过许多工作（White，1993；郭永强等，2005；胡素云等，2007）。

由上述各节阐述可以发现，油气成藏动力学研究的方法十分有利于对待发现油气藏空间分布的预测，并可实现油气勘探的风险可视化。这是因为这个方法可以量化地描述油气运移的通道、形象地展示运移的路径［图 1-13(a)］。由于油气聚集都必定分布在运移路径附近，因而只要在模拟油气运移路径时假设非工业聚集量均匀或随机地分布在路径上，则有可能获得油气在各个运移路径段中的运移通量［图 1-13(b)］。

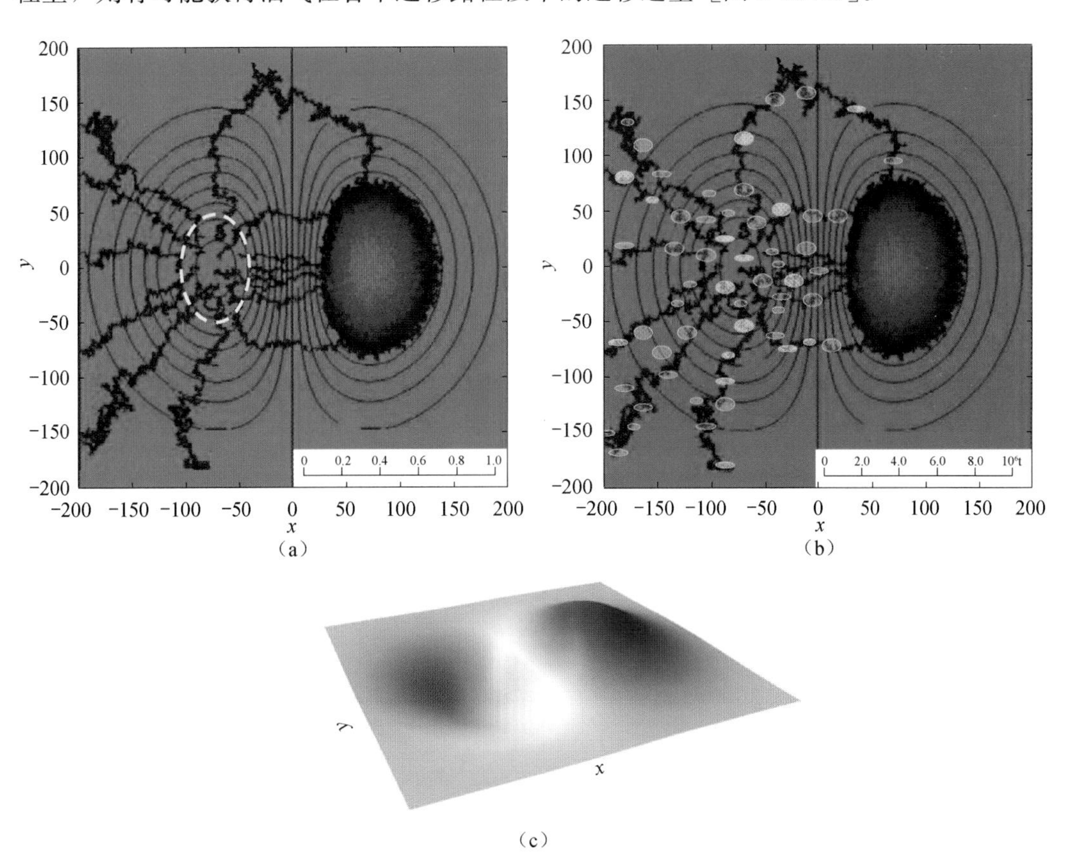

图 1-13 考虑运移途中烃损失量的油气运移路径模拟结果

(a) 模拟时仅考虑油气在路径中的损失量，不同的颜色表示油气沿路径运移的相对通量，图中左侧凹陷中的浅蓝色虚线圈中为排烃源的位置；(b) 模拟时不仅考虑油气在路径中的损失量，同时考虑与路径相关的非工业聚集宏观均匀地分布在路径附近，不同的颜色表示油气沿路径运移的绝对通量（图中以 10^6t 为单位）；(c) 图(a)、(b)中输导层的构造形态“左边为凹陷，右边为隆起背斜”；其中图(a)、(b)中横纵坐标为长度，数字为单位距离在模拟运移路径的形成时，从供源范围内任一供烃点起，油气运移的每一步不仅要扣除该步长所涉及的空间范围内运移路径上的损失量，还要扣除与该范围相关的非工业聚集量，所剩的称为可运移量。若可运移量为正，则油气继续运移，路径增长；若可运移量为零或负，则运移停止。当从其他供烃点运移的油气沿已形成的路径段运移时，油气不再损失，而该段路径中的运移通量增加；油气继续运移形成新的路径时，则再扣除新路径段中的油气损失量及对应的非工业聚集量。以此类推，油气运移路径不断形成，不断扣除新的路径上的油气损失量和对应的非工业聚集；不同供烃点的油气有可能因运移路径的合并而通过相同的路径，使得该段路径中的运移通量增加，但不再扣除路径中油气损失量及相应的非工业油气聚集量。若我们以不同的颜色表示不同的运移通量，则运移量在运移路径中的分布则可一目了然（图 1-13）。由图 1-13 中的运移路径分布及其通量分布可以直观地判断油气资源分布的主要方向及油气聚集的主要区域。路径越密，则形成工业性油气聚集的可能性越大；通量越高的路径附近形成油气藏的规模也就越大。

第二章 砂岩输导层及其量化表征

近年来，对于各种运移通道的输导特征的研究成为石油地质研究特别是油气成藏过程分析中备受关注的方向（郝芳等，2000），对碎屑岩类运移通道的地质建模、量化表征工作已陆续开展（陈占坤等，2006；罗晓容等，2007a，2007b）。输导体与储集体具有一定的共性，即它们都是具有一定的流体储集空间和渗透能力的地质体，但其根本差别在于输导体必须在一定的宏观空间范围内具有连通性，从而构成其输导性能。因而对于砂岩输导体的研究也与储层研究有一定的区别。本章主要讨论碎屑岩系输导层的概念、工作基础和研究方法。

第一节 输导层模型建立的方法

砂岩输导体的输导性能的量化表征是油气侧向运移机理和过程研究的基础，也是当前油气运移研究的前沿方向。在先前定性的油气运移研究中，砂岩输导体都被假设成均匀板状（Karlsen and Skeie，2006），至少在盆地尺度的研究中往往这样认为（Allen et al.，1990；England et al.，1991），因而仅采用流体势的概念和方法就可以对油气运移的路径和方向进行判断（Hindle，1997）。但在实际沉积盆地内，特别对于以河湖相沉积为主的陆相盆地，砂岩体往往是不同级别砂体在侧向上叠置延伸而成（Pranter et al.，2011），砂岩体的空间分布及内部结构变化多端，构成储层的沉积单元及沉积相均具有复杂性，砂岩体的物性特征具有极强的非均匀性（Weber，1986）。包含这些砂岩体的输导层在各个尺度上都不能被视为板状，油气在其中的运移也呈现出极度的非均一性，很难通过有限的露头精细解剖建立完备普适的模型，对这样的非均匀性输导层内的油气运移研究，仅考虑流体势是不够的（Bekele et al.，1999）。

可以收集到的输导体的信息总是不完备的，即便在勘探程度很高的盆地，探井的数目也是有限的，而地震等地球物理方法能够提供的资料的精度较低，多解性问题严重。20 世纪 80 年代兴起的储层地质建模工作在油田规模上研究储层岩性、几何形态、连续性及岩石物性的地层学和沉积学特征（于兴河等，2009），基于地质学、数学与计算机技术、地震技术等多个学科的进展及相互结合，综合分析和认识储层沉积特征、储层非均质性、储层物性与流体特征及其间的相互关系（贾爱林，2011）。其中产生的一系列研究思想和分析方法都值得在输导体的深入研究和量化分析中加以参考和引用。

1. 输导层的概念

沉积作用及成岩作用均可造成不同尺度的砂岩体（系）内部明显的非均匀性（Weber，1986）。从地质统计学角度，在描述可能作为侧向运移通道的输导体的输导特征时，每个井点的数据只能代表很小范围，要保证相关参数值在更大空间尺度上的代表性，则需要统计一定厚度范围内的砂岩体数据。这些数据的来源基于以下三方面考虑：①对于陆相盆地，在任何勘探程度下，能够获得的地下实际资料都不能完全确定区域盖层之下的输导层顶界附近的砂岩物性，即便是在参考油气田开发阶段资料的条件下，直接刻画几何连通砂岩体都是十分困难的（King，1990）；②对于砂岩与泥岩互层的地层，砂岩体分布往往具有非均匀性，侧向运移的油气不一定沿着盖层之下的小幅度范围运移（Karlsen et al.，2006），受运移动力作用的油气在运移过程中倾向于选择优势通道（Carruthers et al.，1998；Luo，2011），这可能使得油气在距盖层底界一定距离、输导性能更好的砂岩体中运移；③由于平面上的沉积相变化与垂向上的沉积相变化具有生成关系，具有一定厚度砂体的统计数据平面上具有更大范围的代表性。

因此，要进行盆地尺度的油气运移研究，砂岩输导体的输导性质及其相互关系的量化表征应在具有一定厚度的地层单位范围内进行。而具体的地层厚度及其在空间上的变化则须根据研究区油气运聚成藏系统的资料获得情况及对当地油气运移通道构成的认识来确定。

基于上述认识，我们提出输导层的概念并将其定义为：区域盖层之下具有一定厚度的地层单元中各输导体的总和，这些输导体在宏观上几何连接、油气运移发生时相互之间具有流体动力学连通性。

上述输导层概念中强调了对于输导层的研究须在一定的时空范围内进行，这是因为油气的运移和聚集在盆地演化过程中往往多次发生，每次运移过程相对于盆地的演化都十分短暂，但其间的时间间隔却可能很长（Hentschel et al.，2007）。在运移间隔期的盆地演化可以造成盆地内含油气系统的重大变化，如输导砂岩体物性特征及连通结构的重要变化，甚至可能造成油气成藏动力学系统的根本改变（如深大断裂开启、封闭导致成藏系统间的连通、隔绝），进而造成输导层分布范围及其输导特征的根本差异。因此，现今的油气源-输导层-圈闭之间的关系及输导层的物性特征往往不能反映地质历史所发生的油气运移的输导条件，而且不同期次的油气运移期间的输导层特征往往也不相同。

罗晓容（2008）认为，油气成藏动力学研究应该以一期油气成藏过程中从油气源到油气藏的统一动力环境系统为单元，定量研究油气供源、运移、聚集的机理、控制因素和动力学过程；重点关注油气成藏的时间、油气运聚的动力特征和背景及其演化、油气运聚的通道格架及其演化；实现运聚动力与通道的耦合，展现油气运移的路径特征、运移方向及运移量。这样，输导层的研究及相关模型的建立都应该限于时空范围有限的油气成藏动力学系统之内，且只对曾经发生过油气成藏的单元进行研究，以集中目标、深入开展工作。这样，油气成藏动力学系统自然地确定了输导层的时空范围。

2. 输导层模型建立

在输导模型建立前，首先需要在确定时空范围的前提下，根据沉积地层的生储盖组合特征确定组成输导层的地层单元。由于输导层的沉积过程一般与油气生成和运聚的时间间隔较大，在不影响对油气运聚期次判断的情况下，穿时的岩性地层亦可以作为输导层的基本单位。

考虑到碎屑岩沉积盆地中砂泥岩地层在结构及分布上的非均匀性，对输导层在平面上进行网格化处理，建立起输导层模型，以便进行输导层的量化表征。

首先，在平面上将所研究的成藏系统划分成一定密度的网格，输导层则由紧密排列的网眼尺度的柱状地层组成［图 2-1(a)］。对于砂岩输导体，一般以岩性地层为输导层的基本单位，输导层的厚度取决于资料的具备程度、研究尺度及该运聚成藏期该输导层在油气侧向运移和聚集过程中起作用的方式，各个柱状输导体所表征的输导性和连通性特征相互独立，由实际地质资料确定。这样做的好处是同一输导层内各个地层柱可以是同时沉积的，也可能是穿时的，甚至分属不同层位的地层，只要这些地层柱组成的输导层在运移过程中能够构成流体流动的通道。

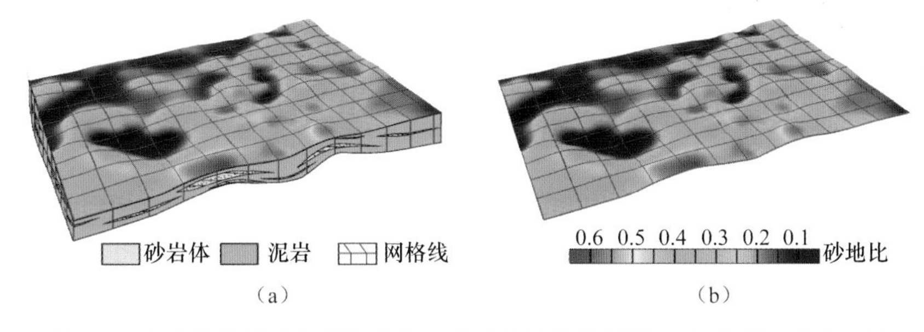

图 2-1 由输导性能粗化了的单元柱组成的输导层模型（a）及其二维化（b）

由于这个单元柱中的输导性能是统一的，油气在这样的柱状体内倾向于沿顶界运移，因而，可将图 2-1(a)所示的输导层模型简化为二维的模型［图 2-1(b)］。输导层模型的这个性质与当前流行的三维盆地模拟软件对地层单元的处理方式一样，也与地层面上流体势的处理方式一致。这样就带来输导性能表征及运移模拟分析方面的诸多便利：①油气运移的模拟分析在二维的“输导层面”上进行；②输导体和输导格架的量化表征变得简单，数据便于获得和处理；③与三维盆地模拟的建模思想一致，资料处理方式相似，图件格式相似，易于实现软件间的无缝连接；④可以实现不同的勘探程度、资料密度、研究尺度的运移模型一体化；⑤三维问题二维化处理，模拟运算速度快，有利于模型的调整、筛选及对模拟结果的优选处理；⑥可以建立穿层的输导层，为不整合类输导层的建立奠定基础。

3. 输导层的几何连通性

不考虑断裂的连通作用，砂岩体之间连通的必要条件是砂岩体之间的直接接触，即在几何空间上砂岩体之间是相互连通的，这是砂岩体构成输导体的基本连通方式，而表征这种连通特征的关系称为几何连通性。对于砂体的连通方式，前人在面向油田开发的储层描述中研究较多（Allen，1978；King，1990；裘亦楠，1990；Jackson et al.，2005）。Allen（1978）提出了用砂地比的临界值在剖面上判定砂体连通程度的理论模型。裘亦楠（1990）根据中国含油气盆地的实际情况对 Allen（1978）的临界值作了补充修改，认为河道砂岩密度大于 50%，砂体连通性很好，砂体大面积连通；砂岩密度小于 35%，则属孤立河道砂体；砂岩密度为 35%～50%，需作具体分析。

King（1990）利用逾渗理论研究了叠置砂岩体间的连通性问题。他发现存在一个砂地比特征门限值，低于该门限值时砂岩体之间基本不连通。随着砂地比值越来越高，砂体之间开始叠置，形成连通砂体集群。最后，在砂地比达到该门限值时就会有连通的砂体群贯通研究单元，连通输导体形成。这一砂地比门限值被称为“逾渗阈值”。King（1990）发现，对于一个包含各向同性砂体的无限延伸的概念体系［图 2-2(a)］，三维的逾渗阈值为 0.276，而二维的逾渗阈值约为 0.668［图 2-2(b)］。以后，Jackson 等（2005）提出一个薄层状砂、泥岩互层的储层综合模型，并估算其水平逾渗阈值为 0.28，与 King（1990）的模型相似，但垂直逾渗阈值要大一些，约为 0.5，他们解释这是层状砂岩体在垂向上易于被泥质岩层分隔的缘故。

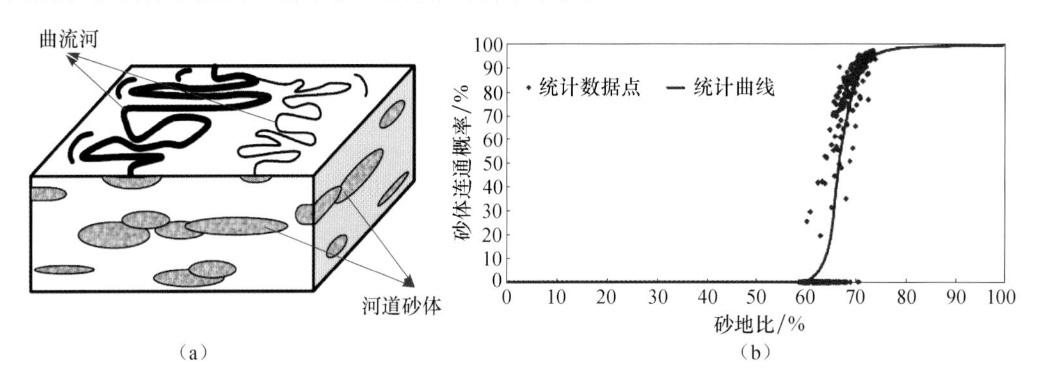

图 2-2　河流相砂岩体连通性评估模型

(a) 河流相砂岩体叠置模型；(b) 砂岩体连通概率与砂地比关系模拟结果（King，1990）

为此，可在 King（1990）的砂岩体空间分布概率模型基础上，采用高斯拟合建立式(2-1) 来描述输导层内砂岩体之间的连通性。

$$P=\begin{cases}0, & h\leqslant C_0\\ 1-e^{-(h-C_0)^2/b^2}, & h>C_0\end{cases}\tag{2-1}$$

式中，h 为砂地比；C_0 为逾渗阈值；$b^2=(C-C_0)^2/3$，为连通指数，C 为完全连通系数，如图 2-3 所示。

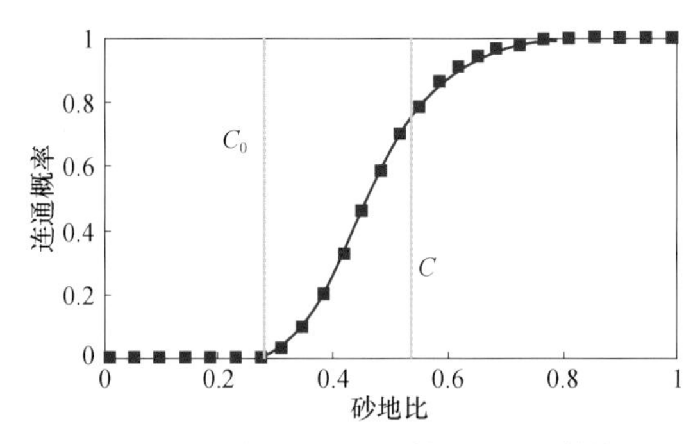

图 2-3　砂岩输导层内砂岩体连通性评估模型

这样，对于每一个输导层，只要能够确定砂岩连通的砂地比逾渗阈值 C_0 和砂岩体间基本连通的砂地比值，就可利用上述连通概率模型获得地层的连通性情况。

利用上述方法对准噶尔盆地西北缘三叠系乌尔禾组划分的四个储层段进行输导层连通性分析，根据露头和井下层序地层学和沉积相特征研究，将乌尔禾组划分为 4 个层段，分别进行了钻井砂地比统计，采用克里金法预测了研究区输导层段砂地比空间分布图［图 2-4(a)］。图 2-4(a)中展示的砂地比分布受沉积相带的控制，砂地比由北向南逐渐由 60%以上降低到 20%以下。在 C_0=0.25、C=0.46 的条件下，所获得的输导层连通性的结果如图 2-4(b)所示。

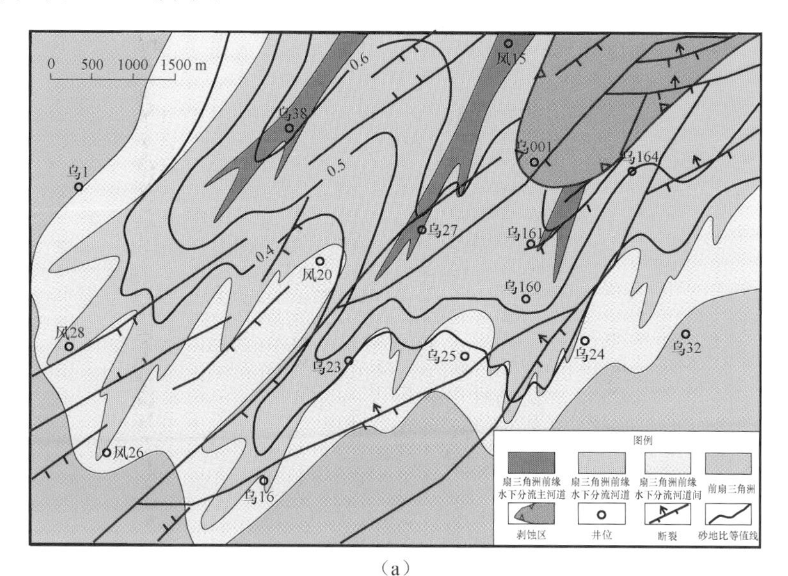

(a)

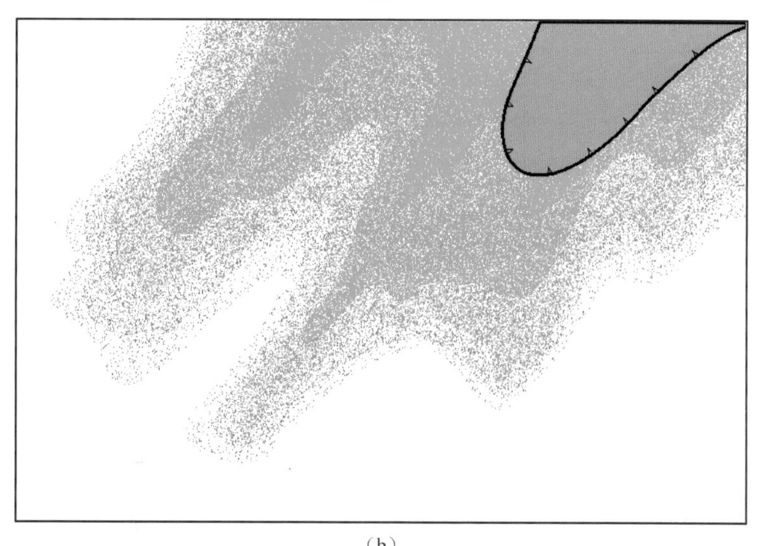
(b)

图 2-4 准噶尔盆地西北缘三叠系乌尔禾组工段输导层砂地比及侧向连通输导体

由图可见，在砂地比值小于 40%，输导层的连通性变差，但输导层每个部分之间仍保持一定连通性；当砂地比值小于 30%，尽管在单元格上，仍有部分储层保持连通，但整体上输导层侧向连通很差，不能构成空间上的几何叠置，因而这部分输导层内基本没有连通成片的砂岩体。

我们用同样的方法对准噶尔盆地南缘安集海河组输导层进行了连通性分析，获得的结果如图 2-5 所示。可以看到，该输导层内主体的砂地比很低，大部分地区小于 30%，因而连通砂体仅分布在研究区东部山前；远离山前，输导层连通性明显变差。

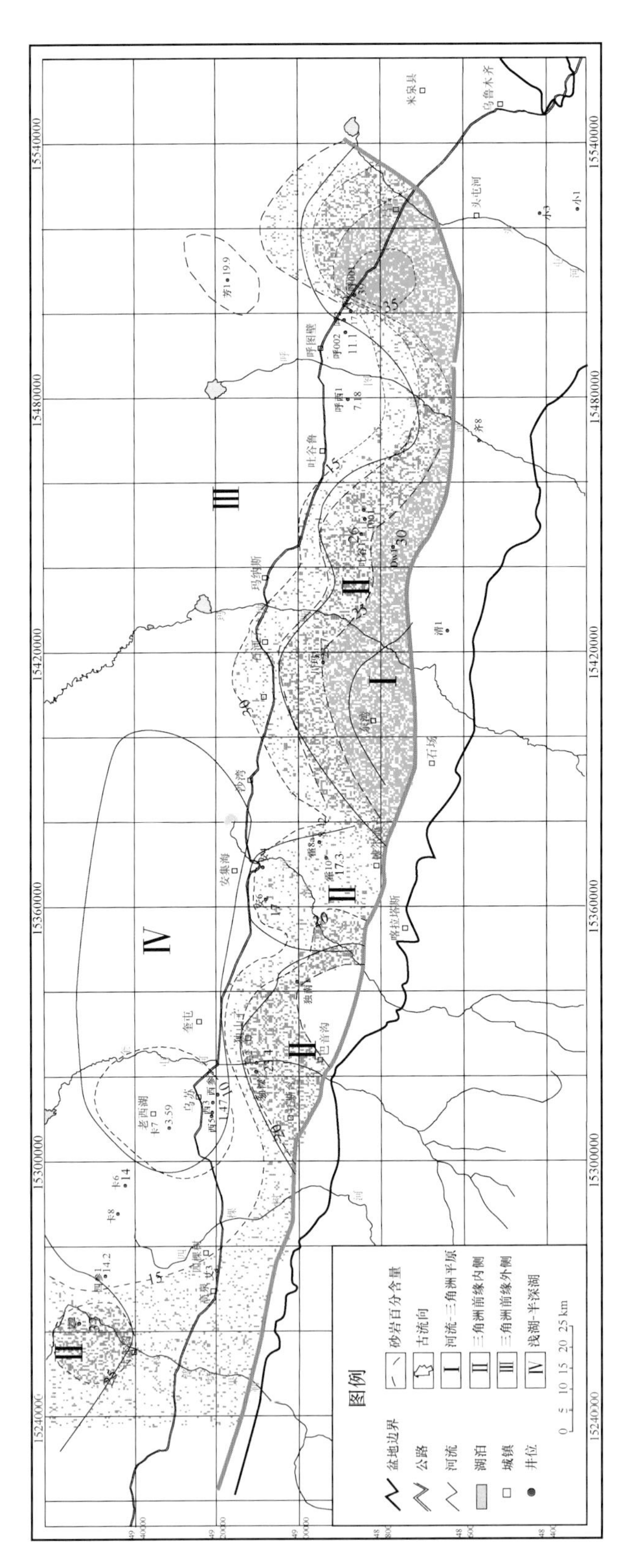

图 2-5 准噶尔盆地南缘安集海河组输导层侧向连通性

4. 输导层的流体连通性

砂体的空间几何连续并不一定表示砂体就是水动力连通的，叠覆砂体之间薄薄的一层泥质纹层就有可能隔断流体的流动路线。砂体几何连通性主要反映了输导体的“静态”展布特征，它受沉积作用控制。但由于砂岩体之间可能存在的泥岩夹层或成岩夹层将导致砂岩体间的水动力学隔绝，因而几何连通的砂岩体仅仅是地下流体或油气“潜在”的运移通道，并不一定就能提供流体流动的通道。其能否成为某一油气运移期的流体运移通道，要看在该期对应的时间段内该输导层是否能够允许流体在盆地流体动力条件下在砂岩体之间流动，称之为砂体的流体动力学连通性。

水动力连通性需要在地质资料研究的基础上，参考大量生产动态信息进行研究。目前应用最广泛的方法包括示踪剂技术、油气地球化学分析方法、地层压力变化判别法和类干扰试井方法。吕明胜等（2006）利用动态生产监测资料中获取的井口压力和产液量计算油井产能，进而评价井间连通性。于海波等（2007）在静态资料的基础上，通过单井原始地层压力、折算压力、干扰试井、压力降落特征、油藏压降特征、新井投产与相邻井变化特征等 6 种方法研究了塔河 4 区奥陶系洞穴系统之间的连通性。

但这些方法所能获得的都是现今砂岩体间所展现的流体连通性特征，而对于发生在古代的油气运移而言，需要了解当时的砂岩体之间是否连通，这就需要砂岩体内目前能够较为容易地获得，但又能很好地指示当时流体流动特征的地质参数。在先前的研究中，我们曾经通过对砂岩成岩特征的细致观察，在确定成岩序列及油气充注关系的基础上分析在主要油气运聚期输导层内砂岩体相互间的流体连通性关系（罗晓容等，2007a）。成岩作用的进行必然要通过大量的地下水循环才能完成，相同的成岩过程和成岩系列表明了无论砂岩体之间具有什么样的空间关系和流体通道，它们之间在成岩作用发生时构成了统一的流体动力学系统，相互间是连通的。

因而在给定的足够精细的层序格架范围内统计成岩产物的空间分布，有可能确定砂体之间的水动力连通关系，为下一步输导格架的建立奠定基础。这种方法就是以能够识辨的油气充注作为划分盆地流体流动期次的标志，进而确定与主要油气运聚期对应的成岩产物，将其作为该期流体流动的产物，用以判断砂岩体之间的流体连通性。

在塔里木盆地环满加尔拗陷的志留系地层中，普遍存在早期（晚加里东期）形成的油藏后经破坏后，形成广泛分布的含沥青砂岩（图 2-6）。固体沥青往往形成储层中致密的填隙物，造成储层物性变差。但这些沥青通常在岩心和岩屑中含量较多，易于发现，因而也可以用作指示砂岩体间连通性特征的标志。

岩心观察表明，塔中志留系储层中沥青以顺层状、均匀块状和斑块状分布。在荧光薄片下主要呈橙色、褐色、浅黄色等，主要充填于石英和长石颗粒间隙中，或者以浸染状分布于黏土杂基中。根据综合录井资料、薄片鉴定结果，结合前人的研究成果，统计了各单井内储层沥青的分布情况，结果表明塔中志留系沥青砂岩的分布相当广泛，在全区钻遇志留系的 105 口探井中，有 62 口井发现了沥青砂岩，约占总井数的 60%。平面上，沥青砂岩分布在整个研究区。其厚度高值出现在中央主垒带、10 号断裂带和 1 号断裂带等继承性古隆起上，在构造低部位（如塔中 37 井）和盆地边缘（如塔中 4 井）也有不同程度分布。从沥青砂岩厚度图上（图 2-6），可明显看出沥青砂岩厚度差异明显：最小厚度不足1m，最大厚度达 78m，一般变化范围为 10～35m，平均厚度为 25.8m。高值区出现在塔中35—塔中 49、塔中 122—塔中 111、塔中 54 和塔中 37 井区附近，其中塔中 111 井附近砂岩厚度最大，平均厚度在 50m 左右，其余几处厚度高值中心处沥青砂岩厚度一般在 20m以下。沥青砂席状分布，表明其在加里东晚期处于大面积连通状态。

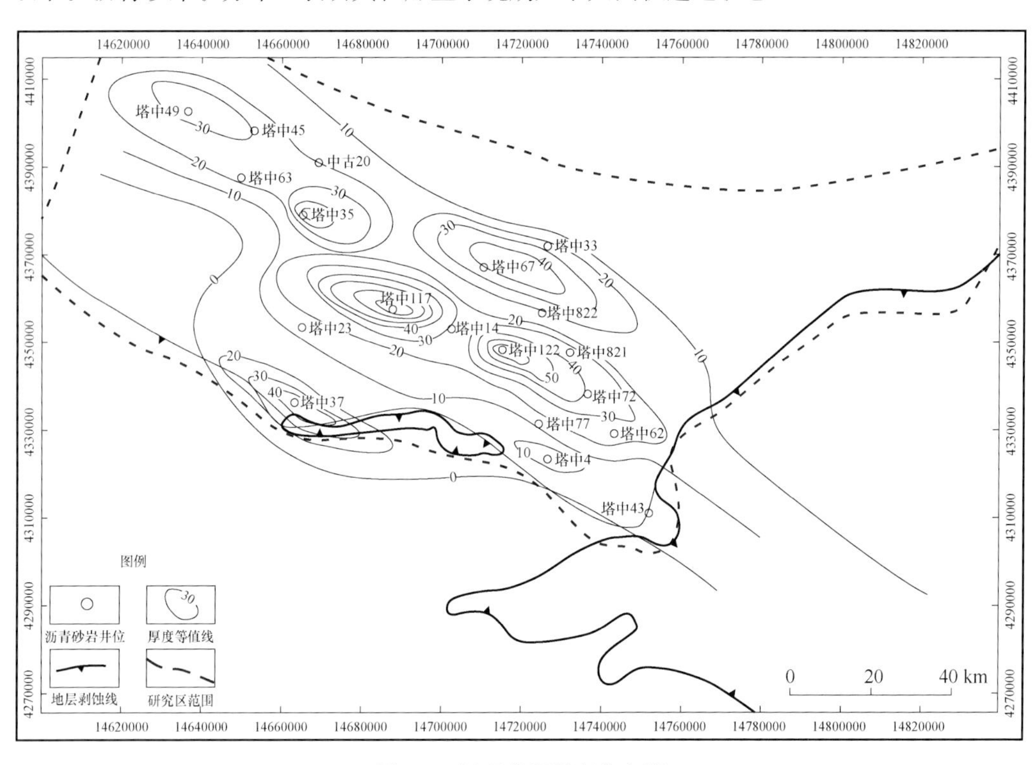

图 2-6　沥青砂岩厚度分布图

塔中志留系输导层经海西期之前沥青化作用后的流体动力学连通特征一直备受关注（刘国臣等，1999；刘洛夫等，2001）。早期有学者提出沥青砂形成以后，沥青占住了岩石孔隙，将储层破坏殆尽，形成沥青封堵圈闭（张俊等，2004）。现今的油气发现和室内物理实验可能并不支持这种观点。因为，现今所发现的志留系高产工业油流（塔中 11 井、塔中 111 井和塔中 117 井）和低产油流（塔中 35 井、塔中 12 井、塔中 50 井）产层和产油段也都是沥青砂岩段。实际上，通过统计含沥青砂岩井与可动油井发现，几乎所有发现有可动油钻井内都不同程度地揭示有沥青砂。岩心观察也证实沥青砂岩内有干沥青、软沥青、稠油和轻质油普遍共存现象（图 2-7），反映了晚期油气曾对沥青砂岩再次充注的过程。并可发现储层沥青与可动油之间在垂向上呈多种接触关系（刘洛夫等，2000）。

在偏光显微镜下，早期沥青质沥青和晚期油质沥青呈共存现象也很普遍，并且两者之间通常呈互补关系（图 2-8）。综上可见，早期原油沥青化并未有效阻止后期可动油的再次充注。因而，在志留系输导层中广泛的沥青分布表明其在加里东成藏期具有良好的流体连通性，后期只要孔隙空间没有被沥青及晚期铁白云石充满，塔中志留系沥青砂岩输导层的流体连通性就能保持。

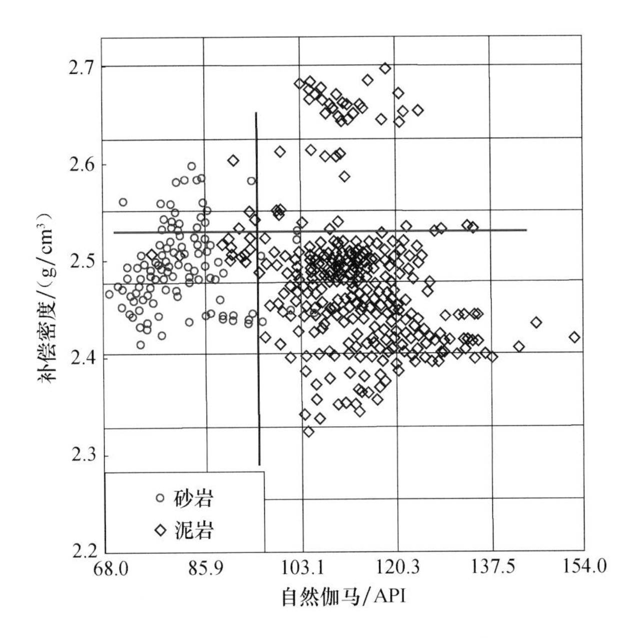

图 2-18 莫 7 井伽马-密度交会图

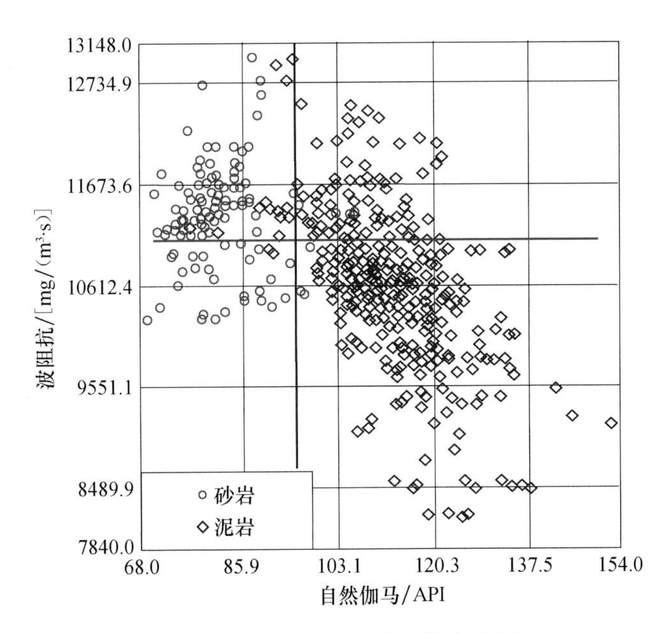

图 2-19 莫 7 井伽马-波阻抗交会图

图 2-20(a)是莫索湾地区岩性-伽马关系图，从图中可以看出，砂岩的伽马值主要为 60～80API，而泥岩的伽马值主要为 85～120API，因此利用伽马值能够区分砂岩和泥岩［图 2-20(a)］；伽马-波阻抗交会图反映砂岩、泥岩的波阻抗值，虽然有个别点范围重叠，但大部分的波阻抗值在 11000 处可以区分［图 2-20(b)］；伽马-声波时差交会图也与波阻抗图有相似之处，可以区分［图 2-20(c)］；伽马-密度交会图反映砂岩泥岩的密度值范围重合，利用密度值不能区分砂泥岩［图 2-20(d)］。

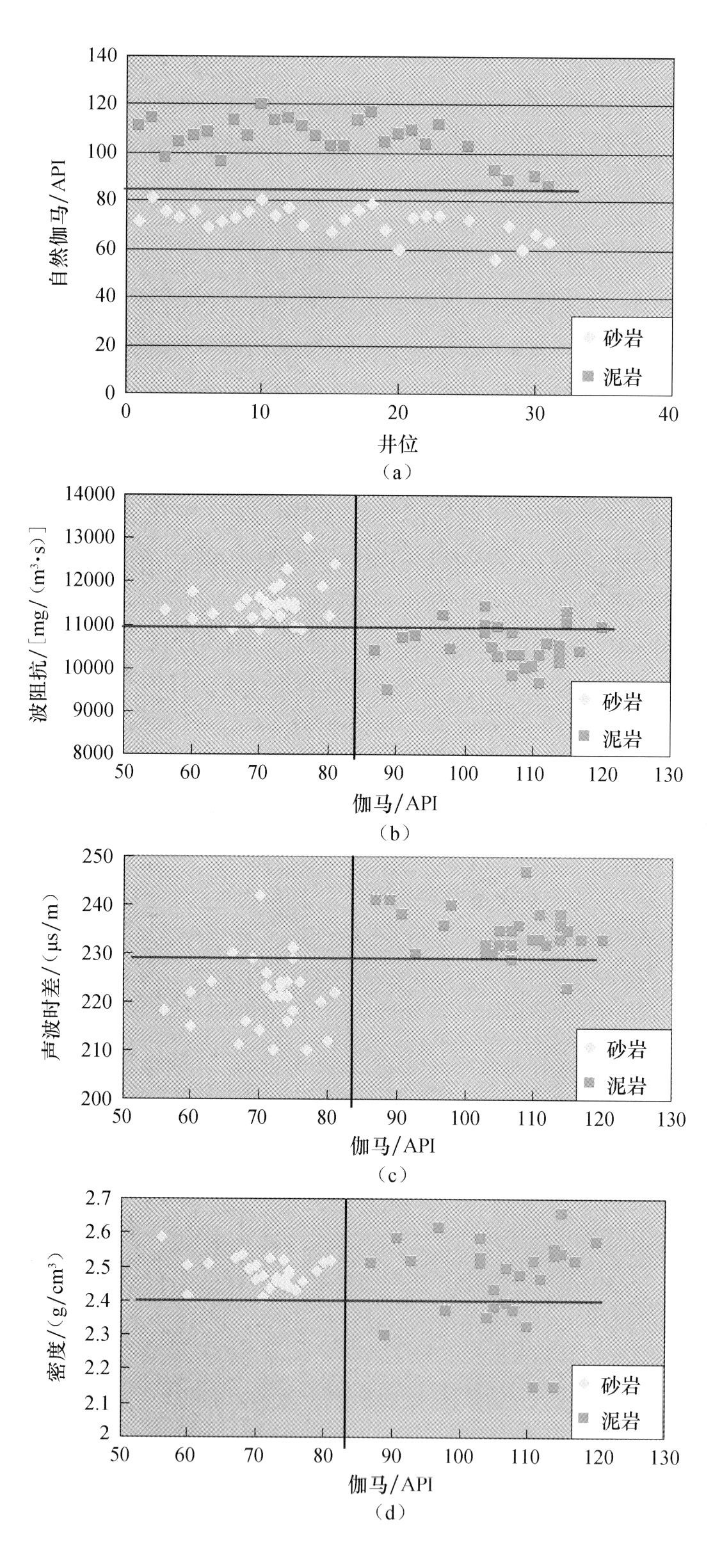

图 2-20 莫索湾地区岩性-伽马关系图 (a)、伽马-波阻抗交会图 (b)、伽马-声波时差交会图 (c) 及伽马-密度交会图 (d)

对莫索湾地区目的层段进行频谱分析可知，目的层的有效频带宽度为 0～50Hz，主频约为 30Hz（图 2-21）。根据频谱分析结果，利用统计方法与最优化方法相结合的方式提取子波，确定子波的振幅和相位，利用此子波进行标定，使其合成记录与井旁地震道达到最大相关，从图 2-22 可以看出标定效果较好，盆 5 井相关系数为 0.673，莫 104 的相关系数为 0.746。

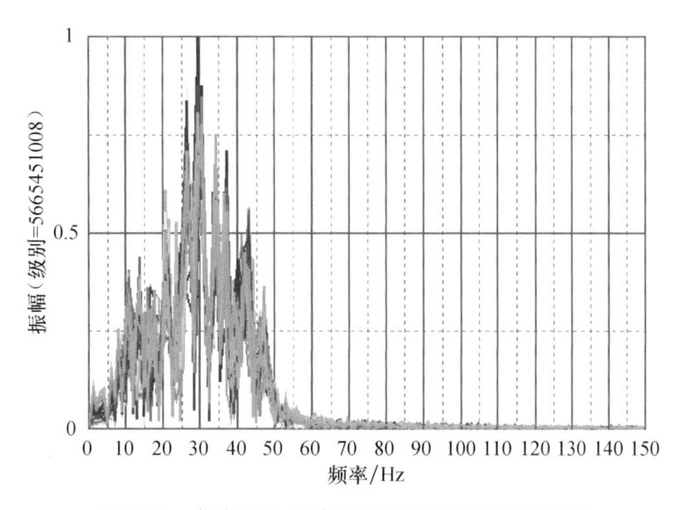

图 2-21 莫索湾地区侏罗系三工河组频谱分析图

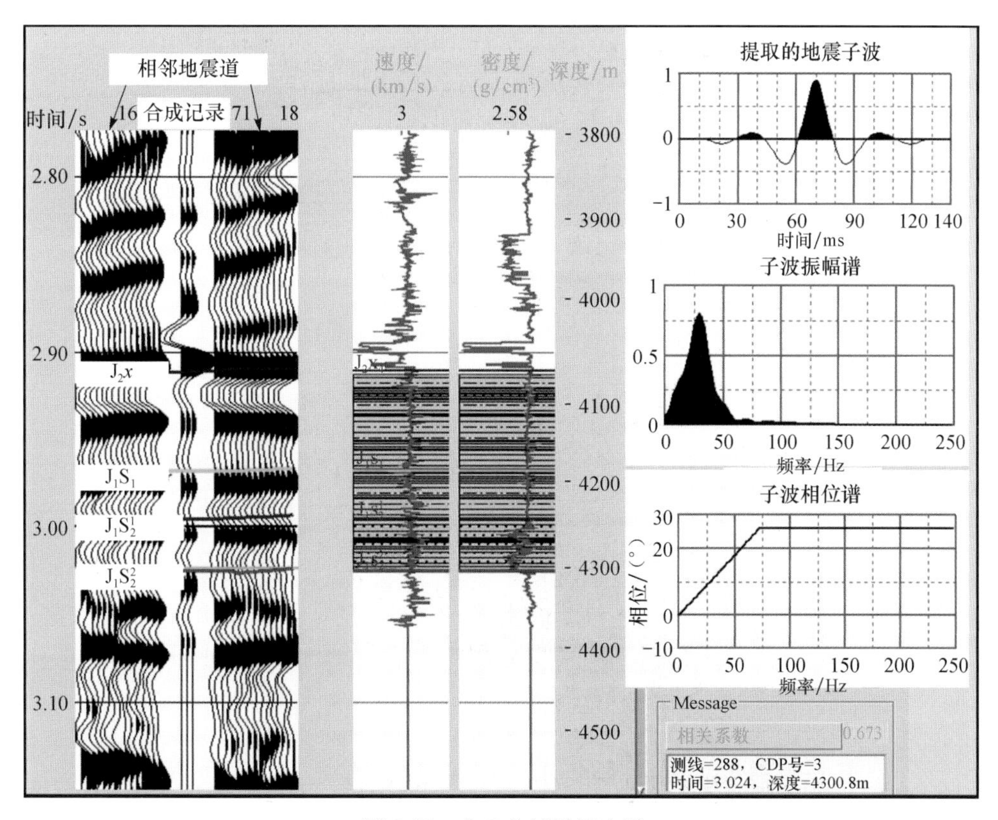

图 2-22 盆 5 井储层标定图

子波提取和精细储层标定之后，创建反演初始模型，进行测井约束波阻抗反演，并在波阻抗反演的基础上进行伽马参数、速度参数的反演。图 2-23、图 2-24、图 2-25 分别为盆 6—莫 105—莫 104—莫 103—莫 102—莫 107 连井线的波阻抗反演剖面、伽马反演剖面及速度反演剖面。

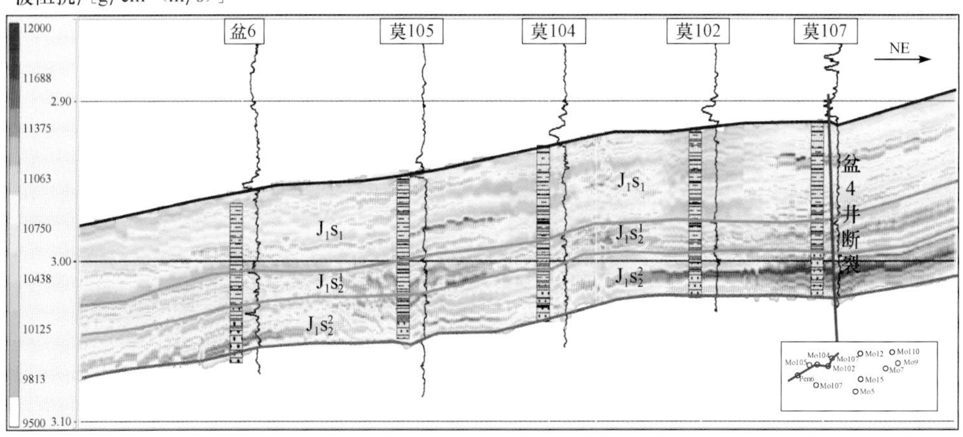

图 2-23 莫索湾地区盆 6—莫 107 波阻抗反演剖面图

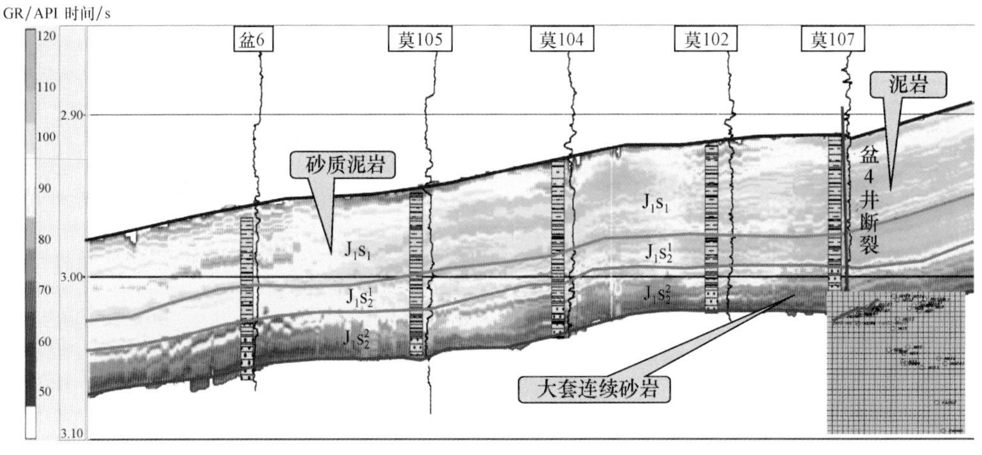

图 2-24 莫索湾地区盆 6—莫 107 伽马参数反演剖面图

从图 2-23 中可以看出侏罗系三工河组中下段（$J_1s_2^2$）砂体在纵向上较连续，而在侏罗系三工河组上段（J_1s_1）和侏罗系三工河组中上段（$J_1s_2^1$）只有少量砂体存在，砂体的连通性较差，从盆 6 井到莫 107 井，从远物源到近物源区，该段砂体厚度逐渐增大。从图中还可以看出侏罗系三工河组中下段砂体（$J_1s_2^2$）在莫 102 井、莫 107 井连通性较好，可见侏罗系三工河组中下段（$J_1s_2^2$）砂体连通性在纵向上优于其他层砂体。

从图 2-24 中可以看出，侏罗系三工河组中下段（$J_1s_2^2$）砂体为大套砂岩，其伽马值为 50～70API，但与波阻抗反演结果相比，伽马反演对岩性的反映更加敏感，将其与波阻抗反演综合应用能避免基于模型的波阻抗反演的多解性。

从图 2-25 可以看出，速度反演剖面与波阻抗反演剖面形态大致相同，其在反映岩性的同时，还清楚地反映了剖面上任意一点的速度，为后面计算砂体厚度奠定了基础。

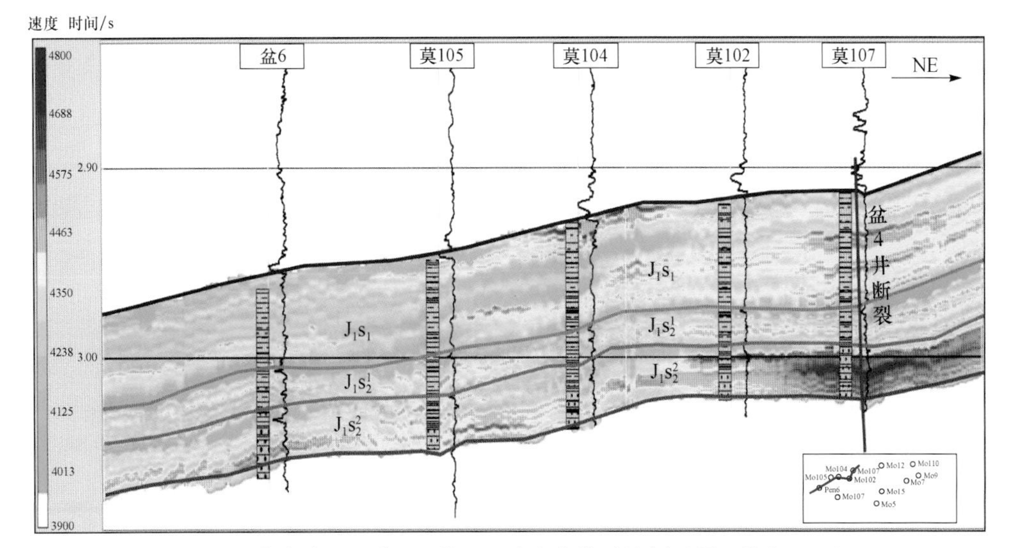

图 2-25 莫索湾地区盆 6—莫 107 速度参数反演剖面图（单位：m/s）

三工河组中下段（$J_1s_2^2$）砂体厚度大，连续性好，还可看出剖面砂体两端厚度大、中间变薄，这是因为北西向和北东向物源在相向推移时，在距离物源较远的中间位置沉积物减少，导致砂体厚度减小。在莫 108 井附近砂体厚度变小，砂岩速度约为 4550m/s，泥岩速度约为 4350m/s，砂岩厚度明显大于泥岩厚度。

3. 储集体平面几何连通性特征

莫索湾地区在早侏罗世三工河早中期为三角洲前缘亚相发展的鼎盛时期，物源充足，砂体分布范围较广，从最大绝对值振幅属性［图 2-26(a)］、平均峰值振幅属性［图 2-26(b)］、均方根振幅属性［图 2-26(c)］、平均反射强度属性［图 2-26(d)］中均可以看出砂体的分布，图中黑色线条划出的区域为砂体的分布，可见距离物源近的区域砂体分布较多，距离物源远的区域砂体分布较少。从这几幅图中都可以看出其砂体分布范围大致相同，说明属性组合能基本反映砂体的平面分布。

莫索湾地区在早侏罗世三工河中晚期三角洲前缘亚相沉积开始衰退，物源不及早中期充足，砂体分布范围减小，从最大绝对值振幅属性、平均峰值振幅属性、均方根振幅属性、平均反射强度属性中均可以看出其砂体分布范围小于中下段砂体，图中黑色线条划出的区域为砂体的分布，可见由于物源的减少，砂体分布范围开始减小。

根据砂岩和泥岩测井响应特征可知，砂体波阻抗主要为 10882～13014mg/(cm³·s)，平均值约为 11000mg/(cm³·s)，泥岩波阻抗主要为 9495～11467mg/(cm³·s)，平均值约为 10350mg/(cm³·s)。图 2-25 中对应砂岩平均波阻抗值的红色区域及深橙色区域为纯砂体分布区域，而对应泥岩平均波阻抗值的绿色区域为纯泥岩分布区域，介于其中的黄色区域及浅橙色区域为泥质砂岩或砂质泥岩分布区域，由此可见纯砂体主要分布在研究区北部、中部以及东部，纯泥岩主要分布在研究区的北西部，泥质砂岩主要分布在研究区南部。

结合属性分析和地震反演，认为三工河组中下段平面上可以分为分为五个砂体，分

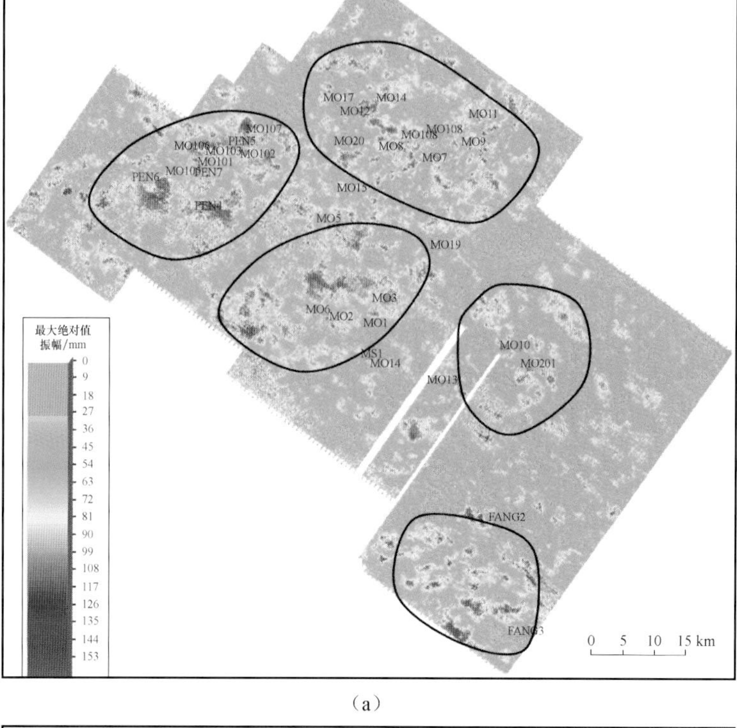
最大绝对值
振幅/mm
0
9
18
27
36
45
54
63
72
81
90
99
108
117
126
135
144
153
MO17
MO14
MO12
MO11
MO107
PEN5
MO103
MO101
MO102
MO108
MO20
MO8
MO9
MO7
PEN7
PEN6
MO15
MO5
MO19
MO3
MO6
MO2
MO1
MS1
MO14
MO10
MO201
MO13
FANG2
FANG3
0 5 10 15 km

（a）

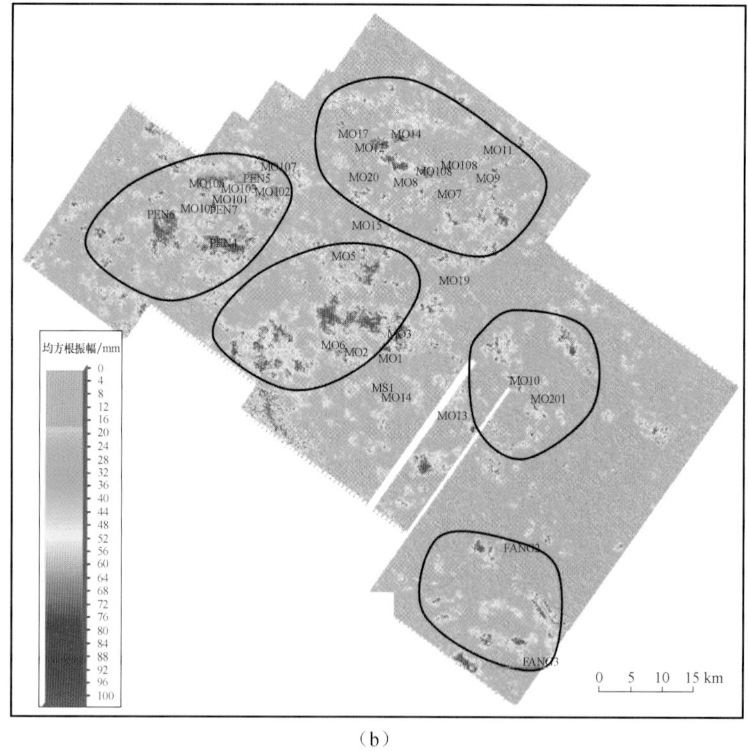
均方根振幅/mm
0
4
8
12
16
20
24
28
32
36
40
44
48
52
56
60
64
68
72
76
80
84
88
92
96
100
MO17
MO14
MO12
MO11
MO107
PEN5
MO103
MO101
MO102
MO108
MO20
MO8
MO9
MO7
PEN7
PEN6
MO15
MO5
MO19
MO3
MO6
MO2
MO1
MS1
MO14
MO10
MO201
MO13
FANG2
FANG3
0 5 10 15 km

（b）

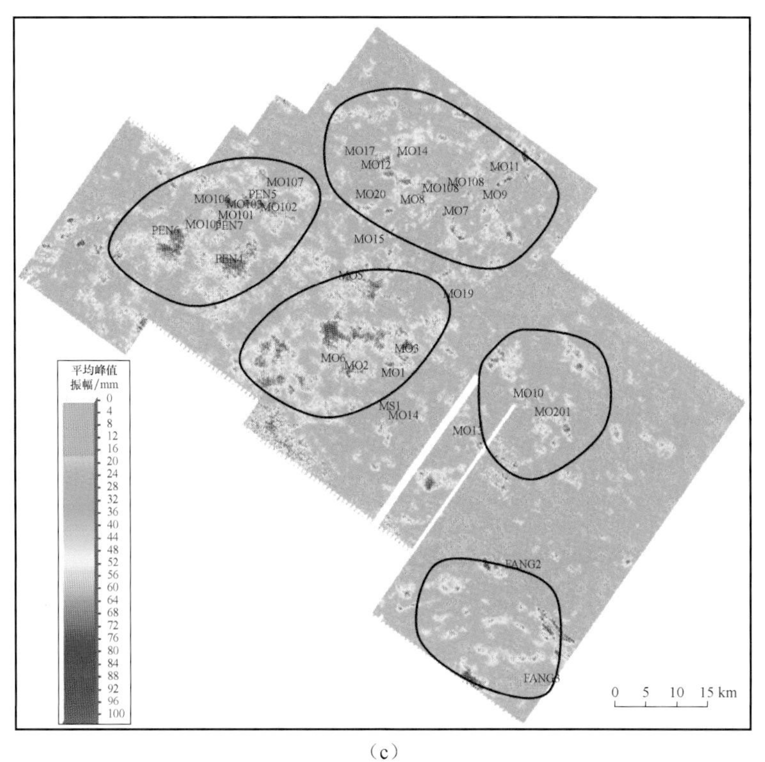

（c）

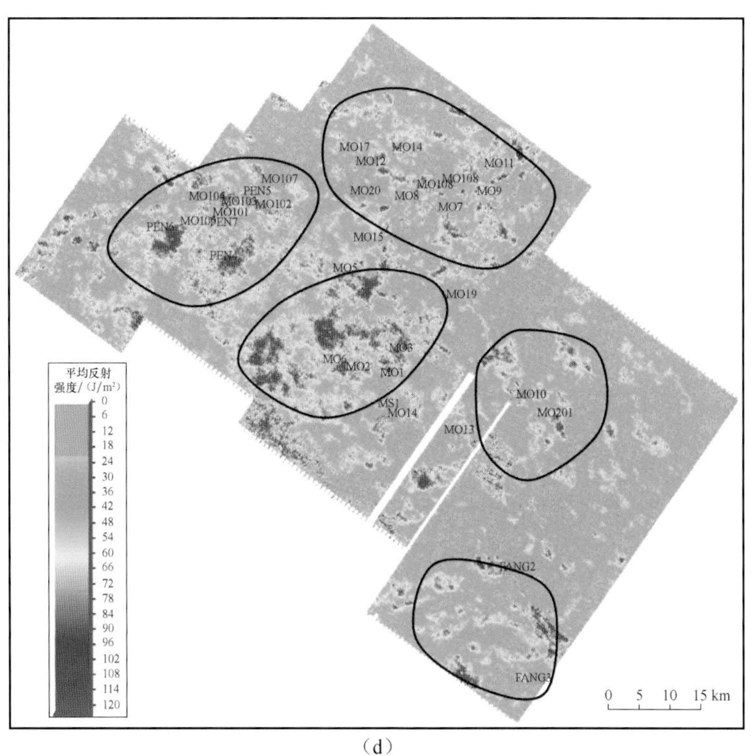

（d）

图 2-26　莫索湾地区三工河组中下段沿层提取地震振幅属性特征平面分布图

（a）最大绝对值振幅；（b）平均峰值振幅；（c）均方根振幅；（d）平均反射强度

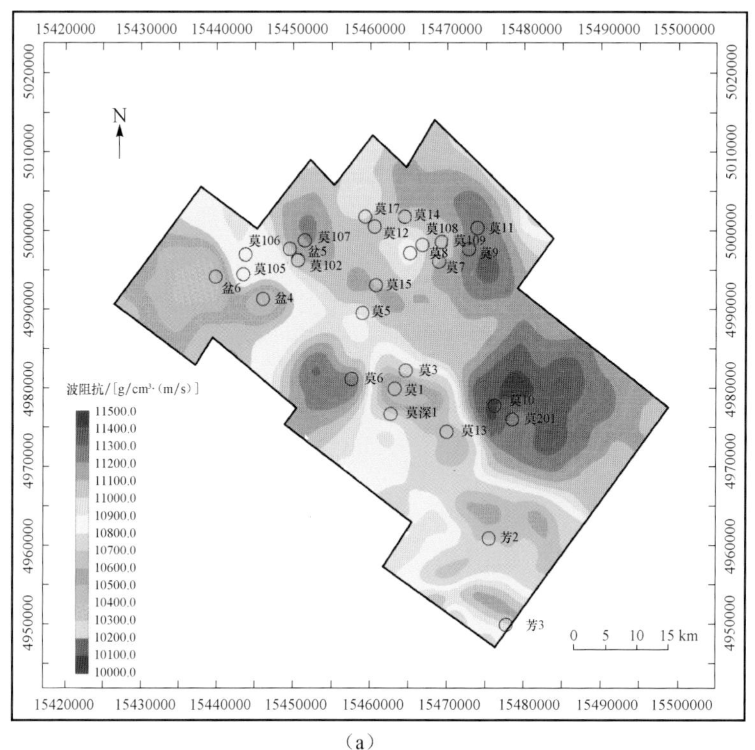

(a)

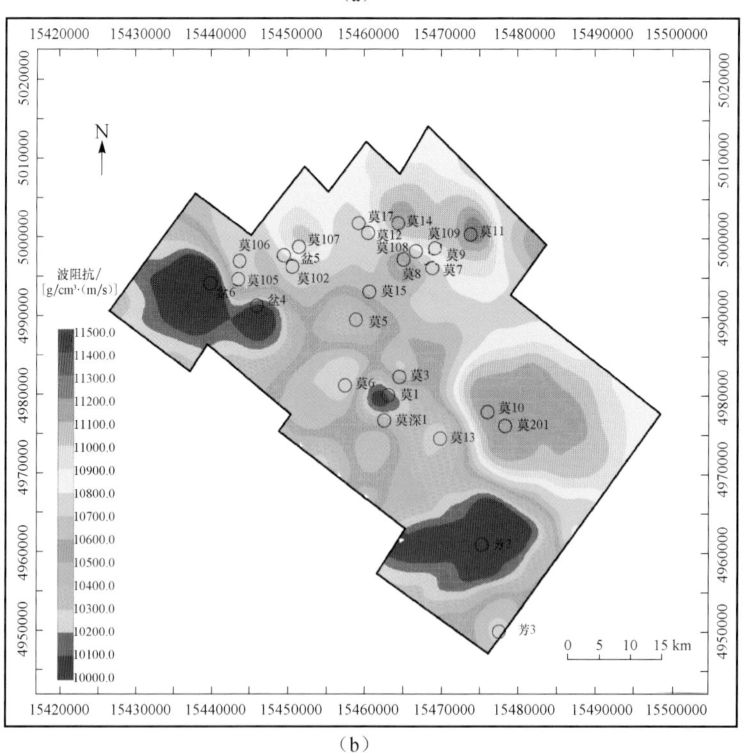

(b)

图 2-27 莫索湾地区三工河组中下段及中上段用波阻抗表征的砂体平面分布图

(a) 莫索湾地区侏罗系三工河组中下段砂体平面分布图；(b) 莫索湾地区侏罗系三工河组中上段砂体平面分布图

别以其相邻井命名为：盆 5 井砂体、莫 9 井砂体、莫 10 井砂体、莫 6 井砂体及芳 3 井砂体。从图 2-27(a)中可以看出莫 9 井砂体、莫 10 井砂体、而盆 5 井砂体、莫 6 井砂体规模较小。盆 5 井砂体位于研究区北北西部盆 5 井附近；莫 9 井砂体位于研究区北东部莫 9 井附近；莫 10 井砂体位于研究区东部莫 10 井附近，它与莫 9 井砂体相连；莫 6 井砂体位于研究区西部地区莫 6 井附近，它与莫 9 井砂体连通。

与研究区沉积相图进行对比可知，研究区在早侏罗世早中期为三角洲前缘亚相发育的鼎盛时期，整个工区的主要岩性为砂岩或含泥质的砂岩，从平面图中也可以看出整个工区的砂岩分布。莫索湾地区三工河组砂体的形成主要有北东及北西两个物源方向，来自北东向的砂体在沿工区推进时砂体逐渐减薄，因此形成了工区北东向砂体分布较多南西部砂体分布较少的现状。

三工河组中上段（$J_1s_2^1$）岩性［图 2-27(b)］主要为砂岩、泥质砂岩、砂质泥岩、泥岩，砂岩主要分布在研究区的北部莫 11 井、莫 12 井、盆 5 井及东部的莫 10 井附近，而泥岩主要分布在盆 6 井以西、芳 2 井附近。这与该时期的沉积相图吻合较好，由于湖盆面积扩张，三角洲前缘相带的规模较三工河组中下段有所减小，其中有利于油气聚集的有利砂体的规模也相应缩小。

结合属性分析和地震反演，三工河组中上段平面上可以分为三个砂体，分别以其相邻井命名为：盆 5 井砂体、莫 9 井砂体、莫 10 井砂体。盆 5 井砂体位于研究区北北西部盆 5 井附近；莫 9 井砂体位于研究区北东部莫 9 井附近，它与盆 5 井砂体相连；莫 10 井砂体位于研究区东部莫 10 井附近，它与莫 9 井砂体相连。与三工河组中下段（$J_1s_2^2$）的砂体相比，三工河组中上段（$J_1s_2^1$）砂体规模都较小。与研究区沉积相图进行对比可知，研究区在早侏罗世中晚期，由于湖进的影响，三角洲前缘亚相进入衰退期，砂岩分布减小，出现大量含泥质的砂岩。

第三节　准噶尔盆地西北缘输导层

准噶尔盆地西北缘在早二叠世佳木河组沉积期仍为裂陷环境，至早二叠世晚期控制西北缘扎伊尔裂陷的边界断层由张性转变为压扭性，才开始了准噶尔西北缘前陆盆地的发展历史，但其逆冲掩覆规模最大，前陆盆地的地层序列也最厚（何登发等，2000）。在准噶尔盆地西北缘发育的前陆冲断带对该地区的油气运移和成藏具有重要控制作用，克拉玛依—百口泉断裂带、乌尔禾—夏子街断裂带仅是该前陆冲断带的前锋断裂，其后缘即西北方向还发育一系列推覆体（杜社宽，2005）。目前，已在西北缘推覆体的前锋带发现了上盘地层超覆油气藏、前缘断块油气藏、前缘单斜带斜坡区油气藏，已探明的石油储量超过 10 亿 t。近年来的研究成果和勘探成果均表明，西北缘推覆体之下的石炭纪—二叠纪—三叠纪准原地系统沉积岩中具有良好的油气成藏条件，该地区将成为西北缘最重要的勘探领域（达江等，2007）。由于二叠系—三叠系埋藏较深，碎屑岩的沉积环境、储层物性、成岩作用、输导体系等特征还不是非常清楚，因而选择克百地区二叠系碎屑岩系及乌夏地区三叠系碎屑岩系开展了这方面的研究。

研究区克夏地区包括两部分：克百地区和乌夏地区，都位于准噶尔盆地西北缘。其中克百地区位于准噶尔盆地西北缘克拉玛依断裂带中段，北依哈拉阿拉特山，海西期运动西准噶尔造山褶皱带受挤压作用朝盆地方向强烈逆冲推覆，扎伊尔山急剧抬升，在冲断带前缘沉积盖层快速抬升受到剥蚀，中生代地层直接覆于石炭系之上。在克拉玛依—百口泉一带发育的冲断带称为克百断裂，二叠系研究区域即为克百断裂下盘斜坡带的二叠系，面积约 725km²，主要层位为风城组和夏子街组。克百地区探明油气主要为克百断裂带下盘西南缘二叠系乌尔禾组和夏子街组的克拉玛依油田和百口泉地区二叠系夏子街组的百口泉油田（图 2-28）。

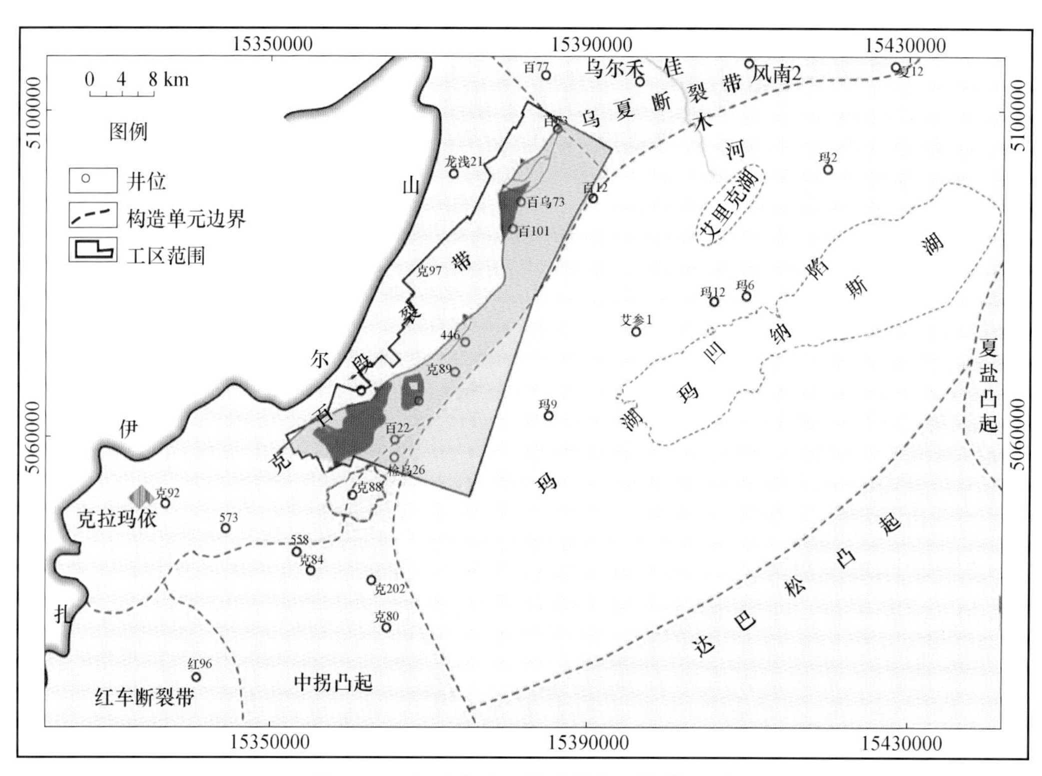

图 2-28 克百地区二叠系研究区块位置图

乌夏地区三叠系油藏主要分布于乌夏断裂带附近的构造高部位或鼻隆上，具有大范围多层系的成藏特征，油藏类型大都为受断层遮挡的构造岩性油藏。三叠系研究区域为乌夏地区，包括乌尔禾鼻隆、乌 16 井区、夏 48 井区、夏 55 井区，其中乌 16 井区是位于乌尔禾鼻隆东北角（图 2-29）。

1. 输导层段的划分和对比

为了研究需要，重点对克百地区二叠系风城组和夏子街组进行了岩性段的细分层，在进行细分层划分对比过程中主要遵循以下原则。

1）标志层控制

在有条件的层位建立标志层，确保在此格架内的砂层组划分基本等时。

2）旋回控制

在进行砂层组划分时，充分考虑沉积旋回的完整性。

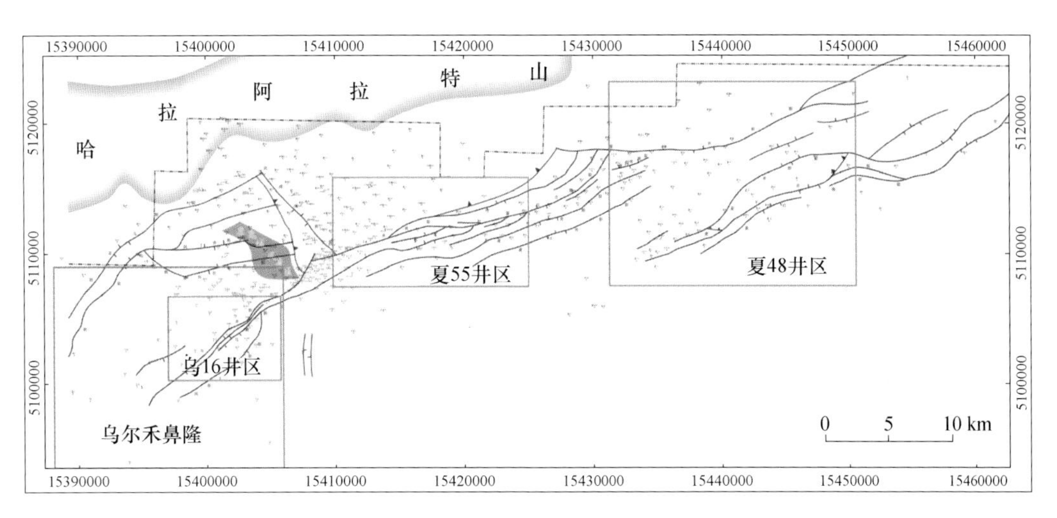

图 2-29 乌夏地区三叠系研究区块位置图

3）厚度控制

相邻探井在没有断层的情况下，砂层组的厚度大致相当。

4）构造控制

构造高部位的探井地层的厚度应小于构造低部位的地层厚度。

5）主砂带控制

砂体发育的主砂带地层厚度相对较大，砂层沉积韵律清楚。

首先，选择典型井作为标准剖面，并以此在全区展开对比解释。标准剖面建立的目的是建立一个能适应于全区对比的各层识别标准，并按此标准对研究区各井进行分层，进而进行下一步的追踪对比工作。

在对大量重点探井岩心样品详细观察和鉴定的基础上，根据录井资料、测井资料和岩石类型、结构构造及沉积序列等，加上地震剖面的追踪对比和解释，对克百地区 30 余口重点探井的二叠系风城组和夏子街组进行地层的精细划分和对比，将风城组和夏子街组各分为 4 个岩性段（图 2-30），即风城组自下而上分为：风城组一段（P_1f_1）、风城组二段（P_1f_2）、风城组三段（P_1f_3）和风城组四段（P_1f_4）。夏子街组自下而上分为：夏子街组一段（P_2x_1）、夏子街组二段（P_2x_2）、夏子街组三段（P_2x_3）、夏子街组四段（P_2x_4）。

同样，按照前述的细分层对比原则，对乌夏地区 40 余口重点探井的三叠系克拉玛依组进行了详细的岩性段细分层划分和对比，具体划分方案为：将克下组（T_2k_1）划分为三个岩性段，即从底往上分别为 $T_2k_1^3$、$T_2k_1^2$ 和 $T_2k_1^1$，将克上组（T_2k_2）划分为五个岩性段，即从底往上分别为 $T_2k_2^5$、$T_2k_2^4$、$T_2k_2^3$、$T_2k_2^2$ 和 $T_2k_2^1$（图 2-31 和图 2-32）。

从地层划分与对比结果来看，乌尔禾地区的西北部风 20 井一带克下组和克上组略微增厚，在乌 17 井和乌 160 井一带的克下组和克上组地层明显较薄，其东南方向的乌 24 井和乌 32 井的克下组和克上组地层厚度迅速增厚，其厚度甚至可增加近一倍。在其东北部，乌 27 井、乌 161 井以北地区，由于三叠系沉积期处于构造高部位，该区域普

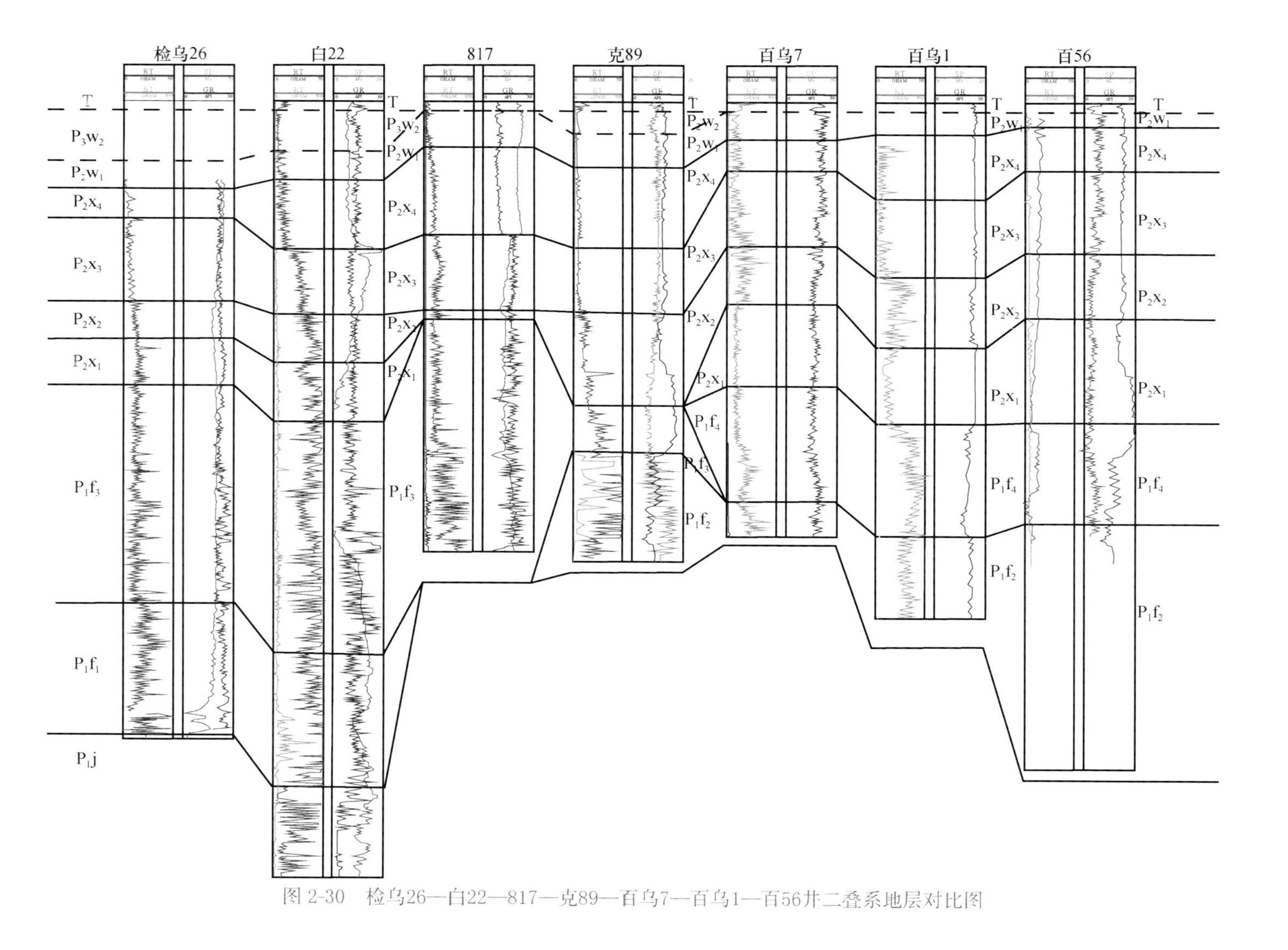

图 2-30 检乌26—白22—817—克89—百乌7—百乌1—百56井二叠系地层对比图

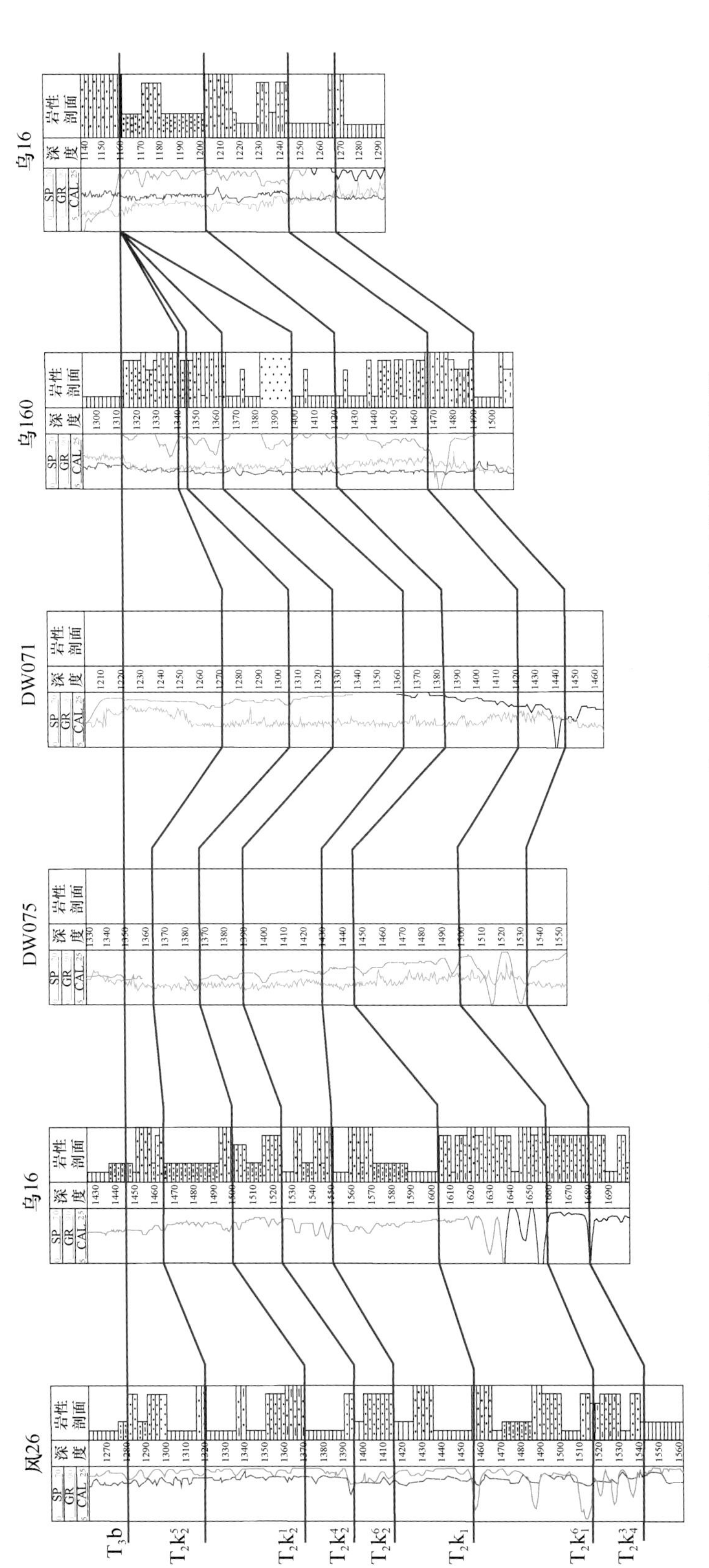

图 2-31 风26井—乌16井—DW075井—DW071井—乌160井—乌19井三叠系地层对比图

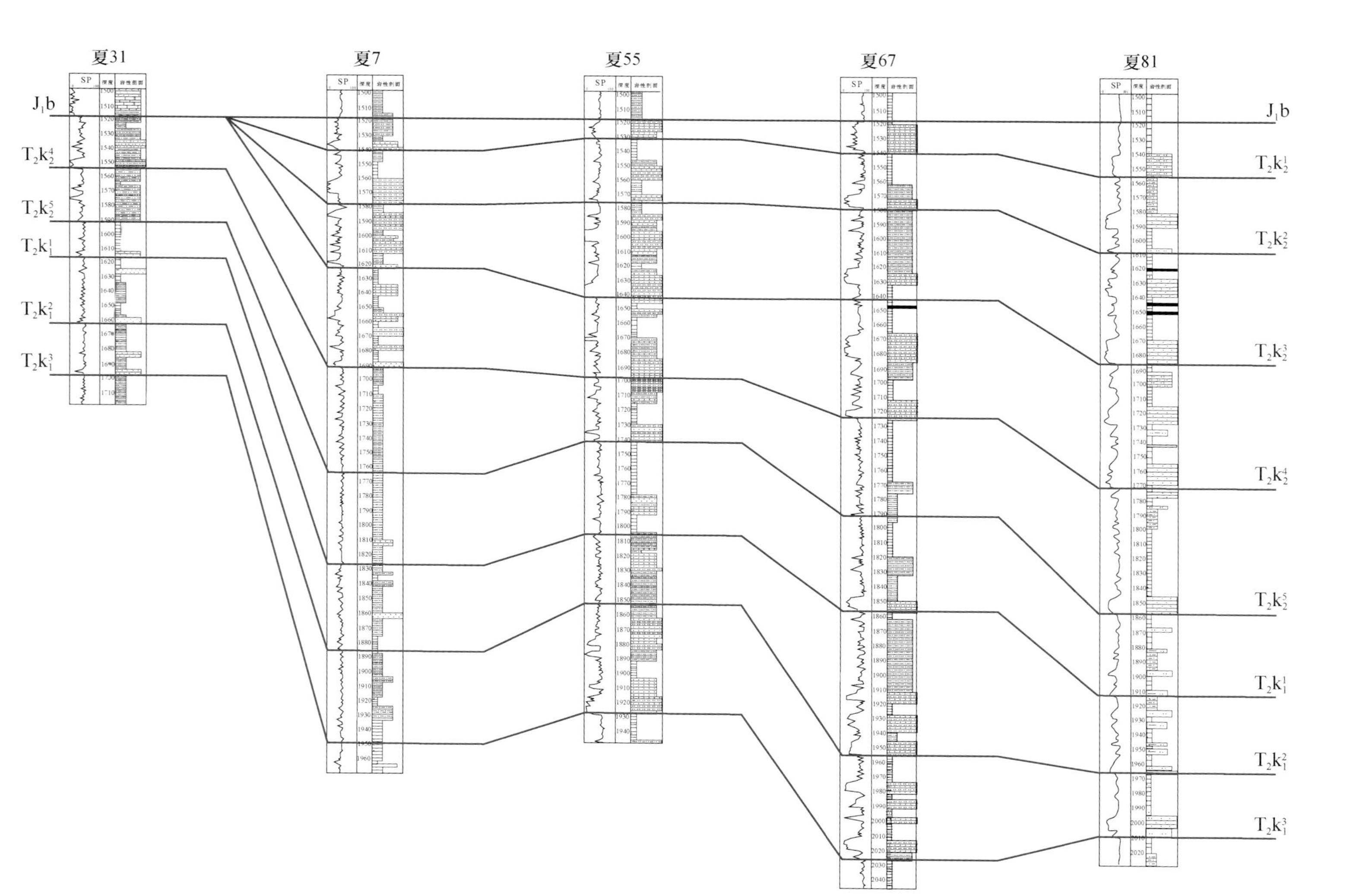

图2-32　夏31井—夏7井—夏55井—夏67井—夏81井三叠系地层对比图

遍缺失克上组，克上组各岩性段缺失的范围略有差异，但是该区域克下组地层厚度并没有明显减薄，仅在克下组的 $T_2k_2^1$ 存在局部缺失。乌尔禾全区缺失克上组 $T_2k_2^2$ 岩性段的地层，主要是由于该岩性段沉积时区域上整体抬升造成大面积地层缺失所致，这在乌夏地区区域上均可对比。在乌 16 井和乌 161 井一带是三叠系油田的主要分布区，该区域的克上组和克下组的各岩性段地层可比性非常好，不仅厚度变化不大，而且各岩性段的地层岩性、砂体厚度及沉积序列都能较好地进行对比。

2. 输导层冲积扇-扇三角洲相沉积模式

在前人研究基础上，通过对西北缘克百地区钻二叠系—三叠系的重点钻井的岩心、薄片、测井、录井等资料的详细分析，研究了西北缘二叠系—三叠系沉积岩的沉积和成岩特征，发现研究区的沉积环境具有以下特征：①砂砾岩沉积时的水动力条件不仅较强，而且具有一定的稳定性；②研究区相当一部分砂砾岩为水下沉积；③部分砂砾岩沉积期间明显经过湖水的淘洗；④有少量砂砾岩沉积于水体较深的还原环境；⑤部分砂砾岩在成岩早期孔隙水呈弱碱性，显然是受到了沉积期准噶尔湖的微咸湖水的影响。基于对这种沉积环境的认识，建立了能客观诠释西北缘克夏地区二叠系—三叠系砂砾岩输导体沉积特征的冲积扇-扇三角洲相沉积模式（图 2-33）。

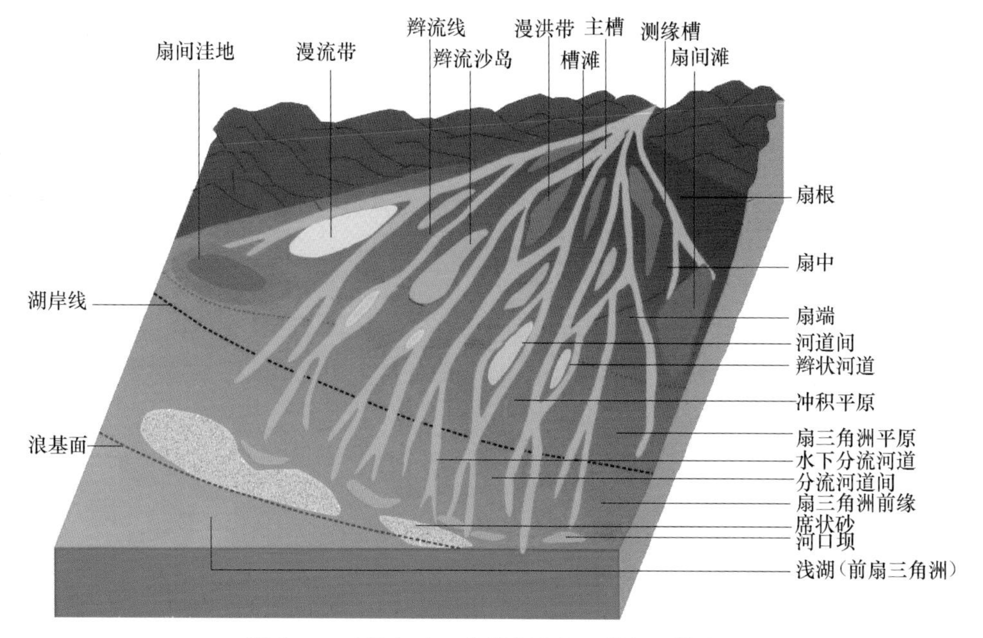

图 2-33 冲积扇-扇三角洲沉积相（微相）模式图

该相模式是在冲积扇模式和扇三角洲沉积模式的基础上，结合西北缘二叠系—三叠系沉积环境的特点而建立的（史基安等，2010），该模式重点强调和表述以下几方面。

（1）冲积扇与扇三角洲的有机结合，研究区冲积扇不仅具有湿地扇的特征，而且扇中辫状河道非常发育，其中水流也比较充沛和稳定。

（2）突出湖岸线的重要性。湖岸线是扇三角洲平原相与前缘相的分界线，西北缘克百地区二叠系水下分流河道和分流河道间等扇三角洲前缘相的砂砾岩沉积非常发育，这些砂砾岩均经过不同程度的水体淘洗，是该区最有利的储集体。

（3）模糊冲积扇与扇三角洲之间的界限，因为该界线只有理论意义，但从实际意义来说该冲积扇与扇三角洲之间的界限很难确定。通常我们把辫状河道沉积比较发育的地区（或岩性）归为扇三角洲平原亚相。

根据此模式，将研究区沉积相划分为 3 类沉积相、8 类沉积亚相，并对各亚相的岩性和沉积特征进行了归纳和总结。

在对多口重点探井的单井相研究的基础上，绘制了多条沉积相剖面图（图 2-34 和图 2-35），在此基础上，结合三维地震剖面的分析，对克百地区二叠系风城组（四个岩性段）、夏子街组（四个岩性段）及乌夏地区三叠系克拉玛依组各岩性段的沉积相（包括亚相和微相）的平面展布和演化进行了分析，绘制了克百地区二叠系风城组、夏子街组及乌夏地区克拉玛依组各岩性段的沉积相平面图，描述了各岩性段的砂砾岩沉积结构和构造特征，分析了各岩性段的沉积相展布和演化特征。分析表明，这两个地区主要的沉积相环境都是扇三角洲沉积，包括扇三角洲平原亚相和扇三角洲前缘亚相及它们各自的相应微相的沉积，各种亚相和微相的分布范围和分布特征在不同的岩性段中表现不同，但总体上，在各组沉积期，变化不是很大。

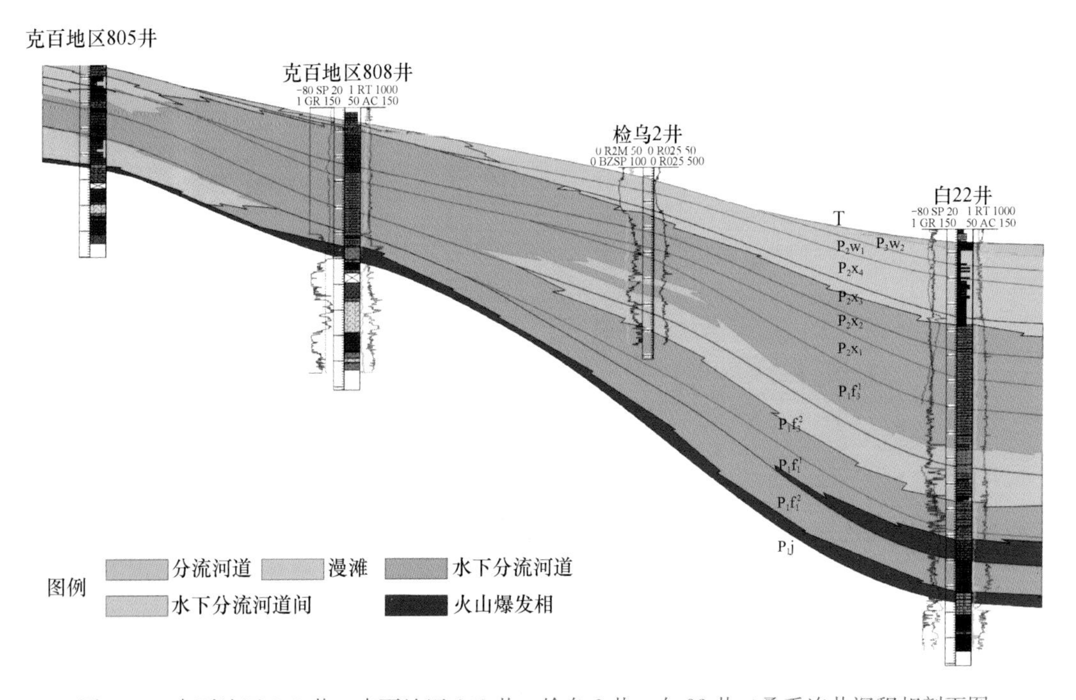

图 2-34 克百地区 805 井—克百地区 808 井—检乌 2 井—白 22 井二叠系连井沉积相剖面图

由克百地区二叠系风城组沉积相的研究可以发现（图 2-36），二叠系风城组沉积相总体表现为水体变浅。风一段沉积时，沉积范围最广；风二段沉积时，沉积范围向东北方向萎缩；风三段沉积时，中部克 89 井区及东北部百口泉地区缺失；风四段沉积时，西南部百 22 井区及中部克 89 井区缺失。夏子街组沉积期，该区域的沉积水体变化不大，仅在夏一段沉积时，西南部有少范围的缺失。

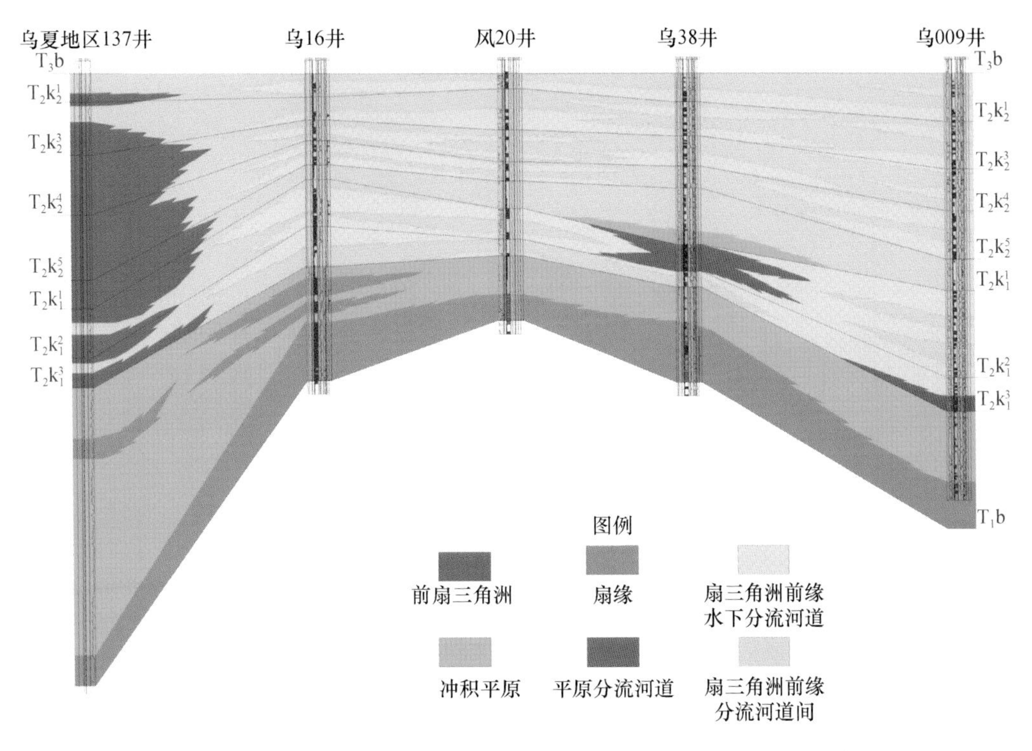

图 2-35 乌夏地区 137 井—乌 16 井—风 20 井—乌 38 井—乌 009 井三叠系联井沉积相剖面图

乌夏地区沉积相研究表明，克下组的水体由下到上逐渐变深；克上组的水体由下到上首先变深后逐渐变浅（图 2-37 和图 2-38）。

3. 输导层内砂体特征及几何连通关系分析

在沉积相研究的基础上，结合测井资料、岩心资料、薄片资料，对乌夏地区三叠系克拉玛依组砂体特征进行了划分和研究，在此基础上，研究了骨架砂体及输导格架特征。

该区砂体的粒径、厚度、沉积构造以及在测井曲线上的反应都存在较大差异，从研究区测井曲线特征的实际情况来看主要有以下几类。

1）块状箱型砂体

主要由灰色、浅灰色中粗粒砂岩、含砾砂岩组成，底部常见冲刷面或滞留沉积物，发育槽状交错层理或块状交错层理，分选中等至较好，砂体厚度往往较大，延伸相对稳定（图 2-39）。该类砂体发育于水动力条件较强而且稳定的水下分流河道上游地段。

2）指状砂体

主要由灰色或深灰色中细粒砂岩组成，发育小型交错层理或平行层理，分选中等或相对较差，砂岩的粒径相对较细，泥质含量往往较高，砂体厚度往往较薄，延伸也不够稳定。该类砂体常发育于扇三角洲前缘水下分流河道末端或水下分流河道间（图 2-40）。

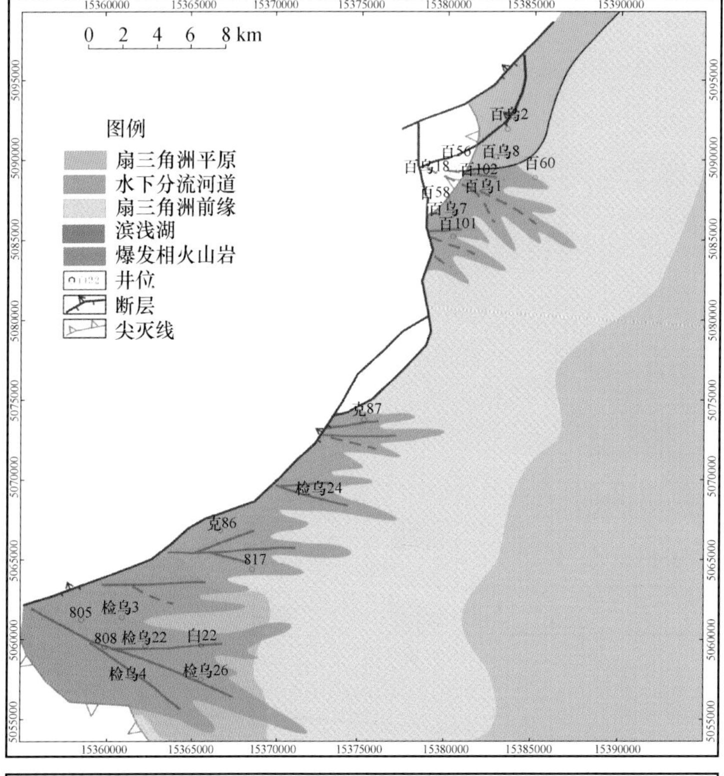

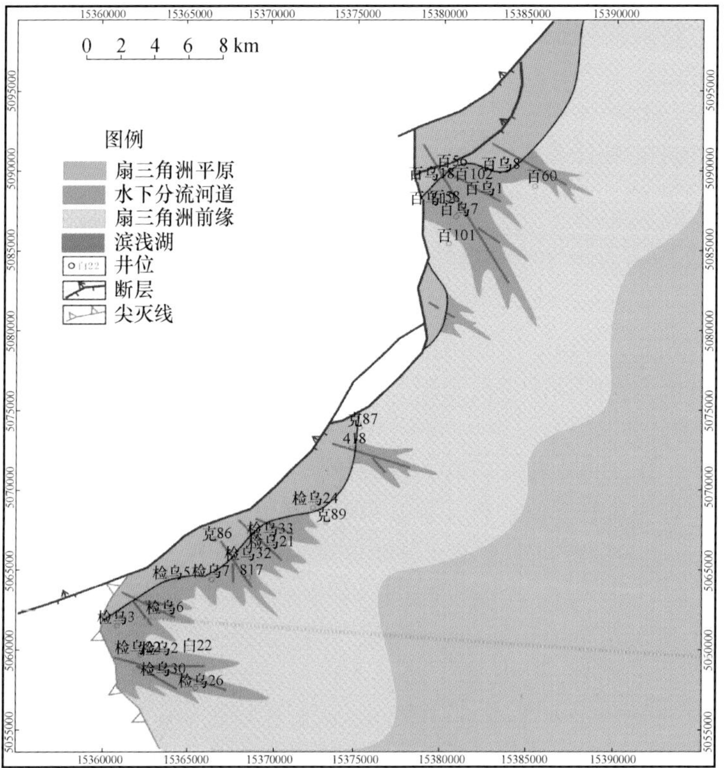

图 2-36　克百地区二叠系风城组一段（上）和夏子街组四段（下）沉积相平面图

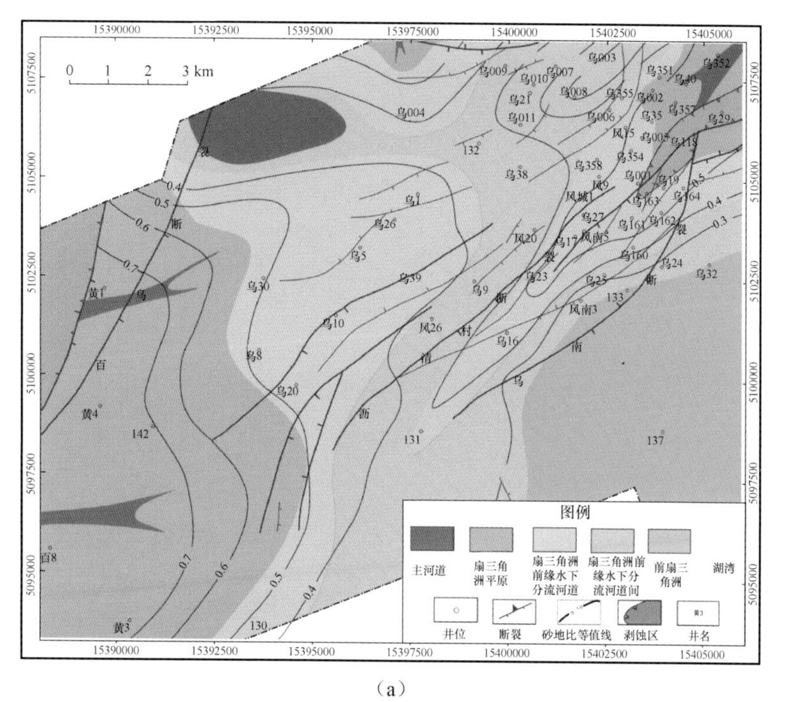

(a)

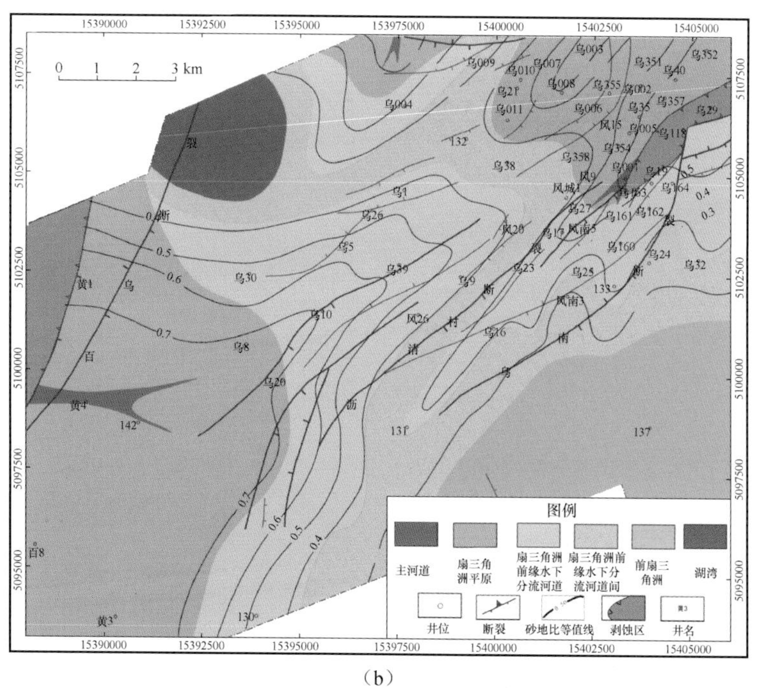

(b)

图 2-37 乌尔禾鼻隆三叠系克下组（T_2k_1）(a) 和克上组（T_2k_2）(b) 沉积相平面图

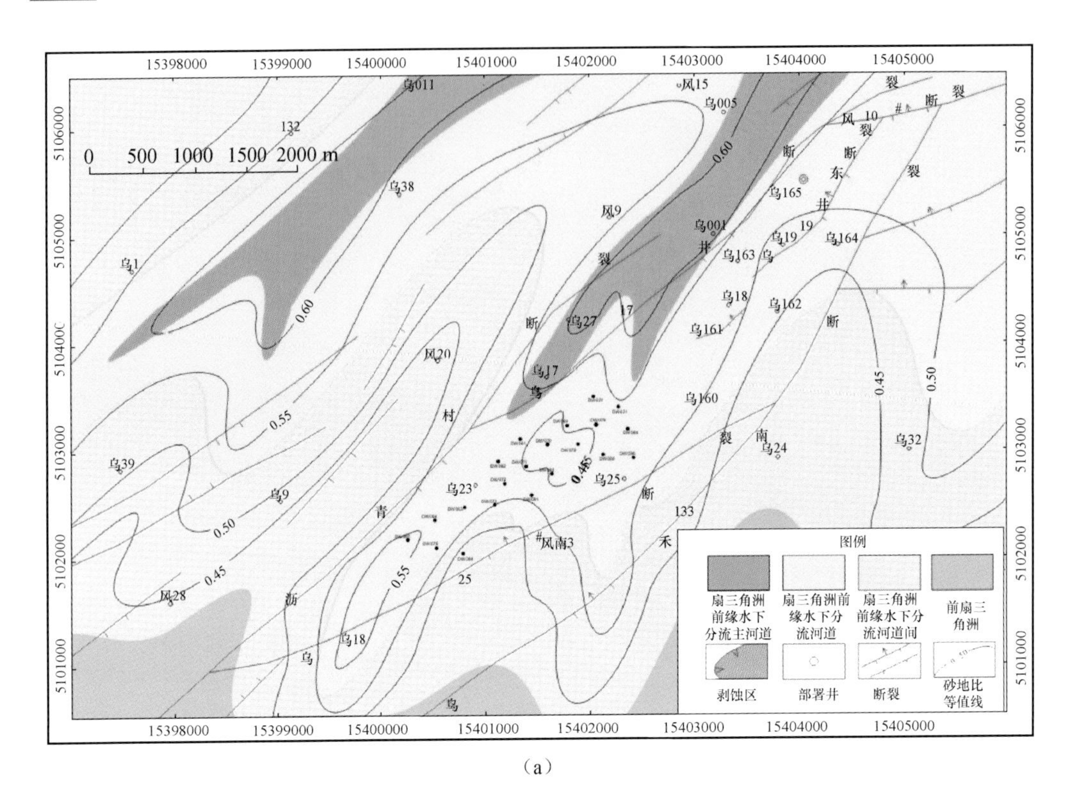

（a）

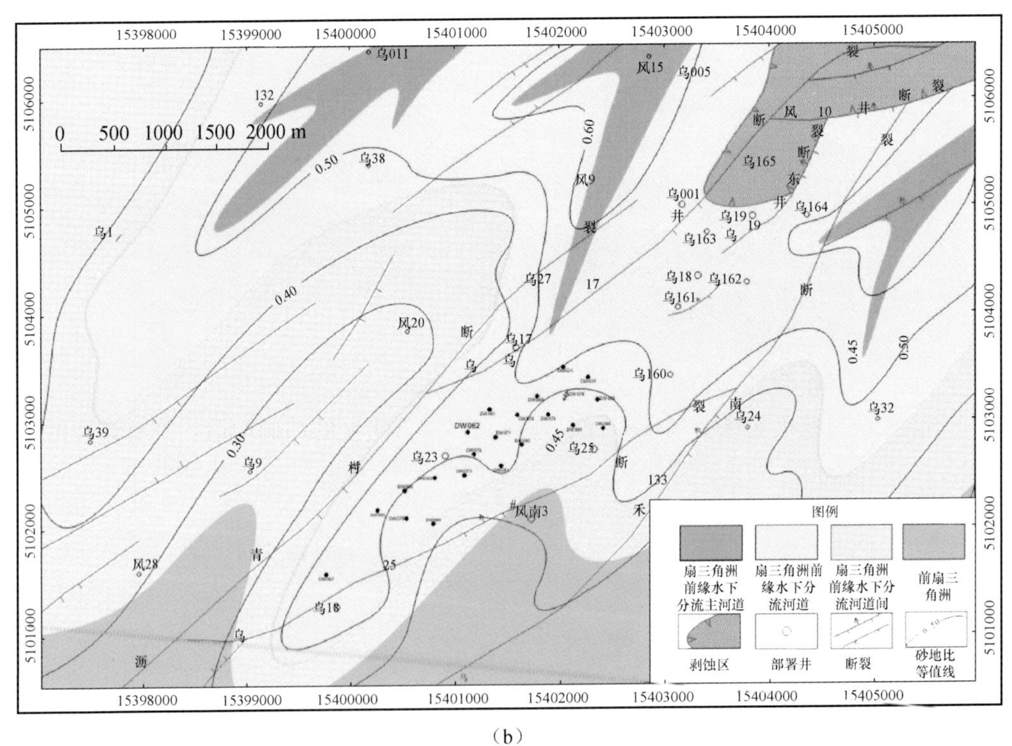

（b）

图 2-38　乌 16 井区三叠系克下组（T_2k_1）（a）和克上组（T_2k_2）（b）沉积相平面图

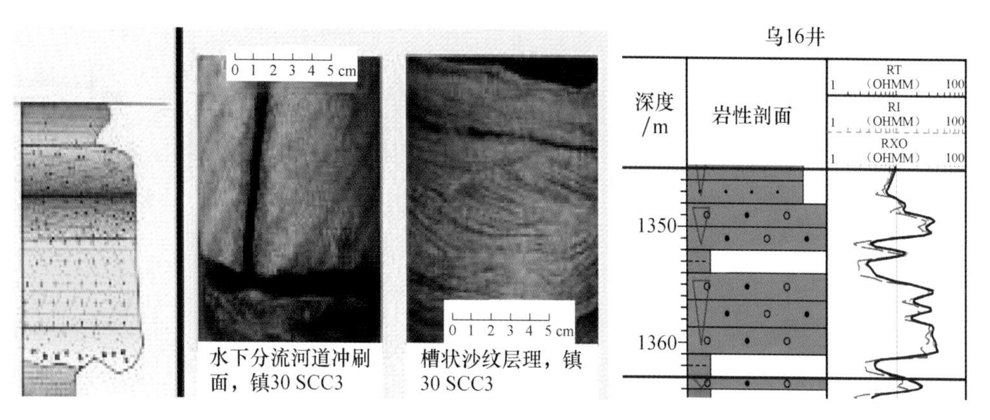

图 2-39 乌 16 井区块状箱型砂体特征（左：模式；右：实例）

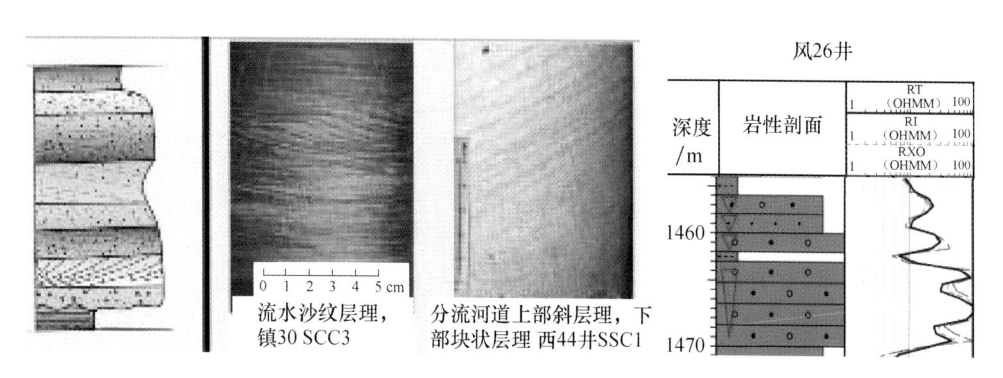

图 2-40 乌 16 井区指状砂体特征（左：模式；右：实例）

3）齿化箱型砂体

主要由灰色、浅灰色中粗粒砂岩或含砾砂岩组成，发育大型槽状交错层理、块状或平行层理，底部常见冲刷面。砂岩分选中等，常夹有泥质砂岩。该类砂体厚度变化较大，延伸也不够稳定，主要发育于扇三角洲前缘水下分流河道的分支或末端。

4）齿化钟型砂体

主要由灰色和浅灰色中粒砂岩或中细粒砂岩组成，砂体明显具有正粒序特征，发育槽状交错层理、板状交错层理或平行层理。底部常具明显的冲刷构造，具有典型的下粗上细的二元结构特征。主要发育于扇三角洲前缘水下分流河道末端或河道间。

5）平滑钟型砂体

岩性主要为灰色、灰绿色中细粒砂岩或细粒砂岩，砂体常表现为粒度向上变细的正粒序，砂岩分选中等，发育板状交错层理、波状交错层理、平行层理，具有比较典型的下粗上细二元结构，主要发育于扇三角洲前缘水下分流河道末端。

乌夏地区三叠系克拉玛依组骨架砂体主要为扇三角洲前缘水下分流河道砂体组成，该地区三叠系克上组和克下组沉积期的扇三角洲相沉积环境不仅水动力条件较强，而且水流具有一定的稳定性，因此扇三角洲前缘的水下分流河道非常发育，分布范围（面积）也较广，河道形态比较直，呈树枝状。由于该地区扇三角洲水下分流河道砂体沉积时的水动力条件较强，砂砾岩普遍经过河水和湖水的淘洗，其中泥质杂基含量普遍较低，因此该微相砂砾岩的物性明显好于其他沉积微相的砂砾岩。该微相砂体的岩性主要为灰色和灰绿色含砾砂岩、中粗粒砂岩、中细粒砂岩及少量砂质砾岩，并常夹有水下分流河道间微相的灰色和深灰色泥质砂岩、细粒砂岩、泥质粉砂岩。如乌 16 井区克下组和克上组的扇三角洲前缘水下分流河道砂体，厚度稳定、连通性好，在成藏过程中，往往成为有利的输导层，常成为油气运移和聚集的有利场所（图 2-41）。

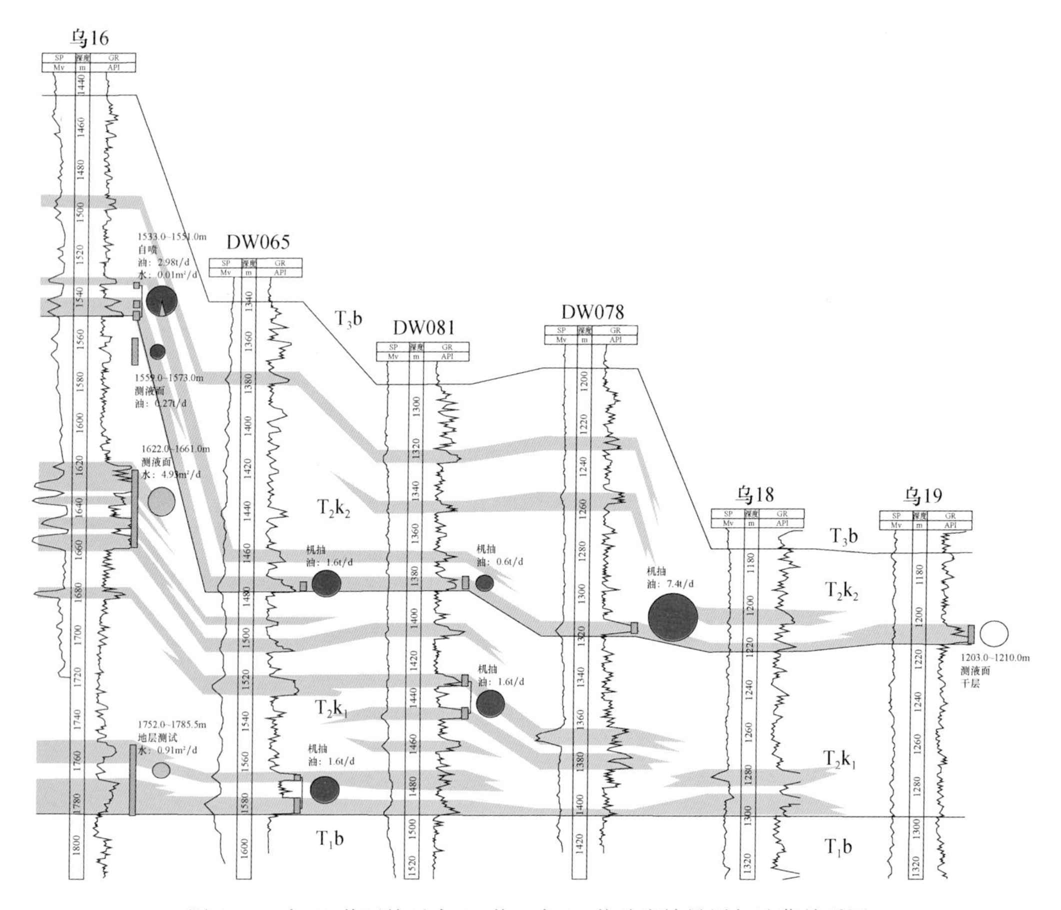

图 2-41　乌 16 井区块过乌 16 井—乌 19 井砂岩输导层与油藏关系图

夏 48 井区三叠系克下组骨架砂体主要为扇三角洲平原辫状河道砂体和扇三角洲前缘水下分流河道砂体组成，该区三叠系克上组的三角洲相沉积环境水动力条件较强，水流具有一定的稳定性，因此扇三角洲平原辫状水道砂体不仅粒径较大（主要由细砾岩、小砾岩和砂砾岩组成），厚度也非常大（厚度常达数十米）。

4. 砂岩体成岩特征及流体连通性

为了分析具有几何特征的砂岩体在研究区主要油气运聚期的流体连通性特征，在上述工作基础上，进一步深入研究砂砾岩的主要成岩作用、成岩演化序列、成岩模式、成岩相等特征。

1）主要成岩作用的特征

成岩作用是沉积物沉积之后转变为沉积岩直至变质作用之前，或因构造运动重新抬升至地表遭受风化以前所发生的物理作用、化学作用、物理化学作用和生物作用，是地下流体沿着相互连通的输导体发生流动并与岩石发生流体-岩石相互作用的结果。这些作用所引起的沉积物或沉积岩的结构、构造和成分的变化为各个主要油气成藏期的油气运移和聚集提供了通道和驻留条件。研究区砂岩输导体内发生的成岩作用的主要类型有压实作用、压溶作用、胶结作用、交代作用、溶蚀作用、重结晶作用和烃类侵位作用等。对该区砂砾岩层物性影响较大的成岩作用主要是压实作用（图 2-42）、胶结作用、溶蚀作用。

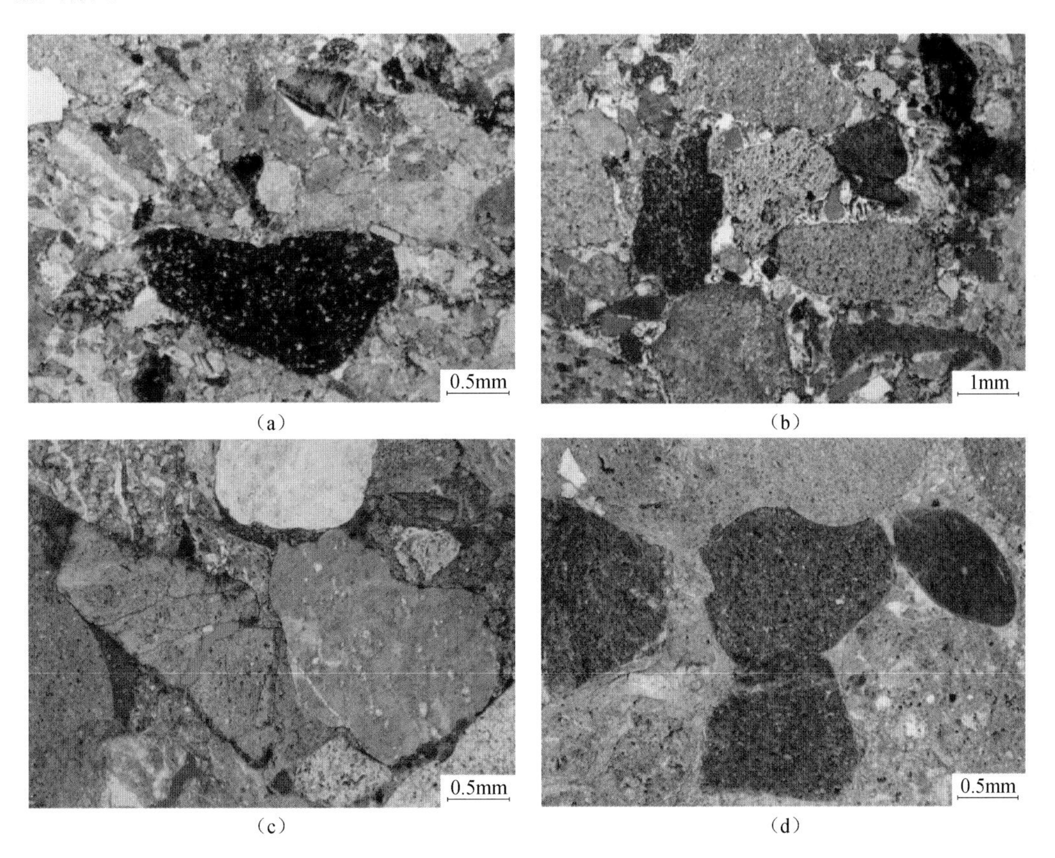

(a) (b) (c) (d)

图 2-42 研究区系砂砾岩的压实作用特征

(a) 百 60 井，3559.85m，P_2x，砂质砾岩的压实作用非常强，碎屑颗粒以线接触和凸凹接触为主；(b) 检乌 7 井，3106.35m，P_1f，细砾岩的压实作用较强，碎屑颗粒以线接触为主；(c) 乌 23 井，1640.83m，T_1b，砾岩，砾石受压破裂产生的微裂缝特征（铸体）；(d) 乌 32 井，1923.83m，T_2k_2，砾岩，砾岩受压后砾石岩屑发生塑性变形

(1) 压实作用。

研究区砂砾岩中含有较多的火山岩岩屑，其中部分火山岩岩屑如凝灰岩岩屑、火山碎屑岩岩屑等在埋藏深度达 4000m 的强压实作用下，这些半塑性岩屑就会发生塑性变形，与周围碎屑颗粒呈凹凸接触（或呈假杂基状），使砂砾岩中的粒间孔隙遭到进一步破坏，导致砂砾岩储层物性急剧变差，进一步加大了压实作用对储层物性的破坏力，这

时砂砾岩的孔隙度一般小于10%，渗透率小于$1\times10^{-3}\mu m^2$。根据对研究区砂砾岩储层的显微观察和镜下估算，结合对砂砾岩储层物性分析数据的分析，研究区压实作用造成砂砾岩储层物性的孔隙损失量一般为20%左右，对部分埋藏深度4000m以上的砂砾岩储层，压实作用造成的孔隙度损失量达25%以上。发生在碎屑岩中常见的反映压实作用的标志特征如图2-43所示。

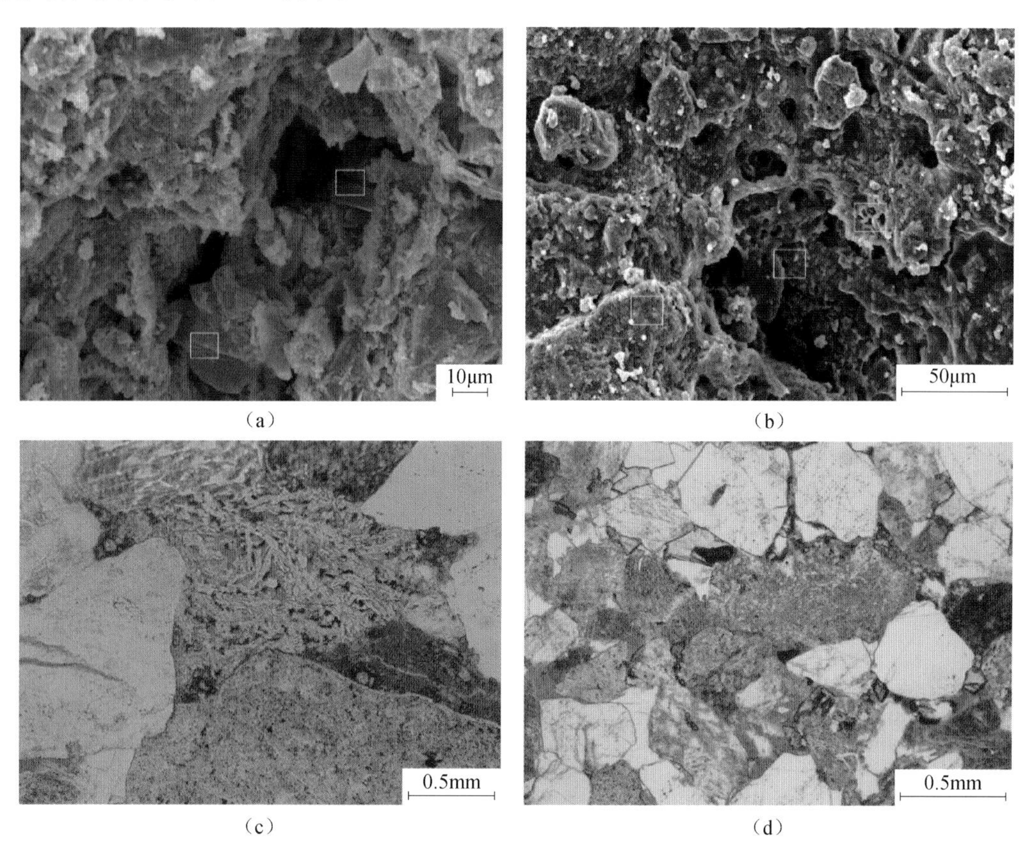

图2-43　研究区砂砾岩的溶蚀作用特征

(a) 百乌7井，2667.50m，P_2x，油浸砾岩中可见大量长石颗粒和沸石胶结物已发生强烈溶蚀作用，形成粒间和粒内溶蚀孔隙，其中大都已充满原油；(b) 克89井，3525.25m，P_1f，灰绿色砾岩的粒间孔隙中早期方解石胶结物已发生强烈溶蚀作用，形成大量溶蚀孔隙；(c) 乌23井，1416.10m，T_2k_1，砾岩、安山岩岩屑中发育大量粒内溶蚀孔隙（铸体）；(d) 乌23井，1450.63m，T_2k_1，砾岩、长石颗粒和火山岩岩屑均已发生溶蚀作用，形成大量粒内溶孔（铸体）

(2) 胶结作用。

胶结作用是指矿物质从孔隙溶液中沉淀，将松散的沉积物固结为岩石的作用。在多数情况下，胶结物都来自孔隙水。胶结作用是沉积物转变为沉积岩的重要作用，也是使沉积层中孔隙度和渗透率降低的主要原因之一。胶结作用可发生在成岩作用的各个阶段，并且呈现多期世代性的特点，后来的胶结物可以取代早期胶结物，胶结物形成后也可以发生溶解作用，形成次生孔隙。根据研究区碎屑岩中的成分特征、显微观察和研究，研究区砂砾岩的胶结物类型多样，常见的有硅质（包括石英增生）、碳酸盐类（包括方解石、含铁方解石和白云石）、沸石类（主要为方沸石、片沸石和浊沸石）、自生黏土矿物（常见高岭石、绿泥石和伊利石）和石膏等。

（3）溶解作用。

砂砾岩中的任何碎屑颗粒、杂基、胶结物和交代矿物（后两者同成为自生矿物），包括最稳定的石英和硅质胶结物，在一定的成岩环境中都可以不同程度地发生溶解作用。溶解作用的结果是导致了砂岩中次生孔隙的形成。次生孔隙是岩石中的矿物组分被溶解以及岩石组分破裂和收缩所形成的孔隙。由于砂岩物质组成以及孔隙水性质等方面存在的差异，溶蚀作用主要有：①碎屑颗粒的溶蚀；②胶结物的溶蚀；③杂基的溶蚀；④上述三类任意组合的溶蚀（图 2-41）。

镜下观察，各种组分溶解的程度是不同的，主要表现在各种易溶的砂岩组分发生部分，甚至全部溶解，并形成多种类型的次生孔隙，因而对砂岩有较大改善作用。溶解作用的发生必须具备三个前提条件：①充足的有机酸和 CO_2 来源；②砂岩中有一定量的可溶组分；③可供酸性流体运移的通道。

2）成岩阶段的划分

根据对克夏地区二叠系—三叠系，特别是克百地区二叠系砂砾岩微观特征的详细观察、统计，并使用扫描电镜和电子探针对砂砾岩各类成岩特征和自生矿物进行分析，结合前人的研究成果，制定出适合本研究区的碎屑岩成岩阶段综合划分方案（表 2-1），该划分方案的主要依据有：①岩石的颗粒接触特征和孔隙组合类型。岩石的结构特征是成岩演化最直接的反映，也是最容易观察到的成岩现象，因此它是成岩阶段划分的重要依据之一。②自生矿物的成分、形态、产状、生成顺序和组合特征。它们是划分成岩阶段的另一重要岩石学依据，其主要受控于温度、压力、孔隙流体组分和酸碱度特征，是反映成岩环境的重要证据。③有机质成熟度。研究表明，研究区砂砾岩主要处于晚成岩阶段的 A 期和 B 期。

3）成岩相及成岩演化序列

由于储集岩的成岩作用是沉积环境的继续和发展，沉积环境必然对储集岩的成岩作用产生巨大影响。前已述及，沉积环境在宏观上控制着研究区砂砾岩储层的物性条件，其中最重要的影响机理是：不同的沉积环境由于其水动力条件不同，造成砂砾岩的磨圆度、分选性和杂基含量的差异，这不仅产生了砂砾岩的原生孔隙度差别，更重要的是其中杂基含量对砂砾岩在成岩过程中发生的压实、胶结和溶蚀等成岩作用产生了巨大影响。

根据砂砾岩中杂基含量的多少（以 10％为界），将砂砾岩分为高成熟和低成熟两类，再根据压实作用的强弱（主要根据碎屑颗粒接触强度和半塑性的火山岩岩屑是否变形来确定）分为强压实和弱压实两类。通常情况下，经受强压实的砂砾岩中，胶结作用一般都较弱，因此溶蚀作用也不发育，因此不再对该类砂砾岩储层细分。而低成熟（杂基含量高于 10％）分为强压实和弱压实两类成岩相，其中弱压实成岩相的砂砾岩虽还保留一定的孔隙，但其孔径和喉道都极细，也不存在发育中等以上程度胶结和溶蚀作用的条件，因此这类砂砾岩储层也不再细分。剩下的就是高成熟度中压实和弱压实的砂砾岩，这类砂砾岩由于其原生孔隙度较高，其成岩特征和物性条件多变，表现出经受的成岩环境和成岩序列多样，归纳起来主要有 4 类：弱压实类，其中胶结作用和溶蚀作用都不突出；强溶蚀类，溶蚀作用非常发育；强胶结类，胶结和交代作用非常发育，胶结物含量超过 10%以上；中等胶结和溶蚀类，胶结作用和溶蚀作用既不强也不弱。

这样就将研究区特别是克百地区二叠系砂砾岩分为以下 7 种成岩相（表 2-1）：高成熟强溶蚀相、高成熟强胶结相、高成熟中胶结中溶蚀相、高成熟弱压实相、高成熟强压实相、低成熟弱压实相、低成熟强压实相。

表 2-1　克百地区二叠系砂砾岩各成岩相的成岩特征与成岩序列

成岩相	形成条件	成岩特征	孔喉特征	代表井
高成熟强溶蚀成岩相	1. 碎屑颗粒经过较充分的淘洗 2. 早期胶结作用较发育 3. 酸性流体大量侵入 4. 溶解物质大部分被带出 5. 晚期胶结作用较弱	1. 碎屑颗粒表面较干净，粒间杂基含量低 2. 早期胶结作用较发育，碎屑颗粒之间碳酸盐、沸石等易溶胶结物发育 3. 酸性环境下不稳定的沸石、碳酸盐矿物强烈溶蚀 4. 自生黏土矿物较少	1. 碎屑颗粒分选较好，原生粒间孔隙发育 2. 溶蚀孔隙主要为粒间溶蚀扩大孔 3. 孔隙喉道较粗，溶蚀物质不易沉淀	百乌 18、百 101、检乌 7 等
	成岩序列：少量黏土杂基沉淀→早期方解石胶结→机械压实→少量硅质胶结→大量沸石类胶结→酸性流体侵入→沸石等强烈溶蚀→大量油气侵入→少量晚期方解石胶结			
高成熟强胶结成岩相	1. 碎屑颗粒经过较充分的淘洗 2. 早期胶结作用非常发育 3. 酸性流体侵入很少 4. 溶蚀作用不发育 5. 晚期孔隙水为强碱性	1. 碎屑颗粒表面较干净，粒间杂基含量低 2. 早期方解石胶结作用非常发育 3. 压实作用较弱 4. 溶蚀作用不发育，自生黏土矿物较少 5. 发育强烈的晚期碳酸盐胶结交代作用	1. 碎屑颗粒分选中等，原生粒间孔隙较发育 2. 原生孔隙大都被早期胶结物所充填 3. 孔隙喉道较细，孔隙水流动不畅 4. 晚期胶结物使孔隙丧失殆尽	白 22；克 202、克 89 等
	成岩序列：少量黏土杂基沉淀→大量早期方解石胶结→机械压实→少量硅质胶结→少量酸性流体侵入→部分碳酸盐矿物溶蚀→大量晚期方解石和白云石交代			
高成熟中胶结中溶蚀成岩相	1. 碎屑颗粒经过一定淘洗 2. 中期沸石类胶结作用较发育 3. 有酸性流体大量侵入 4. 溶蚀作用较发育 5. 晚期孔隙水为碱性，造成碳酸盐矿物沉淀	1. 碎屑颗粒间杂基含量较低 2. 中期沸石类胶结作用非常发育 3. 沸石类溶蚀作用较发育，自生黏土矿物较常见 4. 晚期碳酸盐胶结交代作用较发育	1. 碎屑颗粒分选中等，原生粒间孔隙较发育 2. 粒间孔大，都被沸石类胶结物所充填 3. 孔隙喉道中等，自生黏土矿物常见 4. 晚期胶结物使孔隙损失较大	白 22；检乌 7、百 101 等
	成岩序列：少量黏土杂基沉淀→早期方解石胶结→机械压实→少量硅质胶结→大量沸石类胶结→酸性流体侵入→部分沸石类矿物溶蚀→自生黏土矿物沉淀→晚期方解石胶结交代			
高成熟弱压实成岩相	1. 碎屑颗粒经过充分淘洗 2. 早期胶结作用较发育，中期胶结物较多 3. 有酸性流体大量侵入，溶蚀作用较发育 4. 埋藏深度不大，晚期孔隙水性质变化不大 5. 晚期自生矿物罕见	1. 碎屑颗粒间杂基含量很低 2. 早期和中期碳酸盐及沸石类矿物胶结作用较发育 3. 溶蚀作用较发育，自生黏土矿物较少 4. 埋深较浅，压实作用较弱 5. 晚期胶结作用不发育	1. 碎屑颗粒分选好，原生粒间孔隙发育 2. 部分粒间孔被易溶胶结物所充填 3. 孔隙喉道较大，自生黏土矿物罕见 4. 埋藏较浅，晚期胶结物罕见	百乌 18、百 101、412 等
	成岩序列：少量黏土杂基沉淀→早期方解石胶结→机械压实→硅质和沸石类胶结→酸性流体侵入→沸石类和碳酸盐矿物溶蚀→油气侵入→少量晚期方解石胶结			

续表

成岩相	形成条件	成岩特征	孔喉特征	代表井
高成熟强压实成岩相	1. 碎屑颗粒经过充分淘洗 2. 早期和中期胶结作用不很发育 3. 少量酸性流体侵入，溶蚀作用不发育 4. 埋藏深度较大，晚期孔隙水性质变化不大 5. 晚期自生矿物罕见	1. 碎屑颗粒间杂基含量较低 2. 早期和中期碳酸盐及沸石类矿物胶结作用不发育 3. 溶蚀作用不发育，自生黏土矿物较少 4. 埋深较大，压实作用强烈，半塑性颗粒变形明显 5. 晚期胶结作用不发育	1. 碎屑颗粒分选好，原生粒间孔隙发育 2. 压实作用使大部分粒间孔丧失 3. 孔隙喉道较细，自生黏土矿物罕见 4. 埋藏较深，晚期胶结物较少	克 87、检乌 9、克 202、百 56 等
	成岩序列：少量黏土杂基沉淀→少量早期方解石胶结→机械压实→少量硅质和沸石类胶结→少量酸性流体侵入→部分沸石类溶蚀→强烈压实使半塑性颗粒变形			
低成熟弱压实成岩相	1. 沉积时水动力稳定性差，碎屑颗粒未经过淘洗 2. 早期和中期胶结作用不很发育 3. 溶蚀作用不发育 4. 埋藏深度不大，压实作用不是很强 5. 晚期自生矿物罕见	1. 碎屑颗粒分选差，杂基含量高 2. 早期和中期碳酸盐及沸石类矿物胶结作用不发育 3. 溶蚀作用不发育，自生黏土矿物较少 4. 埋深较浅，压实作用不是很强 5. 晚期胶结作用不发育	1. 碎屑颗粒分选差，原生粒间孔隙低 2. 压实作用是粒间孔丧失的最主要原因 3. 孔隙喉道较细，自生黏土矿物罕见 4. 埋藏较浅，晚期胶结物对储层孔隙度影响较小	百 56、百乌 18、412 等
	成岩序列：大量黏土杂基沉淀→少量早期方解石胶结→机械压实→少量硅质和沸石类胶结→少量晚期方解石胶结交代			
低成熟强压实成岩相	1. 沉积时水动力稳定性差，碎屑颗粒未经过淘洗 2. 早期和中期胶结作用不很发育 3. 溶蚀作用不发育 4. 埋藏深度大，压实作用强烈 5. 晚期自生矿物罕见	1. 碎屑颗粒分选差，杂基含量高 2. 早期和中期碳酸盐及沸石类矿物胶结作用不发育 3. 溶蚀作用不发育，自生黏土矿物较少 4. 埋深较大，压实作用使半塑性碎屑颗粒发生变形 5. 晚期胶结作用不发育	1. 碎屑颗粒分选差，原生粒间孔隙低 2. 压实作用是粒间孔丧失的最主要原因 3. 孔隙喉道较细，自生黏土矿物罕见 4. 埋藏较大，半塑性颗粒变形使储层孔隙丧失殆尽	克 202、检乌 3、百 60 克 89 等
	成岩序列：大量黏土杂基沉淀→少量早期方解石胶结→机械压实→少量硅质和沸石类胶结→少量酸性流体侵入→个别沸石类溶蚀→强烈压实使半塑性颗粒变形			

不同的成岩相，由于其沉积环境的不同，成岩作用过程中经历的压实作用、胶结作用、溶蚀作用的不同，导致其具有不同的成岩演化序列和成岩演化模式（图 2-44 和图 2-45）。

5. 输导层物性特征的控制因素

对研究区砂砾岩输导体的物性特征、储层特征进行详细研究，建立了砂砾岩储层评价标准，并对各层组储层进行了系统评价，提出了研究区储层的主要控制因素。

1）岩石特征研究

根据薄片鉴定资料，研究区二叠系—三叠系储集岩以砾岩、砂砾岩、砂质砾岩和含砾粗砂岩为主，少量砂岩和细砂岩。砾岩中砾石成分以凝灰岩、安山岩、霏细岩、流纹岩和花岗岩等火山岩岩屑为主，其次为砂岩和泥岩岩屑。按照石油天然气行业标准，以石英、长石、岩屑三者相对比例将砂岩划分为六种类型：纯石英砂岩、石英砂岩、次岩屑长石砂岩或次长石岩屑砂岩、长石岩屑砂岩或岩屑长石砂岩、长石砂岩和岩屑砂岩。

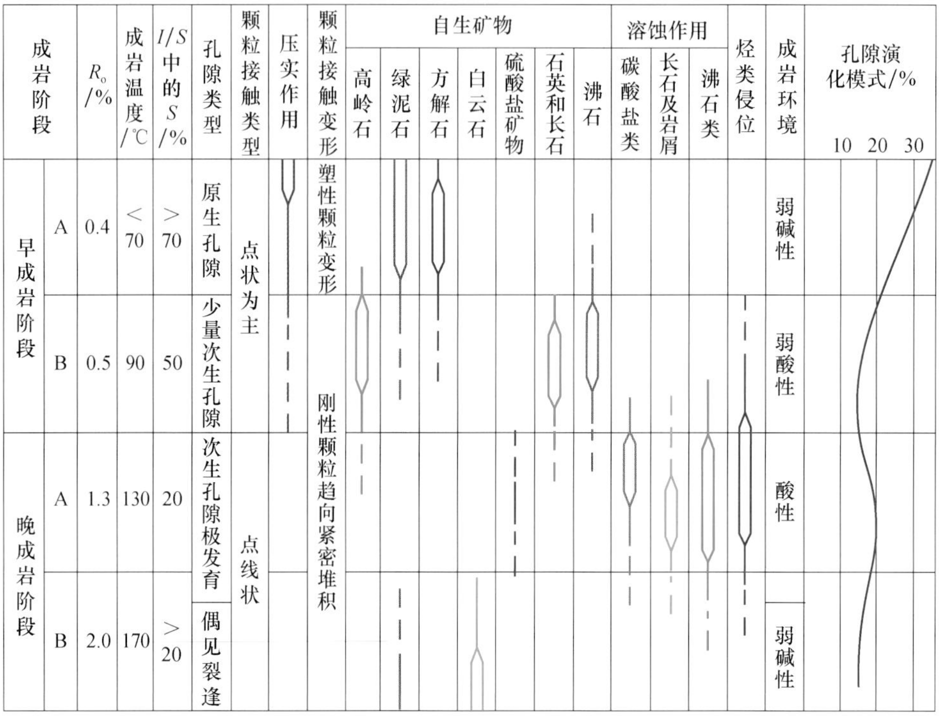

成岩阶段
R_o/%
成岩温度/℃
I/S中的S/%
孔隙类型
颗粒接触类型
压实作用
颗粒接触变形
自生矿物
高岭石
绿泥石
方解石
白云石
硫酸盐矿物
石英和长石
沸石
溶蚀作用
碳酸盐类
长石及岩屑
沸石类
烃类侵位
成岩环境
孔隙演化模式/%
10 20 30
早成岩阶段
A
0.4
<70
>70
原生孔隙
点状为主
塑性颗粒变形
弱碱性
B
0.5
90
50
少量次生孔隙
弱酸性
刚性颗粒趋向紧密堆积
晚成岩阶段
A
1.3
130
20
次生孔隙极发育
点线状
酸性
B
2.0
170
>20
偶见裂逢
弱碱性

图 2-44　高成熟强溶蚀相砂砾岩成岩演化序列图

100
80
60
40
20
0
百分含量/%
压实作用损失的原生孔隙
原生孔隙
沸石、长石、石英胶结
早期碳酸盐胶结
溶蚀孔隙
杂基
晚期碳酸盐胶结
碎屑颗粒
1500
2500
3000
3500
深度/m

成岩阶段	早A	早B	晚A1	晚A2	晚B
成岩序列	早期钙质胶结和压实作用		钙质和沸石等强溶蚀		晚期碳酸盐弱胶结

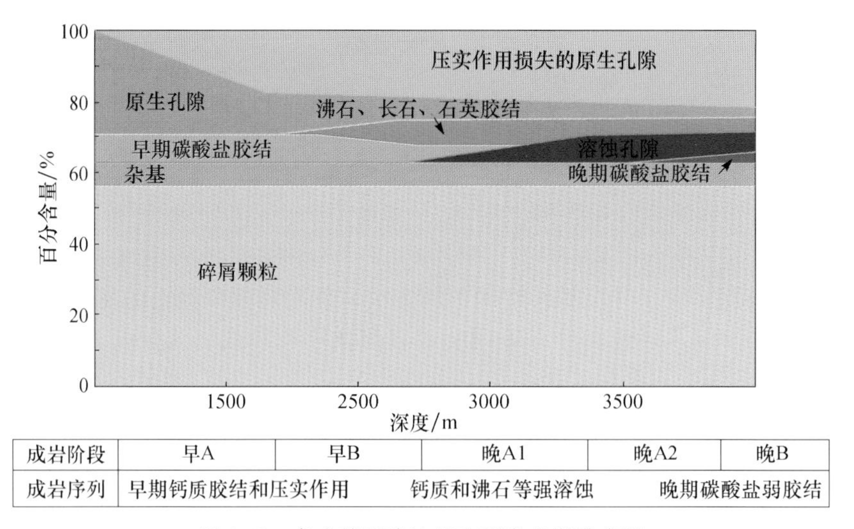

图 2-45　高成熟强溶蚀相砂砾岩成岩模式图

研究区储集岩中砂岩所占比例不高，砂岩的岩石类型主要为岩屑砂岩和长石岩屑砂岩，少量为岩屑长石砂岩。特别是克百地区，二叠系砾岩非常发育，砾岩所占比例可达到70%～75%，部分地区甚至更高。

乌尔禾地区的克下组沉积厚度80～150m，砂层厚度为15～60m，岩性为灰色、绿灰色细-粗砂岩、砂质不等粒砾岩、含砾砂岩与深灰色粉砂质泥岩、泥质细粉砂岩、泥岩互层。该区克上组沉积厚度40～120m，砂层厚度为10～50m，岩性为灰色、绿灰色砂质不等粒砾岩、小砾岩、含砾不等粒砂岩以及薄层泥岩、砂质泥岩等。

乌尔禾地区三叠系克下组石英含量相对较高，克下组中细粒砂岩的平均石英含量为31.7%，克上组的石英含量相对较低，各粒级砂岩石英含量一般都在10%左右，其成分成熟度较低。工区三叠系火山岩岩屑含量较高，而且变化非常大，通常为45%～84%，含有少量的石英质砂岩和砂岩岩屑，几乎不含变质岩岩屑。砂岩中胶结物含量一般较低，主要为钙质和泥质胶结，胶结作用相对较弱，杂基含量也较低。三叠系砂岩通常分选中等，磨圆次棱角状至次圆状。

夏48井区三叠系碎屑岩主要以砂砾岩、砾岩和砂岩为主，其孔隙类型中原生孔隙主要以剩余粒间孔为主，并且在砾岩中的相对含量是其所有孔隙类型中最多的。在次生孔隙中，三种岩性中孔隙含量最高的是粒内溶孔，其次为胶结物溶孔。除上述几种孔隙类型外，砂质砾岩、砂砾岩和砾岩中还发现了一定量的压碎形成的微裂缝，我们称之为压碎缝。压碎缝多发育于粒级较粗的砂砾岩和砾岩中，其成因有别于通常的构造缝和成岩缝，由于系压碎作用所致，裂缝仅限于砾或砂内，而不切穿颗粒。

2）物性特征研究

本项目重点对克百地区二叠系风城组（P_1f）、夏子街组（P_2x）及乌夏地区乌16井区、乌尔禾鼻隆、夏48井区的砂砾岩储层进行研究，砂砾岩储层的实测物性资料表明，研究区砂砾岩储层物性普遍较差，孔隙度差别较小，而渗透率差别较大（表2-2～表2-5）。

表 2-2　克百地区二叠系砂砾岩储集层综合评价标准

分类依据			Ⅰ类储层	Ⅱ类储层	Ⅲ类储层	Ⅳ类储层	Ⅴ类储层
储层等级			好	较好	中等	较差	差
孔隙度/%			>15	12～15	10～12	5～10	<5
渗透率/$10^{-3}\mu m^2$			>100	10～100	1～10	0.1～1	<0.1
最大孔喉半径/μm			>10	2～10	0.5～2	0.1～0.5	<0.1
均质系数			>0.3	0.2～0.3	0.15～0.2	0.1～0.15	<0.1
各类储层所占比例	风城组	孔隙度/%	0.4%（7）	3.9%（71）	12.0%（218）	72.6%（1323）	11.2%（204）
		渗透率/$10^{-3}\mu m^2$	0.2%（4）	0.8%（13）	3.5%（60）	35.0%（594）	60.5%（1028）
	夏子街组	孔隙度/%	2.6%（32）	6.1%（76）	16.9%（211）	67.4%（841）	7.0%（87）
		渗透率/$10^{-3}\mu m^2$	2.5%（27）	5.9%（65）	16.5%（181）	58.7%（644）	16.5%（181）

注：括号内数据为样品个数，以下各表相同。

表 2-3　乌 16 井区块克拉玛依组储层综合评价表

分类依据			Ⅰ类储层	Ⅱ类储层	Ⅲ类储层	Ⅳ类储层	Ⅴ类储层
储层等级			好	较好	中等	较差	差
孔隙度/%			>25	18～25	15～18	10～15	5～10
渗透率/$10^{-3}\mu m^2$			>500	50～500	10～50	1～10	0.1～1
平均孔喉半径/μm			>50	10～50	5～10	1～5	<1
各类储层比例	上克拉玛依组	孔隙度/%	0.8%（1）	16.8%（19）	34.5%（39）	24.8%（28）	23.0%（26）
		渗透率/$10^{-3}\mu m^2$	1.8%（2）	6.3%（7）	26.1%（29）	20.7%（23）	45.0%（50）
	下克拉玛依组	孔隙度/%	0.9%（1）	34.0%（36）	28.3%（30）	26.4%（28）	10.3%（11）
		渗透率/$10^{-3}\mu m^2$	4.0%（4）	14.1%（14）	11.1%（11）	33.3%（33）	37.3%（37）

表 2-4　夏 48 井区块克拉玛依下亚组储层综合评价表

分类依据			Ⅰ类储层	Ⅱ类储层	Ⅲ类储层	Ⅳ类储层	Ⅴ类储层
储层等级			好	较好	中等	较差	差
孔隙度/%			>25	18～25	15～18	10～15	5～10
渗透率/$10^{-3}\mu m^2$			>500	50～500	10～50	1～10	0.1～1
平均孔喉半径/μm			>50	10～50	5～10	1～5	<1
各类储层比例	下克拉玛依组	孔隙度/%	0.2% (1)	3.6% (17)	19.3% (90)	54.2% (253)	22.7% (106)
		渗透率/$10^{-3}\mu m^2$	0.4% (2)	9.5% (54)	16.3% (93)	37.3% (213)	36.6% (209)

表 2-5　乌尔禾地区三叠系储层综合评价表

分类依据			Ⅰ类储层	Ⅱ类储层	Ⅲ类储层	Ⅳ类储层	Ⅴ类储层
储层等级			好	较好	中等	较差	差
孔隙度/%			>25	18～25	15～18	10～15	5～10
渗透率/$10^{-3}\mu m^2$			>500	50～500	10～50	1～10	0.1～1
平均孔喉半径/μm			>50	10～50	5～10	1～5	<1
各类储层比例	上克拉玛依组	孔隙度/%	0.8% (1)	16.8% (19)	34.5% (39)	24.8% (28)	23.0% (26)
		渗透率/$10^{-3}\mu m^2$	1.8% (2)	6.3% (7)	26.1% (29)	20.7% (23)	45.0% (50)
	下克拉玛依组	孔隙度/%	0.9% (1)	34.0% (36)	28.3% (30)	26.4% (28)	10.3% (11)
		渗透率/$10^{-3}\mu m^2$	4.0% (4)	14.1% (14)	11.1% (11)	33.3% (33)	37.3% (37)

3）研究区砂砾岩输导层物性的主要影响因素

砂岩输导层物性的好坏是由砂岩的沉积环境（相）、成岩作用、砂岩岩石学特征等因素所决定的，其中沉积环境属于宏观因素，而成岩作用和砂岩岩石学特征属于微观因素，并且可具体分为岩石类型、填隙物成分和含量、成岩改造程度等。

（1）沉积环境对砂砾岩储层物性的影响。

研究区砂砾岩中泥质杂基含量与储层物性之间存在着非常密切的关系，通常砂砾岩中泥质杂基含量大于10%，其孔隙度就小于10%。砂砾岩杂基含量主要受其沉积时的环境和水动力条件控制，扇三角洲前缘水下分主流河道，由于水动力条件较强，泥质杂基经过湖水淘洗，砂砾岩中泥质杂基含量普遍较低，因此该微相砂砾岩物性明显好于其他沉积微相（图 2-46）。

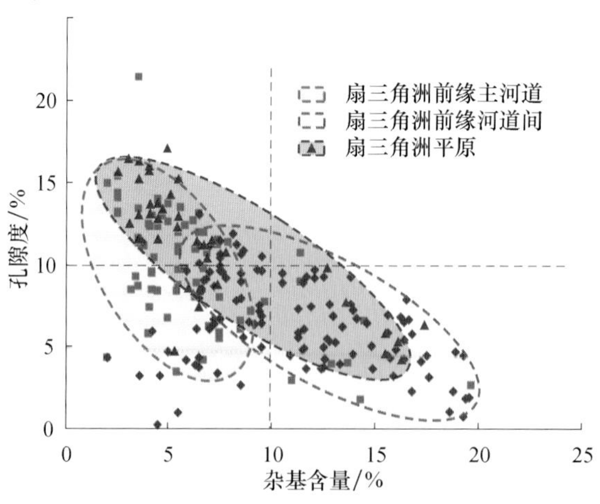

图 2-46　克百地区二叠系砂砾岩储层孔隙度与杂基含量的关系

（2）成岩作用对储层物性的影响。

碎屑岩经历的一系列成岩变化，对碎屑储集岩的孔隙形成、演化、保存和破坏起着极为重要的作用，对储层物性具有决定性影响。根据研究，对克百地区二叠系砂砾岩储层物性和孔隙演化影响较大的成岩作用有压实作用、胶结作用和溶蚀作用。

① 压实作用对储层物性的影响。

压实作用对研究区砂砾岩储集性影响最大，主要是因为研究区二叠系砂砾岩的成分成熟度和结构成熟度普遍较低，泥质杂基含量较高。这一方面抑制了碳酸盐类等早期胶结作用的发育，加之泥质杂基的润滑作用，机械压实作用对储层物性的影响增大。当砂砾岩的埋藏深度为4000m以下时，由于砂砾岩中凝灰岩等半塑性岩屑受压变形，导致砂砾岩储层物性急剧变差，进一步加大了压实作用对储层物性的破坏力，这时砂砾岩的孔隙度一般小于10%，渗透率小于$10^{-3}\mu m^2$（图2-47）。根据对研究区砂砾岩储层的显微观察和镜下估算，结合砂砾岩储层物性分析数据的分析，研究区压实作用造成砂砾岩储层物性的孔隙损失量可达10%～20%，对部分埋藏深度为4000m以上的砂砾岩储层，压实作用造成其孔隙度的损失量可达20%以上。

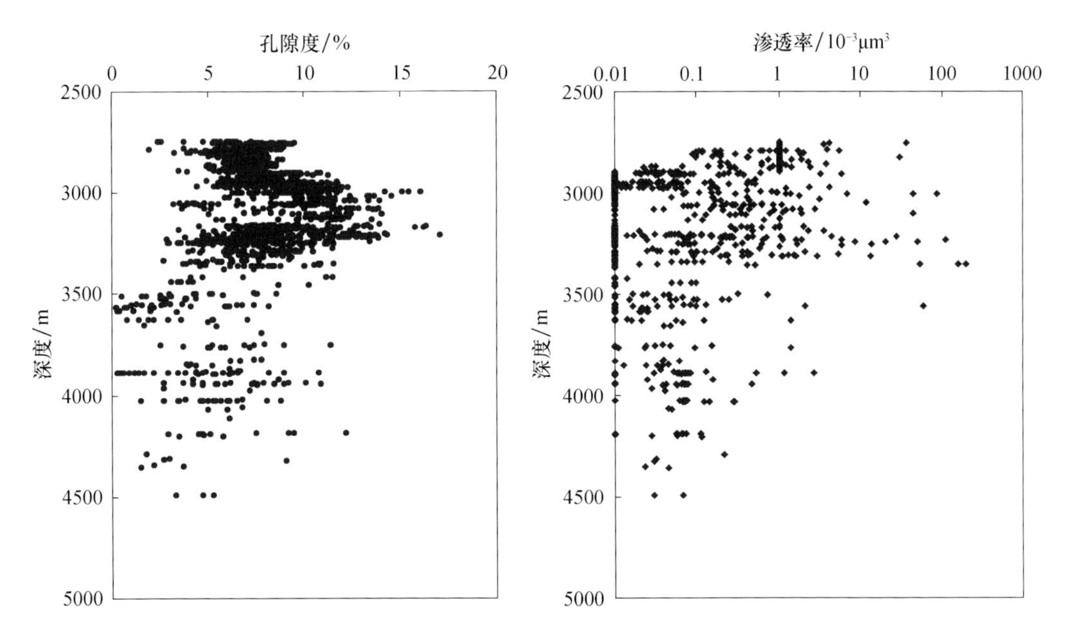

图2-47 克百地区（八区）二叠系风城组（P_1f）砂砾岩储层物性与埋藏深度关系

② 胶结作用对储层物性的影响。

显微观察和研究表明，研究区砂砾岩的胶结物类型多样。这些化学胶结物一方面可以起到支撑碎屑颗粒骨架的作用，抵御压实作用的影响，另一方面也是砂砾岩中的主要易溶组分。但胶结物含量超过10%时可严重堵塞砂岩孔隙（特别是碳酸盐类）。微观研究表明，物性好的砂砾岩普遍含有一定数量（通常为2%～7%）的沸石或碳酸盐类胶结物（尤其是沸石类胶结物），而沸石和碳酸盐类胶结物含量小于2%或大于10%时，其砂砾岩物性普遍较差，孔隙度一般小于10%（图2-48）。碳酸盐类胶结物含量大于

10%的砂砾岩通常为埋藏深度大于4000m的二叠系风城组砂砾岩，形成于成岩晚期。由于其大量充填砂砾岩的各类孔隙，并发生强烈的重结晶和交代作用，使砂砾岩的剩余孔隙丧失殆尽。研究区由胶结作用造成的二叠系砂砾岩孔隙损失量一般也可达到3%～15%。

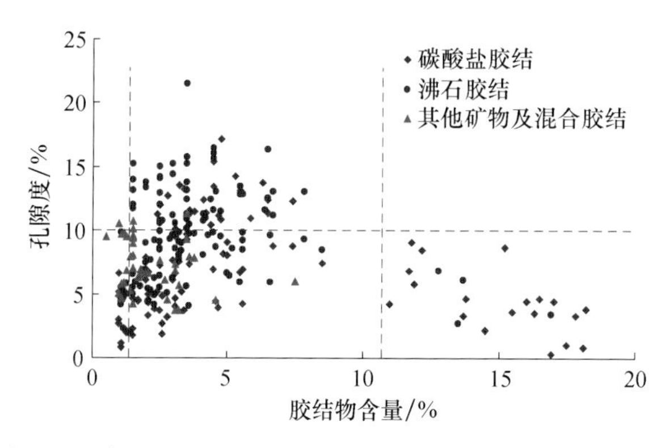

图2-48　克百地区二叠系砂砾岩储层物性与胶结物含量关系

③ 溶蚀作用对储层物性的影响。

溶蚀作用是造成次生孔隙发育最主要的成岩作用，克百地区二叠系砂砾岩储层中易溶颗粒和胶结物（如火山岩岩屑、长石等颗粒碎屑和方解石、沸石等胶结物）都非常发育，该区位于二叠系生烃拗陷的边缘，油、气、水活动非常活跃，这为砂砾岩储层中次生孔隙的发育创造了有利条件。对二叠系砂砾岩的显微观察和扫描电镜分析表明，其中溶蚀作用和溶蚀孔隙非常常见，主要有长石、沸石、方解石等矿物发生溶蚀，产生大量溶蚀孔隙，并常伴随一些自生黏土矿物的生成。在研究区二叠系砂砾岩储层中，溶蚀作用增加的孔隙量相对于压实与胶结作用的损失量非常小，其增加量（孔隙度）一般仅为0.5%～2%。

第四节　火烧山构造带输导层表征及应用

火烧山构造带位于准噶尔盆地东北部克拉美丽西南山前（图2-49），二叠系平地泉组内部形成了一个自生自储的成藏系统。在西部盆地代表了重要的一类成藏系统。

在课题执行过程中，我们在露头、钻井和地震三位一体研究的基础上，建立了平地泉组的层序地层格架，确定层序1高位域（平3段上部）和层序2水进域（平2段中下部）为主要输导层位，对应于火烧山油田的主要产层段。通过对钻井资料和地震属性的分析，开展了输导层确定、砂岩输导体连通性研究，采用多种参数对输导层的输导性能进行量化的表征，结合对盆地演化过程中该成藏系统油气成藏条件的综合分析，模拟分析主要成藏期的油气运移路径，证实了所建立的输导层模型。

1. 沙帐断褶带二叠系平地泉组层序地层划分

研究区二叠系下伏基底为石炭系巴塔玛依内山组，基底之上的二叠系由下至上为下二叠统将军庙组（P_1j）、上二叠统平地泉组（P_2p）和下仓房沟群（P_2ch），平地泉组与

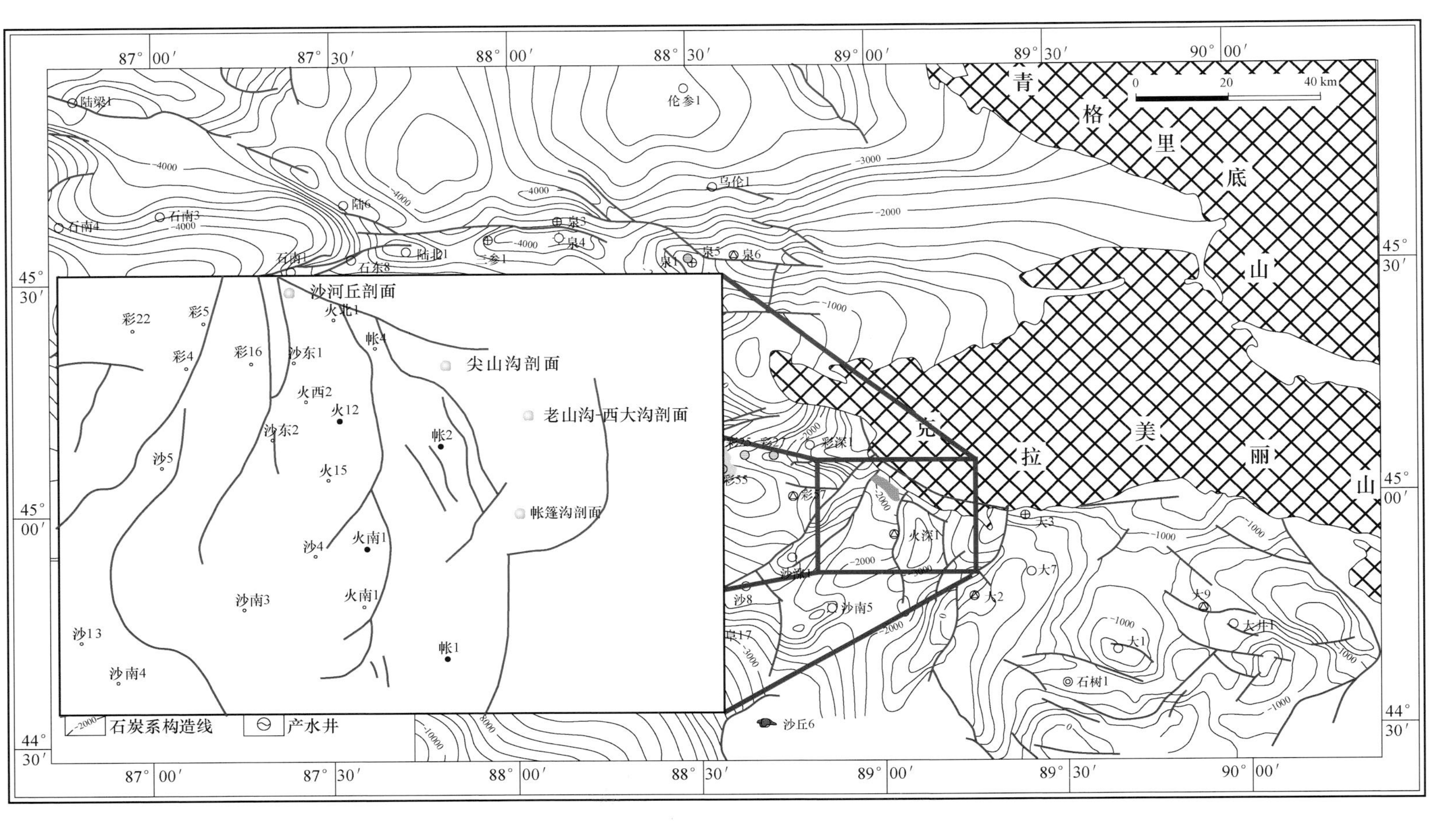

图 2-49 研究区位置及野外观测点位置示意图

石炭系巴塔玛依内山组角度不整合接触。平地泉组进一步划分为四段，由下至上为平四段到平一段。露头研究的工作重点是沙帐地区的平地泉组，研究的露头剖面包括沙丘河、尖山沟、老山沟-西大沟和帐篷沟（图 2-49）。下以老山沟-西大沟剖面为例进行露头剖面特征的描述（图 2-50）。

图 2-50　西大沟-老山沟平地泉组中、下部剖面宏观特征照片

西大沟与老山沟剖面由两个部分组成：老山沟实测平地泉组中下部（图 2-50）和西大沟实测平地泉组上部。平地泉组底部灰褐色厚层或块状粗、中砾岩，含砾粗砂岩和灰色粉砂岩；下部灰绿色粗砾岩、粗砂岩、细砂岩、钙质粉砂岩；向上为深灰色页岩夹薄层砂岩、含砾粗砂岩和中细砂岩；中部灰色、深灰色钙质泥岩、钙质粉砂岩和粉砂岩；上部灰褐色钙质粉砂岩、粉砂岩、灰紫色砾岩、粗砂岩、钙质粉砂岩、泥质粉砂岩，剖面地层总厚约 492m。

1）平地泉组层序地层的划分

通过沙帐地区平地泉组露头剖面系统的观察、实测与研究工作，共可识别和划分出 2 个层序界面及与其对应的 2 个层序（表 2-6）。下面主要依据老山沟（西大沟）野外露头观测的资料为主，并结合其他剖面的观测资料，阐述各层序界面的发育特征和识别标志及体系域的划分。

表 2-6　准噶尔盆地东部上二叠统平地泉组露头层序地层划分方案表

<table>
<tr><th>地层</th><th>层序划分</th><th>关键界面</th><th>体系域</th><th>沉积环境</th></tr>
<tr><td>平地泉组一段</td><td rowspan="2">层序 2（SQ_2）</td><td rowspan="2">层序 2 底界岩相的突变由细砂岩变为深灰色页岩</td><td>HST</td><td>辫状河三角洲平原</td></tr>
<tr><td>平地泉组二段</td><td>TST</td><td>辫状河三角洲前缘—滨浅湖、半深湖</td></tr>
<tr><td rowspan="2">平地泉组三段</td><td rowspan="3">层序 1（SQ_2）</td><td rowspan="3">层序 1 底界为辫状河道砂岩、砾岩加积</td><td>HST</td><td>辫状河三角洲前缘—滨浅湖、半深湖</td></tr>
<tr><td>TST</td><td>辫状河三角洲前缘—滨浅湖、半深湖</td></tr>
<tr><td>平地泉组四段</td><td>LST</td><td>辫状河三角洲前缘</td></tr>
</table>

（1）层序界面 1（SB1）。

层序界面 1（SB1）在老山沟（西大沟）地区出露情况较好，层序界面之下为将军庙组的棕褐色、褐灰色泥岩、砂质砾岩夹浅灰色中、细粒砂岩。层序界面之上为平地泉组底部的辫状河流相的黄绿色砾岩、含砾砂岩组成，砾石直径以 1cm 左右的居多，个别直径达到 2～5cm，向上变为含砾粗砂岩、中砂岩，砂岩钙质结核发育。砾岩、砂岩中发育斜层理、平行层理。再向上为灰绿色砾岩、细砂岩和灰绿色粗砂岩、钙质粉砂岩组成的向上变深、变细的五级旋回层序。

利用前人对该地区平地泉组露头的详细测量和描述，我们认为帐篷沟地区的界面特征同老山沟（西大沟）地区的层序界面特征相似。层序界面之下为将军庙组的紫红色粉砂质泥岩。层序界面之上为平地泉组底部的辫状河三角洲前缘的水下分流河道灰绿色砾岩、含砾砂岩组成，发育大型斜层理、平行层理（图 2-51）。向上为砾岩、含砾粗砂岩、粉砂岩组成的向上变深、变细的五级正旋回韵律。

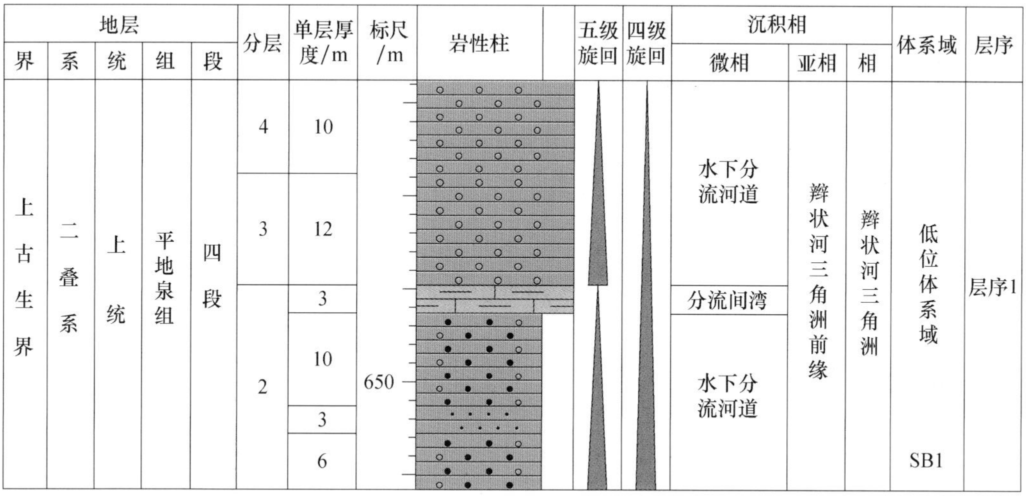

地层					分层	单层厚度/m	标尺/m	岩性柱	五级旋回	四级旋回	沉积相			体系域	层序
界	系	统	组	段							微相	亚相	相		
上古生界	二叠系	上统	平地泉组	四段	4	10					水下分流河道	辫状河三角洲前缘	辫状河三角洲	低位体系域	层序1
					3	12									
					2	3					分流间湾				
						10	650				水下分流河道				
						3									
						6								SB1	

图 2-51　帐篷沟地区平地泉组 SB1 特征图

（2）层序界面 2（SB2）。

层序界面 2（SB2）在沙丘河地区主要反映在岩相的突变上，为一套深水相的沉积物覆盖在浅水相的沉积物上，层序界面以下为辫状河三角前缘的灰黄色细砂岩和粉砂岩夹灰色页岩，层序界面上为半深湖相的深灰色厚层页岩，发育水平层理（图 2-52）。

层序界面 2（SB2）在老山沟（西大沟）地区同样反映在岩相的突变上，为一套较深水相的沉积物覆盖在浅水相的沉积物上，层序界面以下为辫状河三角前缘的杂色钙质中砾岩、灰色粗砂岩、灰绿色钙质粉砂岩组成，层序界面上为滨浅湖湖相的灰绿色、灰色钙质泥岩、粉砂质泥岩为主，向上钙质泥岩的厚度更大，可见水体是加深的，发育水平层理。

层序界面 2（SB2）在帐篷沟地区类似于西大沟-老山沟地区的 SB2，也是一套较深水相的沉积物覆盖在浅水相的沉积物上，层序界面以下为辫状河三角前缘的厚层的灰绿色粉砂岩，层序界面以上为灰绿色粉砂岩厚度减薄，为灰色的粉砂质泥岩夹向上逐渐变薄的灰绿色粉砂岩，在向上粉砂岩消失，以钙质泥岩、泥岩、油页岩交替出现，水体也是加深的，发育水平层理。

1:500

界	系	统	组	段	分层	单层厚度/m	累计厚度/m	岩性描述	微相	亚相	相	体系域	层序
上古生界	二叠系	上统	平地泉组		43	3.92	173.41	37层：下部黄绿色粉砂岩或粉砂质泥岩为主，中部土黄色含砾钙质细砂岩，平行层理，上部为40cm含砾灰色细砂岩，显示向上变细序列，平行层理发育，砾石是定向排列	砂坝	深湖	湖泊	低位体系域	层序2
					42	4.02	177.43	36层：下部灰黄色含砾细砂岩，钙质，中部灰色水平层理粉砂岩，上部深灰色细砂岩	半深湖泥页岩				
					41	4.81	182.24	35层：深灰色钙质页岩					
					40	3.92	186.16	34层：灰黄色薄层粉砂岩，水平层理					
					39	0.78	186.94		水下分流河道				SB2
					38	7.13	194.07	33层：深灰色粉砂质页岩	半深湖泥页岩				
					37	1.85	195.92	32层：中薄层状黄褐色钙质中粒砂岩	水下分流河道	三角洲前缘	辫状河三角洲		
						1.13	197.04	31层：深灰色页岩					
					36	1.40	198.44	30层：深灰色页岩和黄绿色页岩韵律					
					35	2.33	200.77	29层：灰褐色中细砾岩，中层状	水下分流河道间				
					34	2.80	203.57	28层：黑灰色页岩与黄绿色页岩不等厚互层，以黑灰色页岩为主	水下分流河道				

图 2-52　沙丘河地区平地泉组 SB2 特征图

（3）层序 1（SQ1）准层序组发育特征和体系域划分。

从西大沟-老山沟的剖面来看，SQ1 在初始湖泛面以下可以清晰地识别出两个准层序组（从下到上依次为 PSS1 和 PSS2），它们垂向上叠加成向上逐渐变深至初始湖泛面（图 2-53）。每个准层序组都表现为下粗上细的正旋回特点，一般底部为辫状河道相或

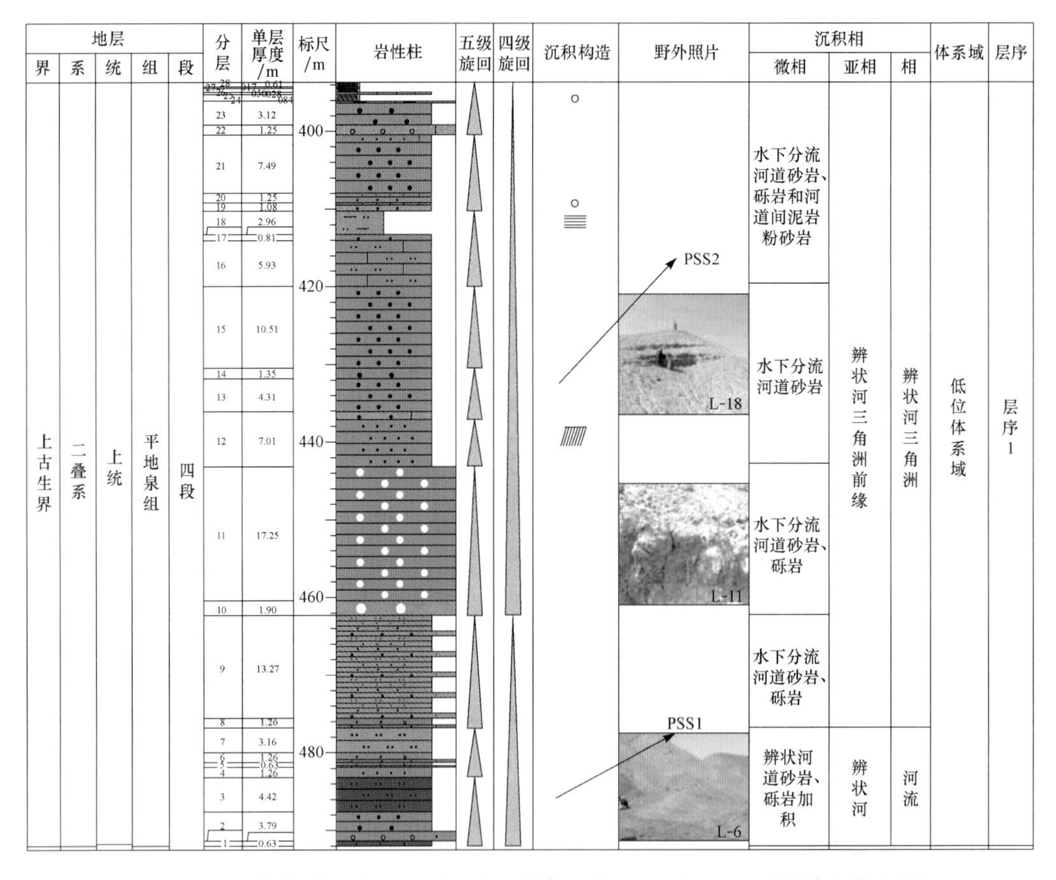

图 2-53　西大沟-老山沟地区平地泉组层序 1 的 PSS1 和 PSS2 准层序组特征图

辫状河三角洲水下分流河道相的粗粒砾岩或含砾砂岩；上部为河道中上部含砾砂岩、中粗粒砂岩；顶部为河道间粉砂岩、钙质粉砂岩、钙质泥岩等。从初始湖泛期到最大湖泛期发育的准层序组的数目、类型及叠加样式在不同地区存在差别，这取决于层序形成期的构造背景、沉积环境、发育程度以及后期的构造演化和保存条件等。老山沟（西大沟）剖面表现为一个准层序组（PSS3），每个准层序基本都是以灰绿色钙质粉砂岩为底，向上为灰绿色或深灰色的页岩的正韵律旋回，并且向上每个准层序的页岩厚度加大。

SQ1 湖泛期以后形成了主要由滨浅湖相和三角洲前缘相组成的两个准层序组，西大沟-老山沟剖面为准层序组 PSS4 和 PSS5。

从上述 SQ1 层序界面识别、湖泛面的发育特征及准层序组类型、叠加样式分析和阐述不难确定 SQ1 的体系域的界线和划分标准。西大沟-老山沟剖面的 PSS1 和 PSS2 准层序组构成低水位体系域，PSS3 准层序组构成水进体系域，PSS3 准层序组上部为凝缩层，PSS4 和 PSS5 构成高位体系域。

（4）层序 2（SQ2）准层序组发育特征和体系域划分。

西大沟-老山沟剖面表现为灰绿色粉砂岩、泥质粉砂岩和灰绿色、灰色的钙质泥岩组成的向上变深、变细的正韵律准层序，顶部出现一层灰绿色的页岩，应为最大湖泛期的产物。西大沟-老山沟地区的剖面上，最大湖泛层以下可以识别出两个准层序组，从下到上为 PSS1 和 PSS2（图 2-54），它们垂向上叠加成向上逐渐变深至最大湖泛（凝缩层）的样式。SQ_2 湖泛期以后形成了两个主要由辫状河三角洲前缘、平原以及少量的滨浅湖沉积的准层序组（PSS3 和 PSS4），在西大沟-老山沟剖面上表现为不同的准层序组的叠加，下部由多个灰绿色页岩、薄层的钙质粉砂岩和厚层的灰褐色钙质粉砂岩、粉砂岩组成的反韵律准层序组成的向上变浅、变粗的准层序组，上部为薄层-中粗的灰紫色

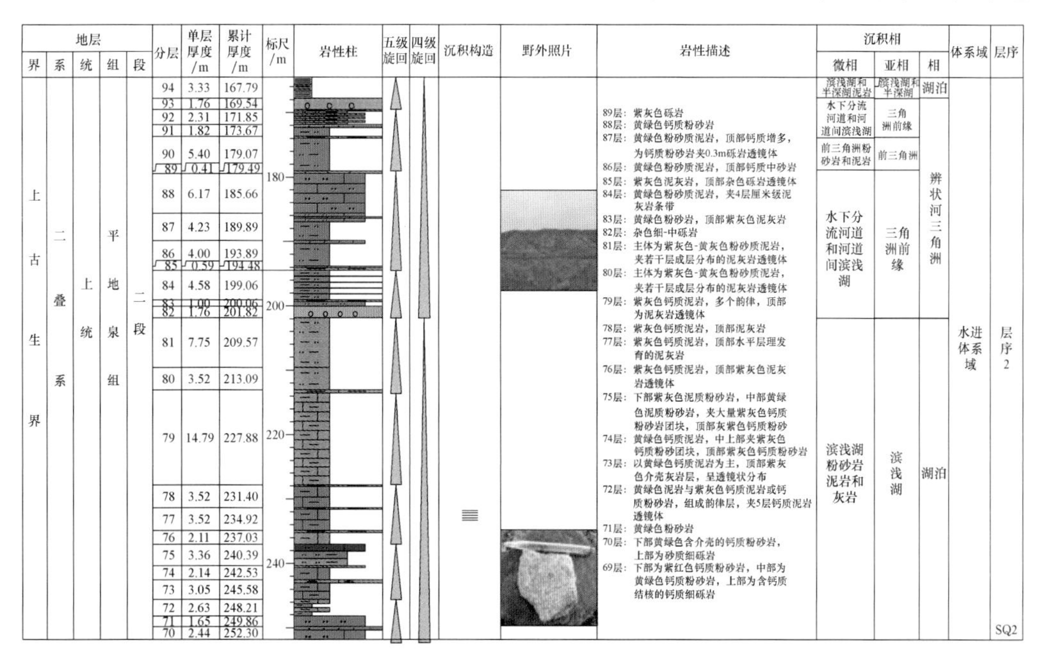

图 2-54 西大沟-老山沟地区平地泉组层序 2 的 PSS1 和 PSS2 准层序组特征图

砾岩、粗砂岩、含砾砂岩和厚层的灰紫色钙质粉砂岩、泥质粉砂岩、组成向上变细、变深正韵率准层序组，但是从整体的沉积环境来看，湖平面还是下降的，沉积环境变浅。

上述 SQ2 层序界面识别、湖泛面的发育特征及准层序组类型、叠加样式分析不难确定 SQ2 层序的体系域的界线和划分标准。PSS1 和 PSS2 准层序组构成水进体系域，PSS2 准层序组上部为凝缩层，PSS3 和 PSS4 准层序组构成高水位体系域。

在野外工作基础之上，分地区优选资料品质好、测井曲线全、在各地区有代表性的 53 口井的钻井资料，进行了较为详细的层序地层研究（图 2-55），建立了工区钻井层序、体系域划分方案，把下二叠统平地泉组（包括将军庙组上段）自下而上划分为 2 个层序、5 个体系域（表 2-7）。

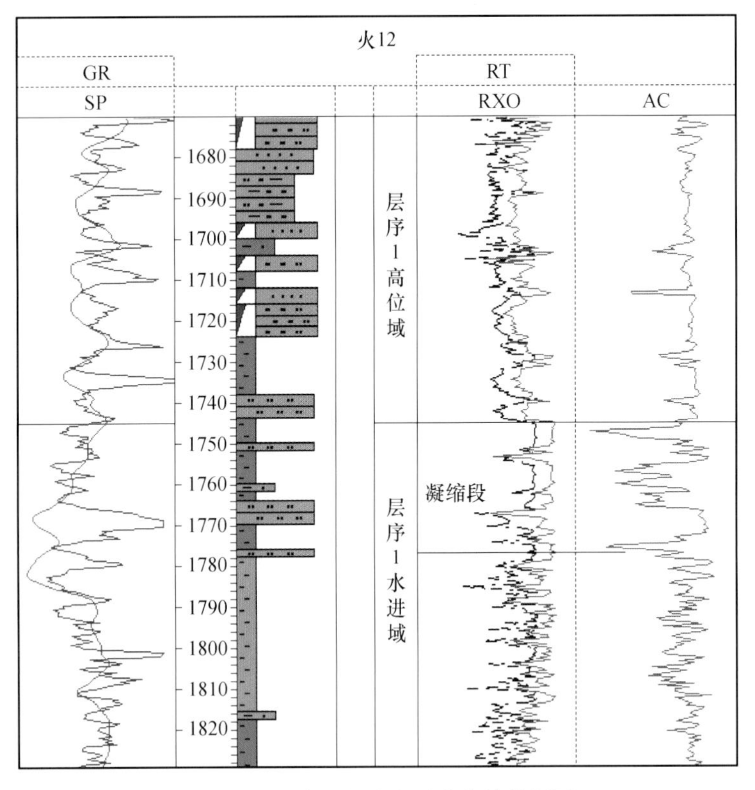

图 2-55　层序 1 凝缩段测井曲线特征图

表 2-7　平地泉组钻井岩石地层与层序地层对比表

钻井岩石地层			钻井层序地层	
统	组	段	层序	体系域
上二叠统	梧桐沟组	—	—	LST
下二叠统	平地泉组	平一段	SQ2	HST
		平二段		TST
		平三段	SQ1	HST
				TST
	将军庙组	上段		LST
		下段	—	HST

2）单井层序地层划分和联井对比剖面

按以上原则，对单井进行了层序划分，为了进一步研究层序地层在区域上的变化规律，我们编制了 9 条区域层序地层联井对比剖面图，其中图 2-56 为东西向的一条剖面，图 2-57 为南北向的一条剖面。

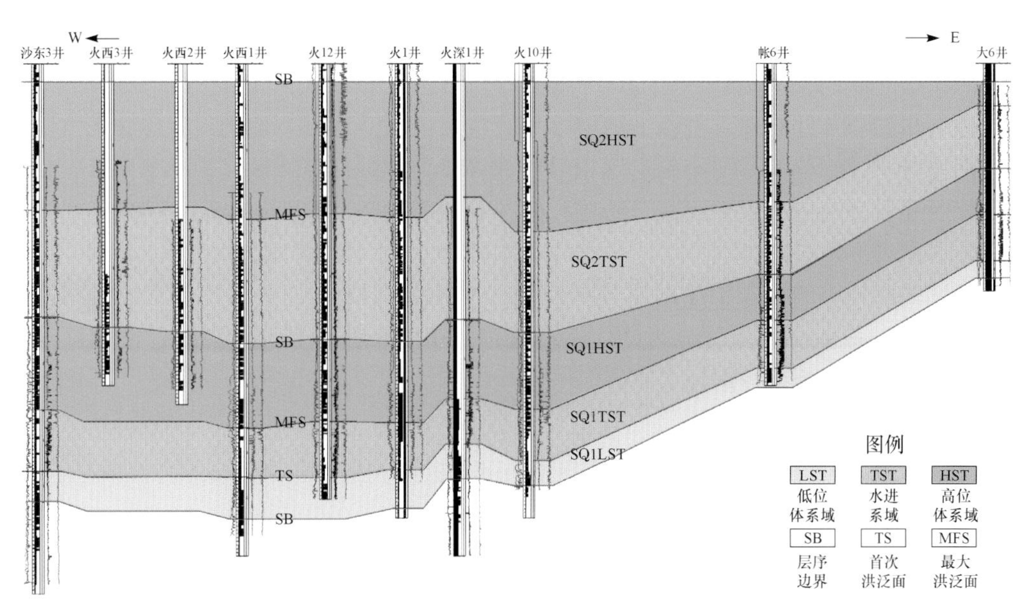

图 2-56 沙东 3 井—火西 3 井—火西 2 井—火西 1 井—火 12 井—火 1 井—火深 1 井—火 10 井—帐 6 井—大 6 井联井层序对比剖面图

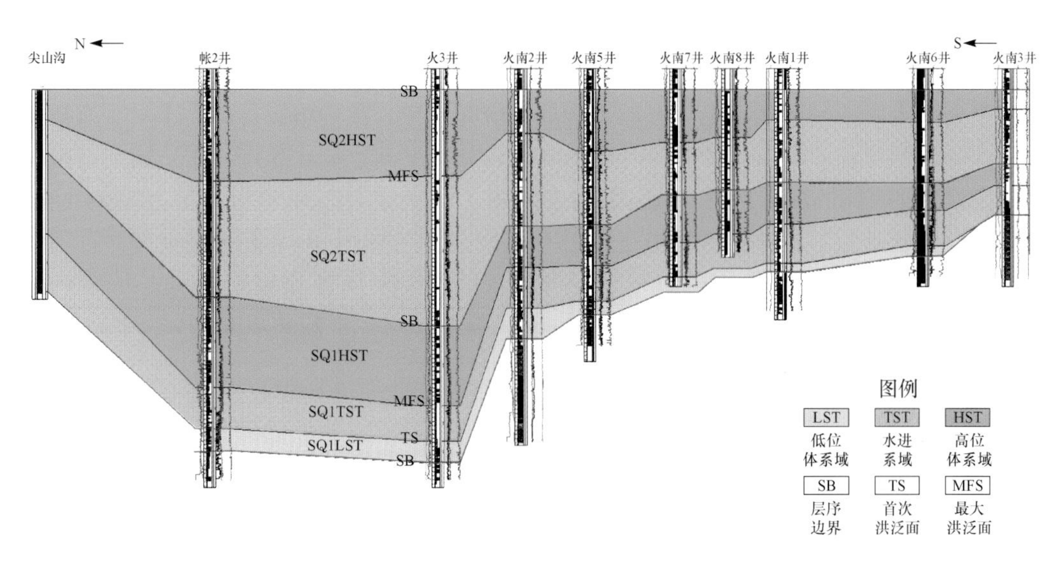

图 2-57 尖山沟帐 2 井—火 3 井—火南 2 井—火南 5 井—火南 7 井—火南 8 井—火南 1 井—火南 6 井—火南 3 井联井层序对比剖面图

区域层序地层联井对比剖面图和区域沉积相联井对比剖面图表明，二叠系平地泉组各层序向南和向东收敛减薄，在帐篷沟构造以东地区平地泉组顶部有较大剥蚀量，而在火南3—沙南3井一带SQ1层序低位体系域超覆尖灭。从露头厚度与钻井厚度对比看，在山前露头出露区平地泉组各层序的厚度也有一定减薄。从地层厚度分布来看，厚度中心位于火14井—帐2井一线，而沉积分析表明沉积中心位于沙东2井—火3井—帐5井一线，厚度中心与沉积中心不一致，这种现象表明平地泉组沉积期盆地是一个北物源为主的南缓北陡的箕状凹陷。

进一步结合单井和地震剖面上的层序发育特征，对一些具有地震反射终止形式的典型剖面进行了详细分析，初步确定沉积层序的界线，再进行地震测线的环形闭合，最后在研究区地震测网中去追踪闭合。经过几轮井和地震的相互检验和验证，确定了最终层序划分方案和追踪方案。

通过井和地震的综合层序地层分析，把二叠系平地泉组划分为2个三级沉积层序SQ1和SQ2，并将SQ1层序分为高位体系域和水进-低位体系域进行追踪，将SQ2层序分为高位域和水进域进行追踪。

2. 沙帐断褶带二叠系平地泉组成藏条件分析

1）烃源岩

（1）生油层分布情况。

本次研究工区内的主要生油岩是上二叠统平地泉组，主要生油层段为平二段和平三段。其中图2-58为平地泉组SQ1高位域暗色泥岩（生油岩）厚度等值线图。

从SQ1层序高位域的泥岩厚度图中，我们可以看出，暗色泥岩的厚度都不大于80m，即无Ⅰ类烃源岩；Ⅱ类烃源岩分布区，大致分布在火南1井以北的火烧山、火南及火东和帐篷沟的大部分地区；Ⅲ类烃源岩分布在火南1井以南的大部分地区。

（2）地化特征。

根据前人对沙帐断褶带生油岩地化特征的研究成果，我们可以得出：①对于有机质丰度，平地泉组在沙帐断褶带地区有机质丰度较高，平面上变化稳定。平三段的有机碳平均含量为3.4%，氯仿沥青“*A*”平均含量为1897ppm，总烃平均含量为1024ppm；②对于有机质类型，沙帐断褶带平三段的有机质类型为腐泥型-偏腐泥混合型，各项指标表明具有较强的生烃能力；③对于有机质成熟度。镜质体反射率（R_o）值全区在0.75%以上，平均0.95%。全区都进入成熟-成熟高峰期，但成熟度是有差异的。平三段的生油岩已进入成熟-高成熟阶段。

2）储集层

沙帐断褶带的储层主要是平三段和平二段，以自生自储为特征，储层岩性主要为细砂岩及含砾的不等粒砂岩，以火烧山油田平地泉组储集层为代表的三角洲前缘中-远端亚相规模大小不等的席状、指状-透镜状砂体，以火南平地泉组储集层为代表的浅湖相规模较小的透镜状砂体。

储层临界物性是评价储层含油能力的重要参数，只有成藏储集层孔隙度大于临界物性的储层才是有效的储层。岩石渗透性的好坏，是以渗透率的数值大小来表示的。含油

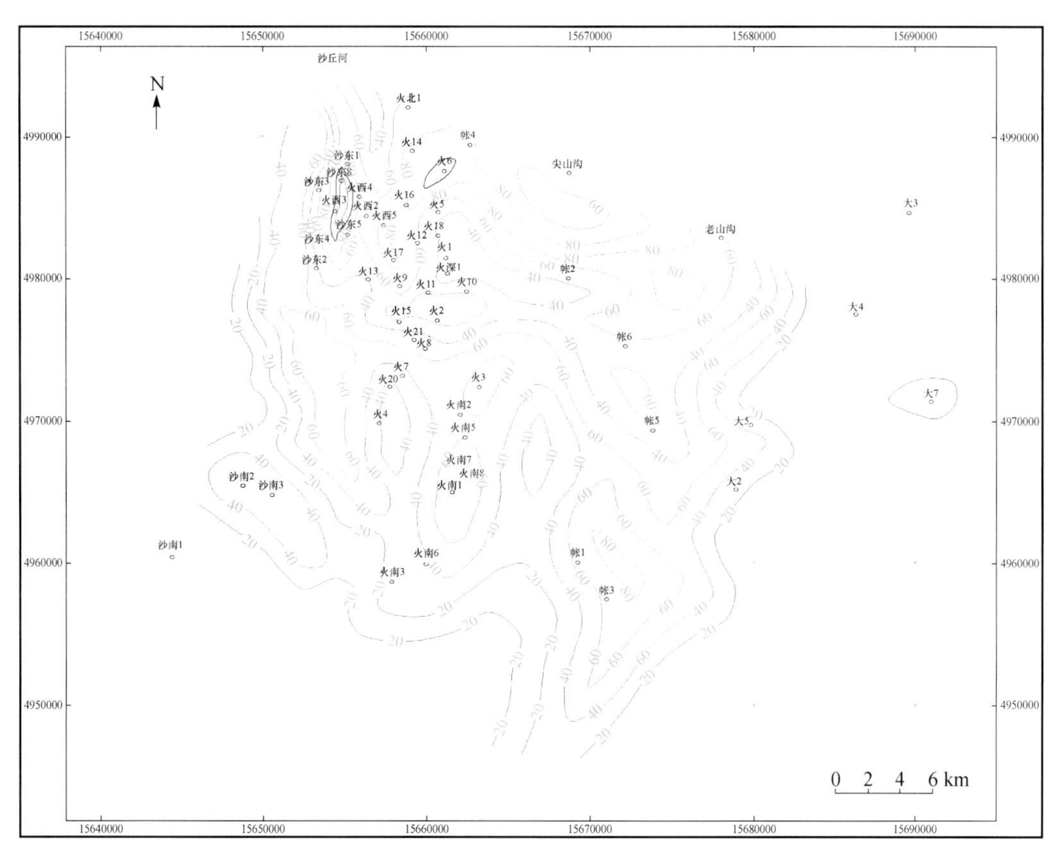

图 2-58 帐北断褶带二叠系平地泉组 SQ1 高位域泥岩厚度等值线图

迹级别砂岩的孔隙度和渗透率的最小值定为油气充注的物性条件下限，当砂体孔隙度和渗透率大于该值时油气能进入储层，小于该值时油气不能进入砂体，据此确定沙帐断褶带油气成藏的临界物性。结果表明工区油气成藏的临界孔隙度为 7.2%，渗透率为 $0.018\times10^{-3}\mu m^2$。

3） 盖层

沙帐断褶带二叠系平地泉组的盖层为平一段。平一段岩性较单一，为灰绿色泥岩夹薄层粉细砂岩。泥岩块状内部以水平层理为主，生油指标较差，属沉积环境较稳定的浅湖沉积。平一段分布很广，是一套良好的区域盖层。

在纵向上厚层暗色有机岩与储油砂体间互沉积，相互叠置。在平面上远端的席状砂体与不断摆动的分流河道砂体置于大面积的暗色泥岩中，为平地泉组自生自储的生储组合奠定了基础，再加上其上部的平一段区域盖层作为良好的盖层条件，使得沙帐断褶带是一套自生自储自盖的含油地层单元。

4） 油气成藏模式

通过对火烧山背斜平地泉组油藏和沙东 2 井区平地泉组油藏的解剖，可以看出火烧山油田的成藏模式为：生烃凹陷及烃源层为二叠系克拉美丽山前凹陷的平地泉组；油气的运移方式为层内直接运移，凹内运移；储集体为三角洲前缘亚相的席状砂、水道砂、河口砂坝；圈闭形成于印支—燕山运动期；油气成藏于燕山运动期（图 2-59）。

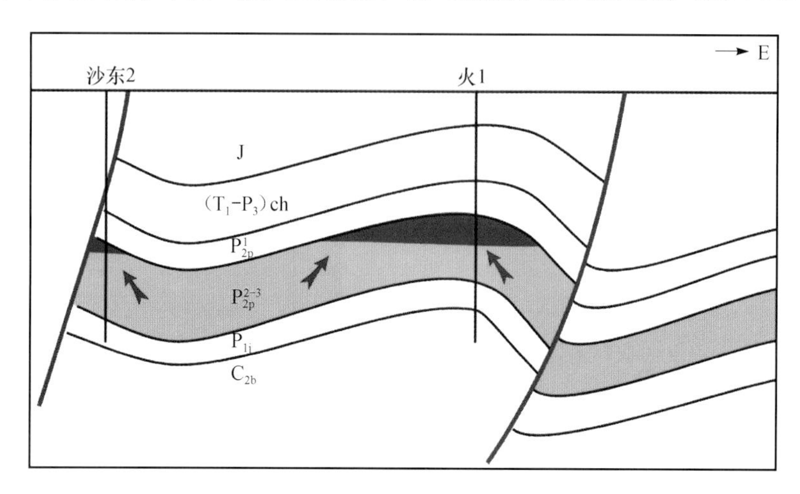

图 2-59　火烧山背斜火 1 井平地泉组油藏成藏模式示意图

二叠系平地泉组油藏的油气集中出现在平二段和平三段的砂层和裂缝中。储集类型为浅-半深湖背景下的三角洲沉积体系，主要生油岩也是平二段和平三段的暗色泥岩，平一段是分布广、厚度稳定的区域性盖层，从而构成良好的生储盖组合。地球化学资料证明平地泉组原油运移效应不显著，是自生自储及短距离运移性质。火烧山油田和火南平地泉组油藏分别处在沙帐生油凹陷中心和缓坡上，这是两种典型的成油模式：①生油中心内为辫状河三角洲前缘亚相，规模大小不等的席状砂体和指状砂体，沙东断块及火东地区是寻找这类油藏的主要地区；②生油凹陷缓坡上，前三角洲亚相，规模较小的薄层指状砂及透镜状砂体，火南背斜及沙南背斜北翼是寻找这类油藏的有利地区。

5）油气成藏主控因素分析

我们通过对岩心录井的含油心长的数据统计，将油气显示分为饱和含油至油浸、油斑至油迹和荧光三个级别。根据层序划分的数据，将含油心长分别对应于层序 1 低位+水进域、层序 1 高位域和层序 2 水进域三个层位来做算术平均，以反映出油气显示纵横向的分布规律。图 2-60 和图 2-61 分别是 SQ1 层序高位域和 SQ2 层序水进域的油气显示平面分布图。

呈隆拗相间的格局。二叠纪整体上近东西向的箕状凹陷在印支运动期得到改造后，呈现现今的南北向凹隆格局，在印支期形成的圈闭在燕山期已定型，有利于捕获在白垩纪平地泉组烃源岩生成的油气。

前已述及，生油凹陷的沉积幅度越大，生油岩越厚，油气资源越丰富，二叠系厚度大的深凹陷是有其富集的基本条件，而油气成藏的主控因素为储集相和圈闭。

（1）储集相控藏。

无论是构造油藏还是岩性油藏，储集相带类型的不同对成藏的控制作用也不同。对比分析表明，沙帐断褶带的油气藏主要分布在辫状河道亚相、三角洲前缘亚相和辫状河三角洲前缘亚相，说明储集相类型对油气成藏的控制作用十分明显。

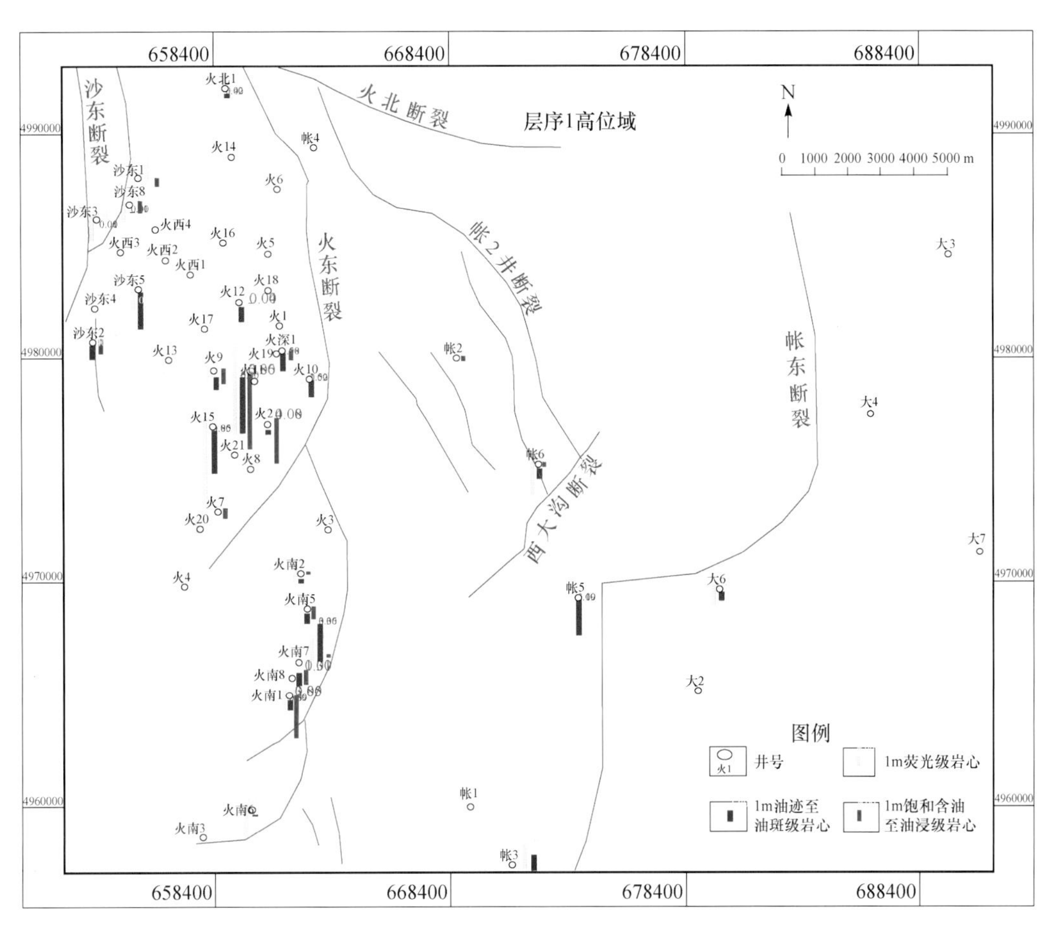

图 2-60　SQ1 层序高位域油气显示平面分布图

储集条件是平地泉组油藏形成的主控因素。储集条件包括砂体发育和储层物性，起主导作用的是砂体发育程度。火烧山为席状砂体，油藏分布范围超过了圈闭面积，火南砂层变薄为指状砂体，油藏分布范围远小于圈闭面积。

（2）圈闭控藏。

圈闭是油气聚集形成油气藏的前提，一个有效的圈闭不仅需要适合于储存油气的储集层，还需要有效的盖层及遮挡物，背斜、断层及岩性变化都可以形成遮挡，构成圈闭。构造圈闭主要发育于构造高点及与断层相关的地层内部，而隐蔽圈闭则是在沉积过程中由于岩相相变形成的。地层岩性圈闭与构造圈闭都需要良好的封闭保存条件。如果储层与盖层的能量配置不利，盖层会发生破裂而使油气散失。

3. 火烧山构造带构造和输导层特征分析

1）火烧山构造特点

根据钻井资料和地震资料的结合，我们编制了火烧山构造带现今构造图［图 2-62(a)］，火烧山现今构造表现近南北向的背斜，背斜东部为火东断裂，该断裂是火烧山背斜带与火东向斜分界断裂。

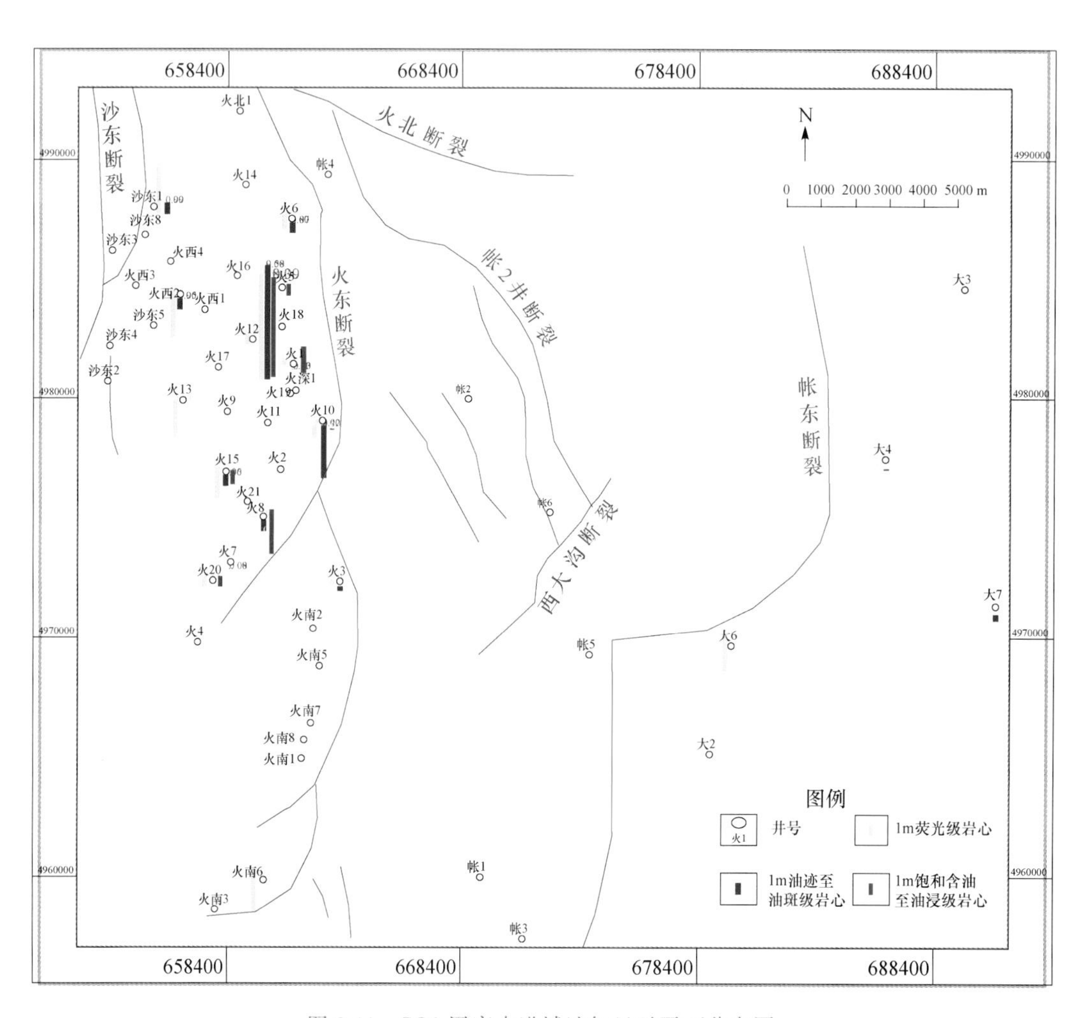

图 2-61　SQ2 层序水进域油气显示平面分布图

通过趋势法追踪白垩系底界，恢复了白垩系沉积早期的古构造［图 2-62(b)］，该形态代表油气运移时期的古构造形态。

对比图 2-62(a)和图 2-62(b)可发现，现今构造形态与白垩纪早期的构造形态在总体形态上相似，只是在局部范围存在一定的变化。

2）火烧山构造带输导层特征分析

为了刻画火烧山构造带输导层的特征，我们结合钻井资料和地震属性资料，编制了 SQ1 高位域和 SQ2 水进域两个层序地层单元的砂岩厚度图、砂地比图、孔隙度分布图、渗透率分布图、孔隙度×砂岩厚度分布图和孔隙度×砂地比分布图（图 2-63）。通过对这些可以描述输导层输导性能的参数的综合分析，认为在研究区利用组合参数孔隙度×砂岩厚度来表征 SQ1 高位域和 SQ2 水进域两个输导层最为合适（图 2-64）。

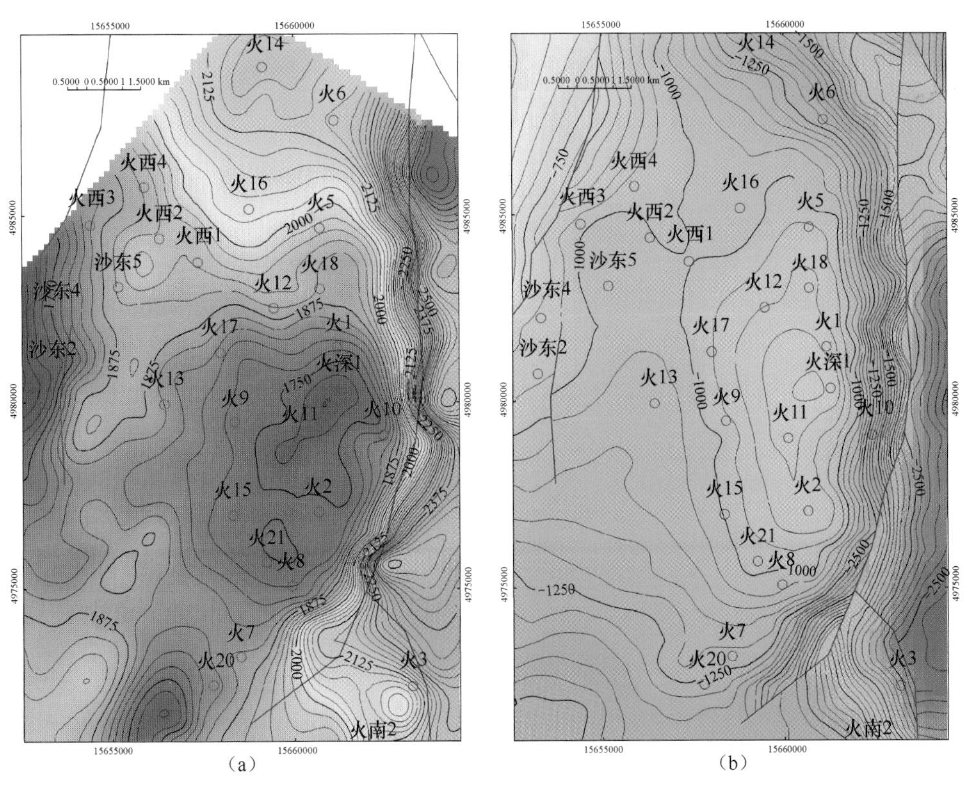

图 2-62 火烧山 SQ_1 高位体系域与 SQ_2 水进体系域之间的层序界面 SB_2 的构造图

（a）现今构造；（b）白垩纪早期古构造

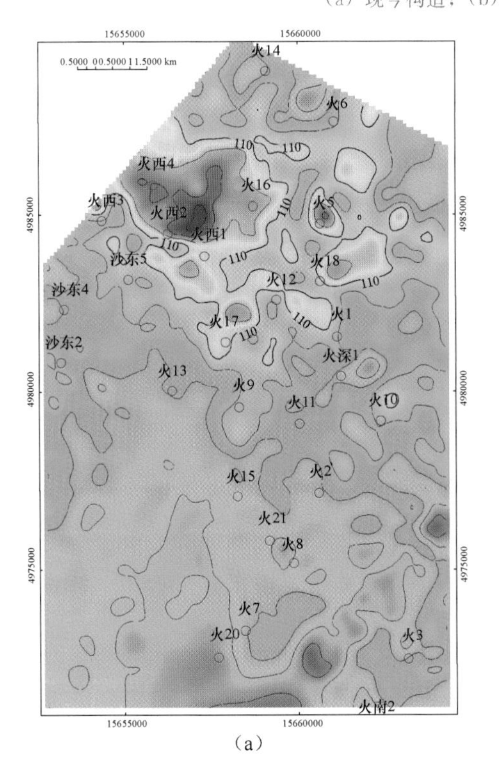

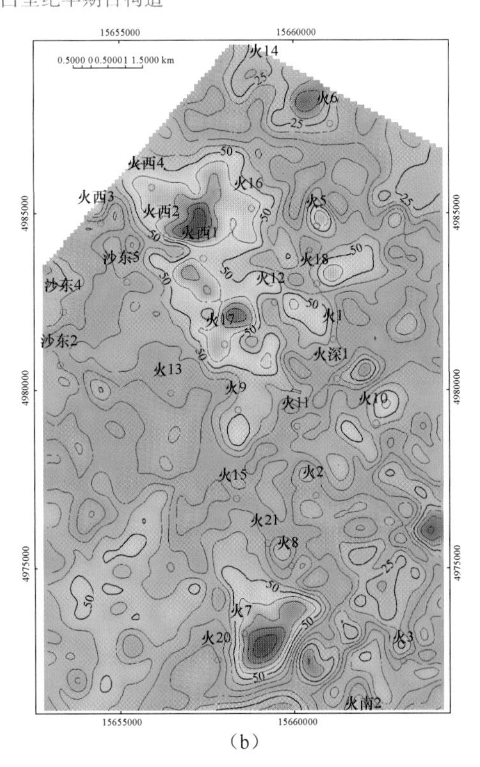

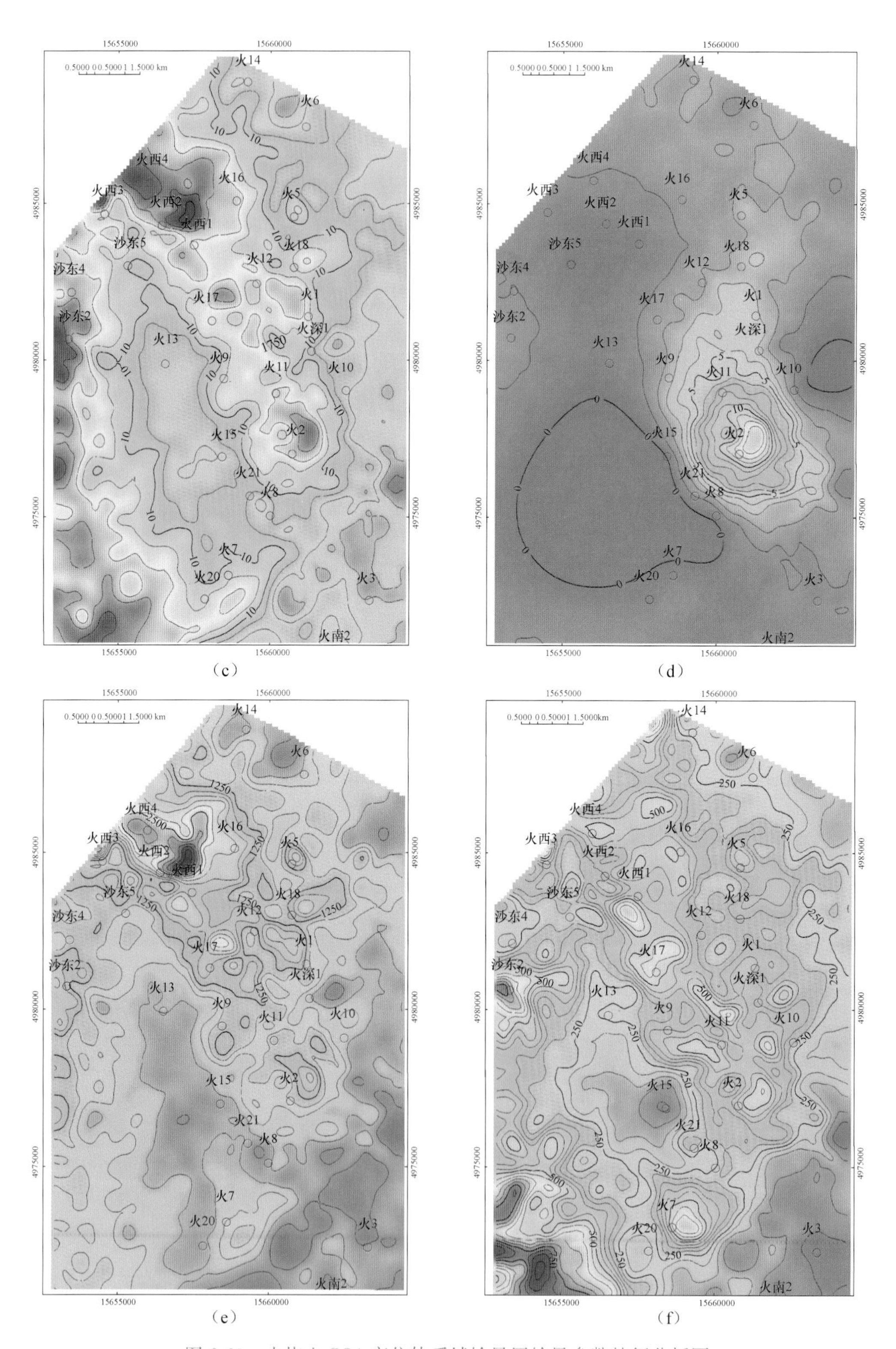

图 2-63 火烧山 SQ1 高位体系域输导层输导参数特征分析图

(a) 砂岩厚度；(b) 砂地比；(c) 孔隙度；(d) 渗透率；(e) 孔隙度×砂岩厚度；(f) 孔隙度×砂地比

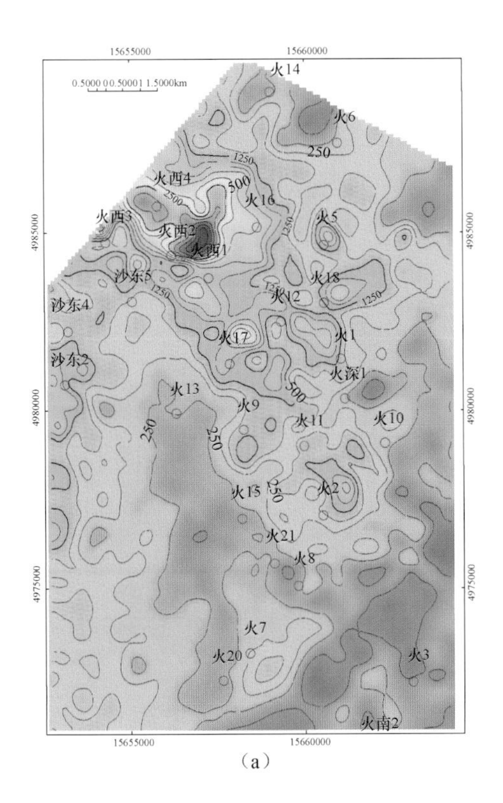

(a)

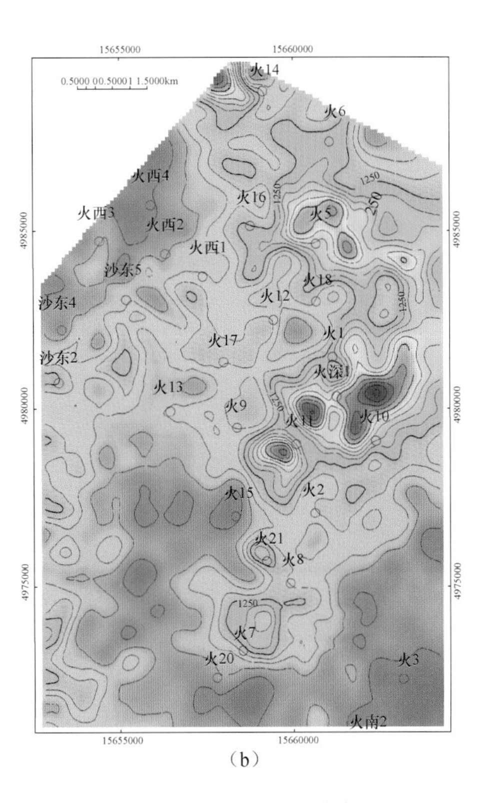

(b)

图 2-64 火烧山 SQ1 高位体系域与 SQ2 水进体系域孔隙度×砂岩厚度分布图
(a) SQ1 高位域；(b) SQ2 水进域

4. 火烧山构造带油气运移定量模拟

1) 烃源岩排烃强度计算

烃源岩的生烃量主要取决于源岩内有机质的丰度（C%）、类型（KTI）和热演化程度（R_o），单位体积烃源岩的生烃量依据式(2-2) 计算：

$$Q_p = R_p C\% \rho \tag{2-2}$$

式中，Q_p 为单位体积烃源岩生烃量，kg/m^3；R_p 为当前单位质量的有机母质（用有机碳含量表示）在地史过程中的生烃量，简称油气发生率，它受母质类型 KTI 和热演化程度 R_o 双因素控制，kg/t$_c$，在具体应用时，我们采用了庞雄奇的图版根据 KTI 和转化热演化 R_o 读取；C%为源岩的有机质（有机碳）丰度，有机质丰度在地史过程中随母质 R_o 和 KTI 的改变而改变；ρ 为源岩密度，g/cm^3。

单位面积生烃量表示生烃强度，生烃强度可由式(2-3)计算：

$$生烃强度 = 烃源岩厚度 \times 单位体积生烃量 \tag{2-3}$$

根据以上步骤和公式，我们对平地泉组层序 1 高位域和层序 2 水进域的生烃强度（10^4 t/km^2）进行了估算，编制了两个体系域的生烃强度图（图 2-65）。

2）输导体几何连通性定量表征及油气运聚模拟

进一步，以砂地比分析为基础，分析了 SQ1 高位域和 SQ2 水进域砂岩输导体的几何连通性。如图 2-65 所示，除研究区东北角、火 2—火 3 井区等局部地区外，平地泉组 SQ1 高位域的砂岩输导体几何连通概率总体较高，砂岩输导体连通性较好；而 SQ2 水进域的砂岩输导体几何连通性相对较差。

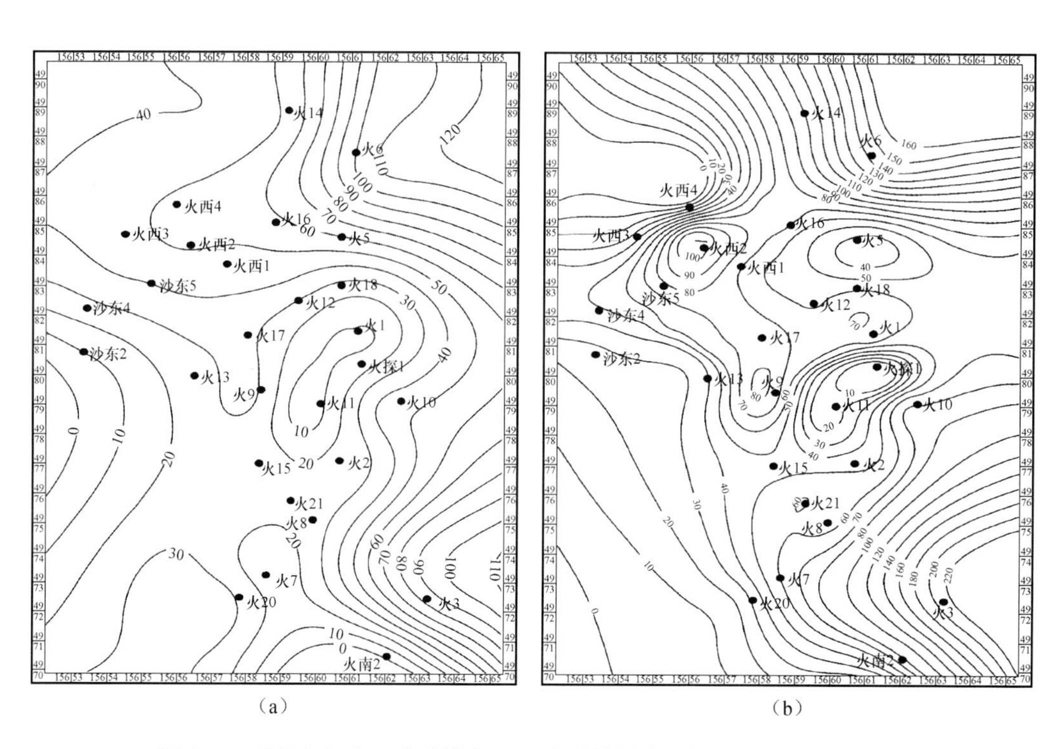

图 2-65 平地泉组 SQ1 高位域和 SQ2 水进域泥岩生烃强度图（$10^4 t/km^2$）
（a）SQ1 高位域；（b）SQ2 水进域

根据烃源岩的排烃特征和输导层发育的特征，结合前述对平地泉组层序 1 高位域、层序 2 水进域砂岩输导层几何连通性、油气分布规律和成藏特征分析所获得的认识，建立了平地泉组层序 1 高位域、层序 2 水进域的油气输导模型，如图 2-66 所示。通过对砂岩输导层的厚度、孔隙度、渗透率等参数组合进行研究，认为采用砂体厚度与古孔隙度的乘积作为评价研究区油气输导模型的输导性能的参数比较合理。因此，我们选择孔隙度×砂岩厚度这种组合参数，对研究区的输导格架和输导特征进行了定量表征（图 2-67）。

在前述工作的基础上，利用罗晓容等（2007a）提出的以逾渗理论为基础的 MIG-MOD 油气运聚数值软件，耦合运移动力、供烃强度和前面建立的各输导模型，模拟分析了火烧山油田平地泉组层序 1 和层序 2 的油气运移过程，获得了优势运移路径的展布特征，如图 2-68 所示。与已发现的油气作对比，结果比较吻合（图 2-69）。

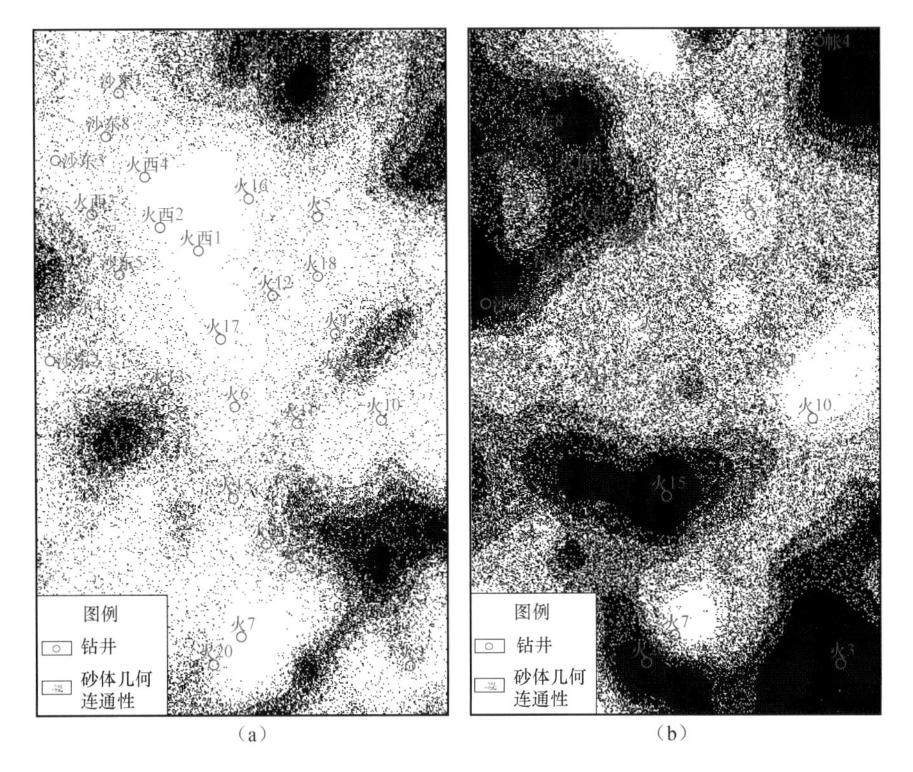

图 2-66 准噶尔盆地火烧山平地泉组层序 1 高位域（a）和层序 2 水进域（b）砂岩输导体几何连通性

白色代表砂岩几何空间上连通，绿点代表砂岩几何空间上不连通，绿点越密，砂体间几何连通性越差

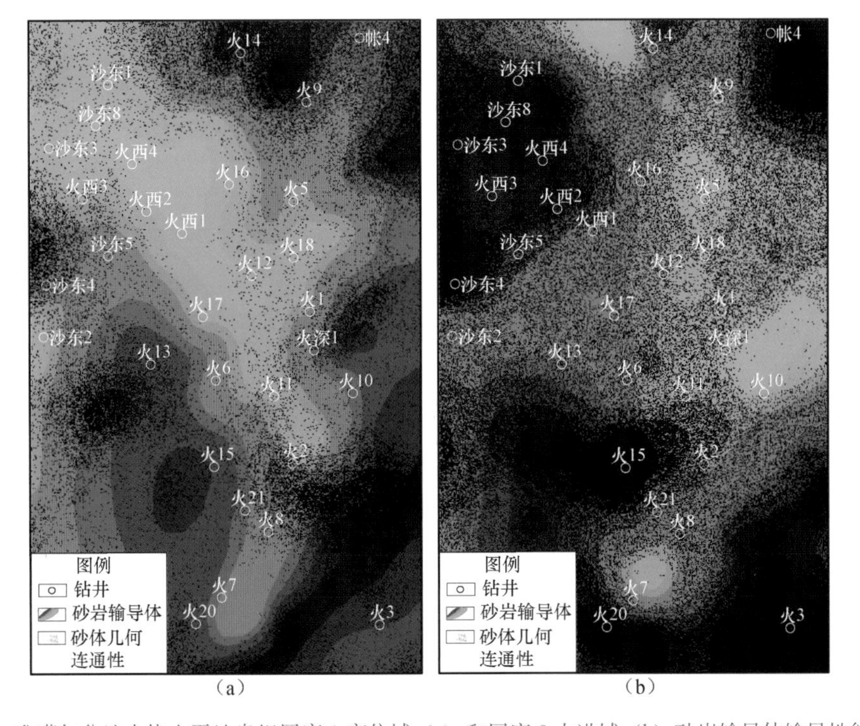

图 2-67 准噶尔盆地火烧山平地泉组层序 1 高位域（a）和层序 2 水进域（b）砂岩输导体输导性能表征图

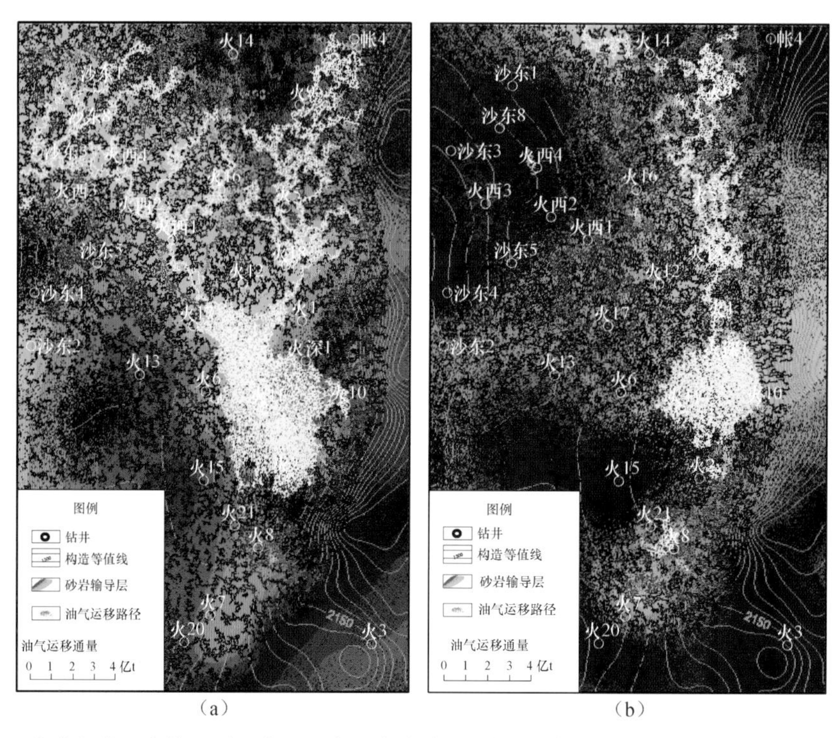

图 2-68 准噶尔盆地火烧山平地泉组层序 1 高位域（a）和层序 2 水进域（b）油气运聚模拟结果

图 2-69 准噶尔盆地火烧山平地泉组层序 1 高位域（a）和层序 2 水进域（b）油气运聚模拟结果与已发现油气叠合图

小　　结

我们将输导层定义为，在一成藏系统内，区域盖层之下的具有一定厚度的包含有多个连通输导体的地层总和。砂岩体之间连通的必要条件是砂岩体之间的直接接触，即在几何空间上砂岩体之间是相互连通的，这是砂岩体构成输导体的基本连通方式，而表征这种连通特征的关系称为几何连通性。

在砂体的几何连通性识别方面，应用属性分析-自然伽玛反演-波阻抗反演的系列方法，在准噶尔盆地莫索湾三工河组砂体几何连通性研究中取得了良好的效果。

采用前人的砂岩体空间分布概率模型，建立了指数关系模型来描述砂岩体之间的几何连通性，提出了几何连通性定量表征的参数，在几何连通性表征的基础上，我们提出根据成岩序列及油气充注关系判识流体连通性的方法。

根据实际研究区的情况，总结出砂岩体几何连通性的分析方法，确立了砂岩输导层模型建立的基本工作程序，形成可以利用通常的物性参数进行输导层量化表征的方法：①输导层段确定。选择区域盖层之下由各种资料及对油气运聚特征认识所能够确定的最薄的地层单元；②输导层砂岩等厚图、砂地比图的勾绘。在输导层沉积相模型约束条件下进行砂岩体分布特征的量化分析，勾绘砂岩等厚图、砂地比分布图等；③输导体的几何连通性分析，采用离散型随机模型方法对碎屑岩系各种沉积相条件下的砂岩体分布及其叠合关系进行分析；④输导层的流体动力学连通性分析，通过古今流体指标，分析输导层内的流体连通特征，修正输导层几何连通输导体模型；⑤输导层输导性能的量化表征，描述输导层的孔渗物性的参数均可描述输导层非均匀性特征，但从建立由不同类型输导体所构成的输导格架的角度，渗透率是最为理想的参数。

第三章 断层输导体及量化表征

断层是构造运动的产物，主要是由于地壳岩层长期受力达到一定强度而发生破裂，并沿破裂面有明显相对移动的构造现象。断层作为油气输导体系中的重要组成部分，其输导性主要受断层级别、断层活动的周期性以及断层产状等多种地质因素控制。对断层活动特征和规律的认识，有助于进一步开展油气成藏过程及其动力学的分析和研究（Hao et al.，2000；罗晓容等，2007b）。断层的周期性幕式活动导致沿断层带的流体运移具有周期性幕式运动的特点（华保钦等，1994；于翠玲等，2005）。断层的一次周期性幕式活动分为活动期和间歇期两个阶段：在构造活动的间歇期，断层相对是封闭的，遮挡油气；而在构造活动期，断层可能开启而变成油气运移的通道，使已聚集的油气沿断层向上运移，并在新的部位重新聚集成藏，或造成油气逸散和破坏。断层在幕式活动期对油气的输导能力强，而断层幕式活动间歇期油气的输导能力相对较弱。断层的幕式活动导致断层带附近形成同层混源或异层同源的多层系（或多构造层）含油气复式油气聚集带。

国内外的研究者多利用断层周期性活动的特征来分析油气运移规律和成藏特征（Sibson et al.，1975，1981，1994；Hooper，1991；Losh，1998；Losh et al.，1999；Gudmundsson et al.，2001；于翠玲等，2005），天然地震和油气的生、运、聚、散都发生或演化于地壳的上层，它们之间存在着因果关系：地震可对油气的运移成藏和开发产生诸多影响；反过来，后者也会诱发或抑制天然地震；但前者对后者的影响更大一些（李大伟等，2003）。近年来，随着准噶尔盆地南缘地区地震勘探和钻探工作的深入开展，所积累的地震反射剖面等资料越来越多。因而有可能在进一步分析现有勘探资料与成果的基础上，从断层周期性活动与油气保存和破坏关系的角度，引入“地震泵”（Hooper，1991）和断层连通概率等概念，采用新的研究方法和思路进行综合分析，揭示一些重要断层的活动特征与启闭特征对油气成藏的控制作用，为油气勘探取得更大突破提供参考依据。

第一节 霍尔果斯-玛纳斯-吐谷鲁构造带断层与流体活动的关系

准噶尔盆地南缘从石炭纪至今虽经历了海西、印支、燕山、喜山期四次大的构造运动，但目前非常复杂的构造样式和广泛发育的逆冲断层系统则仅是喜山期自上新世以来的强烈构造挤压所造成的。霍尔果斯-玛纳斯-吐谷鲁（以下简称霍-玛-吐）构造带位于准噶尔盆地南缘中段主要的两排背斜构造带上，规模相对较大。钻探资料表明霍-玛-吐断层对油气成藏起到了重要的控制作用。

1. 研究区地质概况

以乌鲁木齐为界，准噶尔盆地南缘可以划分为东段博格达山前断裂-褶皱体系和西段北天山山前断裂-褶皱体系。本研究主要集中于北天山山前断裂-褶皱体系。研究区位于北天山北麓的准噶尔盆地南缘昌吉拗陷南部，北以乌伊公路为界，南至北天山北麓，西抵独山子，东至乌鲁木齐，东西长约 250km，南北宽 50～60km（图 3-1）。

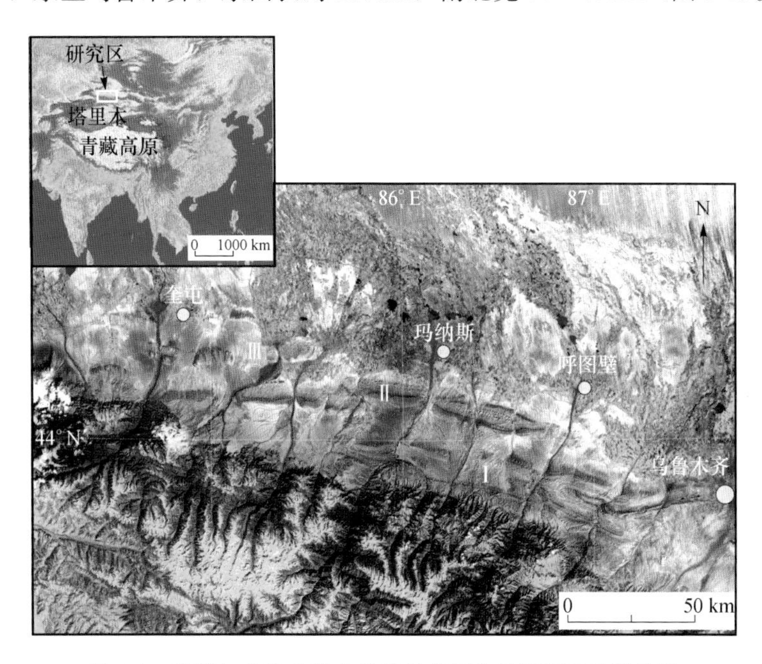

图 3-1 准噶尔盆地南缘山前带的美国陆地探测卫星影像图
Ⅰ. 山前背斜构造带；Ⅱ. 第二排背斜带；Ⅲ. 第三排背斜带

受天山造山带及邻区构造演化控制，准噶尔盆地南缘形成在前寒武纪结晶基底和古生代褶皱基底的基础上，在不同构造环境中先后发育了晚石炭世—二叠纪、中侏罗世晚期—早白垩世、新生代三期不同类型的前陆盆地。国内外大量油气勘探的实践证明，前陆盆地具有油气资源丰富、油气储量大、产量高、油田规模大等特征，前陆冲断带作为前陆盆地油气勘探的主要油气聚集带常常备受关注（何登发，1996；何登发等，2000）。准噶尔盆地南缘前陆冲断带是准噶尔盆地的一级构造单元，又称北天山山前冲断带，它与新生代晚期天山隆升造山后的大规模陆内逆冲推覆有关，是前陆盆地后缘逆冲断层形成的构造楔带。受新近纪以来的强烈冲断构造变形作用的影响，准噶尔盆地南缘前陆冲断带具有自南向北扩展的复杂多变的新生代逆冲挤压构造，以及埋藏式的冲断楔前缘发育台阶状逆断层及各类断层相关褶皱、双重构造、突发构造、三角带构造、披覆构造及叠瓦逆冲构造等，从南向北可分为三排构造带（图 3-2）。

准噶尔盆地南缘的构造演化历史中，在二叠纪—新近纪均表现为前陆盆地性质，发育古生界二叠系到新生界第四系沉积地层。沉积物基本为陆相，由河湖相的泥岩、砂岩、砂砾岩、砾岩等碎屑岩组成，总厚达 15000m。

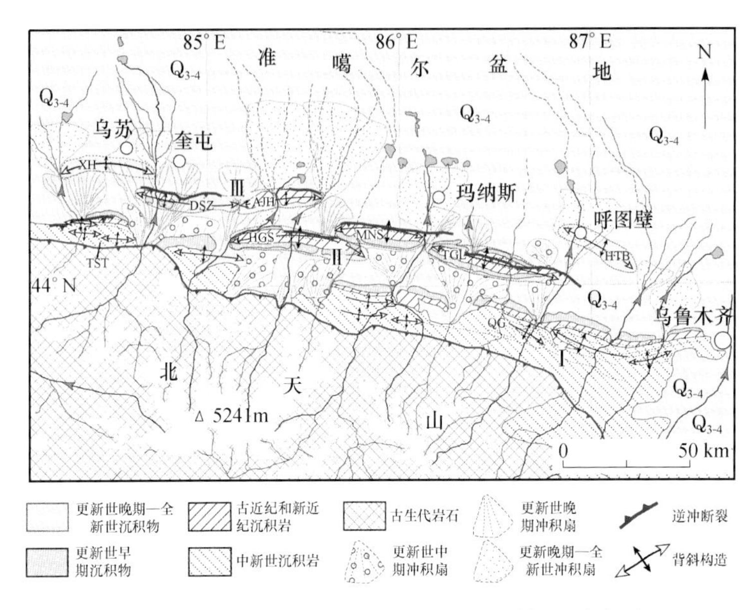

图 3-2 研究区在准噶尔盆地南缘的地质构造分布图

Ⅰ. 山前背斜构造带；QG. 齐古背斜；TST. 托斯台背斜带；Ⅱ. 第二排背斜带；HGS. 霍尔果斯背斜；MNS. 玛纳斯背斜；TGL. 吐谷鲁背斜；Ⅲ. 第三排背斜带；XH. 西湖背斜；DSZ. 独山子背斜；AJH. 安集海背；HTB. 呼图壁背斜

准噶尔盆地南缘西段断裂主要包括北天山山前断裂、博尔通沟断裂、托齐断裂、霍-玛-吐滑脱断裂，以及控制局部构造的众多次级断裂，如安集海断裂、独山子断裂、吐谷鲁断裂、霍尔果斯断裂、玛纳斯断裂等。这些断裂多呈北西西向，在燕山期、喜山早期活动较弱，而在新生代晚期至现今活动较为强烈，控制了新生代沉积。

霍-玛-吐滑脱断裂地表出露于霍尔果斯背斜、玛纳斯背斜和吐谷鲁背斜北部，呈近东西走向弧形展布。该断裂是一个具有“坡-坪”结构的滑脱断裂，在古近系塑性地层中顺层滑动。该断裂形成于喜山中晚期，早期是博尔通沟断裂、托齐断裂的一部分，后期由于受到南部应力的挤压，沿层间滑脱，形成了诸多断层相关褶皱。

目前有关研究区构造地应力的方向与大小的主要数据主要是通过地应力实验求取的。吴晓智等（2000）利用岩心古地磁进行定位，采用的方法是利用岩石携带的古地磁信息和岩石波速各向异性确定岩心最大水平主应力方向。他们的研究结果表明：准噶尔盆地南缘构造应力场最大水平主应力方向为北北东向，区域构造应力环境为压扭性；各局部构造塑性高压层安集海河组最大主应力方向为北北东向，分布在 2°～22°，属于次高应力场；地应力场以水平构造应力占主导，是大规模挤压推覆作用所致。应力场表现为最大水平应力＞垂向应力＞最小水平应力（$\sigma_H > \sigma_v > \sigma_h$），以此推断断层活动性质以走滑为主。由于两水平主应力的差值较大，层间地应力集中，导致钻井过程中容易发生井筒变形、井壁坍塌、卡钻等事故。

2. 霍-玛-吐构造带形成的时间

关于准噶尔盆地南缘的第二排构造带——霍-玛-吐构造的形成时代一直有较大的争

议。我们对霍-玛-吐断层带中断层岩显微构造进行观察的结果表明，该断层大致经历了3次构造运动。结合前人（邓起东等，1999；胡玲等，2005）对该区断层岩以及三级河流阶地的年代学研究结果，确定了断层3次活动的时间分别为早更新世晚期、中更新世晚期至晚更新世早期、晚更新世末期。上述研究表明，霍-玛-吐逆断裂带在第四纪以来经历了多次构造活动，然而其构造变形开始的时间仍然悬而未决。

通过我们在霍-玛-吐背斜构造带的野外观察，沿该构造带普遍发育生长地层（growth strata）。吐谷鲁背斜北翼大约在独山子组（N_2d）中下部地层突然从很陡（80°以上）向上地层倾角变缓（70°～35°），地层之间有明显的不整合，而且地层厚度显著增大，粒度从细粒砂泥岩变为砂、砾岩，地层具有北扩展式生长的特征。经古地磁测定表明，生长地层开始出现的时代为6Ma左右（Sun et al.，2008）。生长地层的形成与断层扩展褶皱的形成密切相关。因此，以吐谷鲁为代表的准噶尔盆地南缘霍-玛-吐构造带的构造变形时间开始于大约6Ma。

总之，准噶尔盆地南缘的三排中、新生代冲断褶皱带中，第二排构造带在中新世中晚期开始形成，主体在约6Ma开始形成，其最前缘的第三排构造带在第四纪才开始变形，目前正在生长过程中，表现出挤压性的构造动力和变形自南向北扩展。

3. 断层活动对流体的作用方式及影响因素

断裂带的输导能力主要受其宏观几何特征和内部结构特征控制（杜春国等，2007）。断裂的几何参数包括裂缝密度、断裂宽度和水压传导率等，通常情况下上述3个参数越大，断裂对流体的输导能力就越强。断裂带内部结构对输导能力的控制体现在其内部伴生裂缝等流体输导通道对其输导能力的影响上。无黏结力的断层岩带主要发育断层泥和断层角砾，由于断层泥是由断层两侧岩石破碎并经碾磨后形成的，其渗透率很低，不能作为油气运移的通道，故断层泥含量越高，无黏结力断层岩带的渗透性就越差。

在准噶尔盆地南缘油气等流体的驱动动力学机制应该以由构造运动引发的地震泵作用为主，活动构造研究表明准噶尔盆地南缘地震活动非常频繁，沿霍-玛-吐构造带7级以上大地震重复发生的周期为3000～5000年（邓起东等，2000）。最新发生的大地震活动为1907年玛纳斯7.7级大地震，沿霍-玛-吐构造带形成100多公里长的地表破裂带，地表可以观察到非常新的地震断层陡坎（图3-3），野外测量显示呼图壁河西岸的二级阶地上发育的地震断层陡坎高达6.6m，反映了第四纪晚期以来多次地震事件的累计效应。

上述观测结果表明，准噶尔盆地南缘沿霍-玛-吐构造带的大地震活动是周期性重复发生的（邓起东等，2000）。这些周期性断层幕式活动为油气的运移提供了驱动机制。

准噶尔盆地南缘霍-玛-吐构造带北侧的F2断裂由于发育在砂岩中，断层变形带（damage zone）宽6～8m，其断层上盘的裂隙十分发育，而且发现在裂隙中油气侵染作用下，红层出现褪色现象（黄绿色），表明其输导能力较强（图3-4）。但是，沿断层核（fault core）部分由于断层两盘相对错动、摩擦所形成的变形带宽只有20cm左右，其内部发育断层泥对其内部油气运移也具有重要的影响，甚至可以造成断层形成侧向封闭。

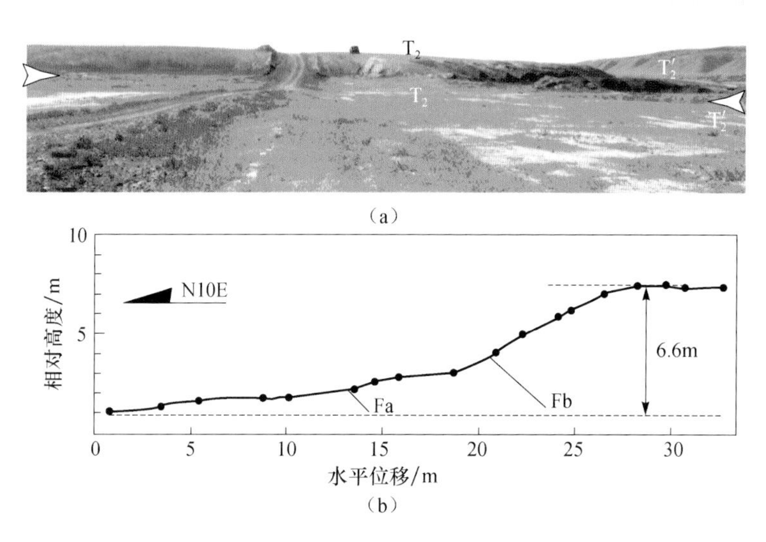

图 3-3　霍-玛-吐地震断层地表露头观测图

(a) 地表观察到的吐谷鲁背斜东段北翼发育的地震断层陡坎；

(b) 地表测量显示地震断层陡坎高达 6.6m

图 3-4　塔西河西岸地表观察到的吐谷鲁背斜北翼的断裂构造（F3）

值得关注的是脆性断裂带内部的流体输导通道包括伴生裂缝、无黏结力的断层岩带和诱导裂缝 3 种类型，与断裂输导体系有关的优势通道包括流向优势和断面优势两种类型，它们对油气的分布具有重要的控制作用。

受断裂带物质的非均一性和几何形态不规则等因素的影响，油气在断裂带中的运移是不均一的（图 3-5），即绝大多数的油气将在断裂带中沿着有限的通道空间运移。

图 3-5　地表观察到的独山子背斜北翼发育的裂隙构造及油气造成的褪色效应

4. 断裂带流体活动微观特征

断层的形成往往不是一次完成的，断层的破碎带也是多次活动叠加的产物。断层一旦形成，便成为一个薄弱带，在有其他触发机制如地震、构造的挤压及地层压力的升高时，就可能首先从先前形成的薄弱带处再次发生破碎。断层的每次活动都应该伴随着流体的运动，还可能伴随着油气等流体的穿层运移。

在井井子沟出露的吐谷鲁背斜断层核部断层面内发育相互穿插的石膏脉，厚约 0.5～1cm，呈板状，石膏晶体呈放射状、针状，石膏脉层面弯曲。围岩为古近系安集海河组的灰绿色泥岩，因发生了强烈揉皱而较破碎，地层大致产状为 115°∠65°。根据石膏脉的相互穿插、截切关系可以将石膏脉分为三期，产状分别为 348°∠30°、210°∠65°、115°∠65°（图 3-6）。

断层泥的显微结构特征为（图 3-7）：隐晶质泥岩，泥岩曾遭受强烈的断层活动的作用，断层泥产生锐角褶皱，局部区域有条带状结构，石膏呈板状、自形晶、它形晶；晶体发育纵纹，石膏单偏光下无色透明，正交偏光下灰色，石膏无变形迹象。由以上特征可以看出该样品早期受到强烈的断层作用，使断层泥形成锐角褶皱，石膏形成之后，未再经受断层活动。

构造角砾岩的显微结构特征为：主要由泥岩和灰岩组成，角砾大小不等，后期有方解石脉充填；方解石脉同时贯穿灰岩和泥岩角砾，方解石中发育机械双晶；最新的一期方解石脉无变形迹象。由上述特征可以看出：断层早期曾发生过强烈的活动，形成断层角砾岩；之后灌入的方解石多表现为机械双晶，说明断层再次活动；最新一期方解石脉无变形迹象，表明断层没有再活动。

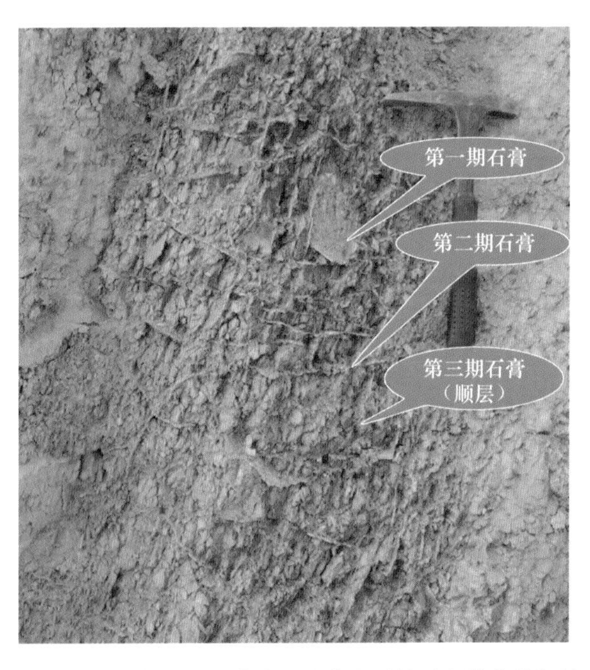

图 3-6　吐谷鲁断层在二营十一连沟出露的石膏脉的截切关系

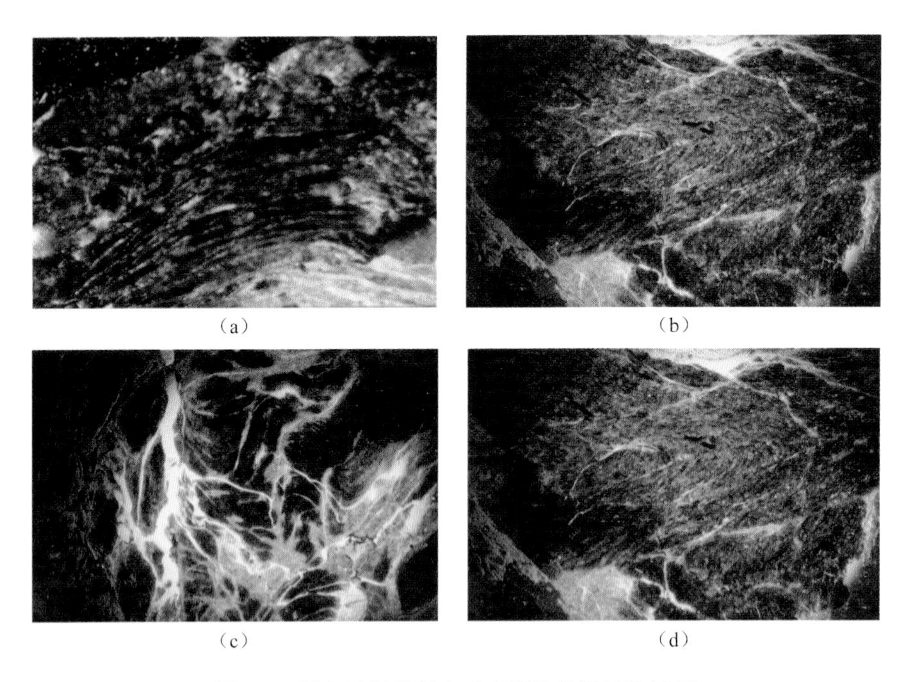

图 3-7　研究区断层泥中观察到的显微结构特征
(a) 弯曲变形的泥质条带，5×10（+）；(b) 示强烈变形的锐角褶皱，2.5×10（—）；
(c) 泥岩中的强烈变形，2.5×10（+）；(d) 泥岩中的锐角褶皱，示强烈变形，2.5×10（—）

断层岩中方解石脉的显微结构特征为：局部产生强烈变形，使方解石脉产生机械双晶，不同期次的方解石变形程度不同，早期的方解石脉中产生密集的机械双晶，粒度0.3～0.6mm，晚期的方解石脉中方解石呈粒状，无变形，粒度小于0.15mm，以上两种脉中方解石颗粒边界均产生微裂缝。最新一期方解石脉中方解石垂直于裂隙壁生长，此期方解石没有变形迹象。

综合上述显微观察可以看出：早期的断层活动后发生了第一期方解石胶结，其后再次活动，使第一期方解石变形，之后形成第二期方解石脉，断层的再次活动使第二期方解石脉局部区域发生了强烈的变形，方解石产生波状消光和双晶弯曲，同时两期脉中的方解石都产生了颗粒边界微裂隙，表明该样至少经历了三次断层活动，且最后一次的活动最为强烈，最新的一期方解石脉没有变形，说明其后断层没有再活动。

根据以上对霍-玛-吐断层面附近显微构造的观察，显微脉体的截切关系、断层岩的变形特征，上级断层中充填脉体的结晶颗粒的大小、受力程度、形态等特征均显示，霍-玛-吐断层至少经历了三次构造运动，而且由于最后一期构造运动形成的方解石脉发育里德尔剪切，表明最后一次构造活动最为强烈，而最后一期构造运动形成的石膏以及方解石颗粒均没有变形迹象，表明最后一次断层活动以后，该断层再也没有经历过大规模活动。

5. 流体来源分析

断层的切割深度可在品质较好的地震剖面上直观地判断，但由于研究区地表条件恶劣、构造复杂、地层陡倾等，地震反射品质非常差，往往不能清晰地解释断层。流体包裹体作为地质温度计最早广泛应用于金属矿床的成矿研究中。因此，通过对断层带脉体中发育的包裹体进行观察和均一温度的测量，结合前人对研究区地温梯度变化历史的认识，可以大致估算断层的切割深度。

吐谷鲁河西岸出露的吐谷鲁断层的破碎带中方解石脉较发育，脉体主要平行于地层呈面状分布，脉体弯曲，厚度发育不均，最厚可达5cm，中间夹卷入的沙湾组的透镜体，局部沙湾组红色地层中分布有香肠状灰白色的方解石透镜体。

由于样品主要是方解石脉体，方解石破度低，容易发生解理或破碎，因此有些包裹体可能会发生泄漏；石英颗粒中发育的包裹体可能有原生的包裹体，泄漏的次生包裹体和原生包裹体对于分析断层带流体活动不具意义，因此有必要对找到的包裹体进行取舍。取舍的主要依据是：①方解石脉中发育的包裹体均有代表意义，但是对包裹体形态极不规则，其发生泄漏的可能性大，必须舍弃；②石英颗粒中仅选取裂缝中发育的包裹体，对于同一矿物同一裂缝中，包裹体群所测均一温度相差较大者，很可能是后期保存条件较差或者是形成过程中组分分异所造成的，这些数据需舍弃。

包裹体均一温度在中国科学院地质与地球物理研究所包裹体实验室测试获得。采用测试仪器为Linkmam600冷-热台，共测试32个样品的均一温度，对气泡跳动和气泡不动的包裹体分别进行统计，从样品的均一温度直方图上可以看出，全部包裹体的均一温度平均值为150℃（图3-8）。

准噶尔盆地南缘现今的地温梯度可由钻孔的实测温度求得。在对样品埋藏深度及对应的温度进行归一化处理后，由156个实测值拟合的方程为：$Y=0.0188X+20.50$，相

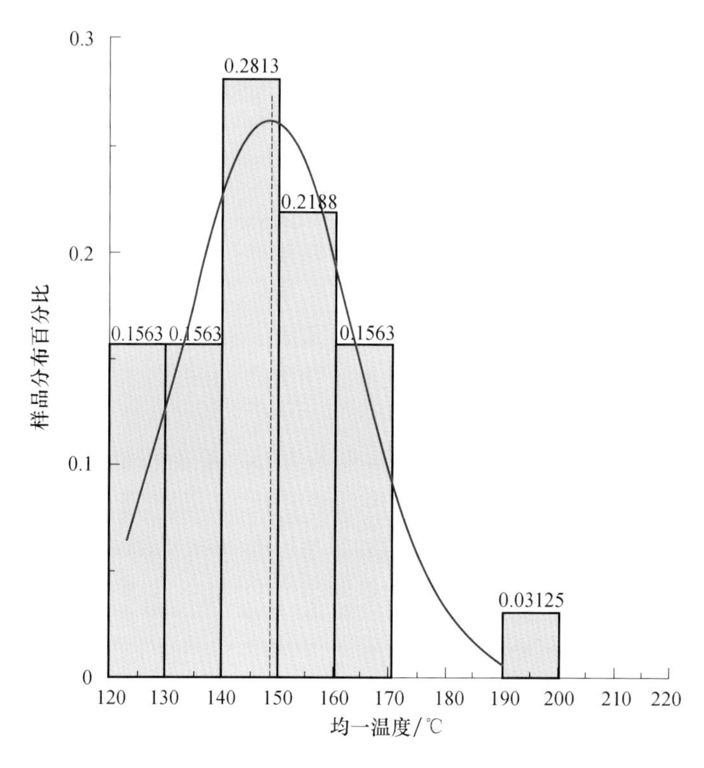

图 3-8　全部包裹体均一温度直方图

使用的数据点个数为 32；X 平均值=148.456℃；标准偏差=15.227

关系数为 0.9。准噶尔盆地南缘中段地区现今的平均地温梯度为 1.8℃/100m，恒温带平均温度为 20.5℃，以准噶尔盆地南缘中段目前恒温带温度为 20℃，地温梯度以 2.0℃/100m 计，可估算出包裹体中的流体来自地下约 6500m 深处，即断层的最小切割深度为 6500m。

由于影响因素也较多，多数因素不能定量估算，根据包裹体的均一温度估算的断层下延深度仅是一个较粗略的最小值，因为在地下深部流体向上运移过程以及包裹体形成过程中，流体温度会因热量的散失而降低。但 6500m 的深度在准噶尔盆地南缘地区已到侏罗系。根据李树新等（2008）的研究，霍-玛-吐断层在下部是一体的，只是在安集海河组以上地层由于逆冲时局部应力的差异才导致了分段冲出地表，形成撕裂断层。因此整个霍-玛-吐断层的根部应该是区域上更大的以侏罗系煤系地层为滑脱面的薄皮构造断裂，而不仅仅是发生在古近系安集海河组以上以安集海河组厚层泥岩为滑脱面的表皮重力滑脱岩片。

我们还对研究区断层带中方解石脉的同位素进行了分析，来判断脉体的成因及物质来源。通过对采集的方解石脉样品进行碳、氧同位素测试，将数据投到改进的 Scotchman 图版（杨振强等，1999）中可以看出（图 3-9），准南地区吐谷鲁断层带中方解石脉应该与地下深部热水流体的作用有关。这也证明了断层带方解石中包裹体均一温度所指示的流体深部来源。

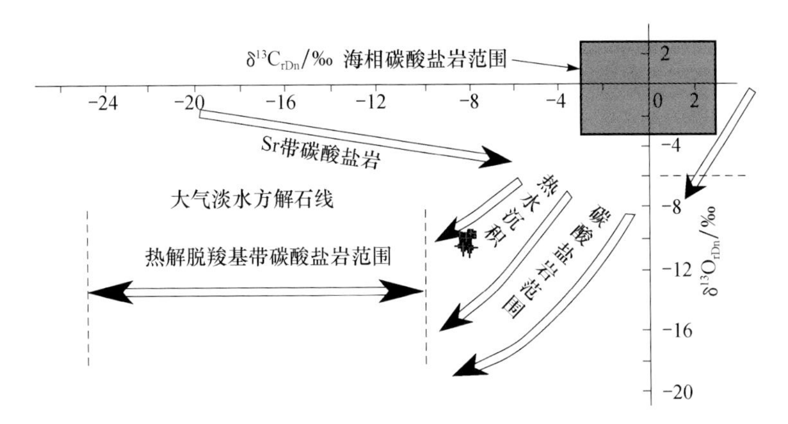

图 3-9 霍-玛-吐断层带内碳酸盐岩的同位素组成图解（底图据杨振强，1999）

第二节 断层启闭性参数分析与研究方法

断层封闭性的影响因素较多，同一条断层在三维空间上各种参数的变化很大，导致其在走向上不同位置、剖面上不同深度的启闭性及封闭能力有较大的差异（Allen et al.，1990）。目前已提出的方法都还只能够考虑断层造成封闭的某一、两个要素，不足以概括实际断层面的非均匀性和复杂性。因而这些方法在某一个地区也许十分有效，但换个地区，甚至只在同一条断层上换个位置，这种方法就不一定适用（Karlsen et al.，2006）。换而言之，如何考虑多种因素对断层封闭性产生的共同影响是该项研究的难题，需要探寻一种更为合适的表征断层启闭性的标志。

1. 影响断层封闭性的地质因素

断层在油气的运移过程中是否起通道作用受多种因素的控制（Karlsen et al.，2006），在确定表征断层启闭性特征的代表性参数之前，全面总结前人的工作是必要的。归纳起来，主要的能够反映断层启闭性特征的因素包括以下几点。

（1）断面的紧闭程度。断面的紧闭程度是影响断层垂向开启与否的关键因素之一，如果断层带的裂缝紧闭，断层垂向封闭性好，油气难以沿断面作垂向运移；否则，断层开启，断层可作为油气运移的通道（吕延防等，2003）。断面的紧闭程度通常取决于断面所受正应力的大小，较大的正应力使得地层面两侧地层在断层活动过程中趋于发生塑性变形，减小了断层岩的孔隙，甚至导致断层裂缝闭合，而断层面的粗糙度也是影响断层面紧密程度的重要方面。

（2）断层的活动强度。活动的断层和裂缝为流体流动提供了高渗透的运移通道（Sibson，1994；Barton et al.，1995），若油气充注圈闭之后断层再次活动，断层的封闭可能受到破坏，因而断层的活化是造成断层开启的关键因素（Jones et al.，2003）。一般来说，断层活动性的强度，可以用一次地震活动中断层两侧断层错断的距离来衡量。对于地质历史过程中断层活动性的判断，也可以用单位时间内断层的断距来表示（Yielding et al.，1997）。

（3）断层性质。通常逆断层和走滑断层被认为比正断层更易形成封闭（Harding et al.，1989）。道理很简单，正断层的形成受到层面倾向上的拉张应力作用，在断层面法线方向上的应力（正应力）仅派生于上盘地层的重力；而逆断层形成时应力场上是挤压的，断层面的正应力除上盘地层重力的派生应力，还要加上构造挤压应力所派生的应力。正应力的增加除使得断层面间的裂隙趋向于闭合，还可能造成两盘地层间的摩擦，形成断层泥等一系列不利于流体流动的效应。当构造应力远远大于上盘地层重力时，走滑断层断层面上也会产生类似的变化。

（4）埋深。埋深的影响非常大，在多个盆地已经报道了随着深度增加断层封闭效率增加的实例（Knott，1993；Gibson，1994；Hesthammer et al.，2002；Sperrevik et al.，2002；Yielding，2002；Bretan et al.，2003）。随着埋深增加，由于受到更大围压和强烈的机械、化学成岩作用，断层岩的孔隙度和渗透率降低（Aydin et al.，1983；Knott，1993），因而深部断层往往比浅部断层具有更高的断层封闭能力。

（5）断距。对野外断层露头的观测表明，断层带宽度与断距存在正相关关系（Robertson，1983；Hull，1988；Knott，1993；Childs et al.，1997），断距越大，断层带越宽，孔隙度和渗透率因机械因素而降低的幅度就越大（Evans，1990）。一些高砂岩含量的地层中较大的断距代表断层带物质经受了较强的碾磨作用，易形成渗透率较低的断层泥（Fulljames et al.，1997）。但另一方面，野外露头观察（Weber et al.，1978；Lindsay et al.，1993）和实验室模拟（Weber et al.，1978；Sperrevik et al.，2000）却显示，泥岩涂抹层随着断距的增加而逐渐变薄，这又不利于断层的封闭。因而断层断距与断层封闭性之间很难确定明确的定量关系。

（6）断层走向。同一地区断层走向可以有许多组，同一断层在不同部位的走向也会有所不同，断层走向相对于最大和最小水平主应力的方位影响断层封闭性（Linjordet et al.，1992），北海盆地封闭和不封闭断层走向的统计分析显示，走向与区域最大水平主应力垂直的断层封闭概率比那些与最小主应力垂直的大（Knott，1993；Harper et al.，1997）。

（7）断层倾角。断层的倾角越陡，上盘地层的静压力在断层面上派生的正应力就越小，断裂带愈合程度就越差，那么断层的封闭性就越差；反之断层封闭性就越好。在沉积盆地中，由于地层性质上的差异以及断层岩石物性随埋藏深度而发生的变化，断层面的倾角往往发生明显的变化，一般情况下倾角随深度变小（Jeagar and Cook，1979）。

（8）断层两侧岩性对置。断层两侧当砂岩层与砂岩层相对置时，易于形成流体流动的通道，这时断层的封闭取决于断层岩的物理性质。当泥岩或其他高毛细管力的非渗透性岩石被错断，并与储层砂岩相对置时，油气穿断层运移的潜力大大降低（Smith，1966，1980；Weber et al.，1975；Allen，1989；Yielding et al.，1997）。Allen 等（1990）指出，在三维空间上观察地层间的对接关系才有意义，大多数地质条件下，砂泥岩互层序列中断层两盘砂岩层间的对接往往表现为孤立状。这种对置封闭关系可以通过绘制断面两侧单元对置图解来识别（Allen，1989）。

（9）砂岩层与地层总厚度比值。它反映了地层层序中泥岩层所占的比例和分布，表明了沿断层带塑性涂抹和这种塑性岩性注入的可能性，同时 N/G 值也表明了断层两侧砂岩与砂岩相接触的可能性（Knott，1994）。

（10）断层带泥岩涂抹。围岩中黏土物质卷入断层带已经被认为是碎屑岩地层中形成断层封闭的主要机制（Weber et al.，1978；Smith，1980；Bouvier et al.，1989；Lindsay et al.，1993；Knipe，1997；Lehner et al.，1997；Yielding et al.，1997），当错断地层以泥岩为主时，卷入断裂带的泥质含量越多，断层带的孔渗性越差，排替压力越高，发生油气运移的可能性越小。由于泥岩压实作用随深度而增加，断层泥涂抹封闭更可能出现在沉积物处在尚未固结的浅层（Bouvier et al.，1989），但另一方面，已进入断层带的泥岩涂抹层的封闭能力也将随埋深而变强。

（11）断层带的胶结作用。断层活动间歇期，富含矿物质的流体沿着渗透性的开启裂缝流动过程中，由于物理环境的变化或流体-岩石相互作用而发生矿物沉淀，如 SiO_2 和碳酸盐等（Fisher et al.，2001），这些胶结物可以使断层带部分或完全的丧失孔隙，渗透率降低，最终形成油气穿过断层带的封闭条件。胶结物的厚度取决于流体渗入岩石的距离、流体中溶解物的数量和渗流过程中的流体压力历史。但目前断层带的成岩胶结封闭很难通过简单的方法来预测（Knipe，1992）。

（12）泥岩流体压力。随着地层内异常流体压力的增加，地层的岩石力学强度降低（Hubbert et al.，1959；Jeagar and Cook，1979）；当断层开启，泥岩异常压力释放的速度往往远远小于互层的砂岩（罗晓容，1999），往往在泥岩内部压力明显降低之前，断层就已重新闭合（罗晓容，2003）。因此，断层活动时断层面开启的可能性应该与断层两侧泥岩流体压力成正相关关系。在断层活动与流体压力的耦合过程中，总是存在着基本的动力学演变历程：流体压力积累—有效应力降低—岩石强度降低—破裂发生—流体运移—流体压力降低。但由于断层开启的时间相对很短，其开启时能够释放的压力只是砂岩内的异常压力，而在泥岩中的压力基本保持不变（罗晓容，1999；罗晓容等，2003），这样在主要油气成藏期距今时间不长的情况下，现今泥岩内的压力大小应该对应断层开启的难易。

由上面分析可以看出，断层面的封闭性受到很多地质因素的影响，而在每种因素中也都或多或少地包含了其他因素的作用。因而评价断层封闭性的工作十分困难，而在这样多的因素中选择评价哪一个更能够反映断层的封闭能力也十分困难。

2. 对于断层启闭性的认识

断层活动往往呈幕式发生（Hooper，1991；Xie et al.，2001），幕式断层活动的发生过程往往是地下构造应力经一段时间的积累，造成断层形成或重新活动，流体及应力突然释放；待应力和应变达到某种平衡，该次断层活动停止，构造应力重新积累，为下一次断层活动做准备。前人的研究表明，无论断层性质如何，断层在活动期间多表现为开启状态，可作为油气垂向和侧向运移的通道（Hooper，1991；Anderson et al.，1994），而静止期间则往往表现为封闭状态，对油气起遮挡作用（Fowler，1970；Bouvier et al.，1989）。而在断层活动期间，断层面也非完全开启，而是一些地方表现为开启，另一些地方表现为封闭（封闭的原因往往是软弱层对接、断层岩的糜棱化作用、泥质涂抹，或者断层面虽然张开，但断层两侧均为低渗地层，而四周完全为封闭断面所围限)，流体沿着蜿蜒曲折的缝隙运移。在断层停止活动期间，由于一部分张开的裂缝因应力场的变化而闭合，另外一些则因流体流动所引起的快速的化学胶结作用而焊接。前人的工作表明，这种焊接作用发生得如此之快，以至于在地质分析的时间尺度上往往可以认为断层活动的停止时刻就是断层封闭的时刻。

断层的形成及断层两盘间的位移往往不是一次构造活动的产物，而是无数次小型活动累加的结果（这些小型的活动往往与地震的活动相对应）。考虑到烃源岩内油气生成的液态窗口范围对于地质时间也很长，因而与之有关的断层带内的油气运移和聚集也应该是在相当长的地质时间内发生的过程。因而我们可以观察到的与断层输导有关的油气分布都是在一段地质时间内所发生的全部断层活动和油气运移过程的总和，应该选择合适的时间尺度来分析断层的活动性，而不是仅考虑一次断层活动和闭合的过程。

另一方面，断层的结构十分复杂，那些在盆地流体活动过程中起重要作用的断层都是由一系列的小型断层、裂隙组合而成的断层带。流体沿着断层带的活动发生在三维空间，并非每次断层活动所伴随的断层面对流体的开启在所有的断裂面和裂缝中都发生，而是此起彼伏，相互影响。而最终观察到的流体活动结果则是断层带内全部断裂面、裂隙、缝洞及渗透性岩块共同作用的结果。因而从盆地尺度来分析断层的封闭性时，应该把整个断层带总体考虑。无论断层的发育规模和特征如何，都不能给予封闭或不封闭的绝对性判断（吕延防，1996）。

另外对于油气运移而言，所考虑的不应仅仅是油气是否能从断层某一盘的输导层穿过断层运移到另一盘的输导层，而是考虑油气从输导层到达断层面（带）后能否进入断层带内并沿断层继续运移，只要运移动力条件允许，在断层带内运移的油气在任一位置遇到渗透能力相对较好的输导层都有可能进入。因而从油气运移角度所进行的断层启闭性的定量表征都应该是对断层在相当长的地质时期内在油气运移全部过程中所起作用的综合表述，而不是某一时刻包括油气在内的流体在通过断层时的水动力学特征。

相对于漫长的油气运移过程而言，油气以断层作为通道的运移非常短暂，往往一次大的地震就伴随着断层的明显活动和流体的运移（Hooper，1991）。我们现在所能观察到的断层及其相关的流体活动（油气运移）往往是无数次断层活动—开启—流体流动—断层面闭合—断层静止（Anderson et al.，1994）过程的综合结果。因而，将流体沿断层的流动看做是某一次断层活动的结果，将断层的启闭性特征与对应的流体流动归结为一次性的物理过程明显很不符合实际。

因而，我们认为应该考虑断层带在某一段地质时期（比如在一次油气运移成藏期）内多次活动过程中所起到的综合的输导作用。在此基础上，我们可以提出断层连通的概念来描述这种断层多次活动过程中所表现出来的综合启闭性行为。

3. 断层连通性的经验判识

人们通常根据断层两侧油藏油水界面或压力的差异来识别断层的启闭性（Smith，1980；Yielding et al.，1997），但实际上这种观察结果往往只能反映现今断层的封闭性的信息，且存在着多解性。以此来判断地质历史时期中油气是否曾经沿断层发生运移，并由此来分析断层的启闭性特征显然不合适。流体沿着断层带发生流动必然会留下各种痕迹，以此作为判断断层开启与否的指标也有人做过尝试（Sorkhabi，2005）。然而，这些证据往往十分分散地存在于断层带脉体和周围地层的成岩矿物、包裹体流体成分等之中，需要在断层带及其附近采到大量的样品。这样的工作在野外露头区也许可行，但对于盆地内部进行类似的工作则几乎无法实现，因为断层带钻井岩心的数量非常有限。

张立宽等（2007）以大港油田埕北断阶带控烃断层上下盘储集层内油气存在与否作为判别断层启闭性的指标，综合考虑多种因素的影响，提出了一种定量评价断层启闭特征的新方法——断层连通概率法。

这种方法（Zhang et al.，2010）首先将断层面网格化。利用地层层面与断层面的交线以及与断层走向垂直的地层剖面与断层面的交线将断层面划分为一定密度的网格，网格的大小取决于研究区目的层段油层组的划分以及断层附近地震测线的密度和钻井的分布，在每个节点上都可以通过实际资料获得与断层启闭性有关的各种地质参数。假设断层是唯一可能的油气垂向运移通道，则可在过断层面的地层剖面上根据网格节点上下储层内是否发现工业性油气流来认定该点在油气运移过程中是否起到输导作用，而无论含油层在上盘还是下盘，研究中将可以明确将开启和封闭的数据点作为有效节点，而将那些难以判断的节点数据摒除不用。

研究中，我们选择对油气成藏起到过主要作用的断层，并进一步选择断层两盘钻井相对较多、油层发现也较多的断层段来进行这一工作。

这样，在过断层面的地层剖面上，我们将断层两盘地层界面与断层轨迹的交点作为启闭性的判识点（对应于断面网格节点）（图 3-10），假设在剖面上断层是唯一可能的油气垂向运移通道，根据判识点上下储层内是否发现工业性油气流来认定该点在油气运移过程中是否起到输导作用，而无论含油层在上盘还是下盘。这样对于每个节点都可能出现四种情况：①下部储层含油气，上部不含油；②上下储层都含油气；上部含油气，下部不含油气；③上下都不含油气。不难推测，对于 A、B 和 C 而言，其上部的储层中含油，因而该两点在运移过程中是开启的；对于 D 点，就现在的资料来看，油气没有穿过该点向上运移，因而该点被认为是封闭的；对于 E 点和 F 点，其上下储层内没有可以证实的油气，因而不能确定断层在这两点在油气运移过程中是否开启。

应该看到，上述对断面网格结点在油气运移过程中是否起到通道作用的判识存在一些问题，因为这种判断中对实际上可能十分复杂的油气运移过程做了简化处理。在许多情况下与主断层伴生的次级断裂或裂缝构成了实际的运移通道。另外，分析中暗含了油气运移发生在二维断层面上的假设，而实际的流动过程发生在三维空间。

4. 断层连通概率的概念

由于油气沿断层的运移受到许多地质因素的影响，因而在实际工作中，即便是对勘探程度很高的地区的断层启闭性进行经验分析，也不可能获得全部断层面上网格节点油气运移连通性的确定性判断。

同时，为了分析某一地质因素对于断层封闭性的影响，需要将断层面连通与否的判断与该地质参数联系起来。工作中我们将该地质参数的全部数据按大小划分成若干个数值区间。在每一区间，将对油气运移起作用的节点占全部有效节点的比值定义为断层连

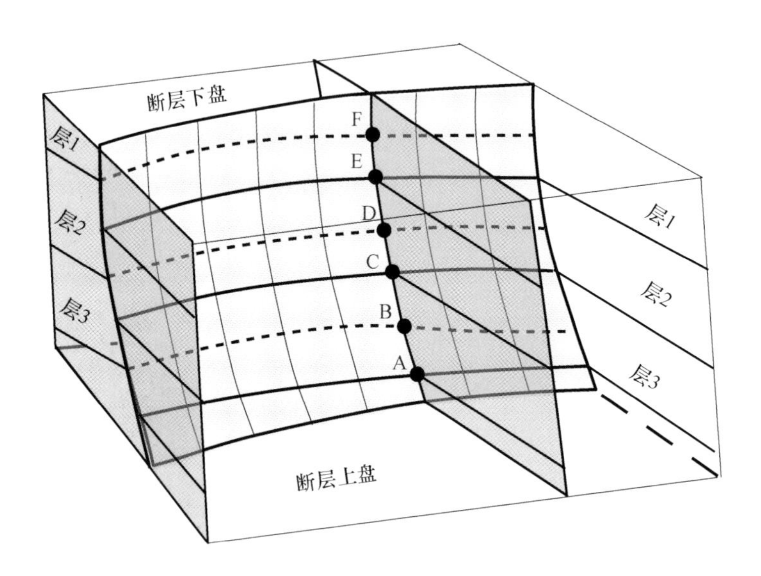

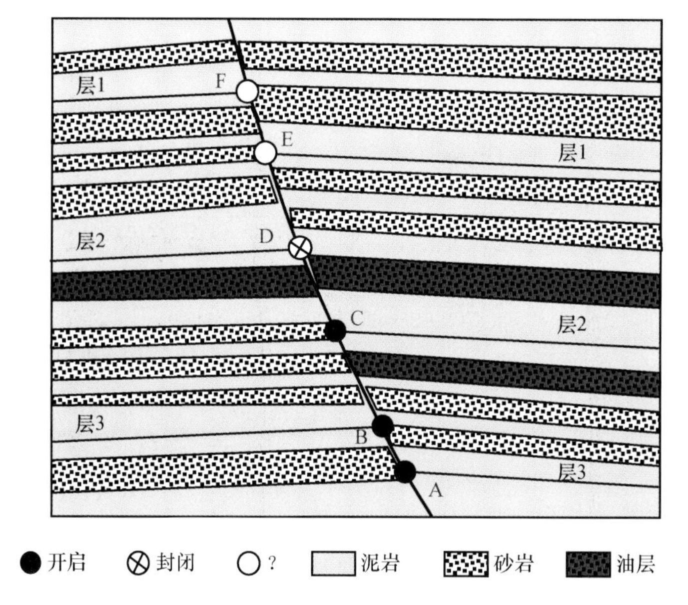

图 3-10　断层连通性判识方法示意图

通概率，即

$$N_{\mathrm{p}} = n/N \tag{3-1}$$

式中，N_{p} 为断层连通概率；n 为对油气运移开启的点数；N 为全部有效点数。这样，对于任何一个与断层启闭性有关的地质参数，只要我们能将其取值区间合理划分，就可以获得与该参数对应的断层连通概率的变化关系，从而可以对该地质参数对断层启闭性的贡献加以评价（Zhang et al.，2011）。

这里以埕北断阶带（Zhang et al.，2011）为例说明断层连通概率的统计分析方法（图 3-11）。在研究中共获得了 117 个有效数据点，通过对断层生长过程的分析及对断层两侧断层砂地比及断距的统计，获得各点的泥岩涂抹因子（SGR）(张立宽等，2007)。

由图 3-11 可见，SGR 的数值分布在 0.06～0.92，若将这些数据从 0 开始，以 0.1 为间距划分区间，统计每个区间内连通系数为 1 的开启数据点数 n 和各区间内全部有效点数 N，按照式(3-1)可以确定所有区间内 SGR 对应的连通概率值。将这些数据绘制到以 SGR 值为横轴、连通概率为纵轴的对比图上，可以用来分析 SGR 参数与断层启闭性之间的关系。

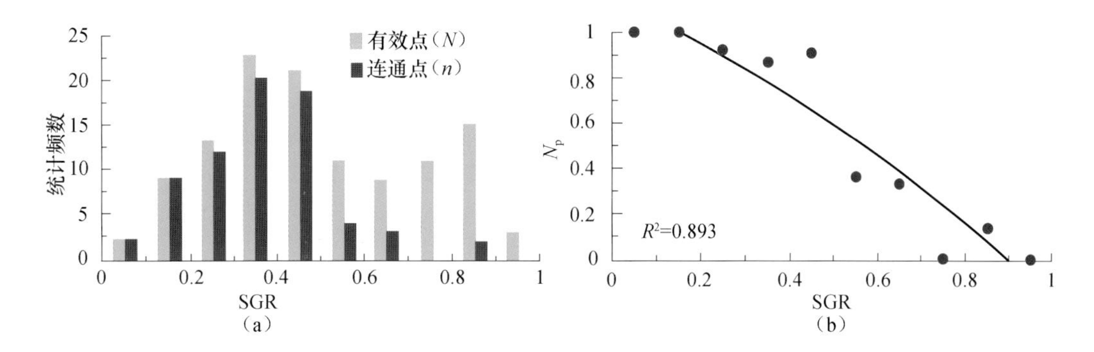

图 3-11 断层连通概率的概念及获得方法（以泥岩涂抹因子 SGR 为例）

(a) 用直方图表示的断层连通概率的概念，将断层面上全部有效节点的 SGR 值的数值范围划分为若干个区间，每个区间内开启节点数与全部有效节点数之比就是断层连通概率（N_p）；(b) 显示了 N_p 与 SGR 之间的关系，数据点为每个区间的断层连通概率，实线为统计回归线

第三节 各种地质参数表征的断层连通概率

为了分析各种地质要素与断层启闭性之间的关系，在研究区已发现的油气田中，挑选了垂直于主要断层面的地震剖面来分析油气运移过程中断层的连通性，利用钻井试油和录井资料，在剖面上绘制了断层两盘储层的油气显示，这些剖面中断层应当明显对油气的运移起到控制作用。依据前述断层启闭性判断的方法，对建立断层网格中每个断面和输导层交叉点处的启闭性进行了经验逻辑判断，0 代表封闭，1 代表开启。抛弃无法确定连通性的数据点，利用能够表明断层开启/封闭性的有效数据点进行断层启闭性量化参数分析。

1. 断层启闭性表征参数的获取

在含油气盆地内进行断层封闭性的研究最为重要的是可以利用日常勘探开发工作过程中所获得的资料对断层封闭性进行评价。利用勘探资料可以直接获得的地质参数主要有：断层走向、断层倾角、埋深、断距、砂地比等，需要在对这些参数分析的基础上用最佳的有效参数及其组合对主要断层面（带）进行量化表征。

采用三维地震数据建立断面网格模型，在网格节点上记录各种参数的值。首先沿着断层每隔一定间距切出垂直断层走向的地震剖面，利用时间-深度换算关系将时间剖面转换为深度剖面，进行地层层位和断层位置的解释，断层线与各地层的交点就是断面网格中的节点。利用自行研制的建模软件，建立由断层上、下盘地层的轨迹和地震剖面的轨迹构成的网格模型。网格点上的断层走向数据可以利用各层构造图上的断层多边形进行测量，断层倾角数据由横切断层的地震解释剖面计算求得，每个层面的断距可由剖面上直接测量该层面在断层上、下盘位置的深度差获得。

砂岩层与地层总厚度比值的计算来源于临近断层探井岩性数据，各套地层单元中砂岩层的厚度依据伽马测井曲线确定。利用这些数据在断层附近绘制等值线图，获得断层面附近的砂泥比值。

2. 多变量断层启闭性表征参数

通过对断层启闭性表征参数的分析，采用实际勘探资料，对断层启闭性分析中所涉及的地质参数与断层相关储层内含油气性间的关系进行对比分析，认为断层开启系数（C_f）可以用来表征断层的启闭能力。

$$C_f = \frac{P}{\delta \cdot \mathrm{SGR}} \tag{3-2}$$

式中，C_f 为断层开启系数，无量纲。

断层开启系数 C_f 与断裂两侧泥岩层内的流体压力 P 成正比，与断面所承受的正应力 δ 成反比，与断层泥岩涂抹因子（SGR）成反比。一般来说，C_f 值越大，断层开启的可能性越高。

断层开启系数只能表明断层上某一点在断层活动期间开启而形成流体连通条件的趋势，相对于研究地区的地质情况，这种趋势有多大，又是如何变化的，需要通过对实际资料的分析，建立起断层开启系数与实际流体连通性间的关系。在式(3-6)中，我们认为这三个参数基本上涵盖了各种可能影响断层启闭性的因素，但不能明确表示这些因素的影响力大小。因而仅靠断层面的开启系数并不能完整描述断层的流体连通性，必须采用地质统计学的方法来建立两者间的关系。

以准噶尔盆地腹部莫索湾凸起地区为例，介绍了如何利用实际勘探资料进行断层启闭性量化参数评价与表征。研究中根据地震地质标定结果和层位解释结果统计出莫索湾凸起主要目的层段的时间与深度之间的关系，对地震时间剖面进行时深转换，再结合各种地质资料、钻井资料、测井资料和试油资料建立断裂地质模型（图 3-12）。

地层流体压力 P 通过制作压实曲线，利用平衡深度法获得。由于研究区孔隙度资料的缺乏和不连续性，平衡深度点的选取成为一个难点。由于声波测井曲线与孔隙度之间具有很好的相关性，可以利用声波曲线首先计算出孔隙度，再利用孔隙度和深度拟合出孔隙度-深度之间的关系，根据平衡深度点的定义，从图中读出平衡深度点的深度，再进行流体压力的计算。

断层面正应力的计算分别采用两个水平主应力在断面上引起的应力及垂向应力在断面上引起的应力，然后再通过叠加计算总应力在断面上引起的正应力。

SGR 利用断层错断地层内泥岩厚度除以断层断距获得（Yielding et al.，1997）。

断层的活动时期与断层的启闭性之间存在十分密切的关系。断层如果在油气大规模运移期间或之后仍活动强烈，一般起输导作用；而当断层在油气大规模运移期之前已经停止活动，在多数情况下断层都具有较强的封闭性（Berg et al.，1995）。衡量断层活

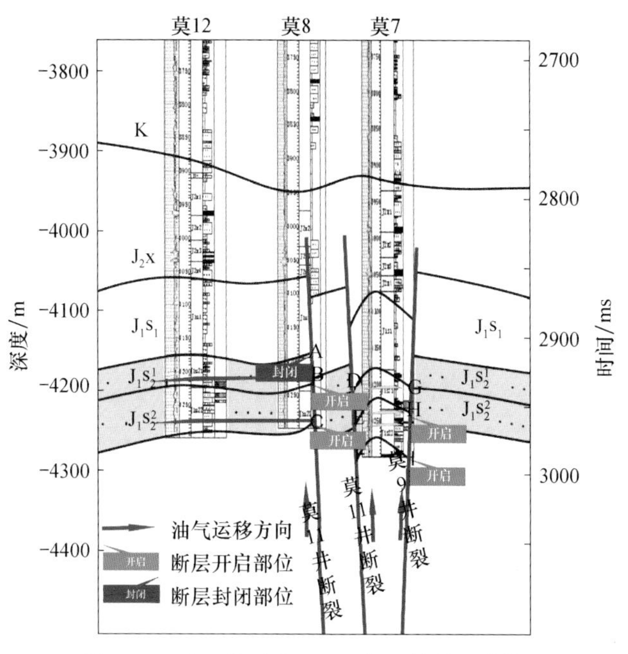

图 3-12 盆 5 井区莫 109—莫 9 断裂地质模型

动的主要方法是利用生长指数法求取断层的生长指数（G_i），即

$$G_i = H_i / h_i \tag{3-3}$$

式中，G_i 为第 i 时期生长指数；H_i 为第 i 时期下降盘厚度；h_i 为第 i 时期上升盘厚度。

统计主要断层上下盘厚度，采用生长指数法，计算莫索湾地区主要断层的生长指数（图 3-13），从图中可以看出浅层断层的主要活动时期是早侏罗世—早白垩世。而通过对盆 1 井西凹陷烃源岩生烃史的分析，可知，二叠系风城组烃源岩的主要排烃时期为三

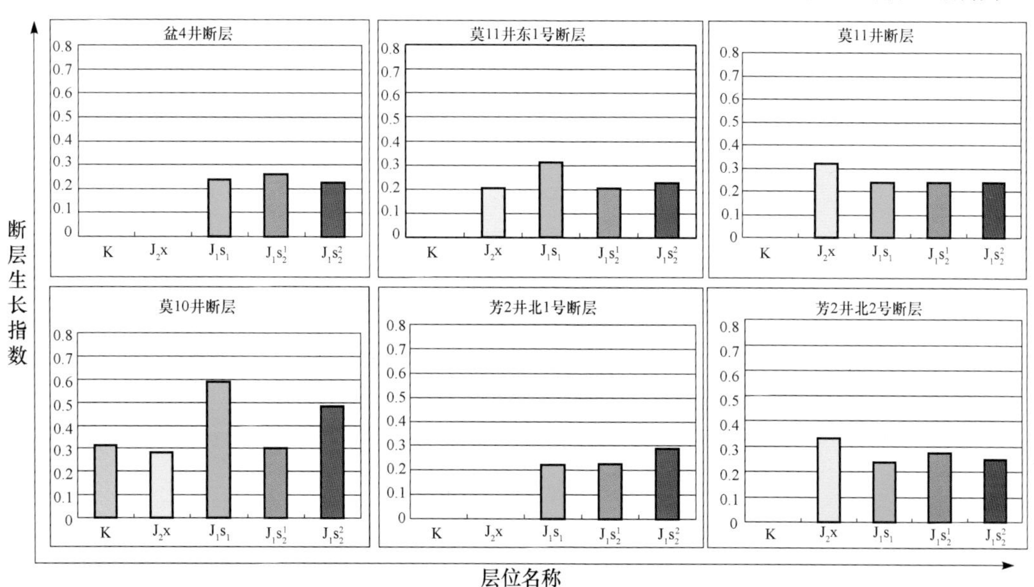

图 3-13 莫索湾地区断层生长指数图

叠纪—早侏罗世，下乌尔禾组烃源岩的主要排烃时期在侏罗纪和早白垩世。烃源岩的排烃时期尤其是风城组烃源岩的排烃时期与断层活动时期配置关系好，说明断层在该时期表现为活动性，有利于油气的运移。

在主要断层面上获得的各种参数如表 3-1～表 3-5 所示。

表 3-1　泥岩地层流体压力计算数据表

剖面名称	观测点	观测点深度 z/m	平衡点深度 z_e/m	地层平均密度 ρ_b/(g/cm³)	流体压力 P/MPa
剖面 1	A	4155.00	4004.00	2.41	42.81
	B	4195.00	4058.00	2.42	43.01
	C	4240.00	4079.00	2.42	43.79
	D	4200.00	4074.00	2.47	42.97
	E	4245.00	4123.00	2.47	43.35
	F	4280.00	4167.00	2.47	43.57
	G	4200.00	4074.00	2.47	42.97
	H	4225.00	4111.00	2.47	43.04
	I	4280.00	4167.00	2.47	43.57

表 3-2　断面正应力计算数据表

剖面	观测点	观测点深度 z/m	岩石密度 ρ	重力垂直有效应力 σ_{ev}/MPa	构造应力水平分量 σ_x/MPa	构造应力水平分量 σ_y/MPa	水平主应力 σ_1/MPa	水平主应力 σ_2/MPa	断面正应力 σ_f/MPa
剖面 1	A	4155.00	2.27	0.53	59.26	15.09	59.54	15.38	59.50
	B	4195.00	2.27	0.53	59.68	15.20	59.97	15.49	59.92
	C	4240.00	2.27	0.54	60.15	15.32	60.44	15.61	60.39
	D	4200.00	2.27	0.53	59.73	15.21	60.02	15.50	59.97
	E	4245.00	2.27	0.54	60.20	15.33	60.50	15.63	60.45
	F	4280.00	2.27	0.54	60.57	15.43	60.87	15.72	60.82
	G	4200.00	2.27	0.53	59.73	15.21	60.02	15.50	59.97
	H	4225.00	2.27	0.54	59.99	15.28	60.28	15.57	60.24
	I	4280.00	2.27	0.54	60.57	15.43	60.87	15.72	60.82

表 3-3　断裂带泥岩涂抹因子计算数据表

剖面名称	观测点	观测点深度 z/m	泥岩厚度 h/m	断距 L/m	泥岩涂抹因子 SGR/%
剖面 1	A	4155.00	28.00	35.00	0.80
	B	4195.00	6.00	35.00	0.17
	C	4240.00	2.00	35.00	0.06
	D	4200.00	34.00	40.00	0.85
	E	4245.00	28.00	40.00	0.70
	F	4280.00	6.00	40.00	0.15
	G	4200.00	44.00	50.00	0.88
	H	4225.00	28.00	50.00	0.56
	I	4280.00	6.00	50.00	0.12

表 3-4 断层开启系数计算数据表

剖面名称	观测点	观测点深度 z/m	泥岩地层流体压力 P/MPa	断面正应力 δ/MPa	泥岩涂抹因子 SGR/%	启闭系数 C	断层启闭性
剖面 1	A	4155.000	40.719	59.496	0.800	0.856	封闭
	B	4195.000	41.111	59.918	0.171	4.002	开启
	C	4240.000	41.552	60.394	0.057	12.040	开启
	D	4200.000	41.160	59.971	0.850	0.807	封闭
	E	4245.000	41.601	60.447	0.700	0.983	封闭
	F	4280.000	41.944	60.817	0.150	4.598	开启
	G	4200.000	41.160	59.971	0.880	0.780	封闭
	H	4225.000	41.405	60.236	0.560	1.227	封闭
	I	4280.000	41.944	60.817	0.120	5.747	开启

表 3-5 莫索湾地区部分井油气产量表

井名	层位	累计产量/t	井名	层位	累计产量/t
莫 3	$J_1s_2^2$	108.33	盆 4	$J_1s_2^2$	0.49
莫 4	$J_1s_2^2$	81.81	盆 5	$J_1s_2^2$	204.13
莫 5	$J_1s_2^2$	42.72	盆 6	$J_1s_2^2$	31.93
	$J_1s_2^1$	3.95		$J_1s_2^1$	0.49
莫 7	$J_1s_2^2$	121.45	盆参 2	$J_1s_2^1$	1.005
	$J_1s_2^1$	56.11	莫 101	$J_1s_2^2$	21.34
莫 8	$J_1s_2^2$	375.28		$J_1s_2^1$	176.29
	$J_1s_2^1$	59.25	莫 102	$J_1s_2^2$	6.36
莫 10	$J_1s_2^2$	91.91	莫 103	$J_1s_2^2$	940.93
莫 11	$J_1s_2^2$	1974.21	莫 104	$J_1s_3^1$	0.25
	$J_1s_2^1$	313.74	莫 107	$J_1s_2^2$	40.82
莫 12	$J_1s_2^2$	382.43	莫 108	$J_1s_2^2$	30.51
莫 13	$J_1s_2^2$	0.529		$J_1s_2^1$	38.2
莫 15	$J_1s_2^1$	161.28	莫 109	$J_1s_2^2$	7.834
莫 16	$J_1s_2^1$	13.09		$J_1s_2^1$	2784
莫 17	$J_1s_2^2$	288.21	莫 201	$J_1s_3^1$	0.52
	$J_1s_2^1$	345.06		$J_1s_2^2$	450.02

断层启闭性的判断是由地质模型中研究点位置与相邻井出油层的位置关系来确定的，研究区主要钻井油气产量数据如表 3-5 所示，图 3-14 中莫 11 井断层 B、C 两断点上覆砂层在莫 8 井处有油气显示，这表明油气沿断层由下向上运移经过了 B、C 两断点，并分别在侏罗系三工河组砂层中聚集成藏，因此，可以判断在油气运移过程中莫 11 井断层 B、C 两断点处断层是开启的；莫 11 井断层 A 断点上覆砂层在莫 8 井处没有油气显示，这表明油气没有继续沿 A 断点向上运移，因此，莫 11 井断层 A 断点处断层是封闭的。

3. 连通概率模型及其检验

按照启闭系数的计算方法及油气显示确定对应点断层启闭性的方法，对研究区符合条件的 9 条地质剖面计算其启闭系数。将计算出的开启系数分为 0～0.5、0.5～1、1～1.5、1.5～2、2～2.5，2.5～3，3～3.5，3.5～4，4～4.5，4.5～5，5～5.5 及大于 5 等几个数据区间段，分别计算每个数据段内开启断层的个数占总断层个数的百分比，将

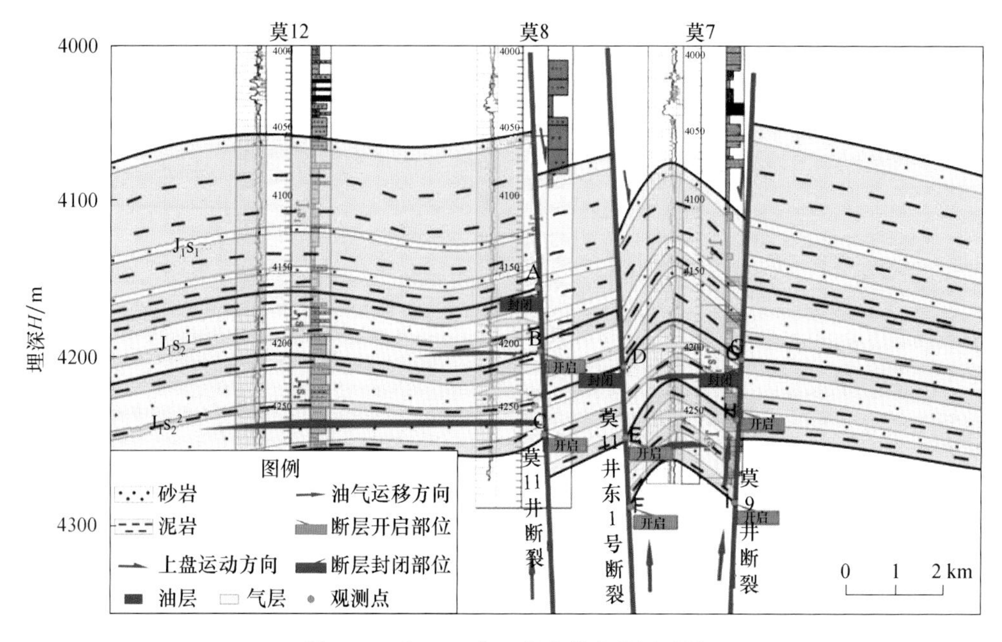

图 3-14 莫 12—莫 7 井油藏地质剖面图

其作为该段启闭系数对应的断层连通概率，以各段开启系数的平均值与该段断层连通概率进行数据拟合，以建立研究区断层连通概率的函数关系模型（图 3-15）。

图 3-15 和式(3-4) 均显示研究区断层连通概率 N_p 在开启系数 C_f 为 0.5～4.75 时表现为二次函数关系，即开启系数越大，断层开启的可能性越大，输导性能也就越好；当开启系数小于 0.5 时，断层是封闭的，即基本不具备输导条件；开启系数大于 4.75 时，断层是开启的，断层输导性能最好。

$$N_p = \begin{cases} -0.0382C_f + 0.4229C_f - 0.0637, & 0.5 < C_f \leqslant 4.75 \\ 1, & C_f > 4.75 \end{cases} \tag{3-4}$$

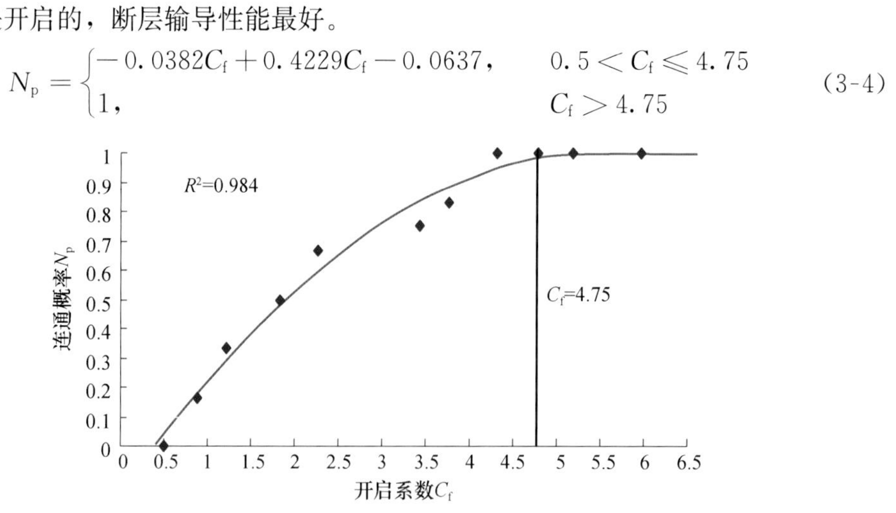

图 3-15 莫索湾地区断层连通概率与断层开启系数关系图

根据实际计算数据可建立图 3-15 和式(3-4)中断层连通概率的数学模型，该模型是否具有广泛性还需要用研究区未参与模型计算的数据点来对模型进行验证。首先选用图 3-15 中未参与连通概率模型计算的剖面中盆 4 井断层 A～E 断点作为观测点，分别计算对应的启闭系数，并利用连通概率的数学模型的函数关系式计算其对应的连通概率（表3-6），其中 A、D 观测点的开启系数分别为 1.328 和 0.976，其对应的连通概率分别为 0.430 和 0.313，由连通概率的函数定义可知该断层 A、D 两观测点处于封闭状态。剖面 2 中该断层 A、D 两观测点上覆储层井下没有发现油气显示现象，也证实断层 A、D 两点是封闭的。该剖面中断层上盘 B、C 两观测点与下盘 E 观测点的开启系数分别为 4.587、5.161 和 3.055，其对应的连通概率分别为 1.000、1.000 和 0.872，表明该断层 B、C、E 观测点处于开启状态。图 3-16 中断层 B、C、E 三个观测点上覆相邻储层井下均有不同程度油气显示，证实该断层在 B、C、E 点的确是开启的。由此可以看出利用连通概率的数学模型计算出来的连通概率值与利用试油资料判断出来的启闭性具有良好的对应关系，说明该连通概率函数可以用于定量判断研究区断层的启闭性。

表 3-6 断层连通概率模型验证数据表

剖面	观测点	观测点深度 z/m	泥岩地层流体压力 P/MPa	断面正应力 δ/MPa	泥岩涂抹因子 SGR/%	启闭系数 C_f	断层启闭性	连通概率 N_p
剖面 2	A	4250.000	44.274	60.083	0.555	1.328	封闭	0.430
	B	4275.000	44.290	60.346	0.160	4.587	开启	1.000
	C	4315.000	44.845	60.766	0.143	5.161	开启	1.000
	D	4250.000	44.550	60.083	0.760	0.976	封闭	0.313
	E	4301.000	45.000	60.619	0.243	3.055	开启	0.872

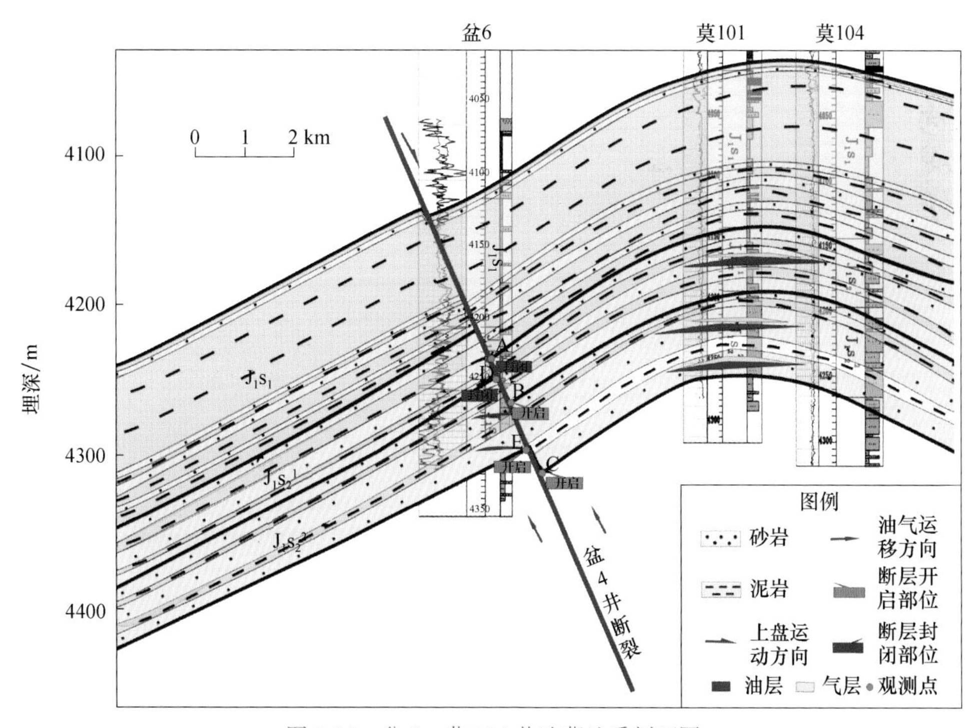

图 3-16 盆 6—莫 104 井油藏地质剖面图

4. 模型的推广应用

在模型建立之后，就可以利用该模型对研究区主要断层的启闭性进行定量评价。以莫11井断层（图3-17）为例，根据三维地震资料解释密度，以20为间隔，利用断层相邻钻井资料、地质资料及测井资料计算每条横切断层测线上断层各深度点的泥岩地层流体压力、断层面正应力、断裂带泥岩涂抹因子及断层开启系数，最后利用建立的连通概率模型计算各点的连通概率，并分别做出对应的拓扑图（图3-18和图3-19）。

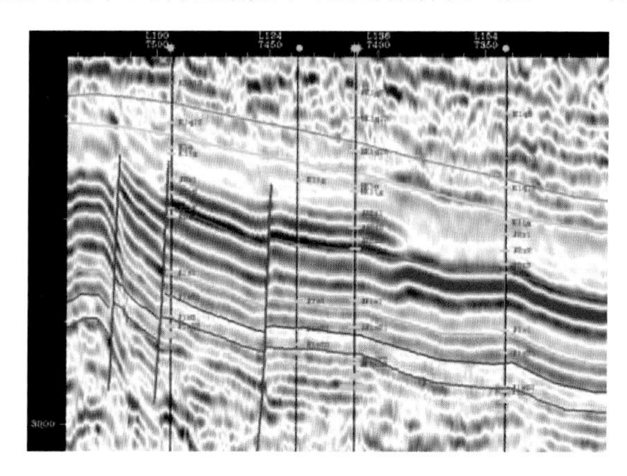

图3-17　莫索湾凸起过莫11断层剖面

图中4井分别为莫11井、莫111井、莫109井和莫8井图

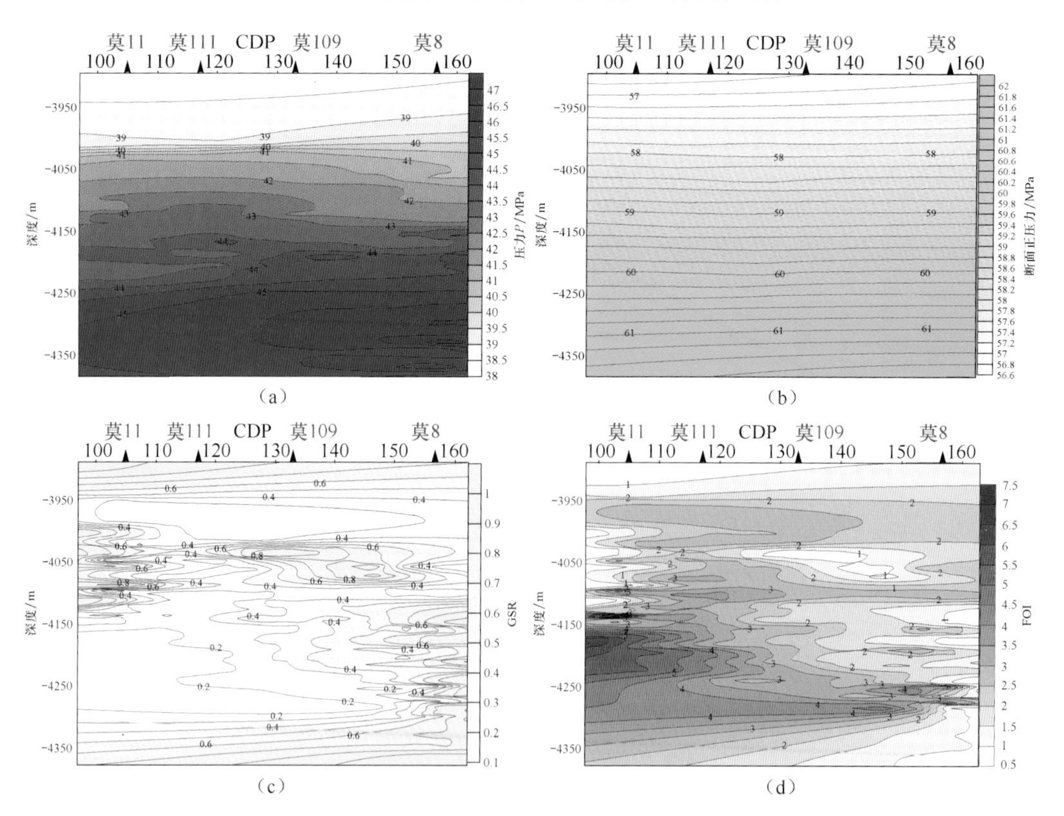

图3-18　莫11井断层各参数在断层面上的拓展分布图

图(a)中数字为泥岩地层流体压力；图(b)中数字为断层面正应力；

图(c)中数字为断层泥比率；图(d)中数字为系数

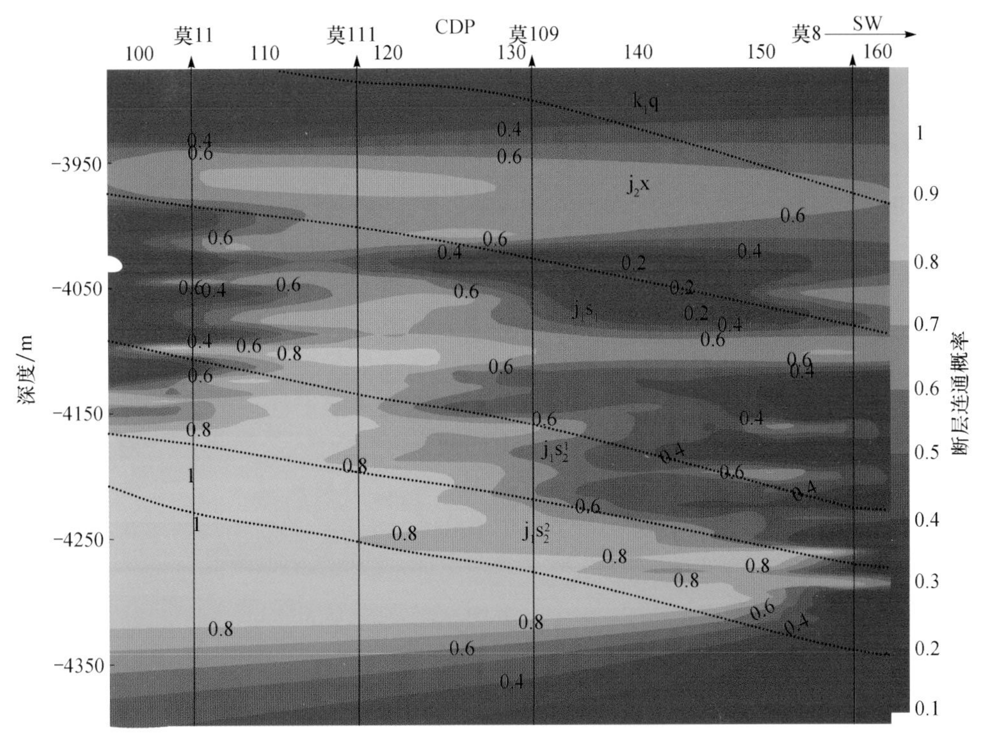

图 3-19　莫 11 井断层连通概率在断层面上的拓展分布图

从图 3-18 中可以看出断面不同位置处的连通概率存在很大差别，莫 11 井与莫 111 井之间的断层在侏罗系西山窑组底界处连通概率普遍较低（＜50％），说明该处断层阻止了油气的垂向运移，在其下形成了侏罗系三工河组油气藏。在莫 11 井处，侏罗系三工河组 $J_1s_2^2$ 处于连通概率很大的区域（＞80％），说明油气能够沿断层运移，而在 $J_1s_2^1$ 顶部连通概率减小（＜40％），说明断层对油气起遮挡作用，这为莫 11 井在 $J_1s_2^1$ 和 $J_1s_2^2$ 层段中发现断块油气藏提供了依据。

将在准噶尔盆地腹部挤压背景条件下所获得的断层圈闭规律模型与在中国东部渤海湾盆地的模型（张立宽等，2007）加以对比，发现两者在形式上完全一样，只是具体的参数存在一定的差异。这种相似性在一定程度上反映采用多参数来建立断层启闭规律模型的方法为断层输导体的定量/半定量表征提供了可行之路。

5．断层输导体的输导能力表征

由前面章节中对不同类型输导体的量化表征方法的阐述可知，可以用于输导体量化表征的地质参数很多，它们都从不同角度反映了输导体对于流体流动及油气运移的作用方式。多种输导体以各种方式组合在一起，构建成三维的输导格架，为保证油气运移模拟分析时能够按照运移动力和阻力间的力学关系来判断油气运移的路径选择，这些输导体间输导性能的量化表征参数必须统一才行。

由于输导层和断层带连通性概念的提出，对于输导体我们不需要再去考虑输导体单元间的连通性问题，因而我们可以把对输导单元的考虑回归到运移动力和阻力间的关系上。考虑到实际勘探研究中可以获得的资料情况以及流体动力学研究中的对多孔介质渗流特征的表述习惯，我们用渗透率来表述不同输导体的输导能力。由前面的分析可知，渗透率本身就是输导层量化表征的重要参数，因而我们在建立复合输导体系时，首先要做的就是用渗透率来表征断层的输导能力。

由前所述，我们可以获得断层面在某一油气运聚期的连通概率分布，这只是对断层启闭性特征的一种初步的量化描述，反映了断层活动过程中对油气运聚的相对作用，要定量地判断断层的每个部位在油气运聚过程中的动力学特征，需要将连通概率转化为流体流动的性能指标。

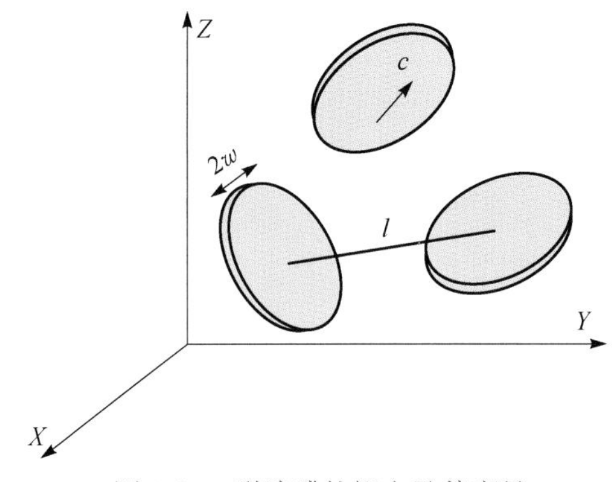

图 3-20　裂隙碟的概念及其度量

由上述的断层带状模型，如果一个断层带柱状输导单元中具有足够多的裂隙，形成了在流体动力学上连通的通道，设这些通道由间隙 $2w$、直径 c 的碟状裂隙相互连通所构成（图 3-20），按照（Gueguen et al.，1994）提出的逾渗方法，岩石的渗透率可以根据这些裂隙的分布特征来估算。根据两平板裂隙间的平均流速公式（Landau et al.，1967），有

$$\bar{\mathbf{V}} = -\frac{w^2}{3\eta}\phi\frac{\mathrm{d}P}{\mathrm{d}x} \tag{3-5}$$

式中，$\bar{\mathbf{V}}$ 为达西流速；η 为流体动力黏度；P 为压力；ϕ 为孔隙度。

因此岩石渗透率 k 为

$$k = \frac{\overline{w}^2}{3}\phi \tag{3-6}$$

若这些裂隙碟之间的平均距离为 l，这些裂隙孔隙在岩石中的孔隙度为 ϕ，$\phi = 2\pi\frac{\pi\bar{c}^2\overline{w}}{\bar{l}^3}$，因而有

$$k = \frac{2\pi}{3}\frac{\bar{c}^2\overline{w}^3}{\bar{l}^3} \tag{3-7}$$

式中，$\overline{w}$ 为平均裂缝间隙；$\bar{c}$ 为裂隙平均直径；$\bar{l}$ 为裂缝之间的平均间距。

在这样的裂隙系统中，渗透率实际上由三个微观变量 $\bar{c}$、$\overline{w}$ 和 $\bar{l}$ 决定。

在很多情况下，我们研究的断层带从静止封闭状态到活动开启状态，裂隙并不是一直开启的。我们可以认为，油气运移是断层活动、岩石破裂形成流体流动通道的过程。在此过程中，地质应力作用于具有一定异常地层流体压力的岩石上，岩石内部形成一定数量的微小裂隙，随着应力的增强，裂隙由小变大、裂隙相互连接形成更高级别的裂缝；依次向上，当连接的裂缝相互连通，构成一条流体动力上连通的输导体时，即可认为这两个输导体之间的断层是开启的（图 3-21）。

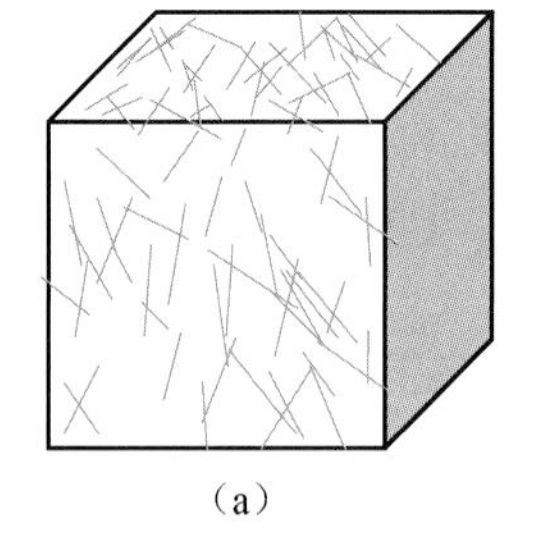

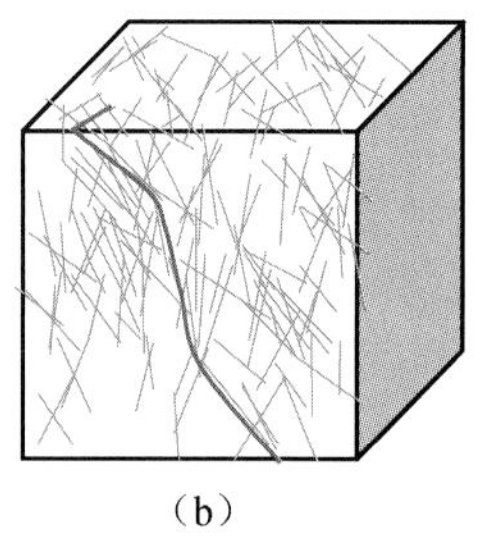

图 3-21　岩石中裂隙的数目与连通裂缝形成的过程
(a) 当裂隙数目较少时，岩石整体显示为非渗透；(b) 裂隙数目增加到一定程度，一部分裂隙相互连通形成连通的流体流动通道；图中蓝色的粗线表示等当的裂缝或断层

岩石达到逾渗阈值后，若采用四边形网格来划分断层输导层单元，微裂隙间的连通概率 p 可用裂隙平均间隙 ϖ 和裂隙间的平均距离 $\bar{l}$ 来表示（Gueguen et al.，1994），即

$$p \approx \frac{\pi^2}{4}\frac{\bar{c}^3}{\bar{l}^3} \tag{3-8}$$

对于这样的裂隙体系，将式(3-7)与式(3-8)合并，就得到了利用微裂隙间的连通概率来求断层开启时的渗透率的方法，即

$$k = \frac{8}{3\pi}\frac{\varpi^3}{\bar{c}}p \tag{3-9}$$

这时，渗透率的大小取决于微观变量 ϖ、$\bar{c}$ 及断层的连通概率 p，渗透率量纲为 m^2。将式(3-9)应用到用断层连通概率表征的断层面上，就可以转化为用渗透率表征的输导单元柱。

由我们对断层带流通动力学特征的全面认识，断层在平静期总是处于封闭状态，而在活动期则处于开启状态。另外由于断层的空隙是由断层两侧泥岩中的压力控制的，因而当断层开启时，泥岩压力因流体的释放而降低，断层带始终处于开启的临界状态。这样我认为断层连通时微裂隙间的连通概率为 $p \approx p_c \sim 1/3$，由式(3-9)可知断层渗透率由 ϖ 和 $\bar{c}$ 的大小决定。当取断层完全封闭时的渗透率为泥岩渗透率或断层泥的渗透率时，断层输导层的渗透率与断层连通概率的关系由式(3-9)表示。

$$\begin{cases} k = k_0, & p \leqslant p_c \\ k = \dfrac{8}{9\pi}\dfrac{\varpi^3}{\bar{c}}, & p > p_c \end{cases} \tag{3-10}$$

式中，k_0 为泥岩或断层泥的渗透率；p_c 为断层开启阈值，对应的断层渗透率为 k_0；随着 p 值的增加，渗透率 k 的值也不断增加。

由式(3-10)，断层面表现出来的渗透率值仅与微裂缝的间隙 w 和微裂缝的大小 c 有关。我们可以实测的断层带的渗透率为 k_0，并假设断层带连通概率 N_p 增加对应着微裂隙数目的增加，而微裂隙的大小不变。由于在裂隙连通阈值附近所需的微裂隙间距 l 与 c 值具有固定关系，因而增加的微裂隙的数目可以归为微裂隙展开度 w 的增加。以图 3-15 为例，若设微裂隙间的连通概率 N_p 与 w 呈线性关系，在式(3-10)中假设 $N_p \leqslant p_c$，对应的断层连通概率 N_p 值为0、C_f 值为 C_0（图 3-15 中为 0.45）；当 $N_p > p_c$ 对应着 P 值随 C_f 值变化。可以设断层的开启连通是与无数次地震对应的开启过程有关，C_f 值略大于阈值，N_p 接近于 0，表明断层在数千次地震活动中只有少数几次是连通的，而随着 N_p 值的增加，在全部地震活动中断层连通的次数也相应增加，当连通概率接近 1（对应 $C_f > C_1$，图 3-15 中为 4.5），每次地震活动中断层都形成连通通道，而我们在以侵入逾渗为基础的运移模型中考虑的则是这些连通次数的综合结果，表现为 w 值的累加效果。按照 Gueguen 等（1994）的认识，取微裂隙的大小 c=200μm，则以式(3-11)求取 w 值，即

$$\begin{cases} w = \dfrac{9\pi}{8}\bar{c}(k_0)^{1/3}, & 0 \leqslant N_p \\ w = \dfrac{9\pi}{8}\bar{c}(k)^{1/3}, & 1 > N_p > 0 \\ w = \dfrac{9\pi}{8}\bar{c}(k_1)^{1/3}, & N_p \geqslant 1 \end{cases} \tag{3-11}$$

在实际工作中，设 $\ln w$ 与 N_p 之间为线性关系，只要知道 k_0、k_1，就可以通过式(3-11)获得与 N_p 对应的 w_0 和 w_1，也可由断层面开启系数与断层连通概率间的关系获得与 C_f 值对应的渗透率值。

小　结

中国西部典型叠合盆地经历了复杂的构造演化历史，断裂的多期次活动使得对其在油气成藏过程中的作用的判识十分复杂。断层的启闭性不是静态的，而是一个动态变化的过程：构造运动活跃的时候，断层开启性强；构造运动比较稳定的时候，断层的启闭性受断层两盘的岩性对接关系的影响明显。

鉴于影响断裂启闭性的因素众多，而且是一个动态演化的过程，前人提出的各种单因素判识断裂启闭性的方法存在局限性，而且多具有从静态来考察断裂启闭性的特点。针对这些不足，我们提出了基于多变量的断层开启系数的概念，建立了断层开启系数定量模型，同时，根据断层两盘的储层内是否含有工业性油流来判识断层在油气运移过程中是否曾经开启，以反映断裂在油气成藏过程中的动态和综合效应。基于此思路，提出了断层连通概率的概念，建立了断层连通概率与主要断层启闭性影响因素间的关系，实现了对断裂输导体定量表征的目的。

断层开启系数为泥岩地层流体压力、断层面正应力和断裂带泥岩涂抹因子三个参数的组合，泥岩地层流体压力反映地层的岩石力学强度，断层面正应力反映断层的闭合程度，而断裂带泥岩涂抹因子反映的是断裂带的渗滤性能及排替压力。因而该组合参数能够较为客观地反映断层对于油气运移的启闭性特征。

以西部准噶尔盆地腹部莫索湾地区油田资料建立的断层连通概率-断层开启系数关系建立的断层对于油气运移有效性的模型与我国东部油田的形成具有相似性。如果开启系数小于0.5，断层封闭；如果大于4.75，断层开启；两者之间，断层连通概率是开启系数的二次函数关系，即开启系数越大，断层开启的可能性越大。这表明这种方法具有一定的普适性。

第四章 不整合面特征及相关输导体

不整合面是指一套岩层被不连续沉积的另一套岩层覆盖而形成地质记录明显缺失或间断的地层界面。例如沉积岩沉积过程中的沉积间断面或者被剥蚀与上覆较新的沉积岩层之间的剥蚀面等。这些沉积间断或剥蚀变化主要是因为沉积间断了很长时间，先前沉积的地层因地壳隆升或剥蚀而造成缺失（Jackson，1997）。

在许多情况下地层不整合面可以作为油气运聚的通道（潘钟祥，1986；李明诚，2004）。不整合面附近地层的孔渗特征往往非常复杂。构造抬升造成地层出露地表，遭受风化剥蚀和地表水淋滤。风化程度因地形的高低起伏而存在很大差异。不整合面往往穿过不同时代、不同岩性的地层，其上新的沉积层往往从底砾岩开始，而后期成岩作用则改变着不整合面上下地层的孔渗特性（潘钟祥，1986；牟中海等，2005；吴孔友等，2007）。准噶尔盆地西北缘克拉玛依油田的形成是油气沿不整合面发生大规模运移的典型实例（王尚文等，1985）。

本章主要介绍课题组对与不整合有关的输导体研究方面的成果和认识。主要通过对不整合面的规模、与上下输导层间的截切和超覆关系的观察，分析不整合面上下地层内的输导体及其组合方式，确定输导体在油气运聚过程中所起的作用。

第一节 准噶尔盆地不整合面特征及其对油气输导的作用

为了探讨准噶尔盆地不整合面特征及其对油气输导的作用，我们对准噶尔盆地周缘的野外露头进行了深入的研究，通过建立河相、湖相沉积层序地层格架，确定其中的不整合面类型和与之相关的油气输导层。

选择的研究区距阜康和乌鲁木齐约 50km（图 4-1）。研究层位为新疆博格达山西北部山麓阜康地区南部的中侏罗统下段和博格达山南部山麓大河沿区北部的下二叠统到下三叠统的河相和湖相沉积岩。在厘米—分米尺度上测量了三条剖面，进行了沉积环境、沉积旋回和地层层序研究，对不整合面之下的古土壤进行了详细的描述、测量及采样。侏罗系地层段厚 2100m，下侏罗统八道湾组、三工河组和中侏罗统下部西山窑组在小干沟地区测得，中侏罗统上部西山窑组、头屯河组在水磨河地区测得，小干沟与水磨河间距 3km。两条二叠系—三叠系地层段位于桃东沟和塔龙，分别长为 1800m 和 1200m，两条测线相距 8km（图 4-2）。对野外剖面的绘制及详细解释包括沉积环境、古气候、大地构造运动、沉积类型、三个级别的沉积旋回及层序地层的展示。

本区早二叠世大概位于古特提斯洋西北岸约北纬 30°的干燥气候区，晚二叠世则位于约北纬 40°的寒温带，并向北缓慢移动，直到早三叠世到达暖温带（Scotese，2001）。

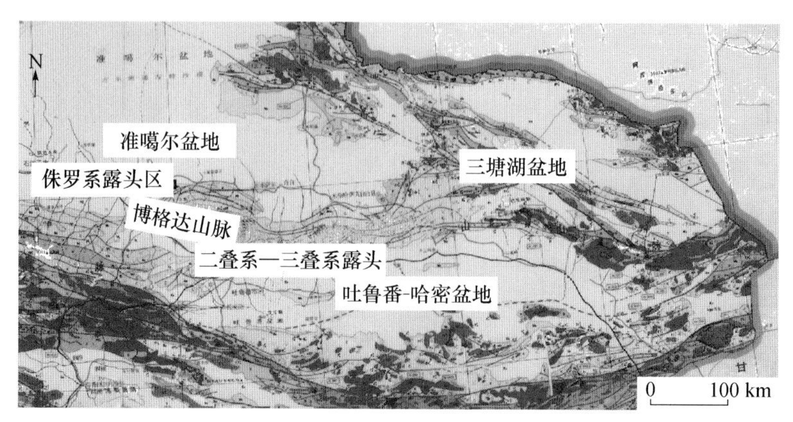

图 4-1 侏罗系和二叠系—三叠系露头分布位置

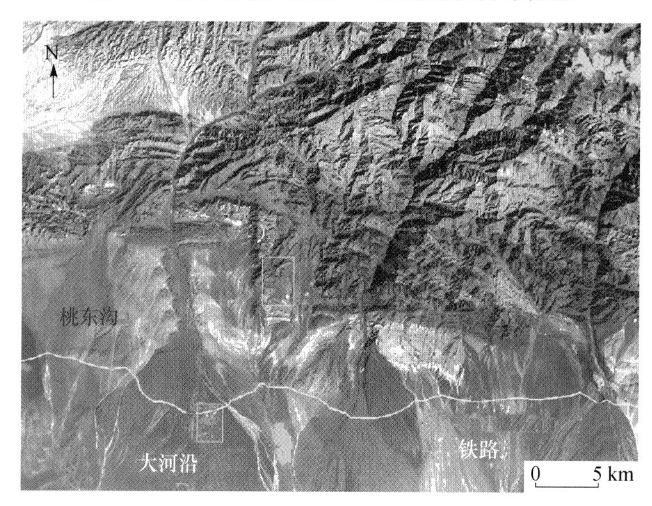

图 4-2 位于新疆大河沿火车站北部博格达山南部山麓区的研究区位置

侏罗系研究区位于新疆维吾尔自治区阜康市南部、博格达山西北部山麓区。这一区域位于北中国板块西北部或哈萨克斯坦板块东部，约北纬 60°，早侏罗世为暖温带，但在晚侏罗世则为干燥气候区外围（Scotese，2001）。

1. 沉积旋回及地层层序

陆相沉积记录十分不完整，需要利用层序地层分析来解读和认识。但前人的实践证实，将现有的在被动大陆边缘海相地层中建立起来的层序地层模式套用到陆相地层分析的做法远不能达到预期效果，反而引起了关于其能否适用于陆相盆地的疑问。因而，需要根据陆相沉积的特点重新建立陆相层序地层学的格架。

基于沉积体系沉积环境的变化，详细划分了厚层侏罗系和二叠系—三叠系河相和湖相沉积旋回。岩层单元的沉积环境主要包括沉积结构、沉积构造、古土壤构造、化石古动物群和植物群、地层几何特征和边界关系以及岩层叠置类型等。沉积旋回是一个地层学概念，也可以认为是时间-地层单元。此外，将沉积旋回划分为三个等级，分别为高级旋回、中级旋回和低级旋回。高级旋回边界位于沉积环境突变或渐变的拐点处，这些边界面可以是整合面或不整合面，如沉积缺失面、平行不整合面、不整合面和角度不整合面等。根据高级旋回的属性（如厚度、相变程度、特征性岩层厚度等）变化又可将其分为若干个中级旋回（或层序）。同样根据中级旋回中大量的沉积环境和气候、构造环境的区域性变化可将中级旋回再分为若干个低级旋回。中级旋回和低级旋回边界面为不整合面，包括沉积缺失面、平行不整合面、不整合面和角度不整合面。

本次研究中识别出了侏罗系和二叠系—三叠系大陆沉积中跨过旋回边界的多种岩性组合类型（图 4-3）。旋回边界面也可以划分为高、中、低三级，并假设高级旋回界面形成时间短于中级界面形成时间，中级界面形成时间短于低级界面形成时间。这表明三级旋回界面的形成时间极不相同，与三级旋回的厚度和持续时间具有相关性。

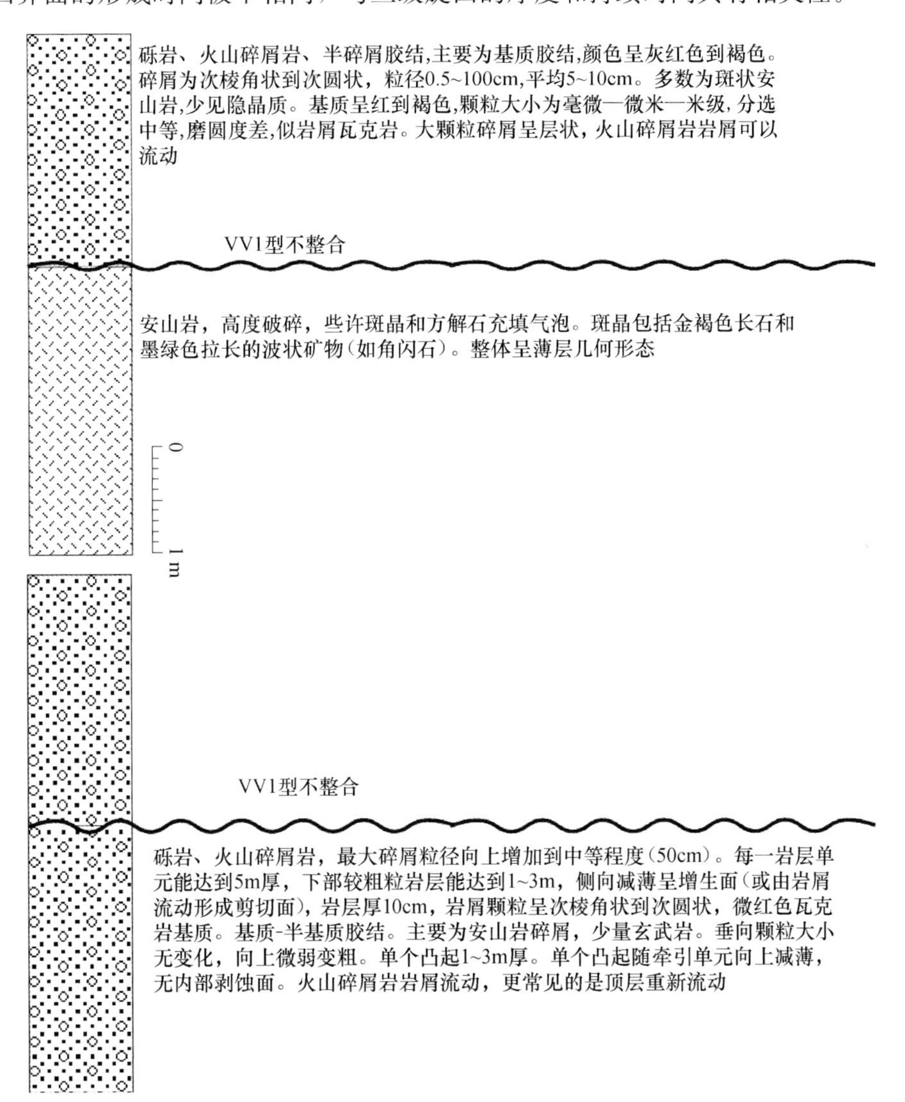

图 4-3 博格达山桃东沟地区下二叠统大河沿组中段低级旋回的 VV1 类不整合面

图中长波浪线为高级旋回边界层

通过对不同旋回级别的不整合面的观察，建立起中—下—上侏罗统剖面的年代地层、岩性地层、旋回地层格架和塔龙与桃东沟剖面二叠系—三叠系的年代地层、岩性地层和旋回层序地层格架，如图 4-4 和图 4-5 所示。

地层年代	岩石地层		地层旋回		
			低级旋回	旋回数	
				中级旋回	高级旋回
上侏罗统	161.2Ma	齐古组	QK_1	1	2
中侏罗统	167.7Ma	头屯河组	TTH_2	22	321
			TTH_1	8	59
	175.6Ma	西山窑组	XSY_3	12	92
			XSY_2	7	47
			XSY_1	10	75
下侏罗统	189.6Ma	三工河组	SGH_3	8	60
			SGH_2	10	69
			SGH_1	2	15
	199.6Ma	八道湾组	BDW_1	2	5

图 4-4　侏罗系剖面的年代地层、岩性地层和旋回地层格架（Gradstein et al.，2004）

系	统		阶	岩性地		层序旋回				
						低级旋回	厚度/m		IC/HC号	
							塔龙	TDG	塔龙	TDG
三叠系	上统		安尼阶 5.0Ma	克拉玛依组		克拉玛依		25.52 不完整		
	下统		奥列尼奥克阶 249.7	烧房沟组		烧房沟		112.84		10/62
			印度阶 251.0	韭菜园组		韭菜园	37.1	97.76		4/17
二叠系	上统	乐平统	长辛阶 253.8	红雁池组		梧桐沟	828.6	329.3	9/123	27/121
			吴家坪阶 260.4	梧桐沟组						
	中统	瓜德鲁普统	卡匹敦阶 265.8	泉子街组		泉子街	67.5	112.4	2/8	5/30
			沃德阶 268.0	红雁池组	塔龙组	红雁池	116.7	50.55	8/45	9/52
			罗德阶 270.6	芦草沟组		芦草沟	179.6	83.2	11/142	14/40
	下统	乌拉尔统	空谷尔阶 275.6Ma	大河沿组		大河沿顶	91.05	108.8	1/12	5/39
						大河沿中	188.55	33.15	1/15	1/15
						大河沿底	106.5	0	6/31	0/0
			阿尔丁斯克阶	桃西沟组						

图 4-5　塔龙和桃东沟剖面二叠系—三叠系的年代地层、岩性地层和旋回层序地层格架

IC. 中级旋回；HC. 高级旋回；年代地层和岩性地层格架来源于 Gradstein 等（2004）和 Zhu 等（2005）

2. 不整合面上下地层特征

本次研究中对不整合面及其上下地层的关系和特征进行了详细的观察，图 4-6～图 4-13 展示了野外观察到的不整合面的野外照片。不整合地层界面包括沉积缺失面、平

图 4-6 博格达山塔龙地区中二叠统红沿池组和泉子街组低级旋回的局部不整合面

图 4-7 博格达山桃东沟地区下二叠统大河沿组中部低级旋回中网状河的两条底部通道不整合面

图 4-8 博格达山塔龙地区下二叠统大河沿组上部低级旋回中网状河底部通道不整合面
及其的网状河流沉积物中分离出的下部钙质胶结沉积物

图 4-9　下二叠统大河沿组上部与中二叠统芦草沟组之间低级旋回的局部不整合面

图 4-10　桃东沟组中级旋回边界的底部通道侵蚀不整合面（绿点线）以及第四系和中二叠统芦草沟低级旋回的角度不整合面（白点线）

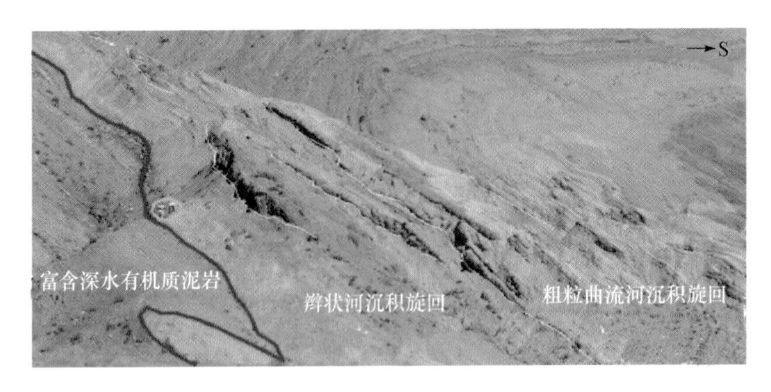

图 4-11　中二叠统芦草沟组和红沿池组低级旋回的局部不整合面（红线部分）和塔龙高级网状河旋回的几条底部通道不整合面的野外照片

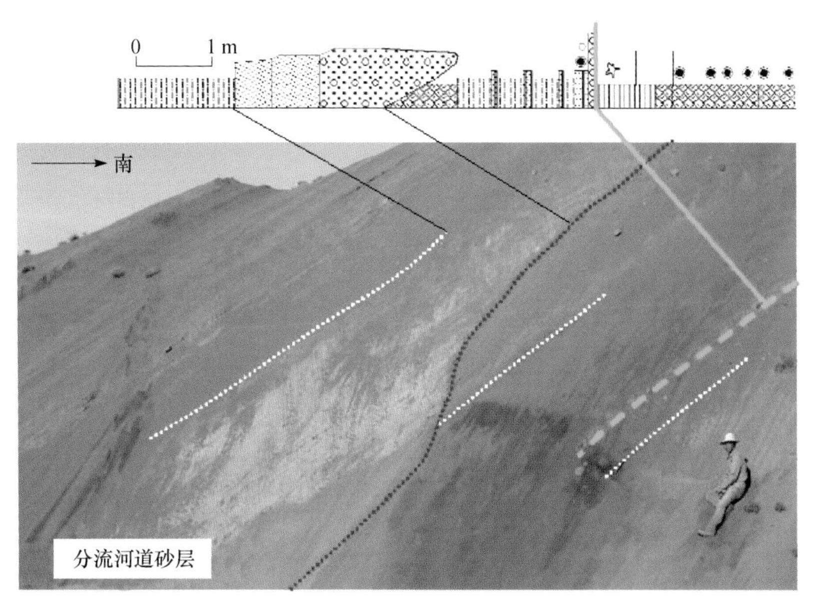

图 4-12　中二叠统泉子街组（虚线右）和上二叠统梧桐沟组（虚线左）之间的低级旋回和桃东沟低级旋回的底部通道不整合面的野外照片和实测剖面（实测剖面参照图 4-20）

图 4-13　博格达山塔龙地区中二叠统芦草沟组低级旋回中一条海进侵蚀不整合面

行不整合面、不整合面和角度不整合面。下伏于旋回边界面（不整合面）的岩层岩性有砾岩、砂岩、页岩、古土壤、灰岩和火山岩；上覆旋回边界面（不整合面）的岩层岩性包括砾岩、砂岩、页岩和灰岩（图 4-14～图 4-18）。一些岩层岩性具有孔隙性和渗透性好的特征，可能成为油气输导层，然而有些岩层岩性则不具渗透性，因而也不会成为输导层。综合分析大量岩性叠置类型后认为与旋回边界面（不整合面）有关的输导层类型主要有以下 4 种：①旋回边界面（不整合面）之上和之下的双输导层；②旋回边界面（不整合面）之下的单输导层；③旋回边界面（不整合面）之上的单输导层；④旋回边界面（不整合面）之上和之下均无输导层。

3. 不整合面上下断层关系的侧向变化

研究区二叠系还存在着旋回边界面（不整合面）之上和之下的岩性在侧向上的变化

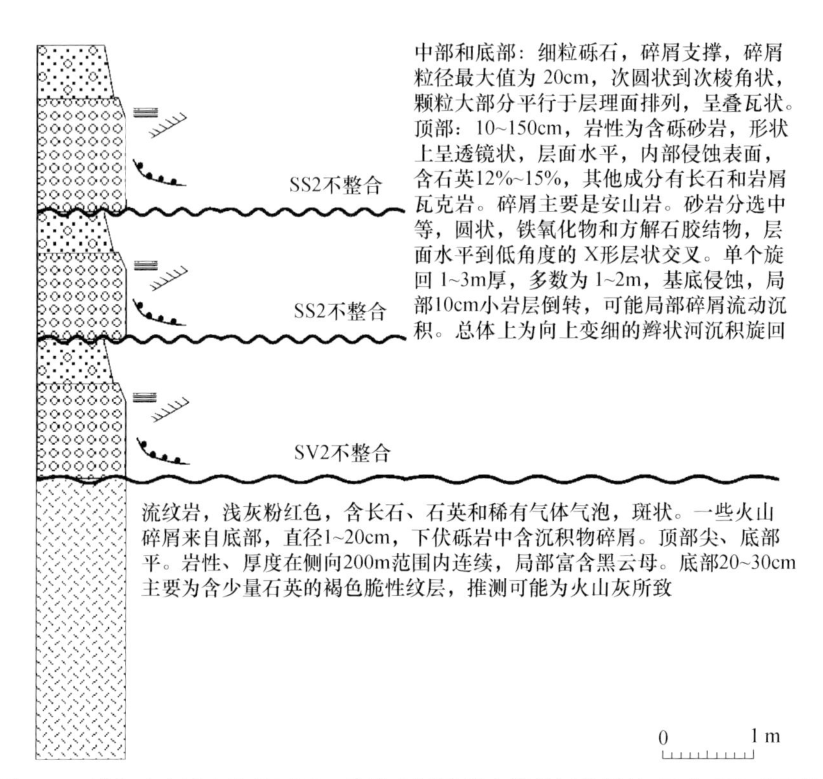

图 4-14　博格达山桃东沟地区下二叠统大河沿组中段低级旋回的 SS 和 SV 型不整合

长波浪线是中级旋回边界；短波浪线是高级旋回边界

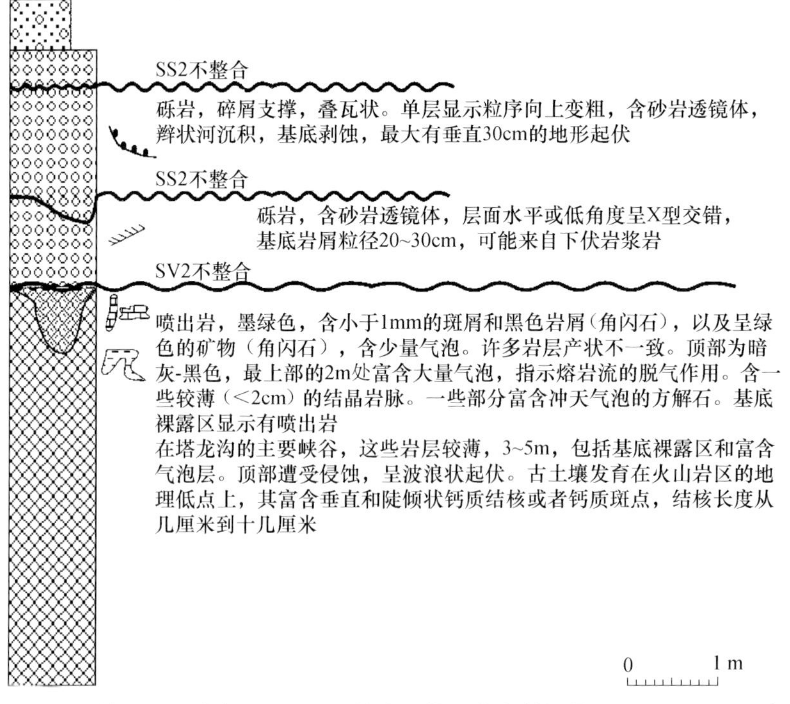

图 4-15　博格达山塔龙地区下二叠统大河沿组中段低级的 SV 和 SS 型不整合

长波状线是中级旋回边界；短波状线是高级旋回边界

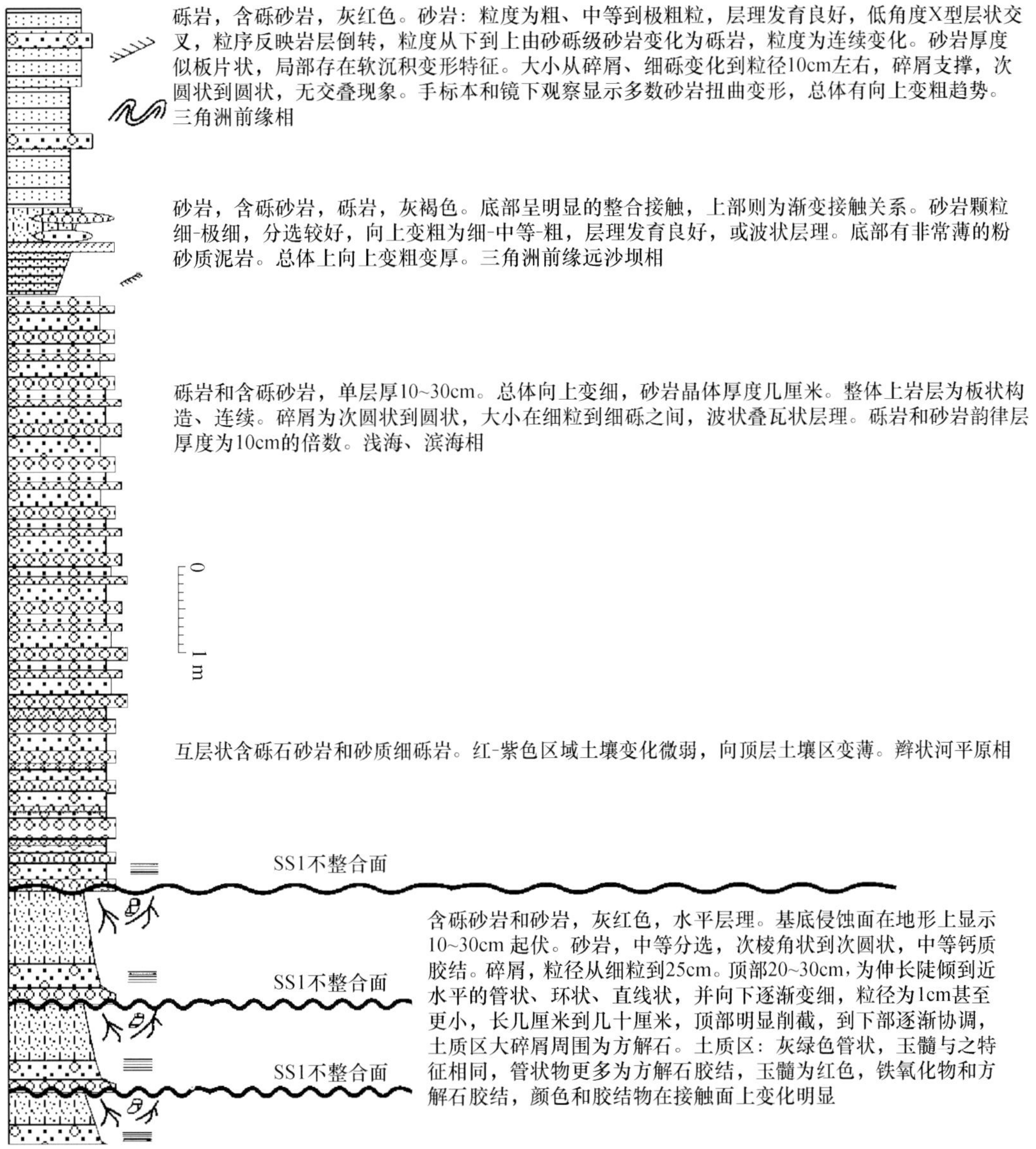

砾岩，含砾砂岩，灰红色。砂岩：粒度为粗、中等到极粗粒，层理发育良好，低角度X型层状交叉，粒序反映岩层倒转，粒度从下到上由砂砾级砂岩变化为砾岩，粒度为连续变化。砂岩厚度似板片状，局部存在软沉积变形特征。大小从碎屑、细砾变化到粒径10cm左右，碎屑支撑，次圆状到圆状，无交叠现象。手标本和镜下观察显示多数砂岩扭曲变形，总体有向上变粗趋势。三角洲前缘相

砂岩，含砾砂岩，砾岩，灰褐色。底部呈明显的整合接触，上部则为渐变接触关系。砂岩颗粒细-极细，分选较好，向上变粗为细-中等-粗，层理发育良好，或波状层理。底部有非常薄的粉砂质泥岩。总体上向上变粗变厚。三角洲前缘远沙坝相

砾岩和含砾砂岩，单层厚10~30cm。总体向上变细，砂岩晶体厚度几厘米。整体上岩层为板状构造、连续。碎屑为次圆状到圆状，大小在细粒到细砾之间，波状叠瓦状层理。砾岩和砂岩韵律层厚度为10cm的倍数。浅海、滨海相

0
1m

互层状含砾石砂岩和砂质细砾岩。红-紫色区域土壤变化微弱，向顶层土壤区变薄。辫状河平原相

SS1不整合面

含砾砂岩和砂岩，灰红色，水平层理。基底侵蚀面在地形上显示10~30cm 起伏。砂岩，中等分选，次棱角状到次圆状，中等钙质胶结。碎屑，粒径从细粒到25cm。顶部20~30cm，为伸长陡倾到近水平的管状、环状、直线状，并向下逐渐变细，粒径为1cm甚至更小，长几厘米到几十厘米，顶部明显削截，到下部逐渐协调，土质区大碎屑周围为方解石。土质区：灰绿色管状，玉髓与之特征相同，管状物更多为方解石胶结，玉髓为红色，铁氧化物和方解石胶结，颜色和胶结物在接触面上变化明显

SS1不整合面

SS1不整合面

图 4-16　博格达山桃东沟地区下二叠统大河沿组中段低级旋回的 SS 和 SP 型不整合

长波浪线是中级旋回边界；短波浪线是高级旋回边界

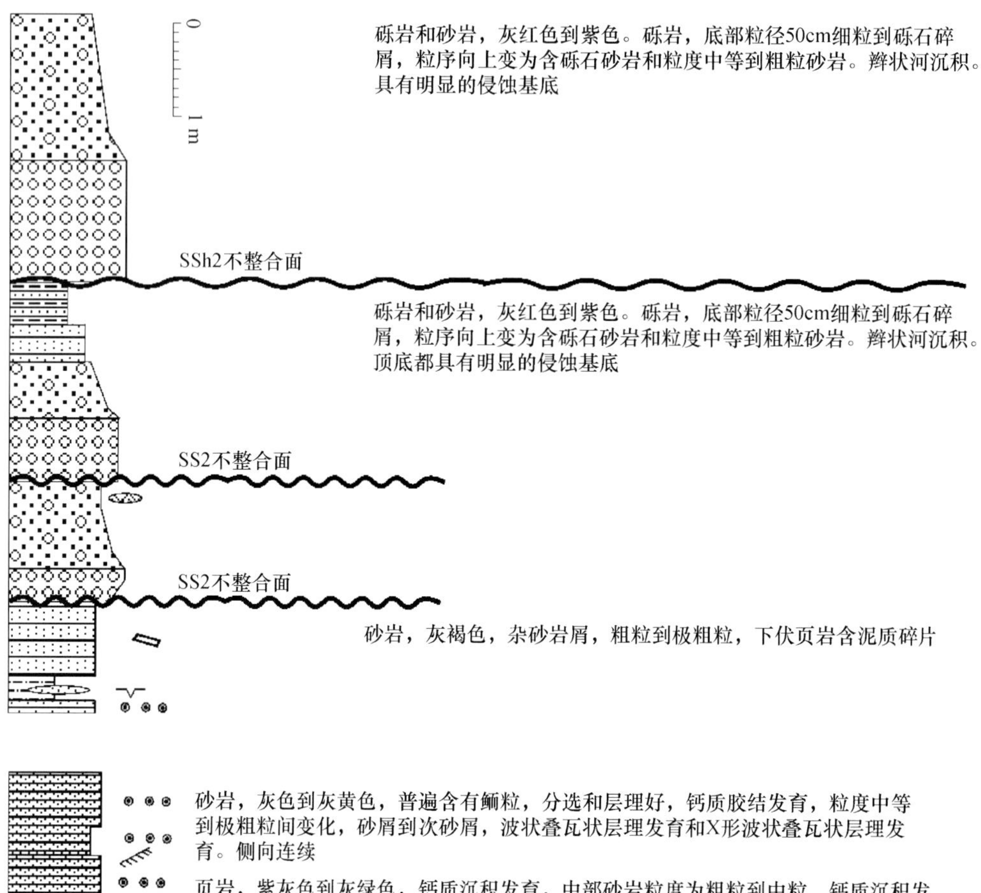

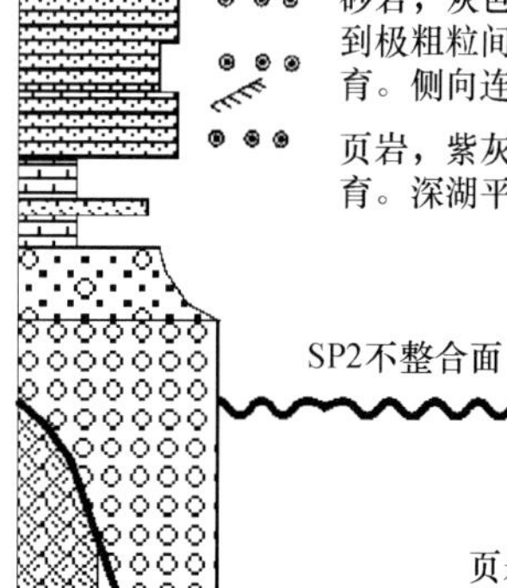

图 4-17　博格达山桃东沟地区下二叠统大河沿组中段低级旋回的 SSh 和 SP 型不整合

长波浪线是中级旋回边界；短波浪线是高级旋回边界

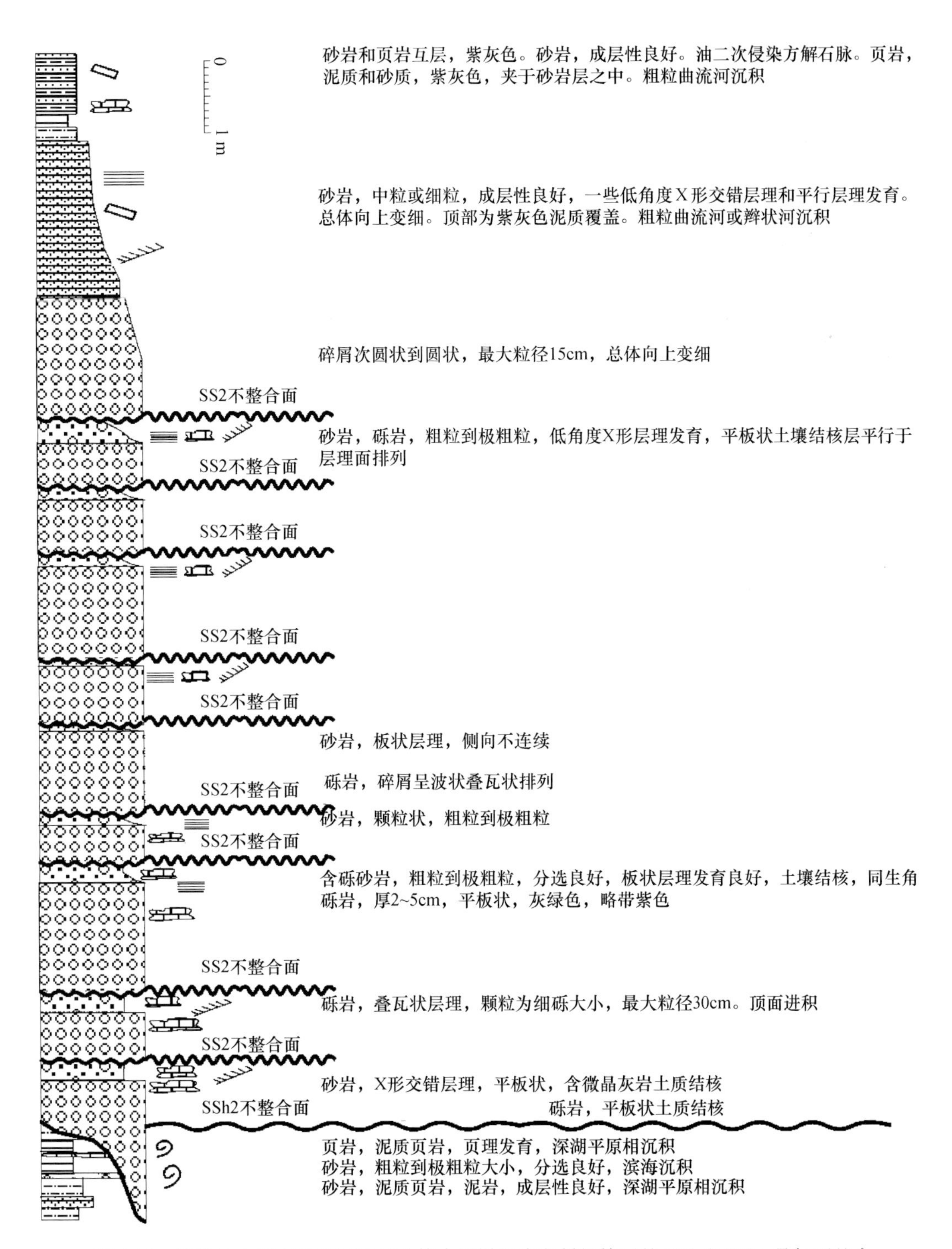

图 4-18　博格达山桃东沟地区下二叠统大河沿组中段低级旋回的 SS2 和 SSh1 叠加不整合

长波浪线是中级旋回边界；短波浪线是高级旋回边界

(图 4-19 和图 4-20)。旋回边界层（不整合面）之上和之下的岩性侧向变化使得对油气输导层和非输导层的解释更加复杂。

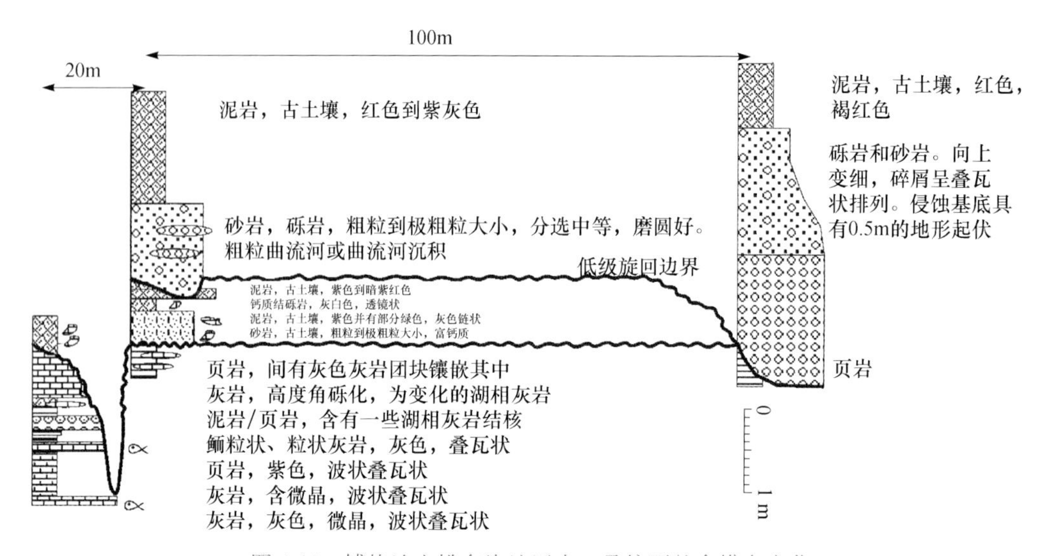

图 4-19 博格达山桃东沟地区中二叠统不整合横向变化

上部不整合是局部低级旋回边界，分开了中二叠统红沿池组和泉子街组低级旋回

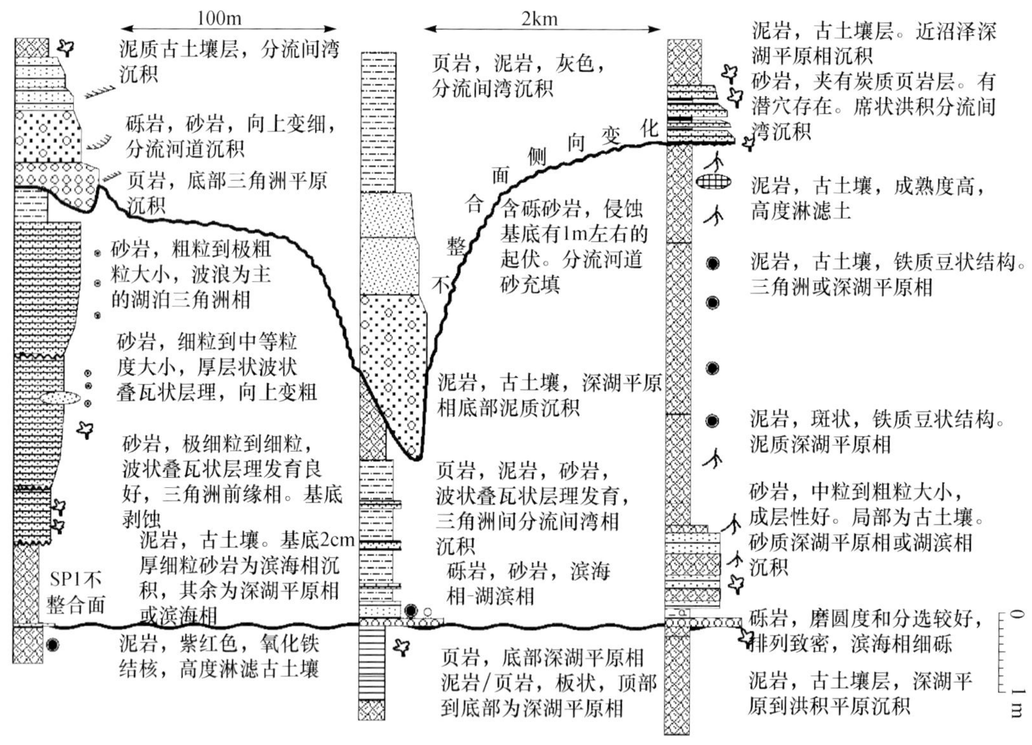

图 4-20 博格达山桃东沟地区中二叠统不整合横向变化

下部不整合是介于中二叠统泉子街组和上二叠统梧桐沟组低级旋回之间的边界

第二节 莫索湾凸起不整合输导体研究

白垩系底部不整合面代表了准噶尔盆地最为重要的一期构造运动，其形成规模大、

分布广，是油气从油源到聚油区发生大规模长距离运移的主要通道。不整合面不仅记录着构造运动，而且还代表了后期地质作用对前期沉积岩（物）不同性质和程度的改造。不整合面的形成过程就是出露岩石遭受风化剥蚀的过程，风化剥蚀程度的不均一性使得不整合面在纵向上具有三段结构：不整合面之上岩石（A）、风化黏土层（B）及风化淋滤带（C）。它们各自在岩性、组分及形成环境方面的不同，导致了其测井响应的不同，所以根据测井响应就可精细描述不整合面的结构，不整合结构及岩性组合特征的差别直接影响不整合面对油气的输导效率。

1. 不整合面分布特征

根据标定结果，白垩系底不整合的反射特征为强振幅连续反射，为区域性的角度不整合，它与下伏地层为顶部削蚀的关系，与上覆地层呈底部超覆的特征。从图 4-21 中可以看出下部侏罗系与上覆白垩系之间呈明显的削蚀不整合面接触关系。这期构造运动造成了莫索湾凸起侏罗系上部地层遭受了大规模剥蚀，侏罗系头屯河组被完全剥蚀，西山窑组在莫索湾凸起上均遭受了不同程度的剥蚀，其中莫索湾凸起高部位被完全剥蚀而缺失，其缺失区沿盆 4—莫 5—莫 13—芳 2 一线分布（图 4-21）。

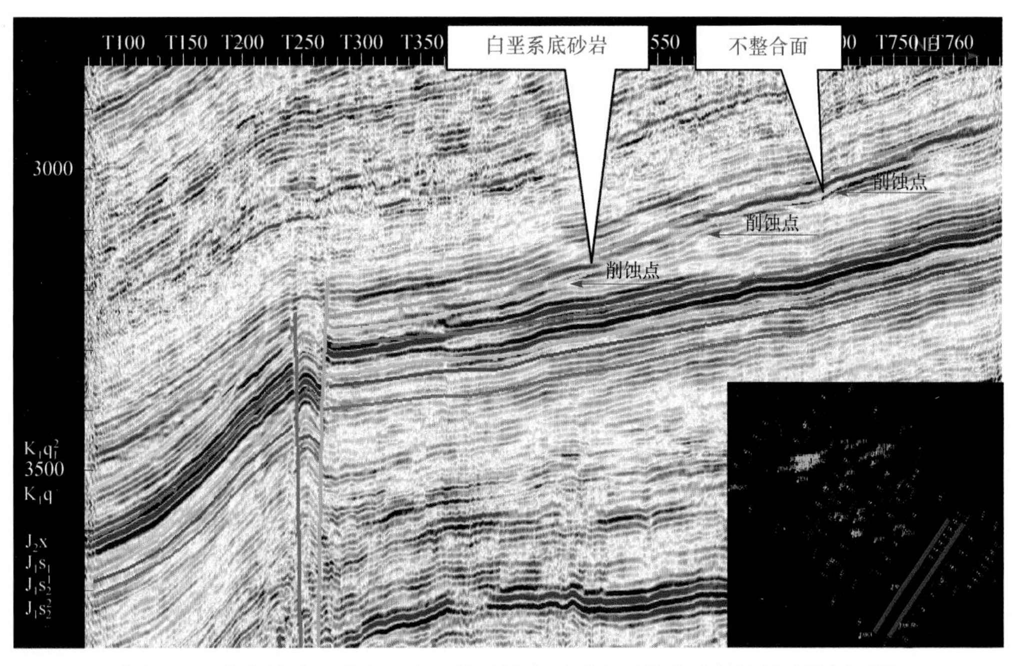

图 4-21 莫索湾地区盆参 2 东三维区块白垩系底不整合反射特征地震剖面图

2. 不整合面上下岩性分析

1）不整合面之上砂岩段（A 段）

莫索湾凸起紧邻白垩系底部不整合面之上的为一套展布面积大的底部砂岩段，其岩性为细砂岩、中-细砂岩、砂砾岩，其中以细砂岩为主。该套砂体受古构造及沉积因素的影响较大，厚度变化较大，平面上分布不均一，总体上看，从莫索湾凸起构造低部位向构造高部位，底部砂体堆积厚度逐渐变小，呈现出由盆 5 井区向盆参 2 井区，砂岩厚度由厚变薄，厚度变化为 20～90m 的特征。

白垩系底部不整合砂岩段之上覆盖大套泥岩，且沿不整合面连续分布，故该砂岩段是油气运移的有效通道。试油结果已证实该套砂岩有油气显示，原油密度较大，表明在较为开放的环境，油气通过该套砂体发生了运移。但构造研究表明，莫索湾地区白垩系底界面现今构造为一单斜，因此，缺乏有效的圈闭条件，在该套砂体内难以形成有规模的油气聚集。

2）风化黏土层（B 段）

莫索湾凸起白垩系底部不整合面之下风化黏土层岩性为黄色、褐色、灰绿色、灰色泥岩、粉砂质泥岩，黏土层厚度变化大，变化为 4～60m。总体上古构造高部位黏土层厚度较低部位明显变薄。

3）风化淋滤带（C 段）

莫索湾凸起白垩系底部不整合面之下风化淋滤带岩性为细砂岩夹泥岩，风化淋滤带的厚度变化相对较小，变化范围为 18～60m，风化淋滤带内发育有薄煤层，煤层厚度由构造高部位向构造低部位方向逐渐增厚。

3. 不整合面岩性组合特征

莫索湾地区白垩系底部不整合面具有三层结构，不整合面之上岩层的岩性主要有泥岩、含泥质砂岩、砾状砂岩、砂砾岩；风化黏土层岩性主要有泥岩、砂质泥岩、泥质粉砂岩、砂泥岩互层、不等粒砂岩；半风化淋滤带岩性主要有泥岩、不等粒砂岩、泥质砂岩、砂泥岩互层、砂岩、泥岩夹煤层（表 4-1）。

表 4-1 莫索湾地区白垩系底部不整合面岩性组合模式

纵向结构	岩性				颜色
不整合面之上岩层	泥岩	砂岩、含泥质砂岩	砾状砂岩、砂砾岩		灰色为主，褐色次之
风化黏土层	泥岩	粉砂质泥岩、泥质粉砂岩	砂泥岩互层	不等粒砂岩	褐色为主，棕褐色、灰色、红色、灰褐色次之
淋滤带	泥岩	不等粒砂岩、泥质砂岩	砂泥岩互层	砂岩、泥岩夹煤层	褐色、灰色为主，灰黄色、深灰色次之

统计莫索湾地区不整合面附近岩性组合情况，得到不整合面附近 8 种不同的岩性组合模式（表 4-2），根据对测井曲线和录井资料的分析与归纳，莫索湾凸起白垩系底部不整合面岩性组合三段结构特征具有八种岩性组合模式。不整合面之上的底砂岩层和不整合面之下的风化淋滤带砂岩层可构成双重运移通道，对油气的运移十分有利，不整合面上油气的输导效率更高。莫索湾凸起白垩系底部不整合岩性组合模式主要以Ⅰ型、Ⅳ型为主。

表 4-2　莫索湾地区白垩系底部不整合面附近岩性组合分类表

类型代码	岩性结构	代表井	井次
Ⅰ	泥-泥-砂	莫 8、莫 16、盆 6	3
Ⅱ	砂砾-泥-砂	莫 105	1
Ⅲ	砂-泥-砂	莫 7、莫 10、莫 11、莫 15、盆 4、盆 5、莫 102、莫 106、莫 108	9
Ⅳ	砂-泥-泥	莫 1、莫 2、莫 3、莫 4、莫 5、莫 6、莫 13、盆参 2、盆 7、莫 104	10
Ⅴ	砂-缺-砂	莫 9、莫 12、莫 101、莫 103、莫 107、莫 201	6
Ⅵ	砂-砂泥互层-泥	莫 14	1
Ⅶ	砂泥互层-泥-砂	莫深 1	1
Ⅷ	砂泥互层-砂泥互层-泥	莫 109	1

根据对应井点在莫索湾地区的分布情况，绘制了莫索湾地区白垩系不整合面附近的 8 种岩性组合模式分布范围图（图 4-22）。

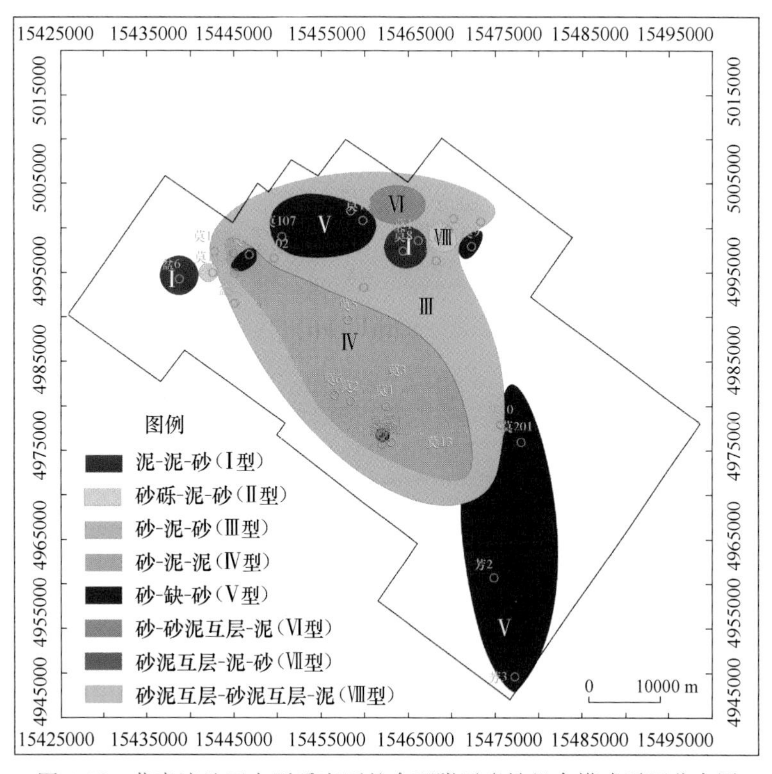

图 4-22　莫索湾地区白垩系底不整合面附近岩性组合模式平面分布图

Ⅰ型，泥-泥-砂，这种组合模式散布在莫索湾地区北部盆 6 井附近和莫 8 井附近，在这范围内共分布 3 口井。

Ⅱ型，砂砾-泥-砂，这种组合模式仅在莫 105 井处出现。

Ⅲ型，砂-泥-砂，这种组合模式主要分布工区的中部，分布范围最大，在这范围内分布的井达 9 口之多。

Ⅳ型，砂-泥-泥，这种组合模式主要分布在工区的西南部，沿莫 103—莫 5—莫 13 井一线分布，范围成保龄球状，长轴方向由东南指向西北方向，在这范围内共分布了

10 口井。

Ⅴ型，砂-缺-砂，这种组合模式主要分布在工区的东南角，沿莫 201—芳 2—芳 3 井一线分布，同时在北部莫 107、莫 12 井及北东部莫 9 井也出现，在这个范围内分布的井共 6 口。

Ⅵ型，砂-砂泥互层-泥，这种组合模式仅在莫 14 井出现。

Ⅶ型，砂泥互层-泥-砂，这种组合模式仅在莫深 1 井出现。

Ⅷ型，砂泥互层-砂泥互层-泥，这种组合模式仅在莫 109 井出现。

虽然莫索湾地区白垩系不整合面附近分布了 8 种岩性组合模式，但是由于Ⅱ、Ⅵ、Ⅶ、Ⅷ型岩性组合模式仅在单井出现，分布范围太小，研究意义不大，因此主要对Ⅰ、Ⅲ、Ⅳ、Ⅴ型这 4 种岩性组合模式进行输导性能研究。

从岩性组合的角度研究白垩系底不整合面输导性能，可知Ⅴ型组合模式砂-缺-砂是最有利的输导模式，而Ⅲ型组合模式砂-泥-砂组合次之，Ⅳ型组合模式砂-泥-泥一般，而Ⅰ型泥-泥-砂组合模式最差。根据不整合面附近各模式在研究区分布范围及各模式输导性能可知，研究区东部地区莫 201—芳 2 井—芳 3 井一带不整合面输导性能最佳，研究区北部地区的莫 11 井、莫 15 井及莫 10 井附近输导性能次之，研究区中部地区以莫 3 井为中心的范围内，输导性能一般，盆 6 井、莫 8 井处的输导性能最差。

4. 不整合面上覆底砂岩分布特征

对莫索湾凸起井下白垩系不整合面底砂岩段岩性和厚度的统计与厚度图编制表明，莫索湾凸起白垩系不整合面底砂岩段砂岩厚度基本上都大于 25m，厚度在 45m 以上的区域主要分布盆 5 井区和莫 10—莫 9—莫 11—莫北 6 一带。而莫深 1—莫 3—莫 8—莫 16 一带分布厚度相对较低的低值区（厚度小于 35m）（图 4-23）。

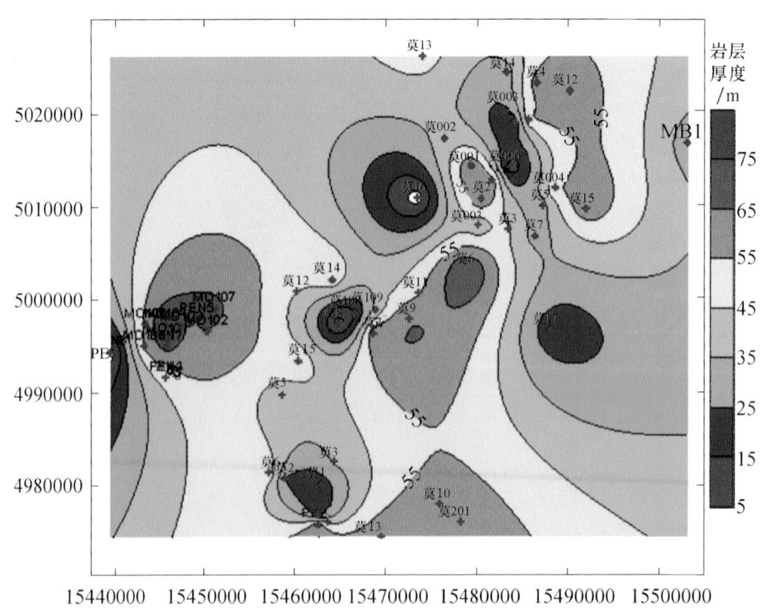

图 4-23　研究区白垩系不整合面底砂岩等厚图

以白垩系底不整合面为约束层，向上开时窗提取地震属性以了解底砂岩在地震属性上的响应特征（图 4-24），从其均方根振幅属性平面分布特征（图 4-25）可以看出：强振幅所对应的白垩系底砂岩分布主要是沿盆 6—盆 5—莫 5—莫 13—芳 2 一线分布在研究区的西南部，砂体发育地带与辫状河三角洲前缘分布范围相对应，而其他砂岩不发育地区与前三角洲-浅湖-半深湖分布区相对应。

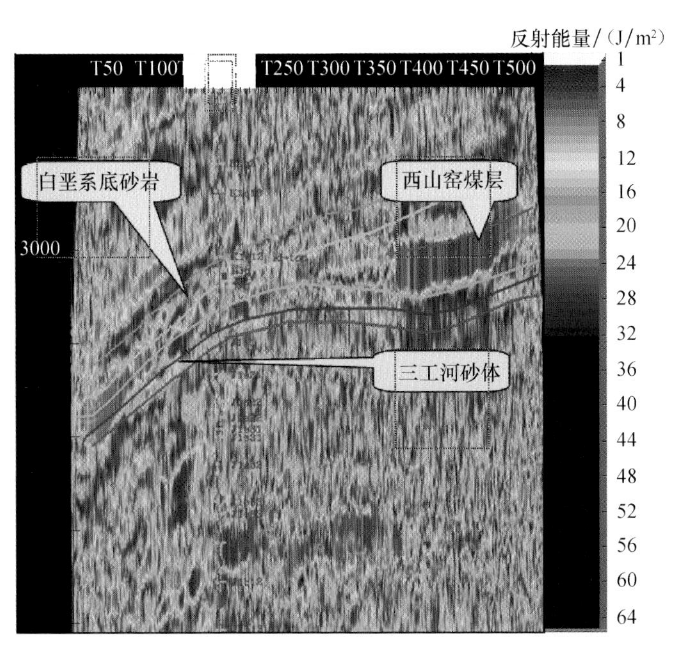

图 4-24 盆参 2 井区联络地震测线 inline230 反射能量属性剖面图

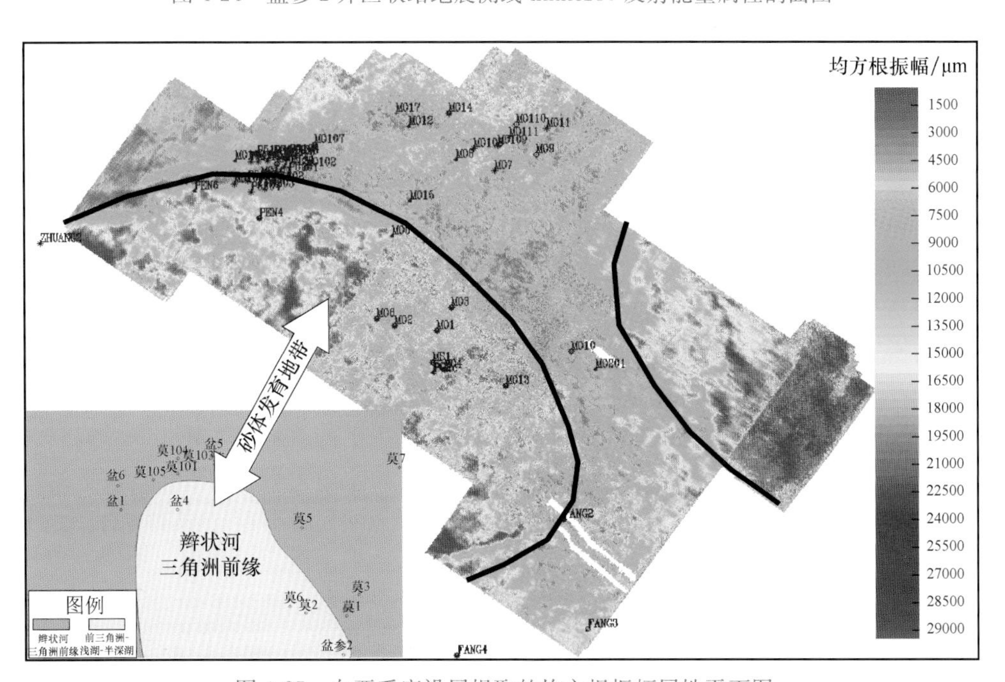

图 4-25 白垩系底沿层提取的均方根振幅属性平面图

第三节　关于不整合油气输导体的认识

通过野外观察及对地质、钻井资料的分析，从油气运移输导体的角度可以提出一些对不整合输导体的认识。

1. 对于不整合输导体的一般性认识

不整合面形成过程中普遍发生下伏岩层剥蚀、下伏岩层蚀变以及沉积间断等三种地质过程，同一不整合面中，这三种地质过程发生的时间和位置是不同的。因此，不整合面下伏岩层的剥蚀量和蚀变程度以及沉积间断持续的时间在同一不整合面中并不相同。事实上，不整合面可能在侧向上逐渐转变为整合面。然而，不整合面更具有时间界面含义，因为其下伏岩层总是老于上覆岩层。

油气输导层是地下能够为流体流动提供有效运移通道的具有孔隙度和渗透性的岩层。不整合面之下的岩层的孔隙性和渗透性取决于岩石形成期间的原始组构、构造裂隙作用强度、埋藏期间的成岩作用变化以及不整合面形成期间水下和地表的物理化学变化。地表变化的程度和类型取决于不整合面形成期间的环境状况（沉积环境、气候和地形）和岩石自身的特征。与不整合面之下的岩层相似，不整合面之上的岩石的孔隙性和渗透性好坏也取决于岩石的原始组构和成岩作用等因素，但由于它们在不整合面形成之后沉积，没有经历不整合面形成期间水下和地表的物理化学过程。不整合面的表面形态和底层沉积物以及不整合面下的岩石类型将会一定程度上影响不整合面上的沉积岩的厚度和类型。

不整合面相关地层的输导特征必须置于三维空间中进行考察才有意义。不整合面作为一个沉积间断面或是受到后期构造运动的抬升剥蚀而造成的再改造面，其上下的岩性特征也千差万别，正是由于不整合面上下岩性的不同配置关系才使得不整合往往具有双重性质，即其既可以作为油气运移的输导条件，又可以作为油气聚集的遮挡条件。何时为输导条件、何时为遮挡条件在更大程度上受控于其上下的岩性接触关系。单从钻井中获得的岩性配置关系反映了局部一个点上的输导体特征，而其在侧向上的变化及与其他不整合输导体间的连通性关系还难以判断。

2. 不整合输导体的分类及组合模式

在研究与不整合面有关的油气输导层时，可以根据不整合面上下的岩石岩性对不整合面进行分类。下伏于不整合面之下的岩石可以是任何类型的岩浆岩、变质岩和沉积岩；上覆于不整合面之上的岩石则一定是形成于地表的岩石，即沉积岩或火山岩。

第一类不整合为不整合面之上的岩石，为砂岩或砾岩，不整合面之下的岩石为砂岩、泥岩（煤层）、古土壤、灰岩、蒸发岩、火山岩和变质岩（图 4-26），该类不整合面之上的砂岩或砾岩的孔隙度和渗透率比较大，主要为油气输导层。当不整合面之下为砂岩时，不整合面之下的岩石为输导层；当不整合面之下为泥岩（煤层）时，不整合面之下的岩石为非输导层；当不整合面之下为古土壤时，不整合面之下的岩石可能为输导层或非输导层，取决于古土壤的孔隙度和渗透性，并依据母岩和古土壤的成熟度而定。例如，当岩石为灰岩、蒸发岩和大理岩，成土作用可能会使岩石产生溶洞，从而增加这类岩石的孔隙度和渗透率，并成为油气输导层。当不整合面之下为灰岩、蒸发岩、火山岩和变质岩时，不整合面之下的岩石可能为输导层或非输导层，这取决于岩石的孔隙和裂隙的发育情况。

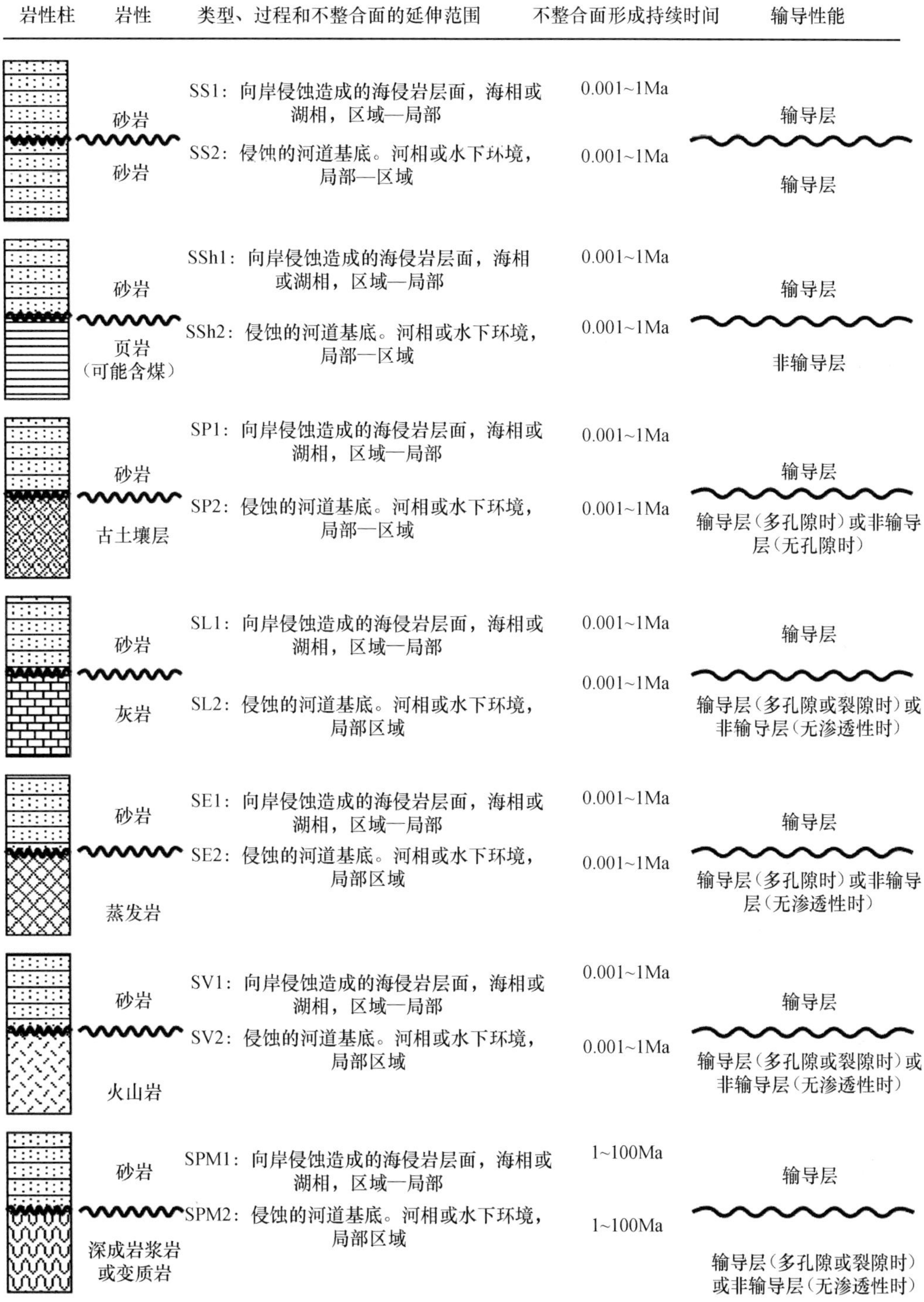

岩性柱	岩性	类型、过程和不整合面的延伸范围	不整合面形成持续时间	输导性能
	砂岩	SS1：向岸侵蚀造成的海侵岩层面，海相或湖相，区域—局部	0.001~1Ma	输导层
	砂岩	SS2：侵蚀的河道基底。河相或水下环境，局部—区域	0.001~1Ma	输导层
	砂岩	SSh1：向岸侵蚀造成的海侵岩层面，海相或湖相，区域—局部	0.001~1Ma	输导层
	页岩（可能含煤）	SSh2：侵蚀的河道基底。河相或水下环境，局部—区域	0.001~1Ma	非输导层
	砂岩	SP1：向岸侵蚀造成的海侵岩层面，海相或湖相，区域—局部	0.001~1Ma	输导层
	古土壤层	SP2：侵蚀的河道基底。河相或水下环境，局部—区域	0.001~1Ma	输导层（多孔隙时）或非输导层（无孔隙时）
	砂岩	SL1：向岸侵蚀造成的海侵岩层面，海相或湖相，区域—局部	0.001~1Ma	输导层
	灰岩	SL2：侵蚀的河道基底。河相或水下环境，局部区域	0.001~1Ma	输导层（多孔隙或裂隙时）或非输导层（无渗透性时）
	砂岩	SE1：向岸侵蚀造成的海侵岩层面，海相或湖相，区域—局部	0.001~1Ma	输导层
	蒸发岩	SE2：侵蚀的河道基底。河相或水下环境，局部区域	0.001~1Ma	输导层（多孔隙时）或非输导层（无渗透性时）
	砂岩	SV1：向岸侵蚀造成的海侵岩层面，海相或湖相，区域—局部	0.001~1Ma	输导层
	火山岩	SV2：侵蚀的河道基底。河相或水下环境，局部区域	0.001~1Ma	输导层（多孔隙或裂隙时）或非输导层（无渗透性时）
	砂岩	SPM1：向岸侵蚀造成的海侵岩层面，海相或湖相，区域—局部	1~100Ma	输导层
	深成岩浆岩或变质岩	SPM2：侵蚀的河道基底。河相或水下环境，局部区域	1~100Ma	输导层（多孔隙或裂隙时）或非输导层（无渗透性时）

图 4-26 第一类不整合面上下岩层岩性配置关系及其油气输导性

第二类不整合为不整合面之上的岩石为页岩，不整合面之下的岩石为砂岩、泥岩（煤层）、古土壤、灰岩、蒸发岩、火山岩和变质岩（图 4-27），该类不整合之上的页岩基本上为盖层，不起输导作用，只有当页岩裂缝发育时，渗透率比较大，才能起到一定的油气输导作用。

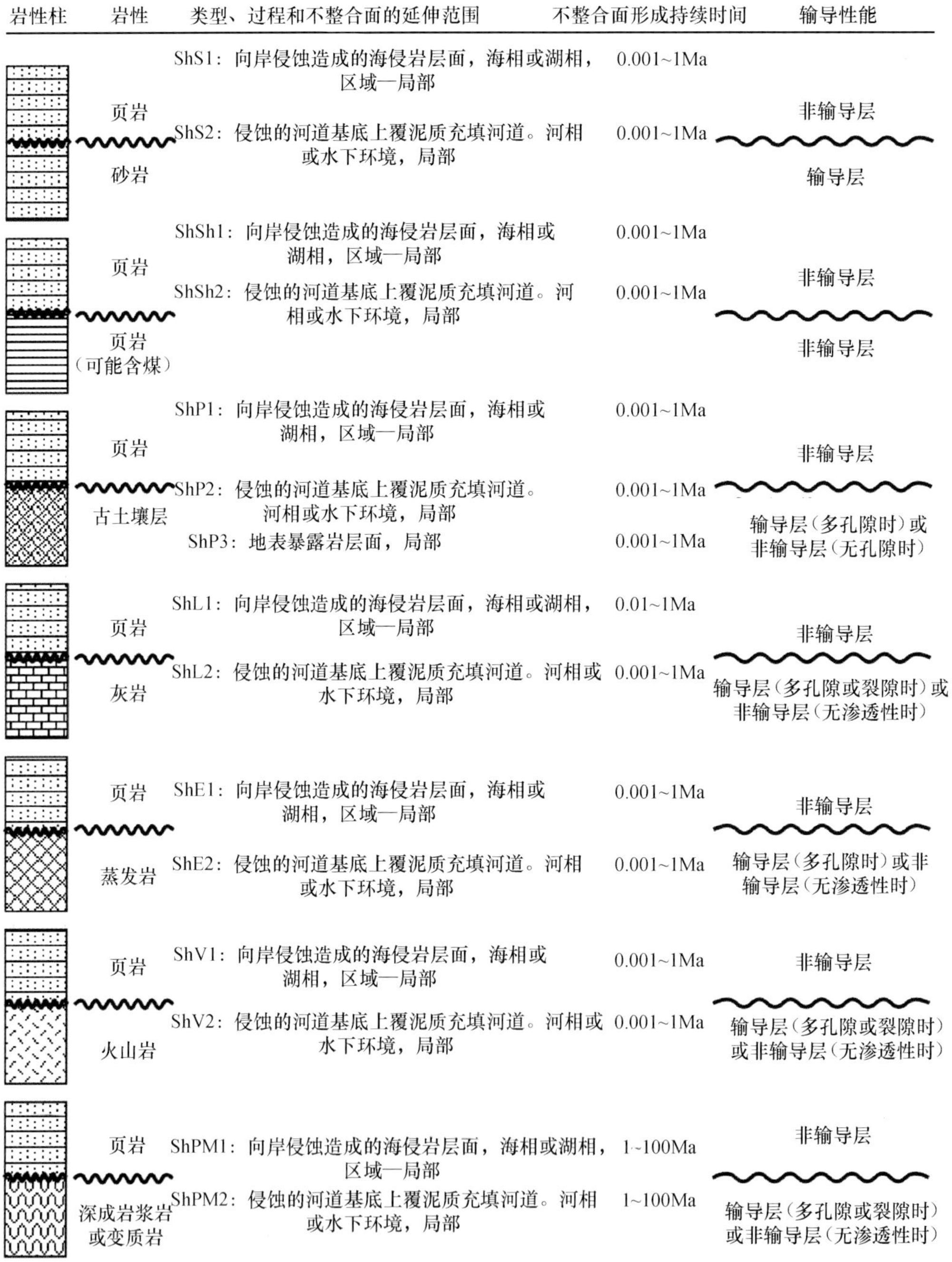

岩性柱	岩性	类型、过程和不整合面的延伸范围	不整合面形成持续时间	输导性能
	页岩	ShS1：向岸侵蚀造成的海侵岩层面，海相或湖相，区域—局部	0.001~1Ma	非输导层
	砂岩	ShS2：侵蚀的河道基底上覆泥质充填河道。河相或水下环境，局部	0.001~1Ma	输导层
	页岩	ShSh1：向岸侵蚀造成的海侵岩层面，海相或湖相，区域—局部	0.001~1Ma	非输导层
	页岩（可能含煤）	ShSh2：侵蚀的河道基底上覆泥质充填河道。河相或水下环境，局部	0.001~1Ma	非输导层
	页岩	ShP1：向岸侵蚀造成的海侵岩层面，海相或湖相，区域—局部	0.001~1Ma	非输导层
	古土壤层	ShP2：侵蚀的河道基底上覆泥质充填河道。河相或水下环境，局部 ShP3：地表暴露岩层面，局部	0.001~1Ma 0.001~1Ma	输导层（多孔隙时）或非输导层（无孔隙时）
	页岩	ShL1：向岸侵蚀造成的海侵岩层面，海相或湖相，区域—局部	0.01~1Ma	非输导层
	灰岩	ShL2：侵蚀的河道基底上覆泥质充填河道。河相或水下环境，局部	0.001~1Ma	输导层（多孔隙或裂隙时）或非输导层（无渗透性时）
	页岩	ShE1：向岸侵蚀造成的海侵岩层面，海相或湖相，区域—局部	0.001~1Ma	非输导层
	蒸发岩	ShE2：侵蚀的河道基底上覆泥质充填河道。河相或水下环境，局部	0.001~1Ma	输导层（多孔隙时）或非输导层（无渗透性时）
	页岩	ShV1：向岸侵蚀造成的海侵岩层面，海相或湖相，区域—局部	0.001~1Ma	非输导层
	火山岩	ShV2：侵蚀的河道基底上覆泥质充填河道。河相或水下环境，局部	0.001~1Ma	输导层（多孔隙或裂隙时）或非输导层（无渗透性时）
	页岩	ShPM1：向岸侵蚀造成的海侵岩层面，海相或湖相，区域—局部	1~100Ma	非输导层
	深成岩浆岩或变质岩	ShPM2：侵蚀的河道基底上覆泥质充填河道。河相或水下环境，局部	1~100Ma	输导层（多孔隙或裂隙时）或非输导层（无渗透性时）

图 4-27　第二类不整合面上下岩层岩性配置关系及其油气输导性

第三类不整合为不整合面之上的岩石，为灰岩，不整合面之下的岩石为砂岩、泥岩（煤层）、古土壤、灰岩、蒸发岩、火山岩和变质岩（图 4-28），该类不整合之上的灰岩中如果裂缝或者溶蚀发育，则可以作为输导层，如果不发育则基本上为盖层，不起输导作用。

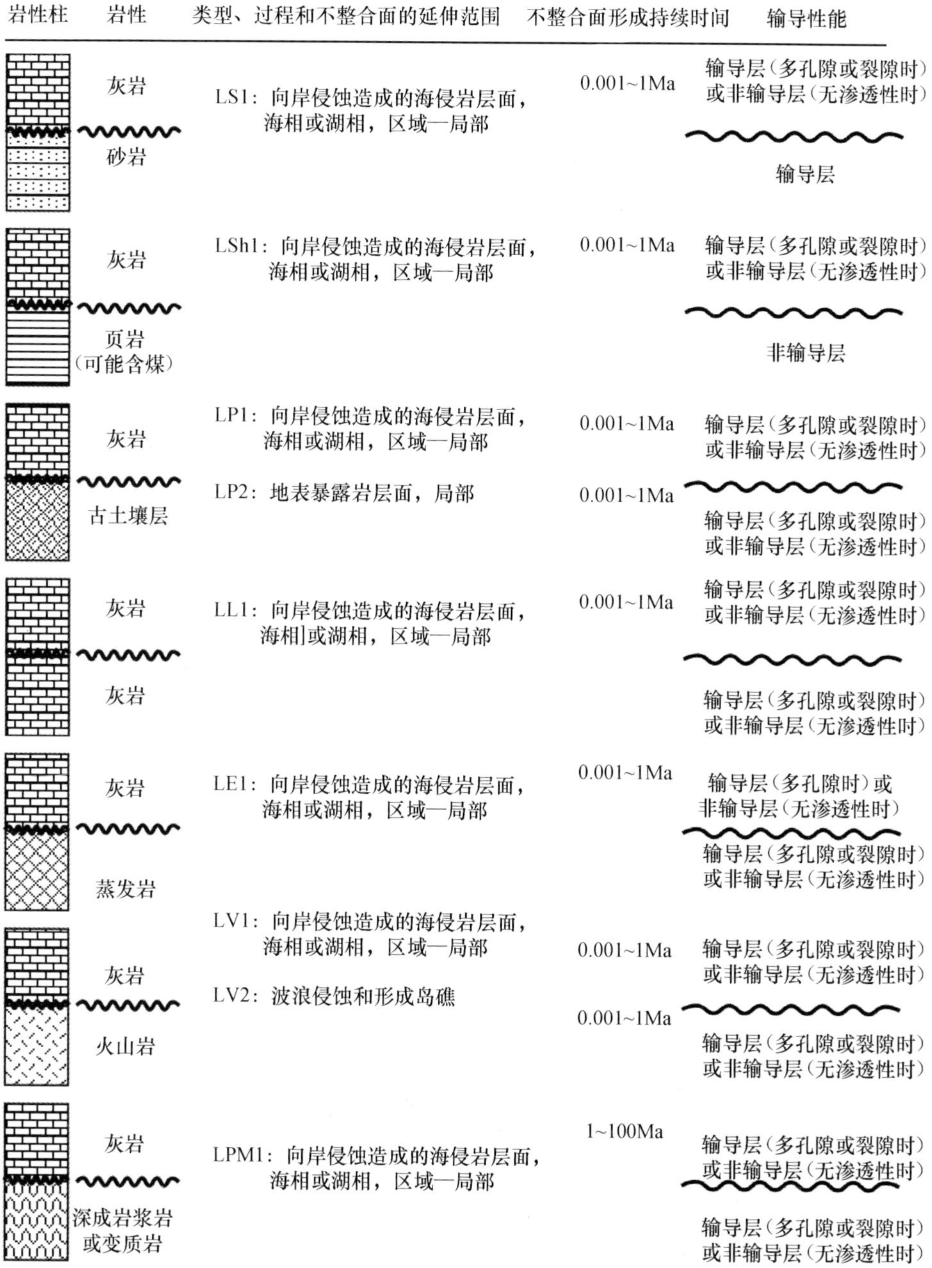

岩性柱	岩性	类型、过程和不整合面的延伸范围	不整合面形成持续时间	输导性能
	灰岩	LS1：向岸侵蚀造成的海侵岩层面，海相或湖相，区域—局部	0.001~1Ma	输导层（多孔隙或裂隙时）或非输导层（无渗透性时）
	砂岩			输导层
	灰岩	LSh1：向岸侵蚀造成的海侵岩层面，海相或湖相，区域—局部	0.001~1Ma	输导层（多孔隙或裂隙时）或非输导层（无渗透性时）
	页岩（可能含煤）			非输导层
	灰岩	LP1：向岸侵蚀造成的海侵岩层面，海相或湖相，区域—局部	0.001~1Ma	输导层（多孔隙或裂隙时）或非输导层（无渗透性时）
	古土壤层	LP2：地表暴露岩层面，局部	0.001~1Ma	输导层（多孔隙或裂隙时）或非输导层（无渗透性时）
	灰岩	LL1：向岸侵蚀造成的海侵岩层面，海相或湖相，区域—局部	0.001~1Ma	输导层（多孔隙或裂隙时）或非输导层（无渗透性时）
	灰岩			输导层（多孔隙或裂隙时）或非输导层（无渗透性时）
	灰岩	LE1：向岸侵蚀造成的海侵岩层面，海相或湖相，区域—局部	0.001~1Ma	输导层（多孔隙时）或非输导层（无渗透性时）
	蒸发岩			输导层（多孔隙或裂隙时）或非输导层（无渗透性时）
	灰岩	LV1：向岸侵蚀造成的海侵岩层面，海相或湖相，区域—局部	0.001~1Ma	输导层（多孔隙或裂隙时）或非输导层（无渗透性时）
	火山岩	LV2：波浪侵蚀和形成岛礁	0.001~1Ma	输导层（多孔隙或裂隙时）或非输导层（无渗透性时）
	灰岩	LPM1：向岸侵蚀造成的海侵岩层面，海相或湖相，区域—局部	1~100Ma	输导层（多孔隙或裂隙时）或非输导层（无渗透性时）
	深成岩浆岩或变质岩			输导层（多孔隙或裂隙时）或非输导层（无渗透性时）

图 4-28　第三类不整合面上下岩层岩性配置关系及其油气输导性

在二维和三维空间上，不整合面上下的岩石在侧向上会因为沉积作用、火山作用和变质作用环境的变化以及地层掀斜作用和侵蚀深度的侧向变化而发生变化。这些因素都会极大地增加基于跨过不整合面的岩石组合的不整合面的分类的复杂性，从而导致不整合油气输导的复杂性（图 4-29）。

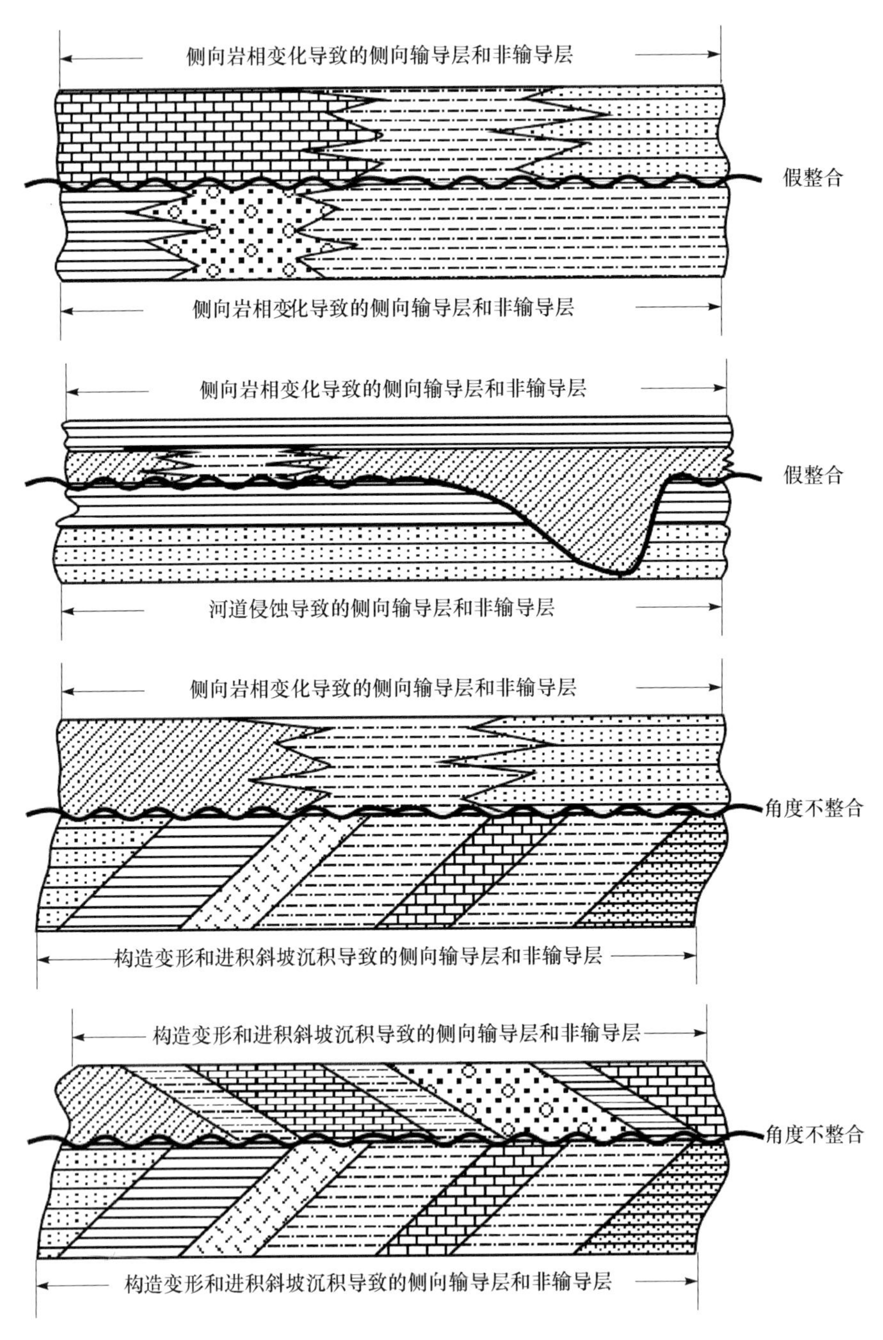

图 4-29　不整合面上下可能发育的不同岩相和输导层概念模型

第五章 塔中地区输导体系与油气成藏

本章在对塔中地区石油地质条件进行梳理的基础上，运用成藏动力学研究的思路和方法，分析了塔中地区油气运聚的动力学背景和砂岩、断层、不整合输导体的发育特征，量化描述了志留系砂岩输导层和断层的输导性能，建立了关键成藏期—海西末期的复合输导格架。在此基础上，利用基于逾渗理论的数值模拟方法，模拟了海西末期塔中地区志留系的油气运移特征。

第一节 塔中地区地质背景及石油地质条件分析

塔中低凸起位于新疆塔里木盆地塔克拉玛干大沙漠腹地中央隆起中部，面积约 $2.2\times10^4\,km^2$，是中央隆起带的一个次级构造单元，它西与巴楚凸起相接，东邻塔东低凸起，南为塘古孜巴斯凹陷，北接满加尔凹陷，是一个长期发育的继承性古隆起，主要包括塔中Ⅰ号断裂带、塔中 10 号带、中央主垒带等（图 5-1）。

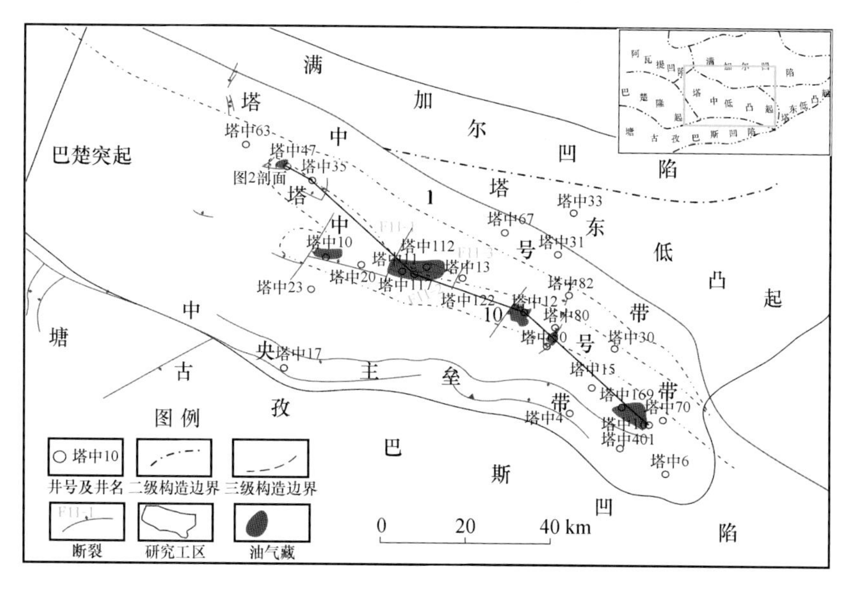

图 5-1 研究区构造位置及构造特征

塔中低凸起是塔里木盆地重要的含油气区带，在多年的勘探过程中，前人在研究区做了大量的基础地质研究（贾承造等，1997；汤良杰等，2000；张水昌等，2002；宋建国等，2004；庞雄奇等，2006）。根据油气成藏动力学研究的需要，本节在总结前人研究成果的基础上，梳理了研究区的地层发育特征、构造特征及油气赋存的基本石油地质条件。

1. 塔中地区地层发育特征

除侏罗系外，塔中地区钻遇了寒武系—第四系的所有地层，自上而下包括寒武系、奥陶系、志留系、泥盆系、石炭系、二叠系、三叠系、古近系、新近系和第四系。各层系主要特征分述如下。

1）寒武系

寒武系为半闭塞蒸发台地-开阔台地相的碳酸盐岩、膏盐岩沉积，上部为灰褐色白云岩，含硅质；下部为深褐灰色中-细晶白云岩夹薄凝块灰岩，含硅质条带。受沉积环境的控制，寒武系由北向南、由西向东减薄，厚度为1500～2400m，与上覆下奥陶统为整合接触。

2）奥陶系

塔中地区上奥陶统为开阔的碳酸盐台地的一套巨厚的灰岩、白云质灰岩和灰质白云岩夹白云岩沉积，厚度为0～2442m，从上到下分3个岩性段：泥质条带灰岩段、颗粒灰岩段和含泥灰岩段，与下伏下奥陶统为角度不整合接触。

3）志留系

塔中地区志留系主要为一套滨外陆棚和潮坪沉积。上志留统上部为灰绿色巨厚层细、粉砂岩和粉砂质泥岩，下部为灰色、绿灰色泥岩；下志留统上部为厚层粉砂岩夹浅灰色薄层粉砂岩和浅灰色中厚层粉砂岩、泥质粉砂岩，下部主要是沥青砂岩和杂色巨厚细砂岩夹泥岩。志留系超覆沉积在中上奥陶统泥岩段或中下奥陶统碳酸盐岩之上。

4）泥盆系

塔中凸起东段缺失泥盆系，在西段及北部有分布，上部为中厚、巨厚层状棕红色、灰色、浅灰色的中砂岩、细砂岩、粉砂岩等；中部为浅棕色、浅灰色、灰色粉砂岩、细砂岩及粉砂质泥岩；下部为厚层状棕褐色泥岩夹薄层粉砂岩、泥质粉砂岩。与下伏志留系呈假整合接触。

5）石炭系

塔中低凸起石炭系主要为一套滨海-潮坪三角洲相沉积。下部为灰色、灰白色砂岩、粉细砂岩，中部为灰色和褐灰色泥岩、砂岩夹浅灰—褐灰色藻纹层、藻凝块白云岩与生屑灰岩、砂砾屑灰岩、鲕状灰岩、泥晶灰岩；上部为浅灰色亮晶、泥晶生屑灰岩夹泥岩、泥质粉砂岩，厚400～1200m。

6）二叠系

下二叠统主要为一套河流相和大陆裂谷沉积的碎屑岩和中酸性、基性火山岩，厚度200～800m，上二叠统主要为滨湖相沉积，岩性为棕褐色和灰紫色泥岩，粉砂质泥岩，褐灰色粉砂岩、中细砂岩、含砾不等粒砂岩，厚150～800m，与下伏石炭系为整合接触。

7）三叠系

三叠系主要为冲积平原相和河流三角洲相沉积，岩性为灰黄色、紫色、灰色含砾砂岩、粉砂岩与棕红、紫红色泥岩、粉砂质泥岩的不等厚互层，厚350～800m，与下伏二叠系为不整合接触。

8）白垩系

塔中地区白垩系为河湖相碎屑岩沉积，在塔中地区区域性分布，厚度为700～200m，岩性以中-厚层灰黄、棕、浅灰色含砾不等粒砂岩、中细砂岩、砂岩为主，夹薄层棕褐、棕红色粉砂质泥岩、泥岩。塔中地区白垩系遭受严重剥蚀，向满加尔拗陷内加厚，向南西在巴东2井—塘参1井一带被剥蚀减薄尖灭，与下伏三叠系为不整合接触。

9）古近系

古近系广泛分布于研究区内，岩性主要以砂泥岩不等厚互层为主，厚度为70～200m。其与下伏白垩系地层呈平行不整合或微角度不整合接触。

10）新近系

新近系在盆地内广泛发育，研究区内岩性主要为泥岩、砂岩、砂砾岩不等厚互层，横向对比明显。

11）第四系

第四系与下伏新近系呈不整合接触。沉积物主要以沙土、黏土、砂层、砂砾层为主，厚50～350m。

2. 塔中地区构造及演化特征

塔中地区下古生界总体构造形态为向南东收敛抬升、向北西撒开倾没的宽缓弯隆型低隆起。平面上具有南北分带、东西分区的构造格局。塔中地区自北向南发育10余条大断层，根据走向可分为北西—北西西向、北东—北东东向、近东西向三组断裂体系。这些断裂的发展演化直接控制着沿这些断裂发育的背斜、断背斜以及与断裂有关的构造带的形成和演化。主控断层活动平面分段性特点明显。其中塔中Ⅰ号断层是控制北缘的主断层，南缘的控边断层在不同地区由不同断层控制，大致具有3条北西向、具有斜列趋势的断层（带）控制隆起的南边界。南北边界断层形成巨型背冲构造，南北宽20～80km，东西长约240km，在其上部又发育4排背冲断裂组合。根据这些断裂的控制作用，塔中地区可以划分为七大断裂构造带：塔中Ⅰ号断裂构造带、塔中10号断裂带、中央断垒构造带（塔中Ⅱ号断裂带）、塔中1～8号断垒构造带、塔中5号潜山构造带、塔中3号构造带、塔中南缘断裂构造带，相邻的有巴东构造带、吐木休克断裂带，塘北断裂构造带和塘古断裂构造带。断裂带整体北西西向“帚状”分布，具有右行雁行特征（图5-2）。塔中Ⅰ号断裂带形成于中寒武世末，切割了包括志留系以下的所有地层，它是塔中地区北部最大的断裂，是塔中隆起的控边断层；塔中Ⅱ号断裂形成于阿瓦塔格组沉积时期，直到二叠纪，活动时间长，其控制了中央主垒带隆起部位，晚期活动对石炭系—二叠系构造的形成产生了重要影响。

塔中低凸起是一个长期发育的继承性古隆起，以T60为界，在纵向上可分为上下两大构造层：震旦系—泥盆系构成的下构造层和石炭系—第四系构成的上构造层。塔中隆起经历了从加里东期至喜山期的多期构造演化（贾承造等，1997；王子煜等，1998；张振生等，2002；焦志峰等，2008；何永垚，2009），其中加里东晚期的构造运动对塔中地区影响最大。根据地层、构造变形、重要不整合界面，结合区域地质资料，可把震旦纪以来塔中低凸起的构造演化划分为五个发展阶段。

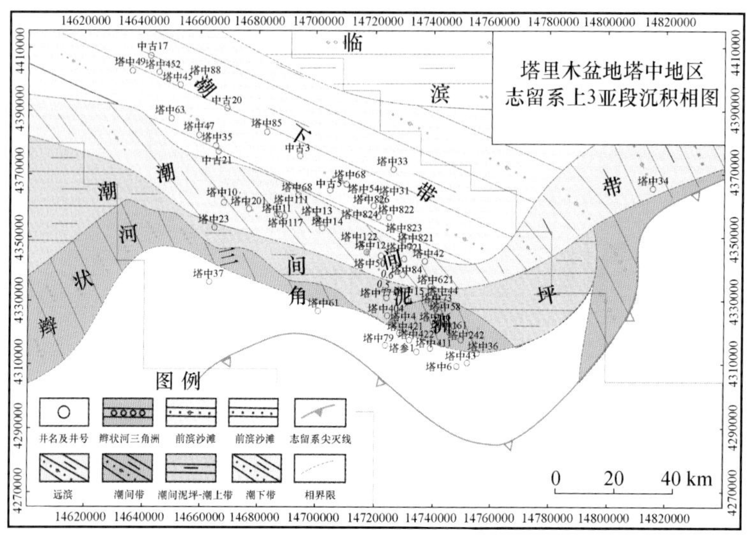

(a)

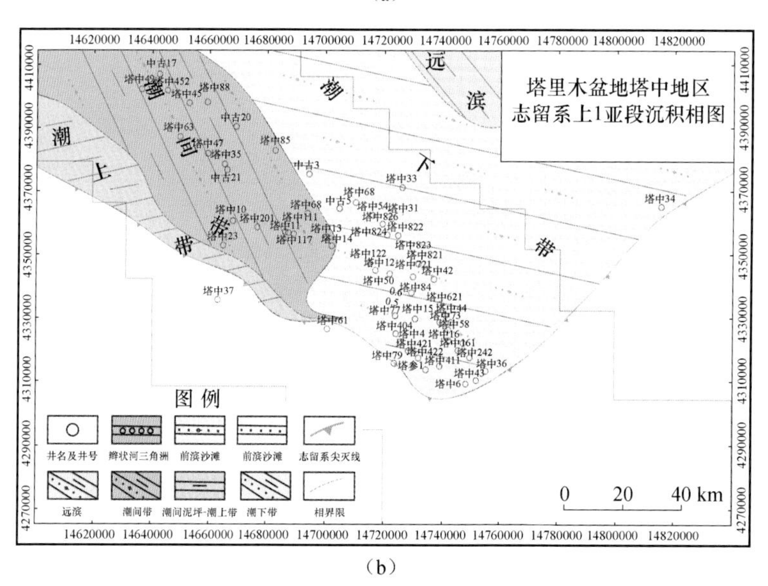

(b)

图 5-2 塔中志留系上 1、上 3 亚段沉积相图（据塔里木油田研究院，2006）

1）寒武纪—早奥陶世稳定台地演化阶段（构造雏形期）

在早古生代早期，北受古亚洲洋、南受古中国洋拉张的影响，塔里木盆地内部发育了一系列张性活动的断裂。由于区域伸展作用，前震旦纪末形成的新疆古克拉通开始裂解，塔里木盆地整体处于被动大陆边缘伸展构造背景。寒武纪沉积前，塔中仍为隆起剥蚀区。寒武纪—早奥陶世沉积期间，塔中为浅海盆区的一部分。早奥陶世末的早加里东运动使区域应力场由拉张变为挤压，塔中Ⅰ号断裂开始形成，塔中低凸起出现雏形。

2）中晚奥陶世孤立台地发育阶段（构造形成期）

中奥陶世，塔中低凸起上仍为碳酸盐岩台地沉积，Ⅰ号断裂下盘变为陆棚斜坡-盆地相，以砂泥岩沉积为主；晚奥陶世台地被淹没，形成混合台地相沉积。

奥陶纪末，挤压作用使塔中强烈隆起，在隆起顶部开始出现断垒式背斜或单斜式背斜，这是塔中低凸起最早形成的圈闭，在塔中隆起顶部，巨厚的中上奥陶统碎屑岩遭受强烈剥蚀，部分下奥陶统灰岩也遭受到剥蚀，形成早期的潜山，由于遭受长期的淋滤、风化，在这些碳酸盐岩潜山上部形成大量的溶蚀孔洞，成为塔中地区有利的储集层系。奥陶纪末，Ⅰ号断裂再次活动并导致大多数控制二级构造带断裂生成，塔中低凸起被解体并进一步隆升和发展，形成了塔中-塘北构造带的雏形，使塔中具有前陆隆起的结构特征。同时，由于塔中隆起的出现，原来统一的坳陷一分为二，形成满加尔坳陷和塘古孜巴斯坳陷。

3）志留纪末期—泥盆纪末期塔中低凸起继续发展阶段

塔里木板块南缘中晚志留世中昆仑岛弧与塔里木大陆发生的弧陆碰撞事件使塔中低凸起进一步发展，成为一个巨型复式背斜带。塔中南部的大部分地区为隆升剥蚀区，志留系和奥陶系部分遭受剥蚀。形成了泥盆系与志留系、奥陶系之间广泛的不整合。

泥盆纪末期，塔里木板块及南缘的前陆盆地强烈的冲断褶皱作用导致的北缘南天山洋向其北的中天山地块的俯冲消减活动是塔里木盆地演化过程中最重要的构造事件之一，对塔中低凸起的演化影响巨大，使塔中地区早期的断裂重新复活，塔中中东部及中央断垒带整体抬升，形成西高东低地势，其上的志留系—泥盆系、奥陶系遭到严重剥蚀，使下奥陶统出露地表遭受长期风化、淋滤、剥蚀，形成较好的潜山储层，塔中低凸起基本定型。

4）石炭纪末期—二叠纪末期塔中低凸起定形期

石炭纪，海水从西向东侵入，盆地内沉降中心由东部向西部迁移，造成盆地格局也由原来的西高东低转变成东高西低。塔中地区以填平补齐的沉积方式为主。二叠系沉积时期，强烈的海西晚期运动造成中基性火山岩喷发和中基性岩侵入，同时岩浆上侵造成石炭系地层的向上拱曲及下二叠统在构造高部位的“顶薄翼厚”现象，形成大量的披覆背斜构造。

5）三叠纪—第四纪末

进入中新生代后，塔中地区进入了稳定的演化阶段，表现为整体沉降或隆升，对石炭系之下塔中低凸起的形态影响不大。

3. 塔中地区石油地质条件分析

1）烃源岩条件

前人研究表明（张水昌等，2002；李素梅等，2008），塔中地区主要发育两套烃源岩。第一套为下寒武统至下奥陶统的含泥、泥质泥晶白云岩和泥质泥晶灰岩。主要发育在盆地东部欠补偿盆地和西部蒸发台地相，厚 120～145m，平均 260m。总体具有低丰度高演化的特征。平均有机碳含量 0.181%～0.191%，最高 2.114%，有机碳含量大于 1%的源岩厚度 100m，R_o 为 1.165%～2.12%，已进入高-过成熟阶段。

第二套为中、上奥陶统灰泥岩、泥质泥晶灰岩。主要分布于塔中隆起的北部斜坡，属棚内缓坡沉积，现已钻遇 10 余口井。巴楚、塔北地区也有钻遇。据已有资料，这套烃源层的质量以塔中北坡最好，有机碳含量 0.126%～2.117%，平均值 0.175%，有机碳含量大于1%的厚度为80～100m，正处于成熟高峰期，R_o为0.8%～1.3%。这套烃源层在北部拗陷质量亦较好，在盆地中西部面积达$14\times10^4km^2$的碳酸盐台地内，均有这套烃源岩的分布。

2）储层条件

塔中志留系储层主要包括上砂岩段、下砂岩段。其中志留系上砂岩段以细粒岩屑砂岩为主，岩屑含量一般为30%～67%，长石含量低于15%，平均孔隙度为8%～16%，孔隙类型为粒间孔隙，占总孔隙的0.2%～7.7%，颗粒溶蚀孔占0～0.3%，碳酸盐胶结物溶蚀孔占0～5.6%，微孔隙占4.1%～9.3%。该区下砂岩段上亚段储集岩主要为细粒粉-细粒岩屑砂岩，部分为岩屑粉砂岩和中-细粒岩屑砂岩，石英含量为17%～58%，长石含量为5%～15%，岩屑含量为35%～80%。下亚段碎屑储集岩在北斜坡东部相对高部位的岩性与上亚段类似，以粉砂、细粒岩屑砂岩为主；但在北斜坡西部及西北部，不同程度地发育石英砂岩夹层或层段（石英含量大于75%），且中-细粒、细-中粒粒级储层的比例明显高于上亚段。砂岩分选以中等、中-好为主，颗粒磨圆度以次棱-次圆为主，局部为次圆-圆。下砂岩段平均有效孔隙度为7.48%，平均渗透率为$4.49\times10^{-3}\mu m^2$。

3）盖层

塔中地区下志留统塔塔埃尔塔格组下段岩性为棕褐色、褐红色泥岩，分布稳定，厚度一般为70～90m，是一套区域性盖层。柯坪塔格组，即灰色泥岩段，岩性为一套中厚、巨厚层，为灰、灰绿色泥岩，是另一套区域性盖层。

4）主要圈闭类型

塔中志留系存在以下主要类型的圈闭。

（1）背斜型。主要集中在塔中10号构造带，目前各局部构造均已钻探，仅发现塔中11号构造油气藏。

（2）断层型。①断鼻型：主要分布于中央垒速带北翼断裂下降盘，侧向被奥陶系致密碳酸盐岩所遮挡，塔中37井属于这种类型；②断块型：主要分布于古城鼻隆腹部及北翼地区。

（3）火山岩刺穿接触型。主要分布于塔中隆起西段塔中18—47井一线以西地区。因早二叠世末火山活动对塔中西部影响较大，如果晚期二次进油成藏，则不失为勘探新领域，目前发现塔中47号构造油气藏。

（4）岩性型。不受构造控制，在沉积成岩作用下，储集层岩性或物性突变被不渗透层包围或侧向遮挡而形成。志留系砂体横向上连通性差，常分叉、合并、减薄或尖灭，因此在沥青砂岩段内部存在砂岩上倾尖灭型或透镜体圈闭和油气藏。目前发现塔中16志留系岩性油气藏。

（5）地层型。志留系具有明显的底超顶剥特征，这为地层型圈闭的形成创造了条件。①地层超覆型：下砂岩段向中、下奥陶统碳酸盐岩残山孤岛沉积尖灭，在不整合面上存在储集层及上下遮挡层的条件下，当储层超覆线与构造等高线相交时形成此类圈闭；②地层不整合遮挡型：主要分布在志留系尖灭线附近，古城鼻隆北部塔中32井区、中央垒带区属于这类圈闭。

志留系背斜型、断层型、岩性型及地层超覆型圈闭均形成于晚加里东期—海西期，印支—燕山—喜山期得到调整改造。地层不整合遮挡圈闭形成于石炭纪。火山岩刺穿圈闭形成于早二叠纪末。

5）主要油气成藏期

关于塔中地区油气成藏时期，前人曾做过系统的研究工作，尽管存在一定的争议，但一般认为是三期成藏、多期调整。加里东末期—海西早期，寒武系—下奥陶统烃源岩达到排烃门限（李宇平等，2002），排出的油气部分在志留系砂岩中聚集成藏，后期的构造运动使油气普遍遭到破坏，形成了广泛分布的沥青（刘洛夫等，2000a，2000b，2001）。海西末期，两套源岩都开始大规模排烃，部分油气运移至志留系，形成了现今的各种油气藏（李宇平等，2002）。喜山期研究区以气侵作用为主。研究区源岩排烃过程和区域构造演化的分析结果表明，海西期晚期源岩排烃与断裂活动和圈闭形成匹配关系良好，是研究区最有效的油气运聚期（宋建国等，2004）。因此，本次研究工作主要是针对这一时期来开展。

第二节 塔中地区志留系砂岩输导层量化表征

塔中志留系广泛分布的沥青砂岩具有较好的孔渗性能，是油气侧向运移的重要输导体，在油气运聚成藏过程中起到了重要作用。本课题结合实际地质资料，在宏观沉积背景分析的基础上，研究了上下沥青砂岩段空间上的发育特征，划分砂岩输导层；利用沥青砂岩作为标志物，分析了砂岩的连通性，结合砂岩的孔渗资料，描述了砂岩输导层在海西末期的输导特征。

1. 沥青砂岩段输导层的确定

砂体的发育规模、连通性及原始物性的分布对油气的输导能力起着决定性的作用，而这又受沉积环境的控制，因而沉积体系分析是砂岩输导体研究的基础。关于塔中志留系的沉积环境和沉积过程，前人曾做过大量的研究工作（王少依等，2004；熊继辉等，1996；张光亚等，2002），我们在结合前人相关研究成果的基础上，综合分析了塔中志留系沥青砂岩的空间展布和岩性发育特征。

1）塔中志留系沉积相类型与特征

塔中地区志留系沉积相主体属潮坪相。根据野外露头和钻井岩心的颜色、成分、结构、构造、剖面组合规律及镜下显微特征，可将志留系划分为以下几种亚相类型。

（1）潮上带红色泥岩亚相。由红色、红褐色、黄褐色泥岩组成，夹少量粉、细砂岩薄层，泥岩中发育水平层理。

（2）潮间带砂泥岩亚相。岩性主要为红色、红褐色、灰色泥岩和黄褐色中-细砂岩互层。砂岩岩性主要以粉细粒岩屑砂岩、长石岩屑砂岩为主，砂岩的成分成熟度、结构成熟度中等，颗粒呈次棱角状—次圆状，分选中等-差。可见羽状交错层理、波状层理及波痕等构造，泥岩中可见暴露成因的构造。

（3）潮下高能带砂岩亚相。由灰色、深灰色砂岩夹少量深灰色泥岩组成。砂岩的成分成熟度、结构成熟度中-高等，颗粒呈次棱角状-次圆状，分选中等-好。砂岩中可见羽状交错层理、透镜状层理及波痕等构造。

（4）潮下低能带泥岩亚相。主要由灰色、深灰色泥岩组成，夹少量薄层灰色粉-细砂岩。

（5）临滨和近滨亚相。仅局限分布在研究区 1 号断裂带北坡深水区，由于目前无钻井揭示岩性特征，主要利用地震属性反演资料和塔北类似地区钻井资料类比推测地层岩性主要以细粒砂岩和粉砂岩为主，泥质含量较高。

2）塔中志留系沉积相平面展布特征

塔中地区志留系从上 3 亚段沉积时期开始到上 1 亚段沉积结束，研究区水体先后经历了由浅变深、再由深变浅的过程。相应的沉积物也经历了由砂到泥再到砂的沉积过程。

上 3 亚段沉积时期，海盆处于扩展期，海平面上升。海水从北部凹陷区向西南隆起区侵入，南部隆起区仍然处于风化剥蚀状态，是研究区重要的物源区。由于 1 号带南北两侧地形起伏较大，该时期沉积作用以"填平补齐"为主，形成了受 1 号带控制作用明显的北西—南东向沉积格局。研究区北部发育颗粒较细的临滨砂体，1 号带主体主要处于潮下带、潮间带沉积环境，主要发育潮下带高能岩屑砂岩和潮间带互层状细粒砂泥岩。盆地南部边缘部位邻近物源区发育典型的辫状河三角洲砂体（图 5-2）。

上 2 亚段沉积时期，研究区水体变浅，沉积范围缩小。北部继续沉积，南部脱离水体，出露地表开始新的剥蚀夷平作用。

上 1 亚段总体继承了早期的沉积格局，以北东—南西向为主，从东北向西南水体逐渐变浅，沉积环境也由远滨相、潮下带依次过渡到潮间带、潮上带。研究区主体的 1 号带以塔中 35—塔中 14—塔中 10 一线为界被分成东西两部分，西边主要发育潮间带高能岩屑砂岩，东部以潮下带中低能沉积物为主。

3）输导层的确定

勘探研究表明，志留系中已发现的固化沥青及可流动的油气基本都分布于塔塔埃尔塔格组底部红色泥岩段之下的柯坪塔格组砂岩内，在红色泥岩段之上的砂岩段内只有零星的发现（刘洛夫等，2000，2001；张俊等，2004）。塔中地区志留系红色泥岩段厚 42～170m，平均钻厚 40～70m，平均突破压力可达 20MPa，是一套封盖性能良好的区域性盖层。柯坪塔格组砂岩与红色泥岩段构成良好的储盖组合（王显东等，2004）。

进一步分析塔中隆起目前所发现的工业油流的层位分布（图 5-3），可以注意到后

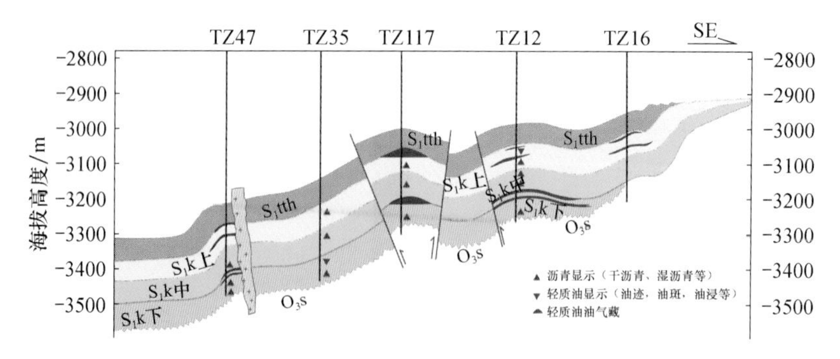

图 5-3 塔中地区志留系柯坪塔格组油气分布及成藏模式

期油气充注大都分布于柯坪塔格组下亚段（陈元壮等，2004；张俊等，2004），其上覆绿灰色厚层泥岩段在塔中隆起区厚度一般为20～50m，平均为40m，在研究区分布比较稳定，突破压力5～100MPa，在塔中地区构成了封闭性能良好的盖层。

总体上看，塔中地区志留系可动油和沥青的分布受到红色泥岩段和灰色泥岩段两套泥岩盖层的控制。在第一期油气进入储层的时候，中亚段灰绿色泥岩层的封闭性似乎不佳，没有表现出对油气的封盖作用，在其上下及内部都能见到早期原油遭破坏后形成的沥青。但在二叠纪以来的晚期油气充注过程中，中亚段灰绿色泥岩层却表现出较强的封闭能力，研究区已发现的晚期油大都分布在其下伏的下亚段储层中。这种特征在距离控烃断层稍远的位置尤为明显，如塔中35井，可动油主要聚集在下亚段砂岩内，上亚段及中亚段几乎无晚期油气显示。

综上所述，在塔中地区，对于古生代晚期的第一期原油运聚，志留系柯坪塔格组在垂向上构成了一个完整的储盖组合，即红色泥岩段与下砂岩段储盖组合；对于二叠纪以来的晚期油气运聚，塔中志留系柯坪塔格组在垂向上构成了两个相对完整的储盖组合，即红色泥岩段与柯坪塔格组上亚段储盖组合，以及灰绿色泥岩段与柯坪塔格组下亚段储盖组合。在断层沟通油源的情况下，每一个储盖组合都构成了相对独立的油气输导单元。因此，根据输导层划分的原则，本研究将志留系柯坪塔格组划分成柯坪塔格组上亚段和柯坪塔格组下亚段两个相对独立的输导层。

2. 塔中志留系沥青砂岩段输导层几何连通性特征

在输导层范围确定之后，则需要考虑其中砂体在三维空间上的接触关系（称为砂体几何连通性），这是流体能在其中进行运移的前提。砂岩体在空间上的连接和叠置往往是河道摆动的结果，砂体的空间分布、厚度、砂岩百分含量及相互接触情况等都是砂岩输导体研究的重要内容。本次研究通过统计研究区137口探井的综合录井数据，结合测井解释成果，对上下沥青砂岩段的砂地比、砂岩厚度进行了统计分析，在此基础上，结合沉积相相关研究成果、连井对比剖面和地震剖面波阻抗反演，勾绘了志留系上下沥青砂岩段砂体等厚图和砂地比等值线图（图5-4和图5-5）。

上3亚段砂体厚度总体呈东南薄西北厚的特征，厚度一般小于100m，厚度极大值出现在塔中45井附近，厚度中心达110m，向东南方向厚度逐渐减薄至尖灭［图5-5(a)］。上3亚段地层砂地比总体较高，一般在50%以上，砂地比的高值区分布在塔中11、塔中45、塔中54、塔中50以及塔中161等井附近［图5-5(b)］。

由图5-5(a)，上1亚段砂体总体呈北西—南东向展布，厚度一般小于100m，高值中心出现在塔中11井区附近，厚度达到70m，厚度由西南向东北逐渐增加，塔中50、塔中169等井处厚度最大，达80m以上。上1亚段砂地比的分布与变化特征与砂岩厚度的变化特征相似，在塔中54、塔中50、塔中4、塔中169出现高值中心，砂岩百分含量达到80%以上，局部甚至达到90%，如塔中11井［图5-5(b)］。

按照第二章所提出的输导层内砂岩体连通的判别方法，分析了塔中地区志留系碎屑岩输导层的几何连通性。在研究区选取了105口钻井，分别统计了柯坪塔格组上亚段和下亚段输导层的砂地比数据。之后，参考前人对研究区沉积相的研究结果，结合部分骨

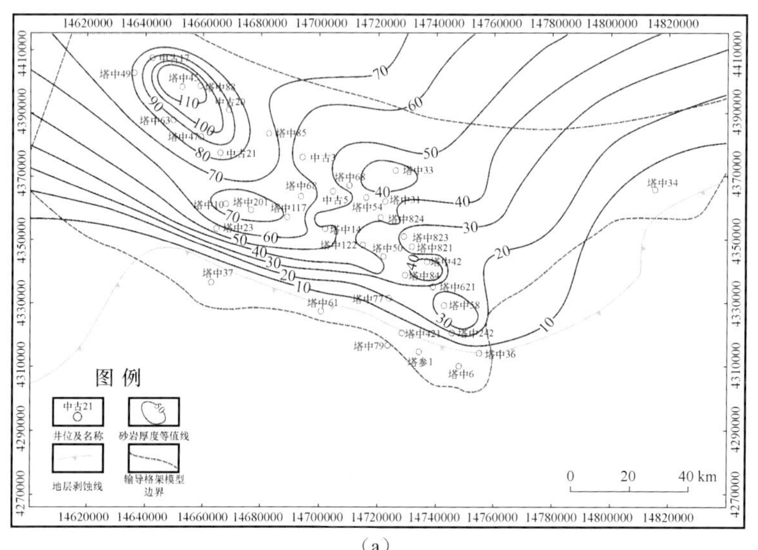

（a）

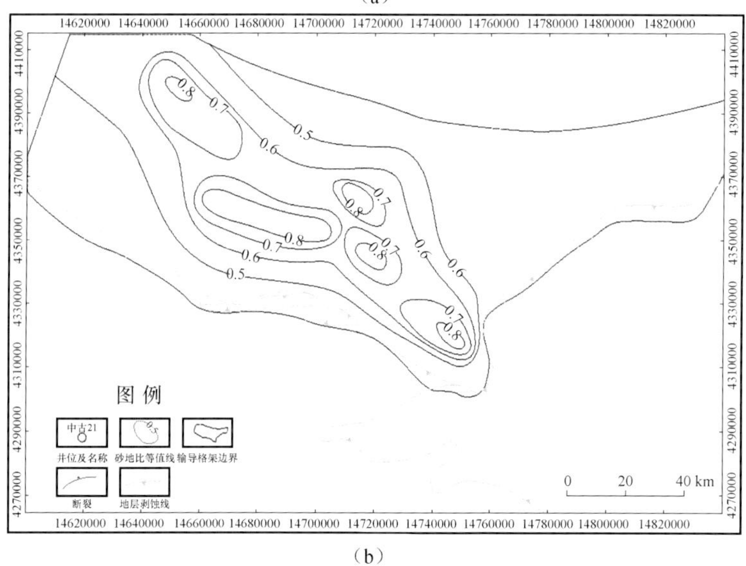

（b）

图 5-4　塔中地区志留系上 3 亚段砂体厚度和砂地比分布图

干剖面的波阻抗反演结果及砂岩对比剖面，勾绘了上述两套输导层砂地比的平面分布(图 5-6)。由图 5-6 可以看出，研究区输导层砂地比整体较高，为 30%～80%，其中主垒带和Ⅰ号带之间的广大区域，砂地比含量基本在 50%以上。在Ⅰ号带以北、主垒带以南区域，砂地比均低于 50%。

按照输导层量化分析的要求，将研究区划分成一定密度的网格，将输导层视为由网眼尺度的柱状地层紧密排列所构成的地质体。设各个柱状地层物性均匀，则该输导层模型可以二维形式展示。设各个网格输导体的连通性相互独立，C_0 和 C 的值分别取 0.21 和 0.50，利用式(2-1) 所示模型对其几何连通性进行判断分析。用黑色表示完全不连通，白色表示完全连通，在输导层平面图上黑白色点的疏密程度表示输导层的几何连通

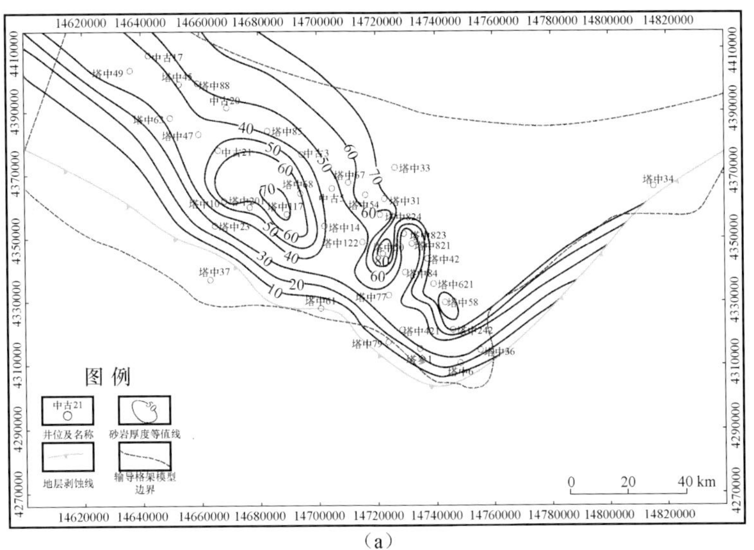

(a)

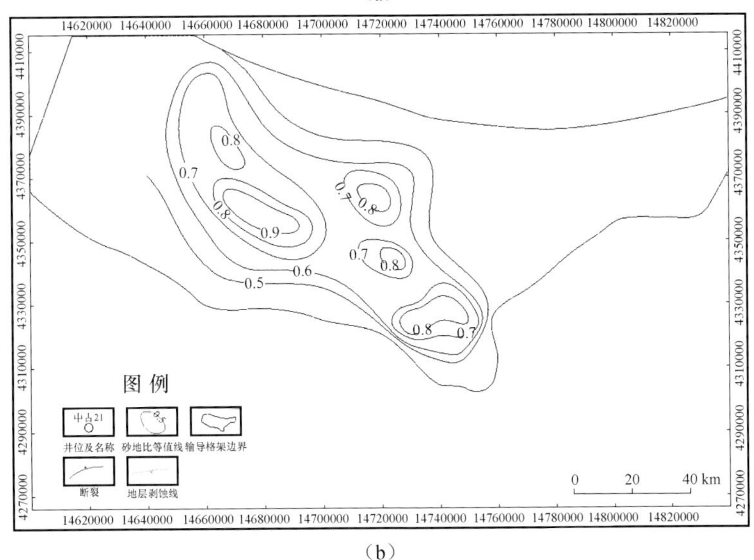

(b)

图 5-5 上 1 亚段砂岩厚度和砂地比分布图

状态（图 5-6）。黑点越稀疏，则砂体几何连通性越好。从而利用有限的钻井资料，预测出整个研究区几何连通性砂体的空间分布。图 5-6 显示，在塔中低凸起上砂体在几何空间上基本连通，南北两侧凹陷区砂岩输导层几何连通概率逐渐变小，研究区东北部、西南部的砂体连通性较差，砂体在几何空间上连通的概率一般低于 40%。

3. 塔中志留系沥青砂岩段输导层流体连通性特征

砂体间直接接触并不一定代表着油气等地质流体就能够在这些砂体之间流动，因为砂岩体相互叠置之前可能发生过泥质沉积过程，形成泥质薄层（陈占坤等，2006）。这些薄层在钻井中不一定能够辨识，但它们对流体的流动会起到阻隔作用。因而，几何连通砂体能否作为有效输导体，还取决于砂体的流体连通特征。

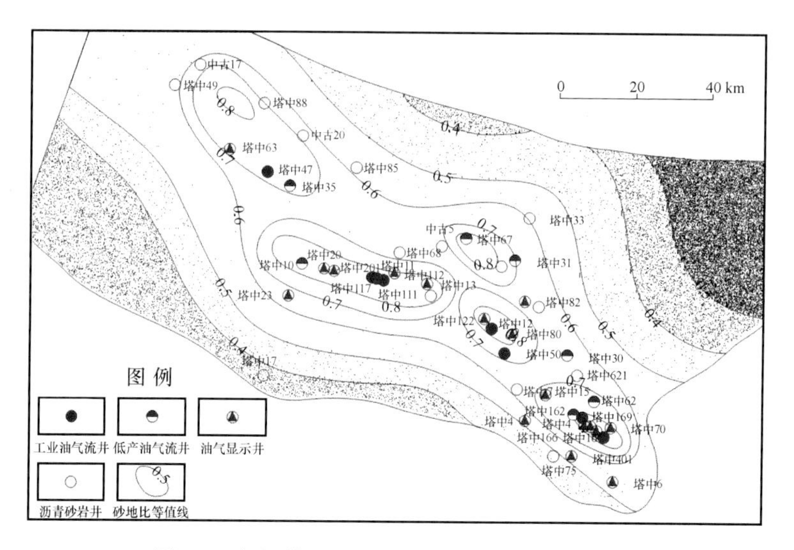

图 5-6　柯坪塔格组上亚段几何连通砂体分布图

塔里木盆地塔中地区志留系沥青砂岩经历了复杂成岩作用、多期烃类充注和早期原油沥青化作用改造，其连通性和输导性一直是石油地质学家和勘探人员关注的重点。本节将在前几节研究的基础上，结合前人研究成果，在区分不同期次原油的基础上，综合利用录井、测试、薄片等资料研究志留系储层内两期原油充注特征，探讨其相互关系，进而分析沥青砂储层流体动力学连通特征。

1）沥青砂岩中的油气显示特征

塔里木盆地志留系存在多期油气充注、调整和破坏过程（吕修祥，1997；吕修祥等，2005；赵靖舟，1997；汤良杰等，2000），形成了广泛分布的沥青（砂）和类型众多的油气显示。根据钻井录井资料的记录，能够识辨出的油气显示的有干沥青、软沥青、稠油、正常原油、凝析油等。

（1）油气显示的类型。

干沥青和软沥青是从岩心尺度上可直接观察到的两种重要的油气显示类型。干沥青一般呈灰黑色和褐灰色，软沥青一般为灰黑色、褐灰色、黄褐色。灰黑色干沥青无荧光显示，仅在塔中 18 井、塔中 11 井局部地区发现，被认为是受二叠纪岩浆活动烘烤所致（刘洛夫等，2001）。褐灰色干沥青与软沥青均具有荧光显示。刘洛夫等（2000）认为干沥青主要为早期（加里东期）古油藏被破坏后的产物。软沥青的主要成分为重质油或稠油，应该是第二期注入的油气对志留系储层中早期沥青残余进行溶解、混合的产物（张水昌等，2004；刘洛夫等，2000）。

在钻遇的志留系沥青砂岩段储层中普遍存在黄褐色的原油显示（朱东亚等，2007），常称之为可动油（赵风云等，2004），显示的级别可分为饱含油、油浸、油斑、油迹和荧光等，含油饱和度较高者被称为油砂（刘洛夫等，2001）。原油分布在平面上，受志留系现今构造格局的控制，被认为是海西期或更后一期油气充注的产物（朱东亚等，2007）。

岩心薄片的镜下观察是研究沥青砂岩段沥青及原油赋存特征的重要手段。在荧光照射下，一般油质沥青发黄色、蓝白色荧光，胶质沥青以黄色、橙色为主，沥青质沥青以褐色为主，碳质沥青一般不发光，在被油质沥青浸染后可发暗黄褐色和暗绿褐色荧光（图 5-7）。前人镜下观察表明（刘洛夫等，2001；李宇平等，2002），两期原油的光学特征也存在显著差异。灰褐色干沥青在透射光下呈黑色，局部见到褐色，多为充填状，少为浸染状。油浸反射光下显灰褐色，呈均一、平坦状或呈碎屑分散在黏土中，荧光激发下，不发褐色或黄褐色荧光。海西期原油，透射光下为灰黄色，均一纯净，多为充填状，在岩心表面多从粒间孔外渗。覆盖在石英或岩屑颗粒表面上形成的油膜（多为轻质油），正交偏光下全消光，但外渗部分仍显示出被覆盖矿物的光性，有时油也侵染在黏土杂基中而显黄色。研究区大部分井中，无论在沥青砂岩中还是原油显示砂岩中，油质沥青和胶质-沥青质沥青往往共存，后者往往占据孔隙空间的主体部位，前者则主要分布在后者的周围或粒间、粒内微裂隙中，表明胶质-沥青质沥青充注孔隙较早，而油质沥青较晚（刘洛夫等，2001）。

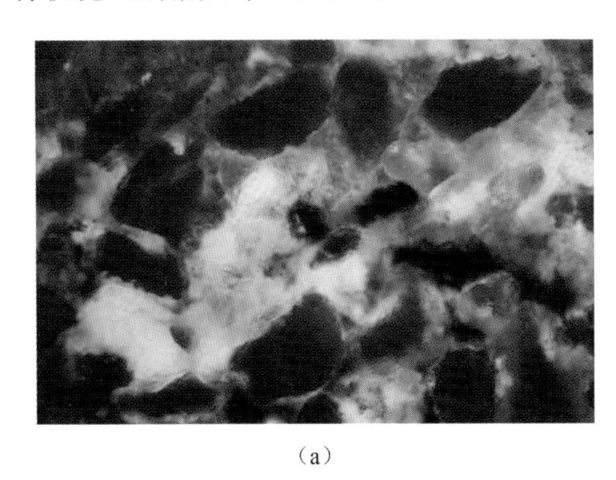

(a)

(b)

图 5-7 志留系沥青砂岩各种沥青的镜下特征

(a) 塔中 1174429.82mS，沥青质和碳质沥青丰富；(b) 塔中 31 井 4583～4593S，碳质沥青含量高，油质沥青为主

由以上综述可知，研究区的油气充注大致可以分为两期，早期油气因受到各种蚀变作用，已沥青化，蚀变的程度一般较高，产物主要是褐灰色干沥青；其中一部分受到后期充注油气的改造，发生溶解、混合，形成所谓的软沥青；另外在储层中还存在后期充注于无早期沥青的砂岩中的正常油。这些沥青-原油在手标本上表现为褐灰色干沥青、软沥青及原油，在镜下则表现为沥青质沥青、油质-胶质-沥青质沥青共存物以及油质沥青。

（2）沥青的成因。

刘洛夫等（2000）曾利用地球化学方法，对干沥青抽提物进行质谱分析、生物标志物测试、油源对比分析等方面的系统研究，色谱图上发现其基本不含低碳数的饱和烃类，主要以高碳数烃类为主，色质谱图呈鼓包状。据此，他认为干沥青主要为早期（加里东期）古油藏被破坏后的产物，该认识已被普遍接受。

关于软沥青的成因尚存不同认识（吕修祥，1997；刘洛夫等，2002）：一种认识是其主要是第一期原油破坏不彻底的产物，这种沥青可被晚期注入原油溶解改造；另一种认识是其为第二期原油充注储层，受储层分异作用影响，油质密度变大，黏度变大，类似沥青，而实质上应该是一种稠油。

综合前人研究成果，结合录井和岩心资料，我们认为软沥青可能是两期油的混合体，并且主体为第一期原油。朱东亚等（2007）发现志留系沥青砂岩中孔隙游离烃和包裹体烃之间具有明显的区别，认为代表了两期完全不同来源的原油的充注。早期原油中大部分轻质组分早已失去，只在当时形成的包裹体中遗留下了痕迹。第二期油注入对第一期遭蚀变的原油进行不同程度改造。对降解彻底的沥青不再发生作用，第一期的干沥青仍呈灰黑色；若与降解不彻底的第一期油相混合则变成稠油砂，呈灰褐色。吕修祥等（1997）研究发现软沥青中甾烷、萜烷与海西期形成的东河砂岩正常原油之间可比性远大于同层位干沥青抽提物与东河砂岩正常原油之间的可比性，并且色质谱分析结果也证实软沥青抽提物含有晚期可动油成分。

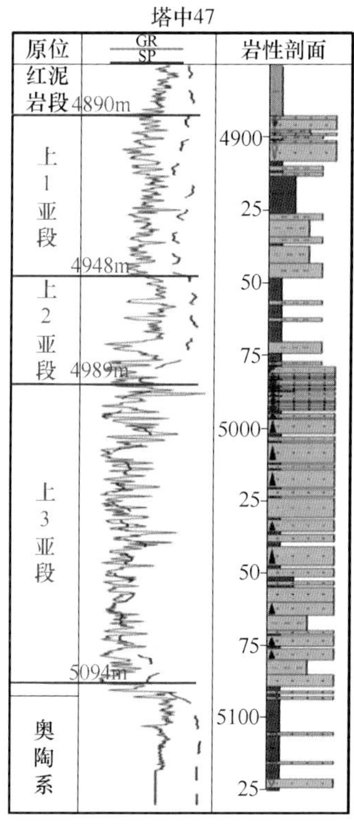

图 5-8　塔中 47 录井油气显示柱状图

（3）沥青-原油的纵向分布特征。

在区分志留系沥青-原油产状及光学特征的基础上，根据岩屑录井资料和薄片资料，对塔中 47、塔中 11、塔中 12、塔中 50 和塔中 169 等五个重要含油气井区中近 20 口重要探井的沥青砂岩段两期原油分布关系进行了系统研究，图 5-8 给出了塔中 47 井中代表两期原油充注的油气显示的分布特征。

从图 5-8 可以看出，沥青砂主要分布在上 3 亚段（累计厚度达 30m），少量分布在上 2 亚段（厚度为 1m），上 1 亚段不含沥青砂；各种原油主要分布在上 1 亚段、上 3 亚段，上 2 亚段不见原油痕迹。具体而言，上 1 亚段油砂累计厚度达 18m，其中荧光砂岩 11m、油斑砂岩 7m，主要分布在该亚段顶部，紧临红色泥岩盖层分布，中部和下部基本不含原油。顶部油砂层相互间常被泥质粉砂或泥岩隔开，呈不连续分布，单层厚度不大，并且原油显示级别从上向下总体呈下降趋势，由油斑到油迹最后变成荧光。上 2 亚段中下部砂岩含量高，与其下伏上 3 亚段顶部砂层构成一个连续分布的含油砂层组，可动油与沥青砂呈互层状，其中可动油显示级别从上向下同样地呈减弱趋势：含油→油浸→油斑→油迹→纯沥青砂岩。在上 3 亚段中部和下部基本以沥青砂为主，共计 8 个沥青砂岩层，呈不连续分布，单层厚度为 2～5m，平均值为 2.6m，累计厚度达 30m。

（4）对应的成藏期次。

不同期次原油由于受源岩和构造活动的影响，往往表现出不同特征。因此，区分不同期次原油，必须综合考虑本地区源岩生排烃过程和区域构造演化特征。通过近二十年对塔里木盆地台盆区古生界烃源岩的评价、生排烃研究以及构造演化过程研究（吕修祥，1997；张光亚等，2002；刘洛夫等 2002；何登发等，2004；吕修祥等，2005；杨海军等，2007），对于塔中志留系的成藏期次基本达成共识，即该区存在三次大的生排烃期。

① 加里东晚期—海西早期。寒武系—下奥陶统主要烃源岩排烃高峰期为中、晚奥陶世，奥陶纪末的构造运动使最早形成的碳酸盐岩油气藏受到破坏。烃源岩重新供烃约在晚志留世—早泥盆世，其后发生的构造运动又使志留系的成藏过程中断。

② 晚海西期。寒武系—下奥陶统烃源岩在二叠纪再次进入排烃高峰，分享这次排烃的除了寒武系、奥陶系、志留系之外，新增加了石炭系东河砂岩。

③ 喜马拉雅期。中、上奥陶统烃源岩成熟排烃，寒武系—下奥陶统烃源岩排烃减弱，以气为主。

综合三期成藏过程，喜山期主要以气为主，在研究区部分录井观察者可以观察到。所观察到的褐灰色干沥青及镜下的沥青质沥青基本为第一期原油充注后遭受破坏的产物，所观察到的原油及在镜下观察到的油质沥青都是第二期原油充注的产物，软沥青和镜下油质-胶质-沥青质沥青共存物则往往代表了沥青化的早期原油受到后期注入原油的改造后的产物。

2）沥青砂流通连通性分析

鉴于研究区沥青和原油充注的普遍性，我们利用不同期次充注的原油作为标志，在输导层砂岩体间几何连通性分析的基础上，讨论不同期次原油在志留系输导层中砂体间的流体连通性特征。

（1）第一期原油充注的范围。

前人对于第一期原油充注范围的勾画一般以对沥青砂岩累计厚度的统计为基础。对原油显示层段的镜下沥青观察表明，在观察到的荧光薄片中，沥青质沥青在这些层段中占很大的比例，个别层位甚至还有碳质沥青的存在（表 5-1）。如在塔中 47 井上 1 亚段中（图 5-9），岩屑录井和岩心观察均发现该地层不含沥青，前人据此认为该储层加里东期可能不存在油气充注。然而，储层微观分析发现，在上 1 亚段内胶质-沥青质沥青的分布非常普遍，在 4891m 深度处油斑砂岩中，沥青质沥青含量高达 55%，说明其早期确实曾经历过原油充注。现存的油斑、油迹则说明储层晚期经历了可动油的再次注入。

表 5-1 塔中 47 井上 1 亚段油气显示与镜下荧光观察结果

深度/m	岩石名称（普通薄片）	含油级别（手标本）	荧光薄片			
			油质%	胶质%	沥青质%	碳质%
4978.25	含云细粒岩屑砂岩	油迹	35	5	60	0
4979.21	细粒岩屑砂岩	油迹	25	0	70	5
4980.51	细粒岩屑砂岩	油斑	40	0	60	0
4981.23	中粒石英砂岩	油斑	50	0	50	0
4984.9	细粒岩屑石英砂岩	油斑	90	0	10	0
4985.33	中砂质细粒岩屑砂岩	沥青	60	10	30	0
4986.02	细粒岩屑砂岩	沥青	60	0	40	0
4988.04	中砂质细粒岩屑砂岩	沥青	40	0	60	0
4988.89	中砂质细粒岩屑砂岩	油斑	60	0	35	5

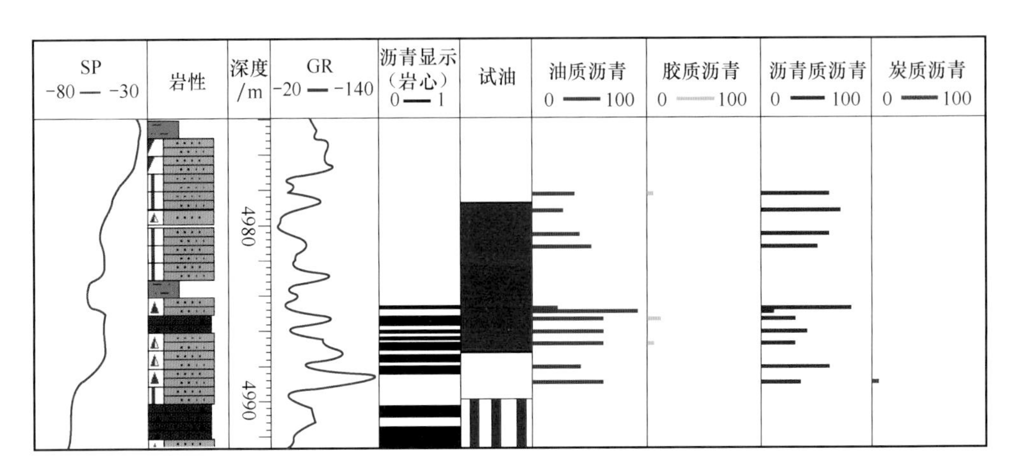

图 5-9　塔中 47 井上 1 亚段不同类型油气显示关系对比图

进一步，将不同钻井及井段的录井油气显示、岩心标本油-沥青显示及镜下荧光观察的结果进行对比，发现在整个研究区 100 多口钻遇志留系的探井中，发现原油显示层段之下都不同程度地存在沥青砂，而且在原油显示段内的镜下观察都存在沥青质沥青。反之，对于沥青砂岩段，镜下观察也都基本上存在油质沥青。

因而，我们认为以录井资料为基础划分出原油显示段和沥青砂岩段的方法不能正确地表现出早期原油充注的范围，因为录井观察中通常以最高含油级别来表征储层含油性，因而可能忽略了沥青的存在。而在实际观察中，对于原油和软沥青的分别标准也不统一，因而所获得的结果不能真实反映早期原油的充注规模及其与晚期可动油之间的关系。

在上述工作的基础上，利用钻井取芯和综合录井资料，重新统计了研究区内所有揭示第一期原油充注的含油层的累计厚度，据此勾绘出了上 3 亚段、上 2 亚段和上 1 亚段的早期沥青砂岩厚度图（图 5-10）。

从图可以看出早期沥青砂岩分布具有广泛性，不仅分布在上 1 亚段、上 3 亚段两个砂岩段［图 5-10(a)、(c)］，在上 2 亚段灰色泥岩段砂岩透镜状中也有分布。上 3 亚段沥青砂南北分别以 1 号带和主垒带为界的广大区域均有分布，厚度基本为 10～50m，并且中心厚度达 60m，占整个砂岩段地层的近 70%；上 1 亚段沥青砂岩分布与上 3 亚段基本类似，但是砂岩累计厚度偏小，基本为 10～40m，主体在 20m 左右，上 2 亚段沥青砂岩分布相对比较局限［图 5-10(b)］，主要集中在一些主要的井区，如塔中 11 井、塔中 47 井等。

沥青砂岩大面积广泛分布的事实说明，在可动油充注之前沥青砂岩基本处于大面积连通状态。这种累计厚度反映了早期充注原油的空间变化，却未反映出古油藏的空间分布特征。根据对志留系沥青砂岩段的地层分析，志留系沉积在奥陶系经抬升剥蚀所形成的古隆起背景上。志留系和海相碎屑岩由北西向南东超覆沉积，上 3 亚段的地层在南东塔中 169 井一带完全缺失，到塔中 15 井钻到约 35m，北西方向该层段地层厚度逐渐增加，到塔中 45 井增加到 190m（吕修祥等，2008）。当时的古隆起幅度并不是很大，因而上 2 亚段灰色泥岩段地层的厚度在研究区变化不大。根据前人对早期应用充注与志留系砂岩成岩过程的分析（蔡春芳等，2001；李宇平等，2002；张金亮等，2006），第一期运移充注时志留系的埋藏深度应小于 1500m，这时志留系泥岩层的封盖能力不强，但仍能封住

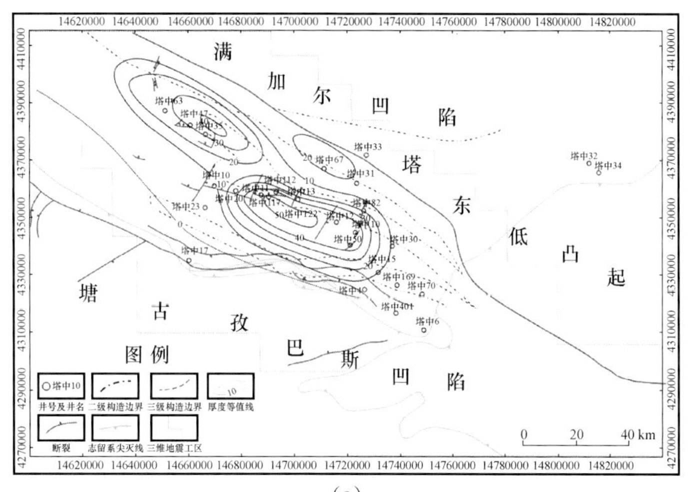

（a）

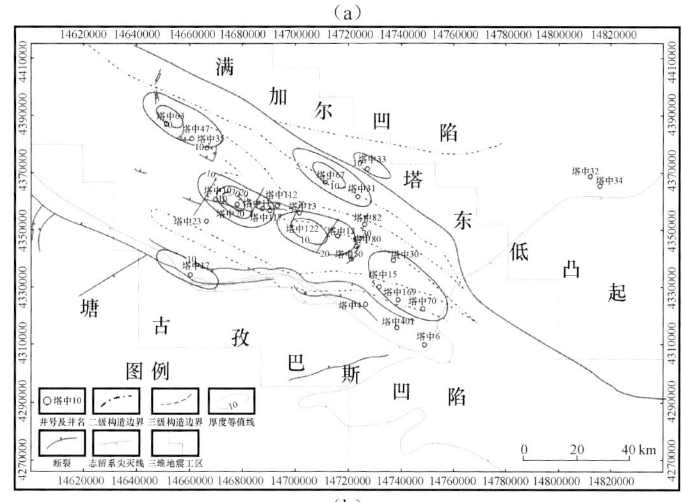

（b）

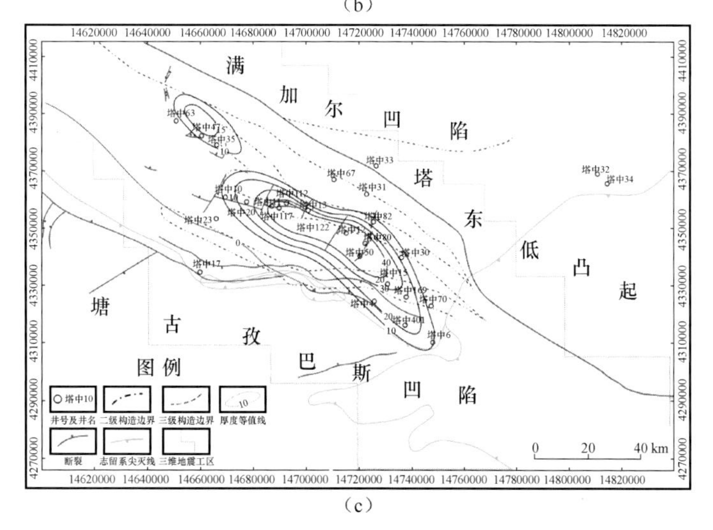

（c）

图 5-10 塔中对其志留系早期油气充注砂岩累计厚度分布图

（a）上 3 亚段沥青砂岩厚度图；（b）上 2 亚段沥青砂岩厚度图；（c）上 1 亚段沥青砂岩厚度图

一定高度的原油，来自寒武系—下奥陶统烃源岩早期原油井断裂运移到志留系上 3 亚段储层，并由北西向南东发生侧向运移。这期原油的运聚规模巨大（张俊等，2004），在塔中地区上 3 亚段储层中围绕古隆起顶部形成面积广泛的聚集。由于上 2 亚段灰色泥岩段的封盖条件一般，相当部分原油在不同的位置突破盖层向上运移，在上 1 亚段储层中也形成广泛的原油聚集。在穿过上 2 亚段的泥岩盖层时，若遇到砂岩体，也可在其中充注；一部分运聚到上 1 亚段的原油甚至可以穿过其上覆的灰色泥岩段盖层运移到更高的层位中形成局部的早期油气聚集（吕修祥等，2008）。由于当时志留系的埋藏深度普遍较浅，充注到储层中的原油立即遭受到浅层地下水的氧化、水洗和微生物降解作用，开始了沥青化过程。这样的成藏过程既解释了原油没有完全充注沥青砂岩范围内所有储层的现象，也合理解释了在研究区没有发现明显的沥青封堵带和残存的原生油藏的原因（宋建国等，2004）。

按照上述早期原油充注成藏的模式，编绘了塔中地区志留系两个重要油层段——上 3 亚段和上 1 亚段输导层/储层的古油藏高度图（图 5-11）。

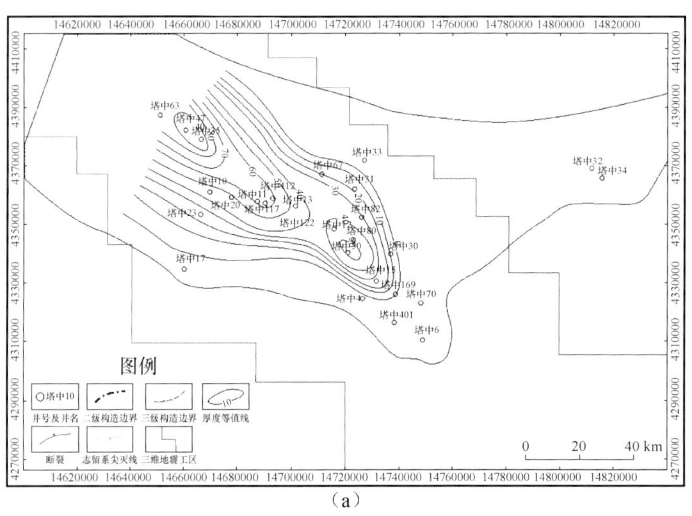

（a）

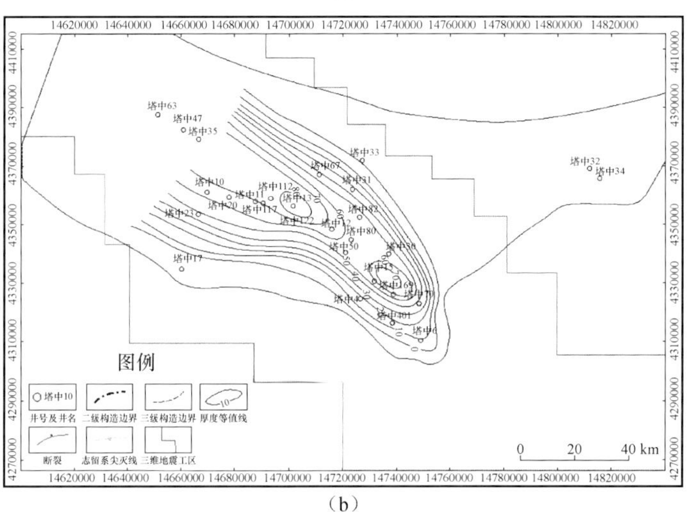

（b）

图 5-11　塔中地区志留系上 3 亚段（a）及上 1 亚段（b）输导层流体连通性图

由图 5-11 可知，早期原油充注时，在塔中南东靠近古隆起顶端的部分的上 3 亚段输导层内原油完全充注；向北西方向，输导层厚度逐渐增加，古油藏的油层厚度也增加，塔中 47 井的油柱高度达到最大，为 80m［图 5-11(a)］；向北西方向，塔中 63 井中油柱高度开始降低。在上 1 亚段输导层中，原油的充注特征也基本相似［图 5-11(b)］。

早期古油藏的分布特征及其与输导层厚度的变化关系表明，早期原油在志留系输导层内的运移和聚集总体上没有受到阻碍，以早期原油作为指示剂，志留系输导层的流体连通性很好。

(2) 第二期原油充注的范围。

关于沥青砂岩能否再次被油气充注并成藏，陈强路等（2006）在实验室内对其进行了研究。他选取志留系沥青砂岩岩心，先把其中的可动油洗去，然后用不同密度和黏度的原油对其进行充注实验。结果表明，早期沥青充注后，晚期的低黏度原油仍然可以注入志留系沥青砂岩中，而且原油充注之后沥青砂岩的孔隙度和渗透率明显变好，这证实了早期沥青充注后，沥青砂岩仍保留较多的残余孔隙，允许晚期油气再次充注。但是，这一期原油充注和成藏具有一定特殊性。另一方面，塔中志留系沥青砂岩的成岩程度已经很高，从石炭纪开始，志留系开始发生埋藏成岩作用，早期碳酸盐开始沉淀，局部形成方解石致密层，至海西期末盆地一直处于持续沉降状态，除部分不稳定碎屑遭有机酸蚀变产生少量溶蚀孔隙外，该阶段成岩作用仍然以对储层产生破坏作用为主，大大降低了储层的储集性和连通性（王少依等，2004；张金亮等，2006）。古孔隙恢复结果表明，海西末期塔中志留系沥青砂岩基本以低孔、特低渗为主。

第二期原油的充注和成藏过程与研究区断层分布密切相关。勘探表明，现今所发现的塔中 11、塔中 12 等油气藏主要分布在断裂带附近，表明第二期原油充注和成藏过程具有明显受控于断层的特征。进一步研究还发现，原油和天然气性质及组分参数值在研究区北东向断裂和北西向两组主断裂交汇部位异常的高，随着远离断层交汇部位异常逐渐降低，并沿构造上倾方向逐渐降低，说明断层交汇部位是志留系第二期原油的注入点，油气在浮力作用下具有向构造上倾方向运移的趋势（向才富等，2009）。含氮化合物、饱和烃和芳香烃成熟度参数分析也都表明，海西期原油第二次注入志留系储层过程中，油气注入方式和运移特征与加里东末期油气成藏存在显著差异。加里东期原油自源岩排出以后从满加尔凹陷分别沿着北西向南东和由北东向南西两个方向大规模地向志留系在塔中地区的尖灭线附近侧向运移，而第二期原油侧向运移并不十分明显，基本以垂向运移作用为主（陈元壮等，2004；李宇平等，2007）。另一方面，尽管断层在塔中志留系运气运移和成藏过程中非常重要，但并不是所有断裂都可以作为油气垂向运移的通道，断层在地质历史时期的活动性、断层带内部结构都不同程度地造成了油气的差异聚集（李宇平等，2007；向才富等，2009）。断层启闭性定量评价结果也证实，塔中志留系断层在海西末期第二期原油运聚成藏过程中表现出典型区域差异性，同一条断裂在交汇部位开启性最好，向两端迅速降低（周长迁，2010）。因此，只有邻近那些在油气运移时期内活动的断层周围区域，在砂体发育及具备圈闭条件下，才可能富集成藏（罗群等，2005）。

将录井资料中原油显示的储层看做是第二期原油的含油层（赵风云等，2004），分别统计塔中志留系各钻井中上 1、上 3 两个亚段中含油层的累计厚度，在平面上勾绘出等值线图（图 5-12），以此反映第二期原油运聚成藏的范围。

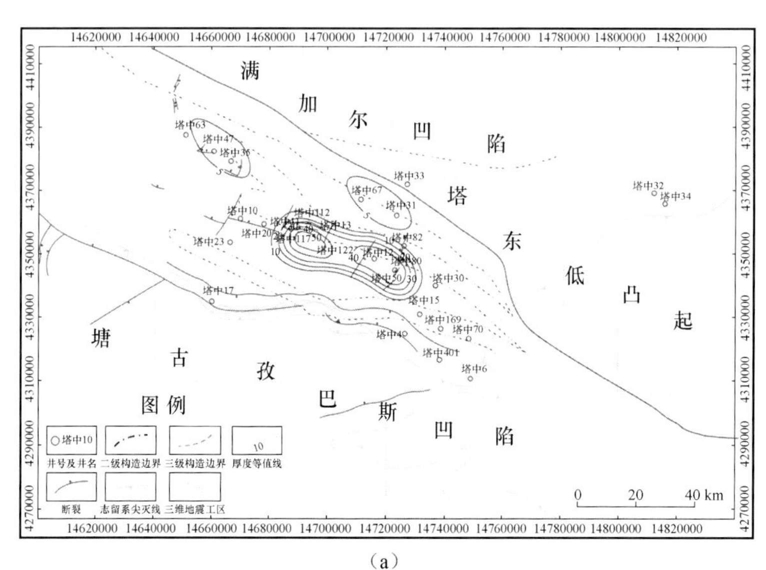

（a）

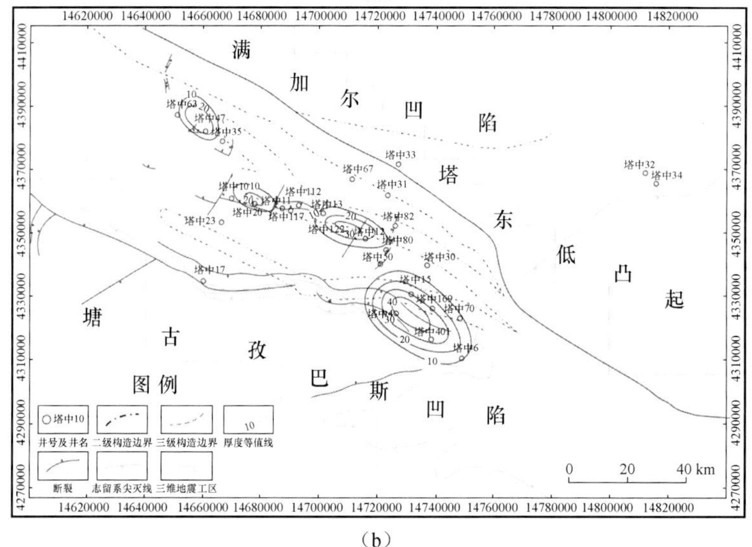

（b）

图 5-12 塔中地区志留系第二期原油分布范围与累计厚度图

（a）上 3 亚段可动油累计厚度图；（b）上 1 亚段可动油累计厚度图

从图 5-12 可以看出，与沥青砂岩分布相比，第二期原油的分布范围和规模都要小很多。在平面上，上 1 亚段第二期原油主要分布在塔中 47、塔中 11、塔中 12 和塔中 4 等井区，油砂厚度最大处位于塔中 4 井区，达 40m 以上。其他井区，第二期油砂厚度通常不大，基本为 10～20m；上 3 亚段第二期原油分布范围相对更加有限，并且呈零散分布，最大厚度集中分布在塔中 11 和塔中 12 井区，累计厚度可达 40m。

综合前人研究成果可知，志留系柯坪塔格组砂岩输导层无论是顶部产层还是中下部沥青砂岩都曾遭受两期油气充注。碳质沥青、黑褐色沥青质沥青为第一期油气充注产物，蓝绿色、黄色荧光油质沥青则主要为晚期同期同源原油再充注产物。因此，油质沥青或胶质沥青可作为砂岩输导层晚期流体连通性判别的良好标志。因此，将在砂岩层内观察到的油质沥青或胶质沥青的显示井或产油井标注在输导层连通性图上（图 5-6），就可以确定志留系柯坪塔格组砂岩输导层二叠纪末期以来的流体连通特征。从图中可以看到，31 口油气显示井或产油井在塔中低凸起主体区域内相对均匀分布，并且产油井主要集中在几何连通性较好的砂体中（50%砂地比等值线范围内）。结合前文几何连通性分析成果，在此我们有理由推测这些砂体在二叠纪末期仍具有较好的流体连通性，可为晚期油气运移提供有效的运移通道。

4. 志留系沥青输导层输导性能的量化表征

油气的运聚成藏过程是发生在某一特定时期的地质历史事件，并受到当时砂岩输导体的发育特征及物性等因素的影响和控制。志留系沥青砂岩在经过后期成岩作用改造之后，现今的物性已不能真实代表其在成藏时期的输导特征，因此本次工作在志留系砂岩现今物性分析的基础上，结合成岩类型、成岩序列划分及其与油气充注的关系，恢复了志留系沥青砂岩海西末期的古物性特征。

1）志留系沥青砂岩现今物性特征

古物性恢复需要以现今物性数据为基础，因此，我们利用搜集整理的塔中地区 57 口探井 5000 多个岩心的实测物性资料和 26 口井 426 个地层测试物性数据及 24 口探井及部分开发井的砂岩物性测井解释成果，在进行归一化处理后，分析了志留系砂岩的物性特征。

上 1 亚段储层的物性在平面上变化较大。在塔中北坡中部隆起的塔中 16～161～44 井区，塔中 11～37 井区，塔中 10～201 井区和塔中 47～35～40 井区，上部砂岩储层物性差，储层孔隙度绝大多数小于 10%、渗透率一般小于 $10\times10^{-3}\mu m^2$（多数小于 $1\times10^{-3}\mu m^2$），基本上属特低孔特低渗储层。在塔中 4～401 井区、塔中 12 井区、塔中 32～34 井区，孔隙度相对较高，达到 10%以上。但在塔中 4～12 井区，渗透率很低，一般小于 $10\times10^{-3}\mu m^2$（多数小于$1\times10^{-3}\mu m^2$）。渗透率相对较高的地区主要分布在塔中 14～31 井区及其以东的塔中 32～34 井区，渗透率大于 $10\times10^{-3}\mu m^2$，东部塔中 32～34 井区大于 $50\times10^{-3}\mu m^2$。

上 3 亚段储层物性在平面上的变化也较大，在塔中 35～20 井区、塔中 4～6 井区，孔隙度普遍较低，一般小于 10%，如塔中 20 井 4688.55～4713.8m 井段，储层岩心实测孔隙度 2.55%～12.4%（平均为 5.0%），塔中 161 井 4222.95～4237.02m 井段，储层岩心实测孔隙度 3.2%～10.5%（平均 6.16%）。在塔中 45～47 井区、塔中 37 井区、塔中 14～31 井区及其以东的塔中 32～34 井区，孔隙度均大于 10%，如塔中 47 井 4991.88～4995.26m 井段，储层岩心实测孔隙度 12.95%～20.72%（平均为 16.58%）。渗透率在塔中 47～10～37 井区、塔中 31 井区和塔中 32～34 井区较高，大于 $50\times10^{-3}\mu m^2$，如塔中 47 井 4991.88～4995.26m 井段，储层岩心实测渗透率（14.26～2751.28）$\times10^{-3}\mu m^2$（平均为 $163.84\times10^{-3}\mu m^2$）。

2）成岩作用研究

利用近300片普通薄片、107片铸体薄片的镜下鉴定数据，并结合前人的研究成果，分析了塔中地区志留系砂岩的成岩作用及其与油气充注的关系，划分了成岩序列。研究结果表明塔中志留系沥青砂岩成岩作用主要以机械压实作用、胶结作用和溶蚀作用为主。

志留系沥青砂岩成岩压实作用较强，平面上和纵向上变化小。塔中志留系地层现今埋深一般超过4000m，压实成岩作用强，颗粒之间大多呈线状接触或以线状接触为主。压实强度在平面上总体差别不大，北斜坡东部相对高部位与西部及西北部和中央主垒带地层压实强度基本类似。纵向上，压实强度因局部岩性变化而存在差异，主要反映在两个方面：一是局部高碳酸盐胶结层段因碳酸盐胶结物支撑而未被压实；二是主要分布于西部及西北部和中央主垒带石英砂岩夹层，因高含量的刚性颗粒不易压实，导致部分石英砂岩夹层颗粒间呈点-线接触。区域地质背景表明，志留系沉积后整体以上升或下降为主，地层受侧向构造挤压作用影响较小，故属正常埋藏成岩压实作用。

志留系砂岩胶结作用整体较强，平面上和纵向上变化较大。主要胶结矿物为各种常见的碳酸盐类（方解石、含铁方解石、铁白云石类）、自生石英和高岭土、黄铁矿等，个别井见硬石膏。方解石呈致密层状、条带状或斑块状充填粒间孔隙，常见方解石交代碎屑颗粒，在含准同生灰质岩屑储层中，方解石沿着颗粒呈栉节状分布。白云石主要呈分散状、局部斑点状充填粒间孔隙，往往具有一定晶形。胶结物类型和含量在不同层系存在差异。

上1亚段碳酸盐胶结物普遍发育，常见致密胶结层，胶结物以方解石和铁白云石为主。统计表明，碳酸盐胶结物含量3%～30%，平均含量达8%～18%。石英加大一般不太发育（硅质平均含量0～1.8%）。高岭石在塔中4、16等井区含量较高，在其他井区不发育。上1亚段各种填隙物总量一般为4.5%～30%，平均含量9.9%～20%。可见碳酸盐胶结物含量在平面上和纵向上的变化主导了砂岩胶结作用的分布。

上3亚段碳酸盐胶结作用和上1亚段相似，砂岩中常发育一定量的碳酸盐胶结物、局部发育碳酸盐富集层段，但碳酸盐致密胶结层总体不如上1亚段发育。平面上，位于北斜坡西北区的塔中47、45等井不发育碳酸盐胶结物，仅含一定量的铁白云石，其他井区砂岩内碳酸盐平均含量一般为5.5%～9.9%。下砂岩段石英加大普遍发育，局部非常强烈，在石英砂岩发育段尤为如此。自生石英含量一般为2%～9.5%，平均为4.6%。自生高岭石也普遍发育，局部富集，一般含量为0.5%～7.5%，平均含量为1.2%～2.7%；下亚段砂岩填隙物总量变化幅度同样很大，为2%～30%，各井平均含量为10.1%～18.2%，与上亚段相近。综上可见，胶结作用对输导层孔隙有重要影响。

3）成岩序列划分及古物性恢复

镜下观察表明，塔中志留系沥青砂岩中的致密层状和条带状方解石形成较早，其直接胶结石英颗粒或碎屑颗粒，可能属于准同生期形成［图5-13(a)］；铁方解石分布在方解石外侧，形成时期晚于方解石［图5-13(c)］，局部可能由方解石转变形成；分散状或斑状充填的铁白云石形成较晚，可能在晚成岩期才析出形成，并且通常在厚度相对较大的泥岩层附近发育；自生高岭石和石英可能与含铁方解石同期形成，晚于石英次生加大（分布于石英次生加大边外侧）[图 5-13(b)]。其来源可能主要有两个：一是骨架碎屑颗粒的溶蚀；二是互层泥岩、粉砂质泥岩中的黏土矿物在成岩演化过程中提供了物质来源。

输导层中的黄铁矿与油气运移进入输导层所形成的还原水介质的环境有关，在油水同层的油水界面附近最发育。沥青作为特殊“成岩矿物”，在第一期方解石溶蚀孔隙内有不同程度的充填，其形成时期可能晚于碳酸盐的溶蚀作用[图 5-13(d)]。

图 5-13 志留系沥青砂岩成岩作用特征

(a) TZ11，4457.48m，石英（Q）加大极发育，高岭石充填粒间孔，40 倍（—）；(b) TZ20，4703.90m，含灰云细中粒石英砂岩方解石→铁方解石→铁白云石充填（交代）序列，40 倍（—）；(c) TZ47，4895.72m，含灰细粒岩屑砂岩方解石早期充填，铁方解石后期充填、交代，40 倍（—）；(d) TZ37，4685.05m，含灰粗中粒石英砂岩碳酸盐胶结物溶孔（沥青充填），裂缝，40 倍（—）

在成岩作用分析基础上，根据输导层沥青、可动油产状及其与各主要成岩矿物间的接触关系，划分了志留系沥青砂岩的成岩序列及其与油气充注的相互关系。志留系沥青砂岩经历了三期无机-有机流体作用，各期油气充注与成岩序列间关系如下：机械压实作用→黏土环边→方解石胶结、石英自生加大→方解石溶蚀→早期烃类充注、破坏和输导层沥青形成（加里东晚期）→高岭石形成→第二期烃类充注（海西晚期）→石英、长石加大边溶蚀→铁白云石形成→第三期烃类充注→碳酸盐胶结物和长石溶解。

如前文所述，晚海西期是研究区最重要的成藏期。因此，本研究重点恢复了沥青砂在晚海西期的古孔隙度特征。理论而言，以现今实测砂岩孔隙减去晚海西期以来的溶蚀孔隙（如石英、长石加大边的溶蚀等），加上铁白云石胶结作用等损失孔隙（实际上使用的是铁白云石含量），再经过压实校正，即可获得海西晚期沥青砂岩的古孔隙度（图5-14）。实际上，考虑到志留系沥青砂岩溶蚀作用并不发育，并且很难把海西期前后的溶蚀孔隙区分开。因此，古孔隙度恢复不再考虑海西期以来溶蚀孔隙。而重点关注铁白云石含量和古孔隙的压实校正。古孔隙度恢复结果如图 5-14 所示。

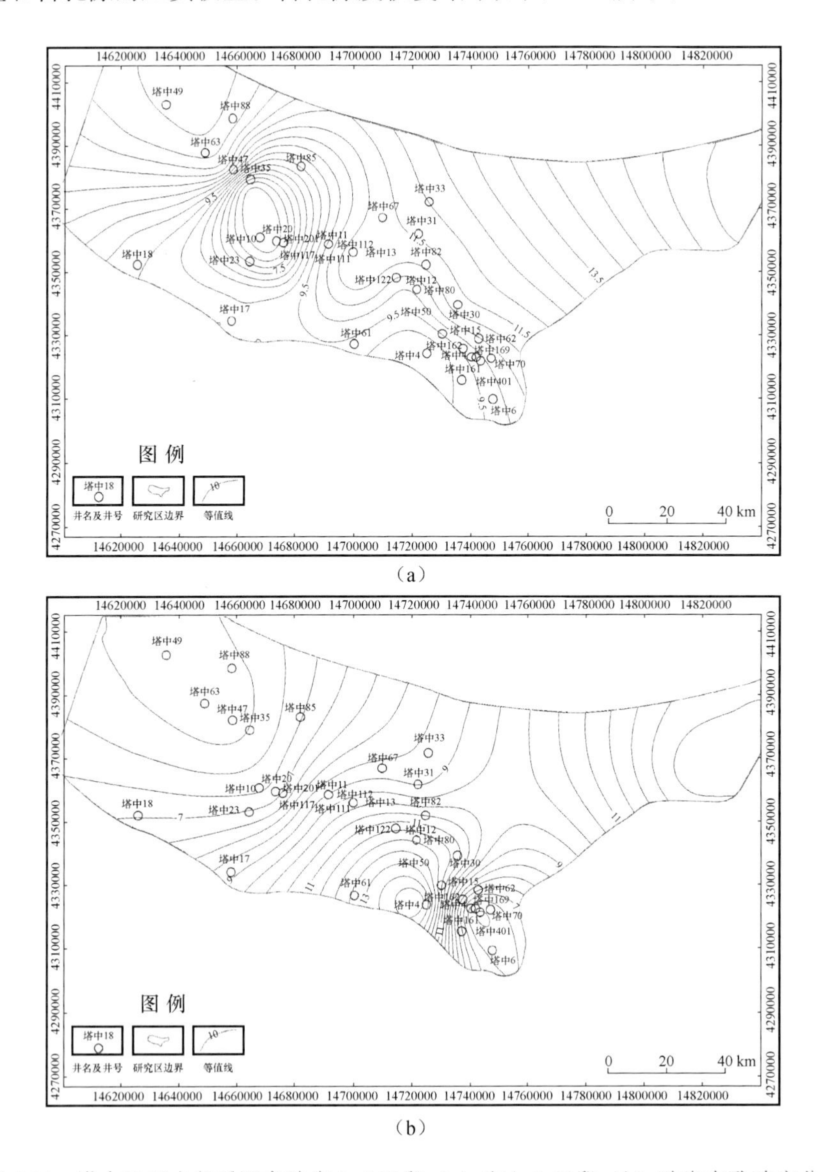

图 5-14 塔中地区志留系沥青砂岩上 3 亚段（a）和上 1 亚段（b）砂岩古孔隙度分布

由图 5-14 可知，志留系沥青砂岩输导体在海西晚期，输导层物性整体较差，孔隙度分布为 9%～20%，总体略大于 10%，低孔-中低孔为主。受沉积环境控制，沥青砂岩输导层物性表现出较强的空间差异性，从西向东整体呈增大趋势，局部区域孔隙度存在高值，如塔中 15 井区附近最高值可达 20%。

4）砂岩输导体输导性能量化表征

孔隙度、渗透率、孔吼半径等物性参数常用来量化表征砂岩输导层的输导性能（罗晓容等，2007a；雷裕红等，2010）。油气的运聚成藏过程发生在地质历史时期，并受到当时砂岩输导体物性及连通条件的影响和控制（陈瑞银等，2007）。志留系沥青砂岩经过后期复杂成岩作用改造之后（季汉成等，1995；王少依等，2004；钟大康等，2006），现今物性已不能真实代表其在油气成藏时的物性条件。若要进行油气运、聚成藏过程的分析，必须分析砂岩输导层物性的演化过程，研究油气成藏关键时期砂岩输导层的古输导性能，日前保存在砂岩中的各种成岩现象及其与油气充注的关系是反推古输导能力的最直接依据。因此，笔者拟通过总结分析志留系砂岩的成岩序列及各成岩作用与油气充注关系的相关研究成果，确定关键成藏期前后砂岩输导层内所发生的主要成岩事件，分析评价各成岩事件对储层物性的影响，从而可定量恢复不同地质历史时期的储层物性（陈瑞银等，2007；罗晓容等，2010）。

刘洛夫等（2001）、王少依等（2004）、张金亮等（2006）等都曾对塔中地区志留系的成岩作用进行系统的研究，在此基础上分析了各类成岩作用与油气充注的关系并划分了成岩序列。他们认为，在二叠纪末第二期油气充注以后，塔中地区志留系沥青砂岩中还发生了两期石英加大、铁白云石和黄铁矿胶结、伊利石和绿泥石及伊蒙混层等黏土矿物析出、长石和碳酸盐胶结物及岩屑溶蚀等成岩作用。本书在张金亮等（2006）成岩作用研究及成岩序列划分的基础上，借鉴陈占坤等（2006）、陈瑞银等（2007）关于古物性恢复的方法，分析了塔中地区志留系柯坪塔格组上、下亚段两套砂岩输导层的古物性。

以塔中 117 井上亚段 4298.1m 的砂岩样品为例，通过薄片镜下观察及统计分析获得的现今面孔率平均为 6.72%，轻质油充填之后的长石和方解石等易溶成分被溶蚀而形成的次生溶孔约占 1%，黄铁矿胶结物含量为 1.25%左右，铁白云石胶结物含量为 4.6%，伊利石、伊蒙混层等黏土矿物含量为 1.33%左右，第二期石英加大不发育。用样品现今的面孔率加上二叠纪末期油气充注之后形成的铁白云石、黄铁矿、黏土矿物等胶结物含量，减去因溶蚀作用产生的次生溶孔，便得二叠纪末油气运移时的古面孔率为 12.9%。假定塔中地区柯坪塔格组上亚段古面孔率和古孔隙度的关系、现今面孔率和孔隙度的关系、古孔渗关系与现今孔渗关系不变，根据塔中地区柯坪塔格组砂岩现今面孔率和孔隙度的拟合关系式，则可求得该样品的古孔隙度为 14.17%。再根据砂岩的孔-渗性关系，进而得到样品的古渗透率为 $10.0\times10^{-3}\mu m^2$。

利用同样的方法，对塔中地区其他关键井柯坪塔格组上、下亚段的古物性进行恢复。结合储层物性反演资料，以几何连通砂体图为底图（图 5-6），勾绘出砂岩输导层在二叠纪末期油气充注时古渗透率分布图（图 5-15），量化表征上述两套输导层的输导性能，图中黑色点的渗透率取最小值 $0.01\times10^{-3}\mu m^2$。图 5-15 中列出了塔中地区柯坪塔格组上亚段输导层的古渗透率分布特征，由于渗透率级差较大，图中渗透率取对数值。由图可见，上亚段输导层渗透率对数值总体小于 5，从西南向东北呈增大趋势，渗透率对数值从−1.5 增至 4.5，并在塔中 11、塔中 12 及塔中 169 等井区存在高值，渗透率对数分别达到 1.5 和 3.0。

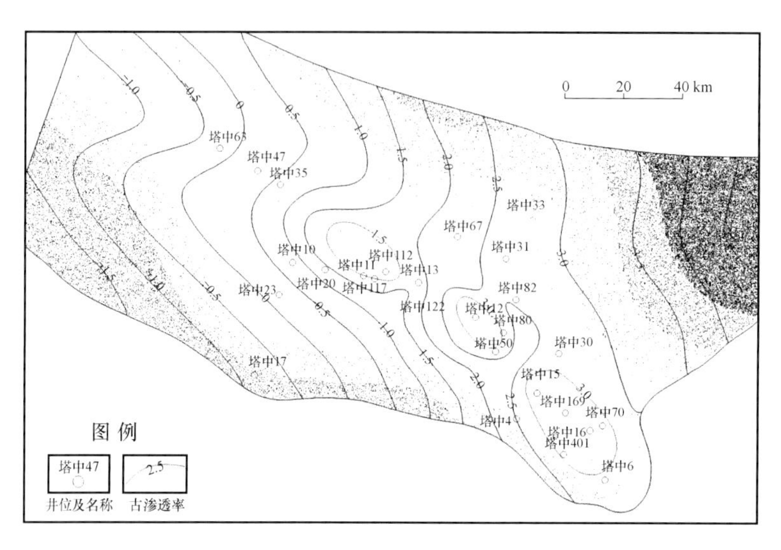

图 5-15 塔中志留系柯坪塔格组上亚段砂岩输导层古渗透率分布图（渗透率取对数）
白色区域代表有效输导砂体分布区，黑点代表不连通砂体

第三节 塔中地区断层输导体量化表征

本次研究在定性分析断层发育特征、活动性的基础上，依据断层封闭的机理，综合考虑多种因素的影响，以控烃断层上下盘储集层内油气存在与否作为判别断层启闭性的指标，利用连通概率法建立了研究区的断层启闭性量化表征模型，并利用该模型对塔中地区主要控烃断层的启闭性特征进行了量化描述。

1. 断层发育特征

从断裂的规模、活动时期、断开地层及对构造的控制作用等方面，可把塔中地区断层划分为Ⅰ级断层、Ⅱ级断层和Ⅲ级断裂（图 5-16）。一级断裂为盆内一级构造单元的边界断裂，如塔中Ⅰ号断裂、塔中主垒带主断裂等；二级断裂为中等规模的断裂，是次级构造单元的边界断裂，也是构造断褶带的重要组成部分，如Ⅲ号断裂、塔中 7-8 井断裂、10 号断裂、塔中Ⅱ号断裂等；三级断裂是小规模断裂，多为主干断裂派生的次级断裂，走向多与主干断裂一致，且与主干断裂共同控制构造带的基本格架。剖面上主干断裂与次级断裂多为“Y”字形或反“Y”字形组合，二者共同挟持形成断隆构造带并控制局部构造的发育，对局部构造主要起分割作用。

1）塔中Ⅰ号断裂带

塔中Ⅰ号断裂带是塔中低凸起与满加尔凹陷边界断裂，为近反“S”形、北西西走向的复杂构造带，长约 280km。塔中Ⅰ号构造带为早奥陶世末至晚奥陶世早期形成的大型逆冲断裂带，在上奥陶统沉积前遭受长期侵蚀而形成复杂的断裂坡折带。

塔中Ⅰ号断裂带因走向的构造样式、演化模式、成因机制而不尽相同，具有分段性和多期性发育的特点。塔中Ⅰ号断裂带Ⅰ段位于塔中 38 井东，为大型逆冲推覆形成的

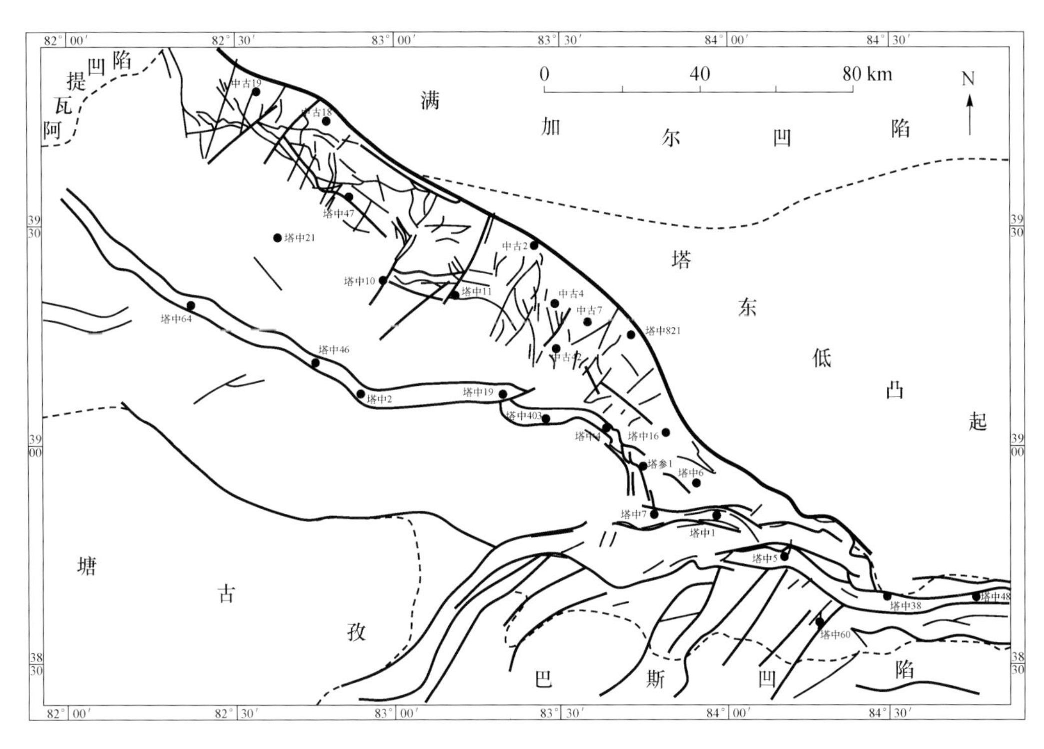

图 5-16 塔中地区断裂分布图

狭长断层传播褶皱。本段断裂发育，构造活动剧烈，地层变形强烈，发育断背斜和潜山圈闭，发育于奥陶纪末，历经加里东期、早海西期多期构造作用，晚海西期—印支期本区仅发生整体翘倾运动。Ⅱ段位于塔中 44 井—塔中 38 井，表现为多支基底卷入断层组合的破碎带，断裂活动强烈，断距较大，发育断块和潜山圈闭。本段发育于早奥陶世末，历经加里东期—早海西期多期强烈构造作用。Ⅲ段位于塔中 45 井东—塔中 44 井西，断裂为盖层滑脱型，基底未断开，呈宽缓的挠折带，发育于早奥陶世末，其后没有大的断裂活动，仅随塔中发生整体升降。Ⅳ段位于塔中 45 井区，断裂断开基底，而且向西断裂活动加强，表现出右旋扭压的特征，在东、西两端存在 2 个构造变换带，发育具有走滑特点的变换断层，本段发育于早奥陶世末，抬升较高，剥蚀量大。Ⅴ段位于塔中 45 井区以西地区，为盖层滑脱型，基底平缓挠曲，未被错断，坡折带宽缓，向西高差逐渐减小以致消失，奥陶系灰岩顶部礁滩体欠发育（邬光辉，2005）。

2）中央主垒带主断裂

中央主垒带在中晚奥陶世和晚海西期活动强，燕山期、喜山期表现弱。从东向西可分三段，东段为受南倾北西向主断层控制的“Y”字形组合，中段为受“S”形北倾高陡主断层控制的反“Y”字形组合，而西段沿北西向朝南西向逆冲，断裂活动具多期性和分层性，表现出下缓上陡的特征，上构造层断裂具有明显走滑特征。塔中断层活动性的差异对塔中断裂构造带的沉积建造和地层改造控制不同，进而制约着油气成藏条件的异同。中央主垒带受断裂多期活动的改造作用明显，断层多次活动造成的褶皱不整合与岩溶高地以及高密度的断裂裂缝体系控制着该带下奥陶统潜山和内幕潜山碳酸盐岩洞缝型储集空间的发育，是塔中隆起中东段油气富集并高产的关键；同时断裂晚期活动对早期油气藏的改造和调整是潜山披覆层系富油的重要因素。

3）塔中 4 井区断裂

塔中 4 井区断裂系统主要由北西向倾斜的逆断层和一系列北北西向断层组成，本次研究对其分别命名为 F4-1 断层、F4-2 断层、F4-3 断层等（图 5-17）。

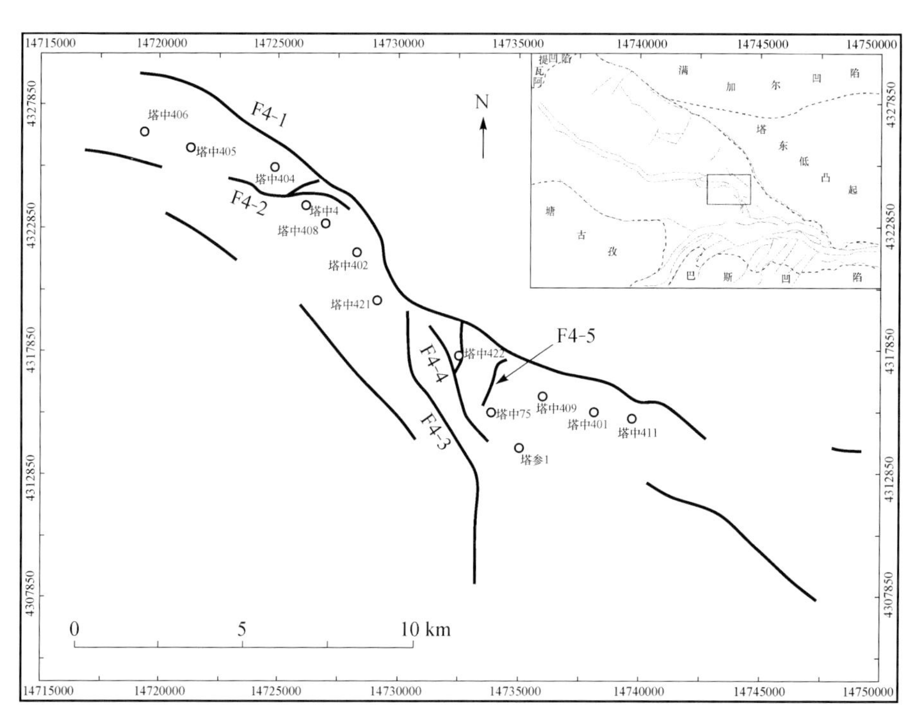

图 5-17　塔中 4 井区断层分布

F4-1 断层分布于背斜构造东北翼，为走向北西的南倾逆断层，长 22.7km，平面形态略呈反 S 形。断面倾向南西，断面倾角 50°～60°。F4-1 断层形成于加里东运动期，于石炭系卡拉沙依组沉积时再度活跃，它对塔中 4 号构造的定型和卡拉沙依组沉积厚度的显著变化都具有明显的控制作用，F4-1 断裂的发育对塔中 4 油田的圈闭形成、沉积成岩作用、油气藏保存和重新分配等都起到了重要的控制作用。F4-3 号断层是一条近南北走向的断层，倾角 50°，延伸 2.7km。北端与 F4-1 断层相接，是一条 F4-1 断层的派生断层。该断层将塔中 402 高点与塔中 422 高点分隔为两个独立的高点，是油气运移调整的重要通道，对塔中 4 油田现今油藏的油气分布具有重要的控制作用。

4）塔中 11 井区断层

塔中 11 井区发育三条走向近垂直的逆断层，对其分别命名为 F11-1、F11-2、F11-3。断开层位为 Tg5′、Tg5、Tg4′，向上未断至 Tg3，最大断距可达 150m 左右。它发育于加里东早期—早海西期，控制着塔中 11 号构造的形成和油气的运移。

5）塔中 47～35 井区断层

塔中 47～35 井区主要发育两种类型断裂，一种是继承古隆起披覆隆升形成，是控制塔中47号、塔中35号背斜形成的主要断裂，表现为逆冲样式；另一种是火成岩沿裂隙向上侵入与喷发时所形成的。塔中47井区存在多组呈北东—南西走向的正断层，其形成与火成岩喷发之间有密切的关系，塔中47井区二叠系火成岩以狭长断裂作为通道喷发，规模较大，其伴生断裂有正断层也有逆断层，走向缺乏规律性。而在塔中35井区多发育小规模喷发侵入的“漏斗状”火成岩，其伴生断层总体表现为上正下逆，在石炭系为正断层，志留系为逆断层，断裂整体平面展布成环状。本区志留系断裂，在塔中47构造部位发育有两种走向的逆断裂：一种呈北西—南东走向，基本平行于塔中Ⅰ号断裂带，受塔中Ⅰ号断裂带活动影响形成；另一种呈北东—南西走向，基本垂直北西—南东走向断裂并纵切该断层，与加里东末期塔中地区的走滑断裂运动相关。

6）塔中12井区断层

塔中12井区志留系下沥青砂岩段顶面构造在平面上表现为北西—南东走向的受断层控制的短轴断背斜，该构造东南部发育两条近南北走向逆断层，断开层位自寒武系至志留系上部地层。北断层平面上延伸距离较短，下沥青砂岩段顶面最大断距为15m。南断层平面上延伸距离较长，达3km，下沥青砂岩段顶面最大断距达65m。塔中50志留系下沥青砂岩段顶面构造在平面上表现为一受断层切割的断背斜，该构造西部发育一条逆断层，走向为北东—南西，倾向南东，断开层位自寒武系至志留系中部，下沥青砂岩段顶面最大断距为70m。

2. 断层连通概率模型的建立

本节在调研塔中地区古构造应力场研究成果、泥岩涂抹因子SGR和流体压力计算以及断层断点开启性判识的基础上，建立了本区断层启闭性分析的数学概率模型，来描述断层的启闭性特征。

1）断面正应力参数计算

王喜双等（1997，1999）、秦启荣等（2004）的研究结果表明，塔中地区中晚奥陶世—泥盆纪时期的构造应力值大于石炭纪—二叠纪时期，石炭纪—二叠纪时期构造运动的主应力差值大约是60MPa，中晚奥陶世—泥盆纪时期的构造应力值大约为70MPa（王喜双等，1999），现今三叠系塔中隆起最大主压力一般为20～40MPa（秦启荣等，2004）。各个地质历史时期主构造应力场特征如表5-2所示。

表5-2 塔里木各地质历史时期构造应力场特征（据王喜双等，1999；秦启荣等，2004；略有修改）

时代		盆地应力场特征			盆地演化期
纪	时间/Ma	构造应力场背景	构造变形特征（构造轴走向）	构造应力场性质及方向（主应力轴向）	
Q	2.0	压，扭压	45°～135°	0°	断陷盆地
N	24.6				
E	65	松弛调整	64°～137°	11°	
K	144		80°～150°	15°	
J	213		75°～150°	17°	
T	248	南北双向挤压	65°～110°	T1 365°；T2 32°	前陆盆地

续表

时代		盆地应力场特征			盆地演化期
纪	时间/Ma	构造应力场背景	构造变形特征（构造轴走向）	构造应力场性质及方向（主应力轴向）	
P	286	压，压扭	25°～145°	P1 39°；P2 35°	克拉通边缘拗陷和克拉通内裂谷
C	360	伸张	40°～150°	5°	
D	403	南压北拉	60°～155°	S：7°；D：352°；D末：348°	克拉通边缘前陆盆地
S	433				
O	505	O_2—O_3 挤压，压扭	45°～135°	2°～12°	克拉通边缘拗拉槽
∈	590	晚震旦世—早奥陶世拉张	20°～150°	NNE7°～21°	
Z					

断层面正应力的求取包括两部分，一部分是上覆地层的重力在断层面上产生的正应力，另一部分是构造应力在断层面上产生的正应力。

上覆地层的重力对断层面产生的正应力为

$$\delta_1 = 9.8 \times 10^6 \rho h \cos\alpha \tag{5-1}$$

式中，δ_1 为上覆地层的重力在断层面上产生的正应力，单位为 MPa；ρ 为上覆地层平均密度，单位为 kg/m^3；h 为断面的埋深，单位为 m；α 为断层的倾角。

通过对前人工作的总结，考虑不同构造活动阶段断层与区域应力场间的关系（图 5-18），构造应力在断层面上的正应力可以用式(5-2)估算：

$$\delta_2 = \sigma \mid \sin(\beta - \chi) \mid \sin\alpha \tag{5-2}$$

式中，δ_2 为构造应力在断层面上的正应力，MPa；σ 为主构造应力，MPa；β 为断层的走向，(°)；χ 为主应力方向，(°)；α 为断层的倾角，(°)。

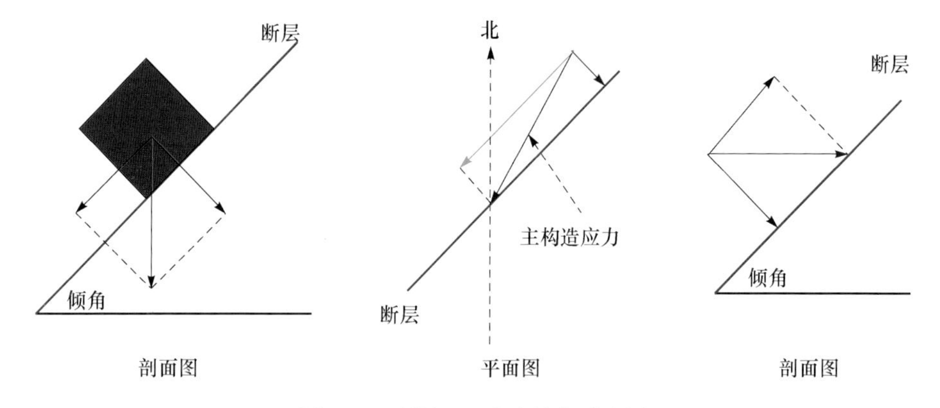

图 5-18　断层面正应力计算示意图

2）SGR 参数计算

塔中地区断裂的走滑特征明显，部分断层存在明显的海豚效应，尽管很多断层没有表现出明显的走滑特征，但研究发现它们往往存在走滑位移，由于走滑位移难以确定，因此泥岩涂抹因子 SGR 很难获取。但考虑到塔中地区碎屑岩地层的多数控油断裂和调整断裂垂向断距相对较小（小于盖层的厚度），因此，在计算该地区断层的开启系数时，用断层两盘对接地层的泥质含量代替 SGR。

3）流体压力计算

塔中地区没有明显的超压，因此流体压力 P 用正常压力计算，潜水面选择地表，其计算公式为

$$P = 9.8 \times 10^6 \rho h \tag{5-3}$$

式中，P 为泥岩流体压力，MPa；ρ 为地层水密度，kg/m^3；h 为埋深，m。

4）断层连通性判断

由于塔中地区存在着多期成藏和多期调整，研究断层的启闭性，必须分别表征不同成藏时期的断层开启系数，这需要把开启系数中所涉及的各个参数恢复到成藏时期，因此对塔中地区现今及地质历史时期断层启闭性的判识更为复杂。

按照前面所阐述的塔中地区不同区带和井区的油气调整改造历史，认为碎屑岩地区的主要控烃和调节断裂在油气的成藏期和调整期是开启的；而在非成藏期或调整期，控烃断裂可能开启，也可能封闭。现今的温压场特征是断层启闭性评价的参考依据，若断层是开启的，其连通的两套储集层应该具有相同的温压系统；如果两套储集层的温压系统不一样，则这两套储集层之间的断层应该是封闭的。

以 F4-3 断裂为例（图 5-19），塔中 421 井和塔中 422 井分别位于 F4-3 断层两盘，塔中 421 井和塔中 422 井Ⅰ油组的地层压力系数都为 1.05 左右，而Ⅲ油组的压力系数为 1.22 左右，由此可见，塔中 421 井和塔中 422 井Ⅰ油组和Ⅲ油组具有相同的压力系统，而Ⅰ油组和Ⅲ油组具有不同的压力系统，由此判断，F4-3 断层Ⅰ油组和Ⅲ油组之间是封闭的，在Ⅰ油组和Ⅲ油组内断层是开启的。根据油气的运移示踪分析和油气的调整改造历史，这两口井中Ⅰ油组的油气是在白垩纪末期通过 F4-3 断裂从Ⅲ油组调整上去的。由此判断，在白垩纪末期，该地区Ⅰ油组和Ⅲ油组是连通的，F4-3 断裂全段是开启的。

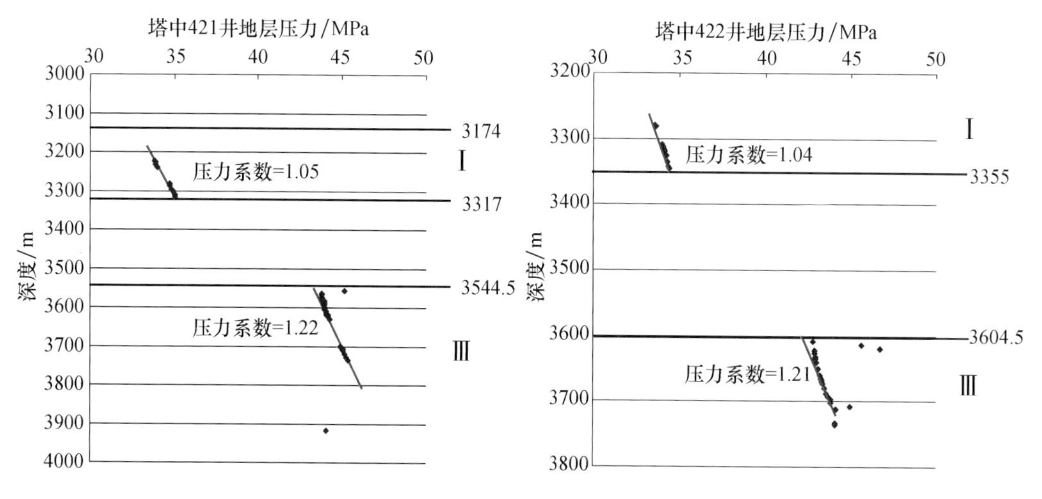

图 5-19 塔中 421 井和塔中 422 井地层压力分布图

5）连通概率模型建立

我们选取塔中地区上构造层的主要控烃和调整断裂，求取断面断点处的埋深、断距、断面倾角、断层走向、最大主应力夹角等参数，然后综合钻井和地应力测试资料，依据上述方法计算断层的开启系数，判识断层的开启封闭特征。

选择 14 条与主要控烃断层走向垂直的典型地震剖面，系统统计了各断层的走向、断点埋深、断距、断面倾角、主应力、断面夹角等参数，计算了对应的泥岩涂抹因子，并根据王喜双等（1997，1999）和秦启容等（2004）的古应力场演化及流体压力演化研究结果，获得了流体压力和断面正应力等参数，计算了各主要控烃断层断点处的开启系数（表 5-3）。结合地质认识，根据前述的断层启闭性判识方法，利用断点两侧的含油气情况作为判断断点开启与否的依据（张立宽等，2007），判识了主要控烃断层断点的启闭性；在此基础上，根据开启系数值的分布情况，按一定间隔将开启系数值划分区间，统计各区间内能够确定油气流过断层的样本在总样本中所占的百分比，建立了研究区断层开启系数与对应的断层连通概率之间的数学模型（图 5-20）。

表 5-3　现今塔中地区部分断层开启系数统计表

断层	现今断点海拔/m	断层走向	断层倾角/(°)	构造应力方向/(°)	构造应力值/MPa	现今断点埋深/m	上覆地层平均密度(ρ)	构造应力分量/MPa	上覆地层压力分量/MPa	断面正应力/MPa	地层泥质含量	泥岩流体压力 P/MPa	开启系数(C_f)	启闭性
F4-3	−2170	0	70	0	28	3270	2600	0	28.49698	28.497	0.54	32.046	2.082	开启
	−2240	0	70	0	28	3340	2600	0	29.10701	29.107	0.78	32.732	1.442	封闭
	−2285	0	70	0	28	3385	2600	0	29.49917	29.4992	0.12	33.173	9.371	开启
	−2310	0	70	0	28	3410	2600	0	29.71704	29.717	0.76	33.418	1.48	封闭
F4-3	−2400	0	70	0	28	3500	2600	0	30.50136	30.5014	0.287	34.3	3.923	开启
	−2430	0	70	0	28	3530	2600	0	30.7628	30.7628	0.64	34.594	1.757	开启
	−2460	0	70	0	28	3560	2600	0	31.02424	31.0242	0.04	34.888	28.11	开启
	−2610	0	70	0	28	3710	2600	0	32.33144	32.3314	0.04	36.358	28.11	开启
	−2150	0	70	0	28	3250	2600	0	28.32269	28.3227	0.45	31.85	2.499	开启
	−2222	0	70	0	28	3322	2600	0	28.95015	28.9501	0.54	32.5556	2.082	开启/封闭
	−2275	0	70	0	28	3375	2600	0	29.41202	29.412	0.78	33.075	1.442	封闭
	−2290	0	70	0	28	3390	2600	0	29.54274	29.5427	0.12	33.222	9.371	开启
	−2368	0	70	0	28	3468	2600	0	30.22249	30.2225	0.76	33.9864	1.48	封闭
	−2390	0	70	0	28	3490	2600	0	30.41421	30.4142	0.273	34.202	4.127	开启
	−2430	0	70	0	28	3530	2600	0	30.7628	30.7628	0.64	34.594	1.757	开启
	−2610	0	70	0	28	3710	2600	0	32.33144	32.3314	0.04	36.358	28.11	开启
F4-2	−2180	45	80	0	28	3280	2600	19.4982	14.51254	34.0107	0.5	32.144	1.89	开启
	−2242	45	80	0	28	3342	2600	19.4982	14.78687	34.2851	0.78	32.7516	1.225	封闭
	−2319	45	80	0	28	3419	2600	19.4982	15.12756	34.6258	0.12	33.5062	8.064	开启
	−2340	45	80	0	28	3440	2600	19.4982	15.22047	34.7187	0.76	33.712	1.278	封闭
	−2425	45	80	0	28	3525	2600	19.4982	15.59656	35.0948	0.11	34.545	8.949	开启
	−2462	45	80	0	28	3562	2600	19.4982	15.76027	35.2585	0.64	34.9076	1.547	封闭
	−2515	45	80	0	28	3615	2600	19.4982	15.99477	35.493	0.04	35.427	24.95	开启

续表

断层	现今断点海拔/m	断层走向	断层倾角/(°)	构造应力方向/(°)	构造应力值/MPa	现今断点埋深/m	上覆地层平均密度(ρ)	构造应力分量/MPa	上覆地层压力分量/MPa	断面正应力/MPa	地层泥质含量	泥岩流体压力P/MPa	开启系数(C_f)	启闭性
F4-2	−2160	45	80	0	28	3260	2600	19.4982	14.42405	33.9223	0.04	31.948	23.55	开启
	−2180	45	80	0	28	3280	2600	19.4982	14.51254	34.0107	0.5	32.144	1.89	开启
	−2237	45	80	0	28	3337	2600	19.4982	14.76474	34.2629	0.54	32.7026	1.768	开启/封闭
	−2316	45	80	0	28	3416	2600	19.4982	15.11428	34.6125	0.78	33.4768	1.24	封闭
	−2334	45	80	0	28	3434	2600	19.4982	15.19393	34.6921	0.12	33.6532	8.084	开启
	−2420	45	80	0	28	3520	2600	19.4982	15.57444	35.0726	0.76	34.496	1.294	封闭
	−2454	45	80	0	28	3554	2600	19.4982	15.72487	35.2231	0.11	34.8292	8.989	开启
	−2502	45	80	0	28	3602	2600	19.4982	15.93725	35.4354	0.64	35.2996	1.557	封闭
	−2610	45	80	0	28	3710	2600	19.4982	16.4151	35.9133	0.04	36.358	25.31	开启

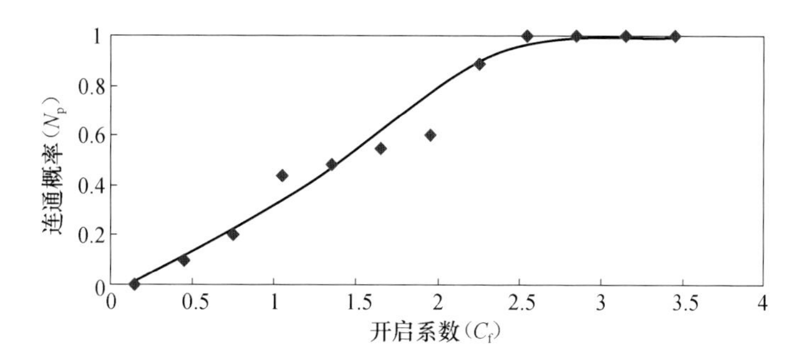

图 5-20 研究区断层连通概率与断层开启系数关系图

由图 5-20 可知，当开启系数小于 0.75 时，断层连通概率为 0，断层封闭；当开启系数大于 2.5 时，断层连通概率为 1，断层开启；当启闭系数介于两者之间时，断层连通概率可用式(5-4)来表示。

$$N_p = \begin{cases} 0.025C_f^2 + 0.337C_f - 0.043, & 0.75 < C_f < 2.5 \\ 1, & C_f \geqslant 2.5 \end{cases} \tag{5-4}$$

式中，N_p 为断层连通概率；C_f 为启闭系数，方差为 0.97。

3. 断层输导特征的描述

根据油气成藏特征，分别对以石炭系为主要产层的塔中 4 井区和以志留系为主要产层的塔中 11 井区的控烃断层的启闭性特征进行了定量的评价。由于无法获取三维地震数据，根据构造图、钻井分层数据等制作断裂油藏剖面（图 5-21）。

在构造图上沿断层走向等距离的读取断裂上各地层的海拔高度，组成一系列横切断层的剖面。计算断面各节点处的泥岩涂抹因子、泥岩流体压力和断面压应力，并求取开启系数值，由此获得各基础参数在断层面上的分布。然后利用上述建立的断层连通概率模型求出各计算点的连通概率，再将断层各点的连通概率值绘制在断面的拓扑分布图上。

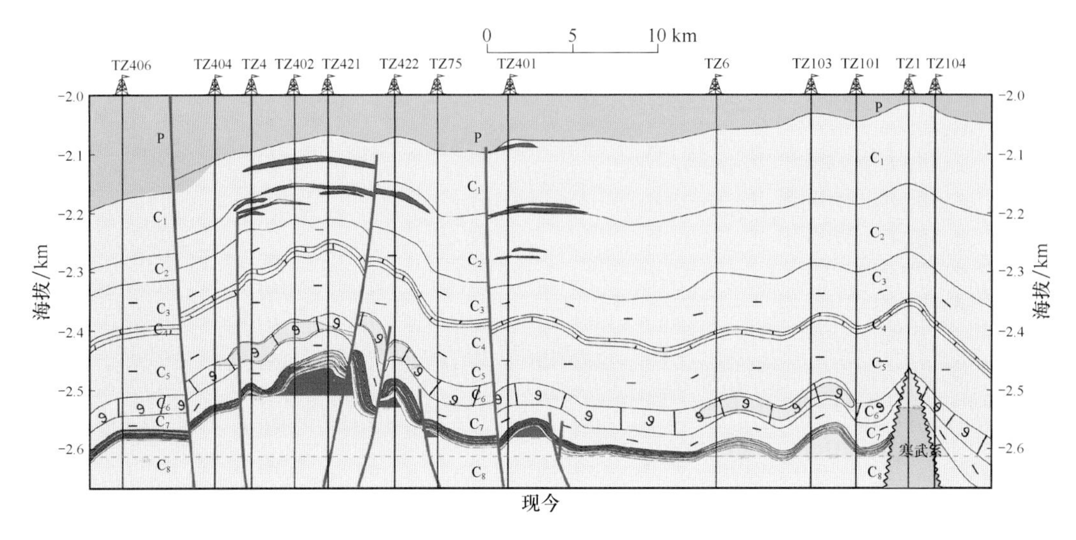

图 5-21 塔中 4 井区北西—南东向油藏剖面

F4-3 断层的开启系数与连通概率在断层面上的拓扑分布图分别如图 5-22(a)、图 5-22(b)所示，纵轴为断面的海拔，横轴为距第一个过断层剖面的距离，表示断层在走向上的位置变化。从图中可以看出断面不同位置处连通概率存在较大的差异。F4-3 断裂在东河砂岩和生屑灰岩段对应的断面处开启系数和连通概率普遍较高，在中泥岩段和上泥岩段较低。Ⅱ和Ⅲ油组之间的断层连通概率也较高，因此两油组可能是连通的，而Ⅰ油组和Ⅱ之间隔断面的连通概率较低，因此两油组是不连通的，这与前面的研究成果相吻合。断面的连通概率和断面两盘地层的对接关系吻合程度相当高，在砂岩与砂岩对接的地方，断层的连通概率高，而在泥岩与泥岩对接的地方连通概率低，由此可见，在断层不活动的时候，断层两盘的岩性对接关系是该地区断层连通性主要的控制因素。

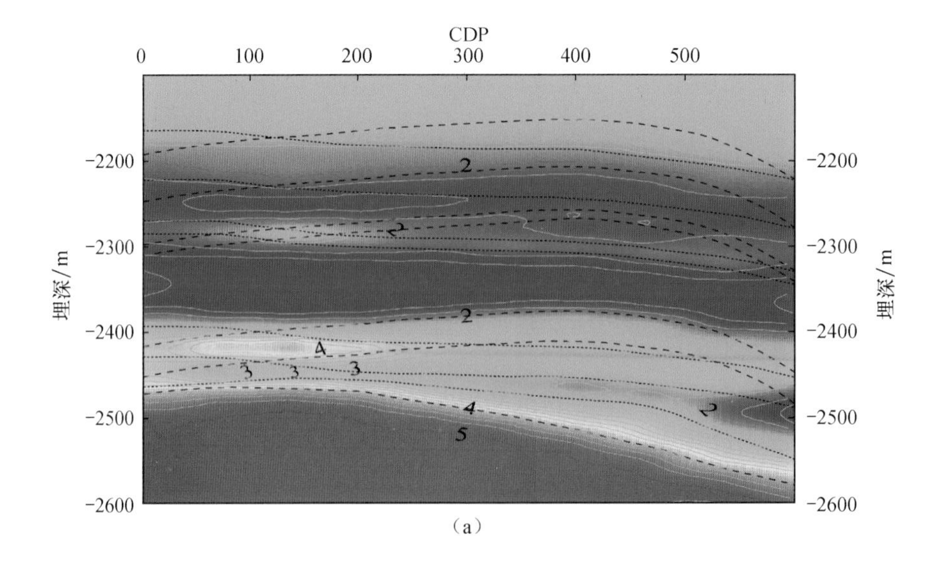

(a)

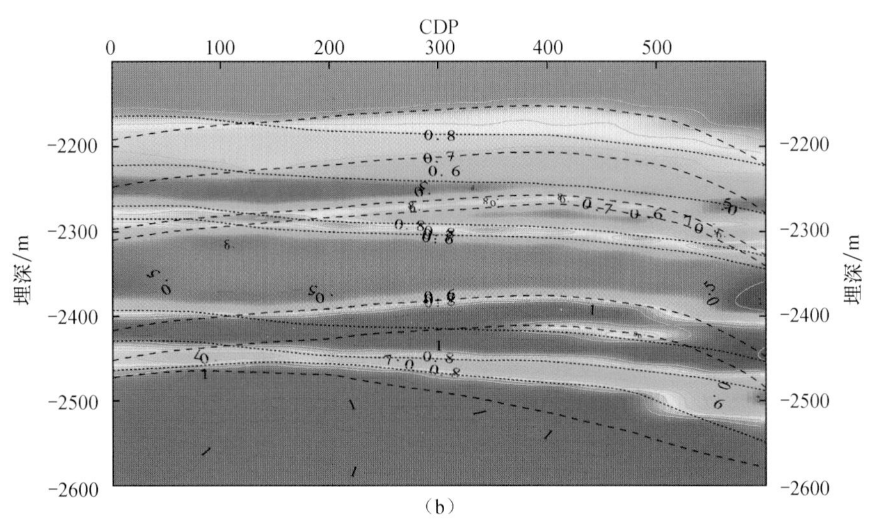

(b)

图 5-22 现今 F4-3 断层开启系数和断层连通概率在断层面上的拓扑分布图

(a) 开启系数；(b) 断层连通概率

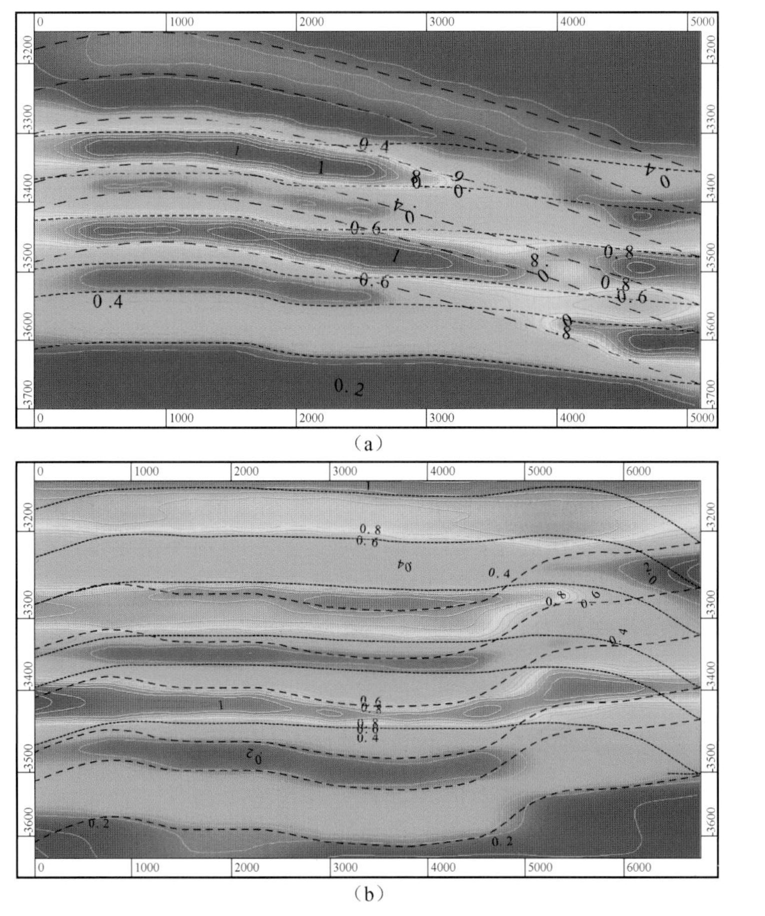

(a)

(b)

图 5-23 F11-1 和 F11-2 断层面连通概率拓展分布对比图

(a) F11-1 断层连通概率；(b) F11-2 断层连通概率

塔中 11 井区的 F11-1 断层是主要的控油断裂，油气主要通过此断层运移到储集层。将该断裂与其相交的另一条主要断裂 F11-2 断层连通概率进行对比［图 5-23(a)、(b)］，在两断层相交的部分（最左边）断层的连通概率有增高的趋势，有可能是油气注入的主要通道在距离两断层交汇部位 3000～4000m 的位置，断层的连通概率也增高，因此，此处也可能是油气从上 3 亚段向上 1 亚段运移的通道。

通过研究发现，断层连通概率方法在西部挤压型盆地中也具有适用性。同一断层的不同位置启闭性不同，通过断层连通概率拓展图，可以明显看出，断层在横向和垂向上，断层连通概率都有变化。断层上同一位置在不同时期的启闭性也不同，如 F4-3 断裂，在白垩纪末期，断层是全段开启的，有利于油气的成藏调整，而在现今，Ⅰ油组与Ⅱ、Ⅲ油组是不连通的，断层在两油组之间是封闭的。

塔中地区断层的活动性与断层的启闭性特征有密切的关系。构造运动活跃的时期，断层开启性强，塔中地区主要的油气成藏时期也是构造运动比较活跃的时期，有利于断层的开启，促进油气的成藏。构造运动比较稳定的时期，断层的启闭性受断层两盘的岩性对接关系的影响明显，当断层两盘地层均为泥质岩或高泥质岩含量地层对接时，断层的封闭性强，砂岩与砂岩地层对接时，断层的连通概率比较大，砂泥岩地层对接则介于两者之间。

第四节　塔中地区志留系复合输导体系的建立及油气运聚模拟

追溯油气在地下的运移和聚集过程，获得油气运聚时期油气运移路径的展布特征，分析油气的运聚成藏规律是油气成藏动力学研究的核心内容。作为流体矿产，油气在地下的孔隙空间内时刻保持着流动的趋势，其在地质历史中的状态、位置及变化取决于所受到的动力与阻力间的平衡关系。油气在运移通道内总是沿着阻力最小的优势路径运移（Dembicki et al.，1989；Dreyer et al.，1990；Catalan et al.，1992），直至运移动力与阻力平衡的部位，油气发生聚集。因而，油气的运聚过程不仅取决于动力条件，还明显受控于通道的非均质性，必须把供烃量、运移动力与输导体系耦合起来，采用数值模拟的方法，定量描述动力与输导体耦合下的复杂的油气运聚过程，才能揭示油气的运聚规律（罗晓容，2003）。本节在前述对砂岩输导层、断层等各类输导体进行分析的基础上，结合石油地质认识，建立了油气运聚期的复合输导模型，利用浮力-渗流油气运聚模拟技术，实现供烃量、运移动力和输导格架的耦合，定量地研究了油气优势运移路径的形成过程。

1. 志留系复合输导体系的建立及量化表征

前几节的研究工作表明，塔中地区具有复杂的地质条件，油气的运移通道不是单一类型的断层、连通砂体或者不整合，而是由不整合上的底砂（砾）岩、不整合下的风化淋滤层、输导层、断层等组合而成的复杂的立体网络体系。油气在这种复合输导体系内通常沿输导层—断层—不整合呈折线运移，运聚规律复杂。因此，油气运聚过程的定量研究要求建立由输导层、不整合面、断层所构成的复合输导格架并量化表征其输导性能。然而，由于油气在不整合面下部的风化淋滤层和碳酸盐岩中的运移方式及输导能力的研究还不深入，多数为定性分析，目前还没有较好的量化表征方法，因此本研究选择塔中地区的志留系沥青砂岩段来建立油气在碎屑岩中运移的复合输导格架。

李宇平等（2007）对塔中地区主要控烃断层两侧的油砂进行系统采样，并对其抽提物进行色谱质谱分析。在采用地球化学手段区分各样品抽提物来源和充注期次的基础上，利用成熟到过成熟的饱和烃和芳烃的成熟度参数、含氮化合物分析等来进行石油运移的地球化学示踪。结果表明，塔中志留系沥青砂岩中的油气主要是由寒武系、奥陶系烃源岩生成的油气或奥陶系中早期形成的油藏中的油气沿着一些控烃断层（如塔中 11 井西侧的大断裂，塔中 12 井区东南部断裂以及塔中 169 井西侧小断裂）由深部向浅部运移，优先充满断裂所能沟通的上部圈闭，然后再依次充注下部圈闭（图 5-3）。也就是说，油气基本上以主要控烃断层或控烃断层交汇部位为注入点，对志留系输导层或圈闭进行供烃，这也被后期的油气勘探所证实。基于以上认识，结合前人关于关键油气成藏期的相关研究成果，在前述塔中地区志留系砂岩输导层和断层输导体分析的基础上，建立了海西晚期志留系沥青砂岩油气运移的复合输导格架。

由于目前的油气运移模拟软件只能进行二维的油气运聚模拟，因而本研究采用建立多个平面模型来描述这种在三维空间上复杂变化的输导体系特征。为保证运移模拟分析时油气能够按照运移动力和阻力间的力学关系来选择路径（罗晓容等，2007a），这些输导体间输导性能的量化表征参数必须统一。由于输导层和断层带连通性概念的提出，输导格架中不需要再去考虑输导体单元间的连通性问题。根据实际勘探研究中可以获得的资料情况以及流体动力学研究中对多孔介质渗流特征的表述习惯，本书选用渗透率来统一表述不同输导体的输导能力。

对于断层输导体，可以根据第三章介绍的断裂带流体动力连通性的逾渗模型，将图 5-24所示的断层面上的连通概率值转算为渗透率值，在图 5-24 中，断层渗透率范围分为 4 个级别，其最高渗透率的对数值为 4.0，而最小渗透率的对数值为－2.0。将输导层渗透率由小到大分成 13 级，并利用绿色系表征其输导性能，颜色越亮其输导性越好，不连通部分渗透率的对数值取－2.0（图 5-24）。这样，在输导层平面分布图上标出断层的位置，并从断层连通概率拓扑图上获得对应位置的渗透率值，用红色系列表征断层的渗透率变化(图 5-24)，红色由亮到暗，表明渗透率由大到小。图 5-24 为用渗透率表征的由输导层和断层构成的二维复合输导格架。

2. 油气运移模拟结果及分析

王福焕等（2010）和向才富等（2009）的研究表明，研究区控烃断层内油气并不沿整个断层面呈线状向上注入志留系输导层，而是沿断层交汇部位呈点式注入。因此，将主要控烃断层的交汇部位作为志留系油气成藏的供源，结合先前对志留系二叠纪末期油气运移动力的恢复结果及建立的复合输导格架（图 5-24），采用以逾渗理论为基础的油气运聚数值模拟技术（罗晓容等，2007a），并参照耦合供烃、油气运移动力和输导格架，对二叠纪末期志留系沥青砂岩段的油气运聚过程进行了模拟分析。

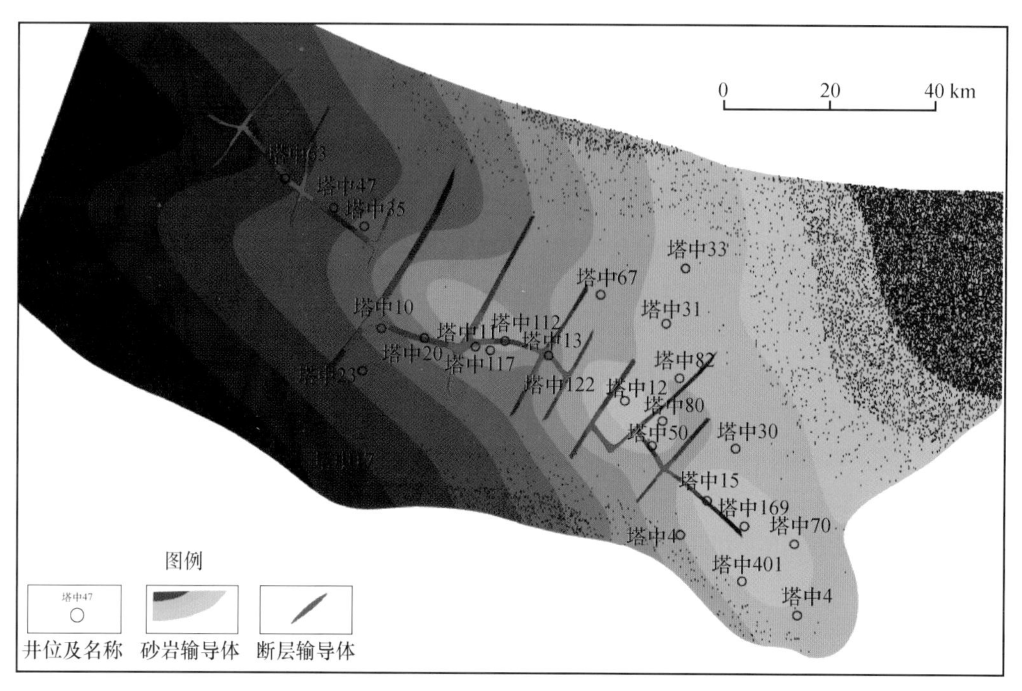

图 5-24　塔中志留系上亚段砂岩-断层复合输导格架模型（黑点表示不连通砂体）

图 5-25 为上亚段输导模型油气运聚模拟结果，图中用黑色到亮黄色的颜色系列来表示油气通量的大小，亮黄色代表油气的相对通量最大。可以看出，塔中地区志留系的油气基本沿着断裂带分布，油气运移的路径及分布特征明显受输导体输导性能的控制。

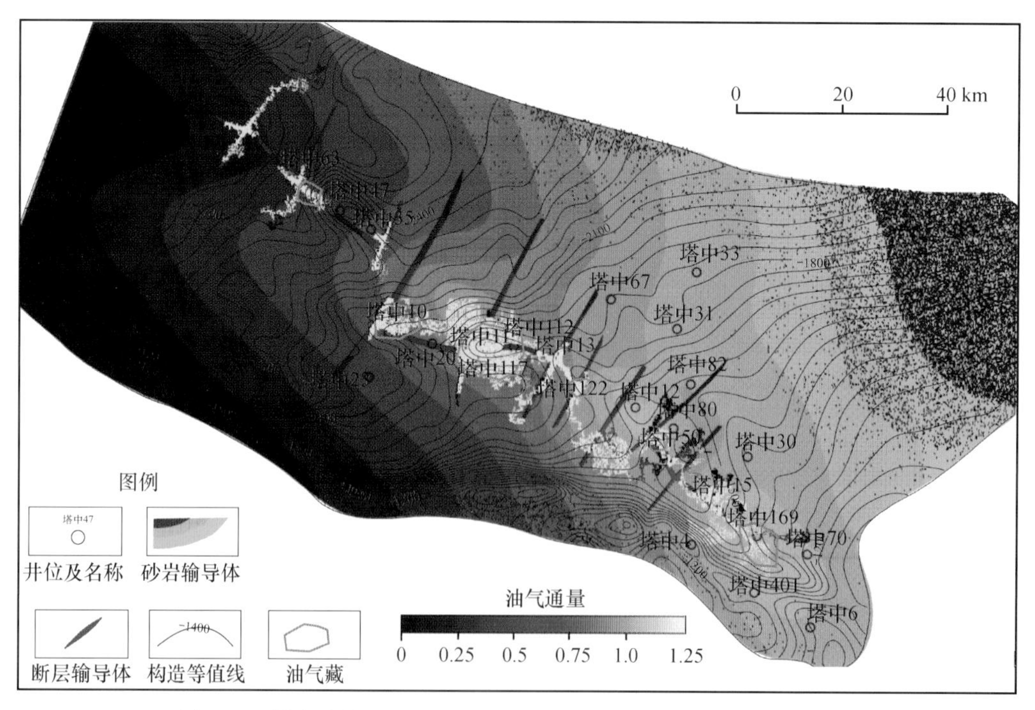

图 5-25　塔中志留系柯坪塔格组上亚段输导模型油气运聚模拟结果

在研究区西北部塔中 47、塔中 63 井区，砂岩输导体输导性能相对较差，油气主要沿着断层输导体进行垂向运移，并在断层带附近分布。在研究区中部和南部，随着砂岩输导体输导性逐渐变好，油气向高部位侧向运移明显，沿砂岩输导体运移较远距离，如塔中 11 井区油气向南部最远可运移至塔中 13 井区。在研究区东南部塔中 16 井区附近，断层并不发育，所发现的油气主要是塔中 50 井区油气进行侧向运移的结果。油气运移模拟结果与现今油气藏分布吻合性较好（图 5-6），表明前面关于砂岩输导层的研究结果及建立的复合输导格架是有效的，用渗透率来统一表征其输导能力是可行的。

综合上述对海西晚期目的层段油气运聚模拟结果，可发现塔中地区志留系输导体系的发育特征和构造形态决定了油气运聚集的范围和特征。油气在运聚动力和输导体系的联合控制下，总体上具有从西北向东南运移的趋势，不同井区由于输导体输导性能的差异，油气运聚方式也有所不同。塔中志留系油气分布总体受断层控制，基本沿断裂带分布；在砂岩输导体输导性较好的区域，油气侧向运移比较显著，分布范围相对较广。因此，塔中地区志留系下一步的有利目标区应该是发育在控油断裂附近的圈闭，为此，需要加大对塔中志留系断裂系统的研究力度，对塔中 11 井以西和塔中 12 井以东的控油断裂进行精细研究，并在塔中志留系寻找类似断裂，争取在志留系早日获得新发现。

小　　结

塔中地区志留系柯坪塔格组下砂岩段输导层基本以席状砂体为主，横向分布稳定，岩性相对单一，砂岩含量较高，空间叠置连续；其上覆红色泥岩段在研究区从古至今一直表现为良好的盖层；下砂岩段中的中亚段泥岩层在二叠纪末期的封闭性良好，在塔中地区分布稳定。根据代表早期原油运聚的沥青砂岩和代表后期油气运聚的轻质油砂岩的分布特征，可确定二叠纪末期以来下砂岩段的上亚段和下亚段成为两个相对独立的输导层。采用输导层的概念及对输导性能量化表征的方法，可以实现研究区砂岩输导层的量化表征。

上述输导层内都至少存在两期油气充注。早期原油形成的沥青质沥青及碳质沥青与后期轻质油充注所造成的胶质沥青和油质沥青共存，不但表明了早期原油充注对后期充注的影响和控制，也表明在二叠纪末期及以后的油气运聚过程中，上述两输导层对于油气仍具有较好的流体连通性，在后期油气运聚中起输导作用。因而，塔中地区志留系输导层内晚期充注的原油可被用作晚期油气成藏时砂岩间流体连通性的关键指示物。

按照前人提出的研究区志留系下砂岩段油气成藏模式，上述输导层自二叠纪末期以来与断层输导体组成了复合输导格架；采用古渗透率统一量化表征了断层-输导层构成的复合输导格架，定量地实现了利用钻井、地震等数据来预测邻近无井区块输导特性的目的。在此基础之上的油气运聚模拟结果印证了前人提出的成藏模式，表明这样的输导格架构建方法可行。

第六章 准噶尔盆地莫索湾地区输导体系与油气成藏

准噶尔盆地腹部蕴藏着丰富的油气资源，从北向南现已发现了陆梁、石南、石西、莫北和莫索湾等油气田。本次研究中选择位于准噶尔盆地中央拗陷莫索湾凸起为重点解剖区，以莫索湾凸起为重点解剖区，将前述的输导体特征研究及其定量数值化描述的方法应用于该区，进行了较为系统的油气成藏动力学研究。

第一节 石油地质基本特征分析

莫索湾地区位于准噶尔盆地腹部，行政隶属于新疆昌吉回族自治州玛纳斯县，勘探面积 3800km^2。莫索湾地区地表为沙漠、戈壁，沙丘起伏较大，地表北高南低，高程为 340～450m，平均海拔高程为 380m 左右。气候条件较为恶劣，降水稀少、温差悬殊，交通不便。

一、区域地质概况

研究区构造上位于准噶尔盆地中央拗陷北部，由西至东分别与盆 1 井西凹陷、莫北凸起和东道海子凹陷相邻，南接沙湾凹陷、莫南凸起、阜康凹陷（图 6-1），属于典型的凹中凸构造单元。

准噶尔盆地莫索湾地区从 20 世纪 50 年代开始开展区域概查，发现了莫索湾凸起；在 80 年代进行区域普查，发现了莫索湾大背斜；在 90 年代进入详查阶段，在莫索湾背斜盆 5 井区发现了中浅层侏罗系三工河组油气藏（莫索湾油气田）。经过五十多年的勘探，莫索湾地区已达到了较高的勘探程度，二维地震测线覆盖了整个莫索湾凸起和相邻的凹陷区，三维地震资料也覆盖了莫索湾凸起的主要地区，2009 年新处理的莫索湾-莫北三维连片地震数据满覆盖面积达 3112km^2，截至 2009 年年底，研究区共有钻井 75 口，其中探井 33 口，评价井 42 口，盆参 2、盆 4、盆 5 及莫 3、莫 10、莫 101、莫 102、莫 103、莫 8、莫 109、莫 11、莫 12、莫 17 等井在侏罗系三工河组均发现工业油气流，相继发现了莫索湾油气田和莫 10、莫 109、莫 17 井区等油气藏。

根据钻井资料可知（图 6-2），莫索湾凸起侏罗系三工河组自上而下分为三个岩性段，分别为三工河组上段（J_1s_1）、三工河组中段（J_1s_2）、三工河组下段（J_1s_3）。其中，J_1s_1 分布非常稳定，厚度 100m 左右，主要为一套湖相泥岩，为区域性盖层。J_1s_2 按其岩性、电性特征又细分为三工河组中上段（$J_1s_2^1$）、三工河组中下段（$J_1s_2^2$）两个砂层

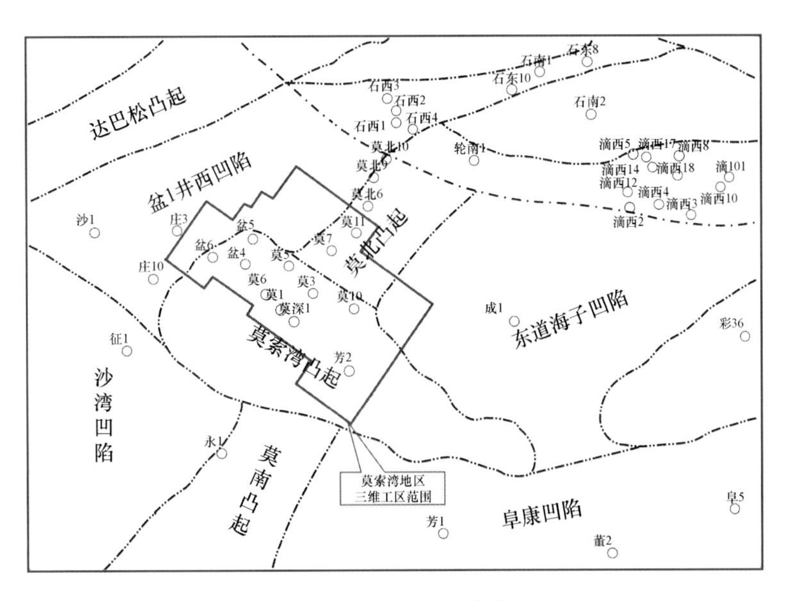

图 6-1　莫索湾地区区域位置图

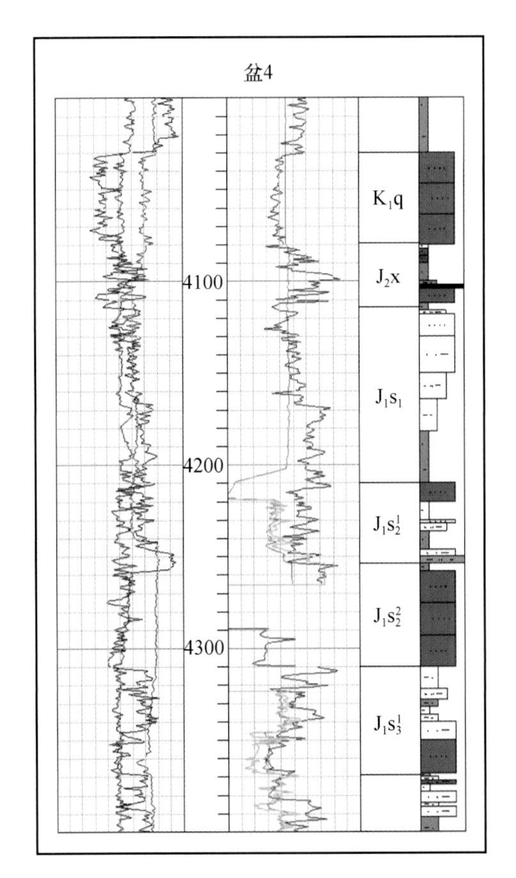

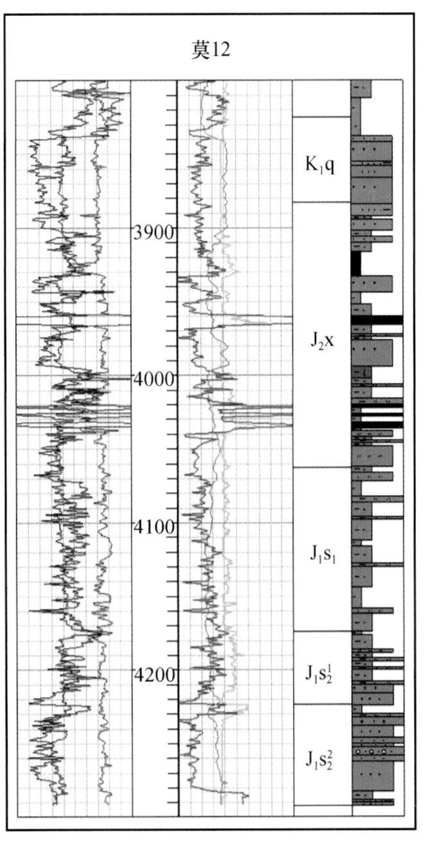

图 6-2　盆 4 井、莫 12 井岩性柱状图

组，两者均为三角洲前缘砂体沉积。J_1s_3 又可以自上而下分为三段：三工河组下一段（$J_1s_3^1$）、三工河组下二段（$J_1s_3^2$）、三工河组下三段（$J_1s_3^3$），莫索湾地区大多数井都只钻到三工河组下一段 $J_1s_3^1$，各段岩性主要特征如下。

J_1s_1：岩性为砂质泥岩，泥质粉砂岩，偶夹厚泥岩层，整个层段厚度约为 110m。主要为浅湖相泥岩沉积。

$J_1s_2^1$：岩性为粉-细砂岩，砂质泥岩，中-细砂岩等，厚度约为 50m，岩屑可见荧光现象。主要为三角洲前缘和滨浅湖相沉积。

$J_1s_2^2$：岩性为粉-细砂岩，含砾中-细砂岩，含砾中砂岩，含砾中-细砂岩，砂质泥岩等，粒度比 $J_1s_2^1$ 稍粗，厚度约为 70m，岩屑可见荧光现象。主要为三角洲前缘砂岩沉积。

$J_1s_3^1$：岩性为泥质细砂岩，砂质泥岩，厚度约为 50m。主要为浅湖相泥岩夹砂岩沉积。

侏罗系西山窑组下段夹有多套煤层，其强振幅连续反射波为莫索湾地区地震解释的标准层，西山窑组上段主要岩性为泥质砂岩、泥质粉砂岩、细砂岩及砂质泥岩、泥岩互层，白垩系底不整合面的削截作用造成莫索湾地区头屯河组和部分井西山窑组被剥蚀而缺失。白垩系底清水河组岩性以泥质细砂岩、细砂岩互层为主。

图 6-3 为莫索湾地区近南北走向的三工河组地层对比图，从图中可以看出三工河组各层段地层厚度变化不大，主要特征是中部厚度小，南北两端厚度大；西山窑组两端厚度较大，向中部被剥蚀，其厚度逐渐减薄，且在莫 6、莫 4、莫 13 井缺失。图 6-4 为莫索湾地区近东西走向的三工河组地层对比图，从图中可以看出莫索湾地区三工河组沿东西方向厚度基本稳定。

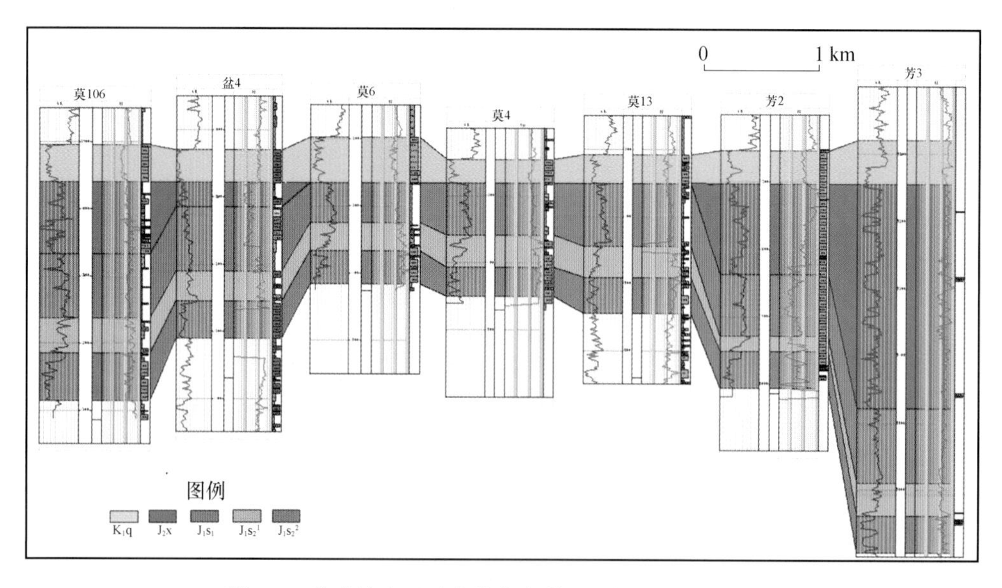

图 6-3 莫索湾地区近南北走向的三工河组地层对比图

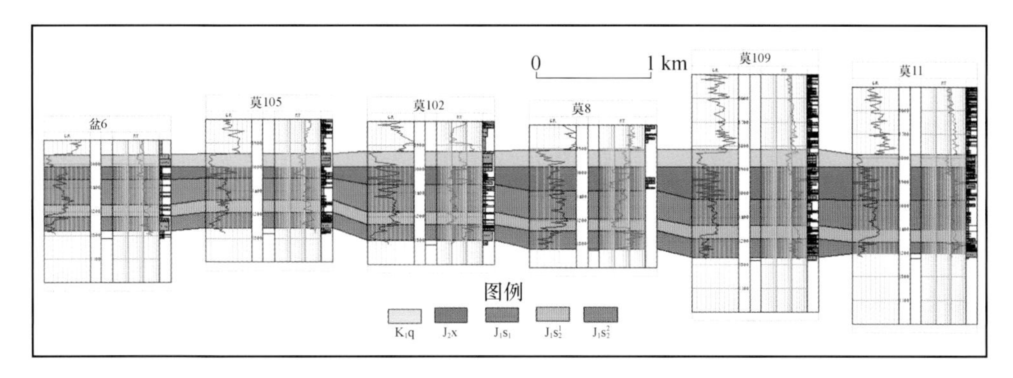

图 6-4　莫索湾地区近东西走向的三工河组地层对比图

二、莫索湾地区构造特征

1. 莫索湾地区断裂特征

莫索湾地区发育深、浅两套断裂系统，两套断裂系统的形成与演化特点具有明显差异（图 6-5）。深层断裂主要形成于海西期、晚海西期，主要断开层位为二叠系及其以下地层，以逆冲断层为主，断面倾角较陡，呈多期活动特点，表明莫索湾地区在海西

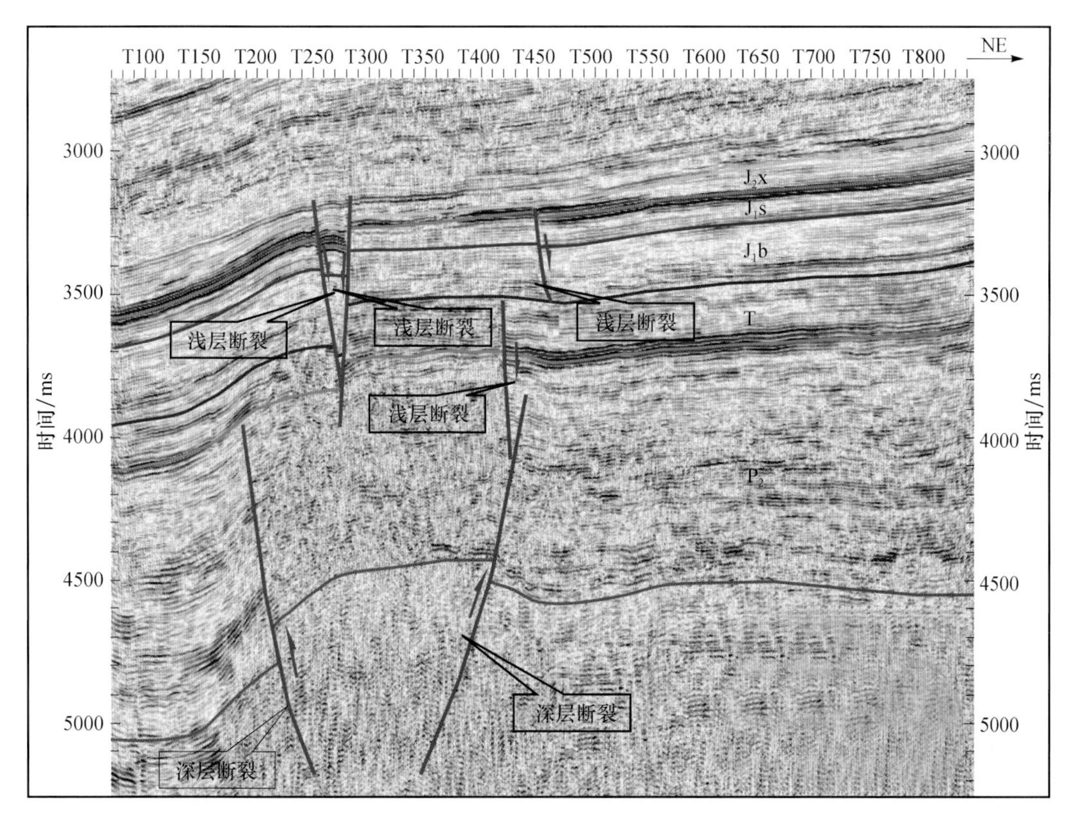

图 6-5　深浅层断裂地震剖面图

期、晚海西构造活动期基本处于挤压应力环境（图 6-5）。深层断裂在平面上主要分为北东—南西向和北西—南东向断层，断面彼此平行，呈雁列式分布，断距大，平面延伸距离长，断开层位多。纵向上，由下向上断层断距和延伸长度变小，断层规模逐渐减小直至消失（图 6-6，表 6-1）。

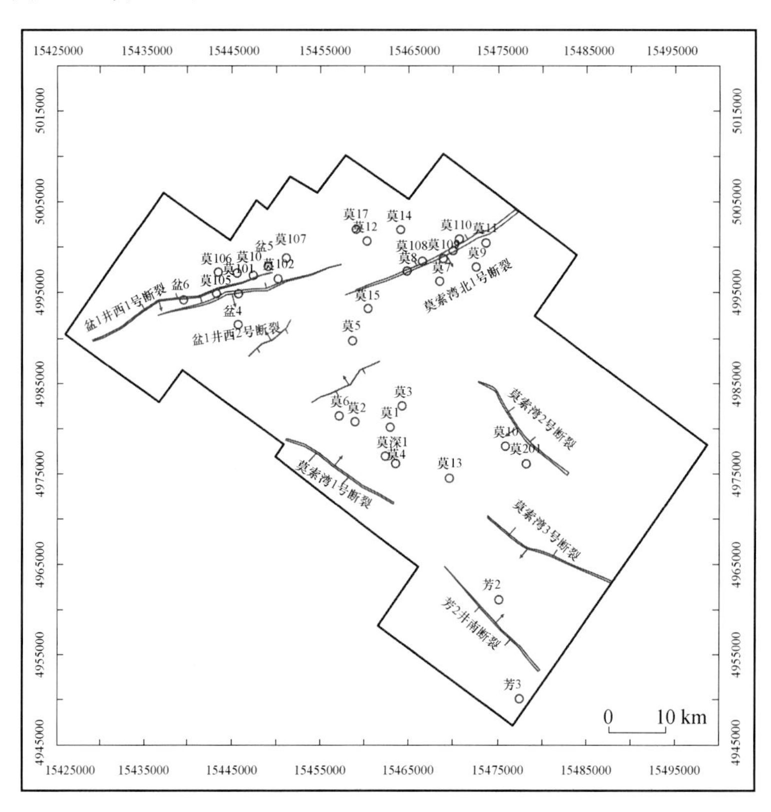

图 6-6　莫索湾地区二叠系底界面断层平面分布图

表 6-1　莫索湾地区深层断裂要素表

断裂名称	断裂性质	走向	倾向	长度/km	断开层位	断距/m
莫索湾北 1 号	逆断层	北东—南西	南东	21.3	C—P	100～1050
盆 1 井西 1 号	逆断层	北东—南西	南东	16	C—P	80～450
盆 1 井西 2 号	逆断层	北东—南西	南东	18	C—P	50～300
莫索湾 1 号	逆断层	北西—南东	北东	11.6	C—P	80～360
莫索湾 2 号	逆断层	北西—南东	南西	26	C—P	50～550
莫索湾 3 号	逆断层	北西—南东	南西	19.5	C—P	60～350
莫 2 井西	逆断层	北东—南西	南东	6.5	C—P	50～260
芳 2 井南	逆断层	北西—南东	北东	14	C—P	100～600

浅层断层主要形成于燕山期，主要断开层位为侏罗系，部分向上断至白垩系，向下断至三叠系顶部。剖面特征为正断层，断面高陡，倾角大都在 85°以上，断距较小，多与断层两盘地层形成地堑式构造（图 6-5）。浅层断层在平面上主要沿深层断层带分布，延伸距离较短，断距较小，断开层位少，仅为侏罗系，少量断层断开了侏罗系与白垩系，主要集中出现在侏罗系构造顶部和翼部（图 6-7，表 6-2）。

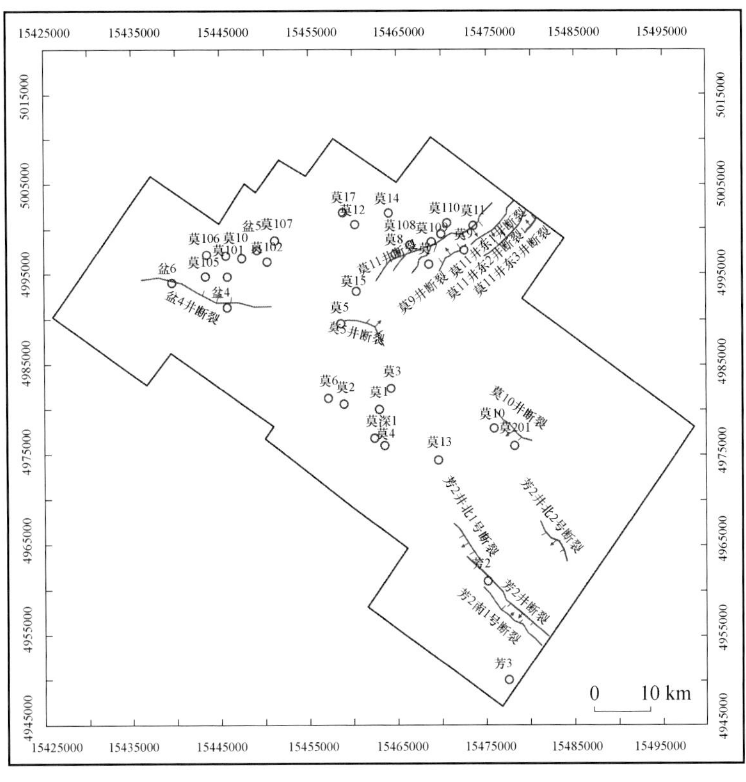

图 6-7 莫索湾地区侏罗系三工河组底界断层平面组合图

表 6-2 莫索湾地区浅层断裂要素表

断裂名称	断裂性质	走向	倾向	倾角/(°)	长度/km	断开层位	断距/m
莫 11 井	正断层	北东—南西	南东	87	13.67	J	8～160
莫 11 井东 1 号	正断层	北东—南西	南东	88	6.9	J	20～120
莫 11 井东 2 号	正断层	北东—南西	北西	88	6.8	J	42～160
莫 11 井东 3 号	正断层	北东—南西	北西	86	2	J	40～120
莫 9 井	正断层	北东—南西	北西	87	4	J	8～160
莫 5 井	正断层	北西—南东	北东	80	5.4	J	24～30
盆 4 井	正断层	北西—南东	北东	62	15.3	J	25～50
莫 10 井	正断层	北西—南东	南西	80	5.1	K—J	64～160
芳 2 井	正断层	北西—南东	南西	88	12.7	K—J	144～400
芳 2 井北 1 号	正断层	北西—南东	南西	85	5.4	K—J	16～128
芳 2 井北 2 号	正断层	北西—南东	北东	84	6	J	16～64
芳 2 井南 1 号	正断层	北西—南东	北东	87	9.4	K—J	4～80

1）北东向正断裂

北东向断裂主要分布在莫索湾凸起与莫北凸起交汇地区，主要包括莫 11 井断裂、莫 11 井东 1 号断裂、莫 11 井东 2 号断裂、莫 11 井东 3 号断裂以及莫 9 井断裂。北东向断裂断面普遍较陡，断距较小，平面延伸距离也较短。相对而言，发育在莫 11 井附近的莫 11 井断裂断距大，断面倾角较陡，平面延伸距离长，北东向断裂的形成与该位置深层所发育的莫索湾北 1 号断裂有很大的关系，深部地层在挤压应力作用下发生断隆并持续上拱，使上覆中浅层侏罗系出现拉张应力环境，从而形成北东向正断层（图 6-8）。

莫 11 井断裂：为莫索湾地区规模最大的一条正断层，位于莫索湾凸起的北东部莫

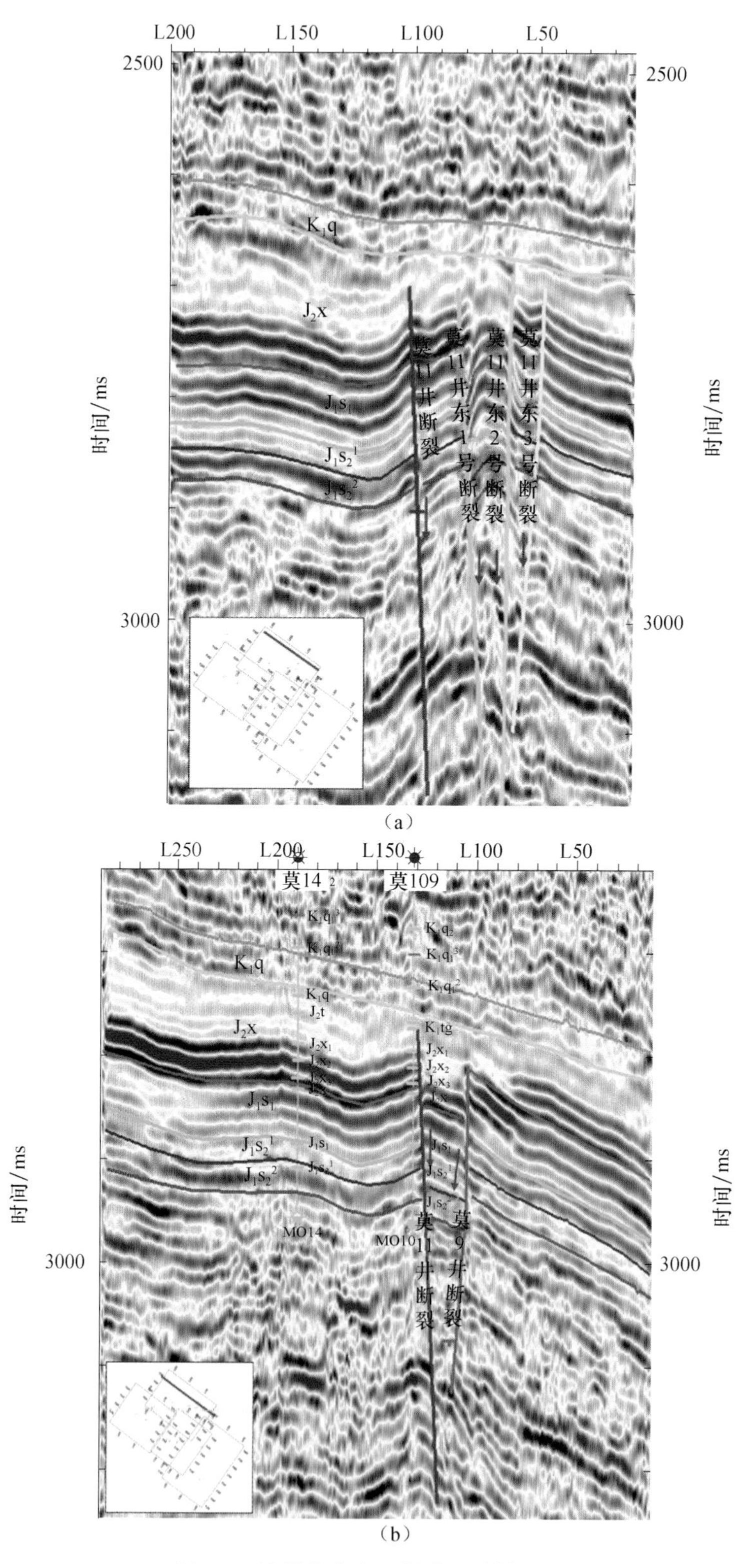

图 6-8　浅层北东向正断裂地震剖面图

11 井附近，走向为北东—南西，倾向为南东，断开层位为侏罗系，最大断距为 160m，平面延伸距离为 13.67km。

莫 11 井东 1 号断裂：该断裂位于莫 11 井东 2.7km 处，走向为北东—南西，倾向为南东，断开层位为侏罗系，最大断距为 120m，延伸距离为 6.9km。

莫 11 井东 2 号断裂：该断裂位于莫 11 井东 5.1km 处，走向为北东—南西，倾向为北西，断开层位为侏罗系，最大断距为 160m，延伸距离为 6.8km。

莫 11 井东 3 号断裂：该断裂位于莫 11 井东 6.7km 处，走向为北东—南西，倾向为北西，断开层位为侏罗系，最大断距为 120m，延伸距离为 2km。

莫 9 井断裂：该断裂位于莫 9 井附近，走向为北东—南西，倾向为北西，断开层位为侏罗系，最大断距为 160m，延伸距离为 4km。

2）北西向正断裂

北西向正断裂主要分布在莫索湾背斜东西两翼，主要包括盆 4 井断裂、莫 5 井断裂、莫 10 井断裂、芳 2 井断裂、芳 2 井北 1 号断裂、芳 2 井北 2 号断裂、芳 2 井北 3 号断裂、芳 2 井南 1 号断裂（图 6-7）。北西向浅层断裂与深层北西向断裂走向一致，其形成也受深层断裂的影响。

盆 4 井断裂：盆 4 井断裂位于莫索湾背斜北段西翼，走向为北西—南东，倾向为北东，倾角较缓，断开层位为侏罗系，最大断距为 50m，延伸距离为 15.3km。

莫 5 井断裂：该断裂位于莫索湾地区中部莫 5 井附近，走向为北西—南东，倾向为北东，断开层位为侏罗系，最大断距为 30m，延伸距离为 5.4km。

莫 10 井断裂：该断裂位于莫索湾地区南东部莫 10 井附近，走向为北西—南东，倾向为南西，断开层位为侏罗系，最大断距为 160m，延伸距离为 5.1km。

芳 2 井断裂：该断裂位于莫索湾地区南部芳 2 井附近，走向为北西—南东，倾向为南西，断开层位为侏罗系，最大断距为 400m，延伸距离为 12.7km（图 6-9）。

芳 2 井北 1 号断裂：该断裂位于芳 2 井北 2.2km 处，走向为北西—南东，倾向为南西，断开层位为 J—K，最大断距为 128m，延伸距离为 5.4km（图 6-9）。

芳 2 井北 2 号断裂：该断裂位于芳 2 井北 9km 处，走向为北西—南东，倾向为北东，断开层位为 J—K，最大断距为 64m，延伸距离为 6km。

芳 2 井南 1 号断裂：该断裂位于芳 2 井南 1.3km 处，走向为北西—南东，倾向为北东，断开层位为 J—K，最大断距为 80m，延伸距离为 9.4km（图 6-9）。

2. 莫索湾地区构造特征

地震解释与构造特征表明：莫索湾地区二叠系底界面为一特大型背斜构造（图 6-10），背斜分布范围较广，沿北西—南东走向，北西翼较陡，而南东翼较缓，其高部位在盆参 2 井附近。莫索湾地区三叠系底界面构造图反映了东部盆参 2 井区和西部盆 4 井区两个背斜高点，盆参 2 井区背斜为原二叠系大背斜，只是背斜面积及圈闭幅度大大减小（图 6-11）。

莫索湾地区侏罗系底界面仍可明显看到东部盆参 2 井区及西部盆 4 井区两个背斜构造（图 6-12），但相对三叠系底界面，其背斜面积及圈闭幅度又进一步减小。侏罗系三工河组中段底界面为低幅度背斜构造（图 6-13 和图 6-14），西部盆 4 井区背斜构造不明

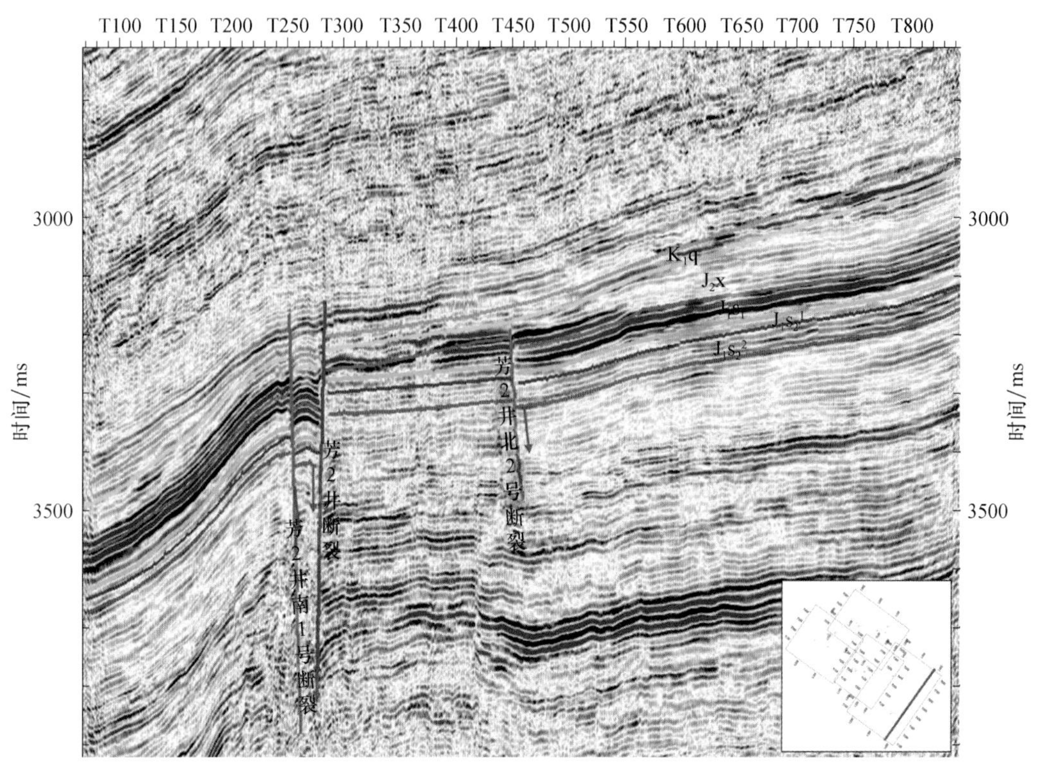

图 6-9 芳 2 井正断裂地震剖面图

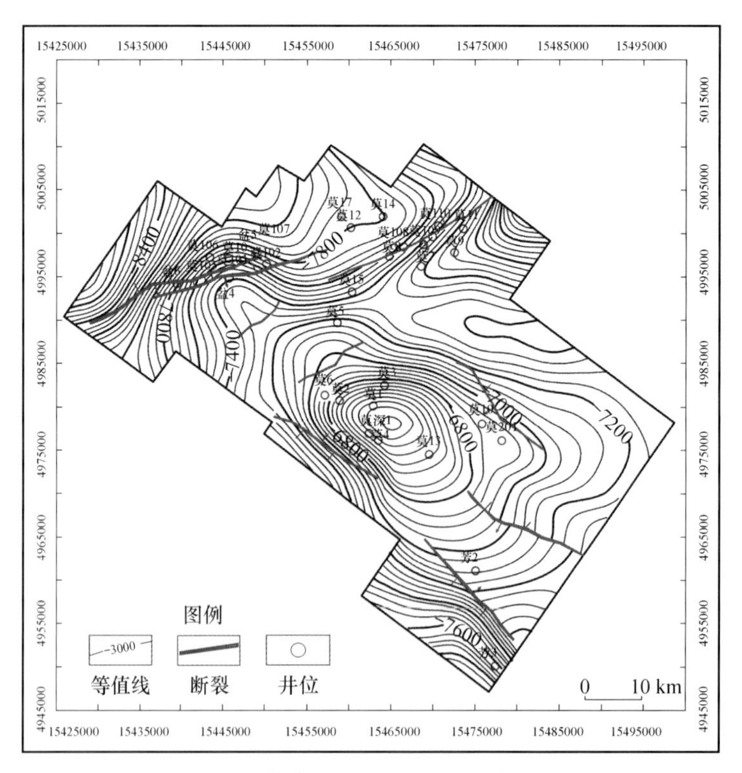

图 6-10 莫索湾地区二叠系底界构造图

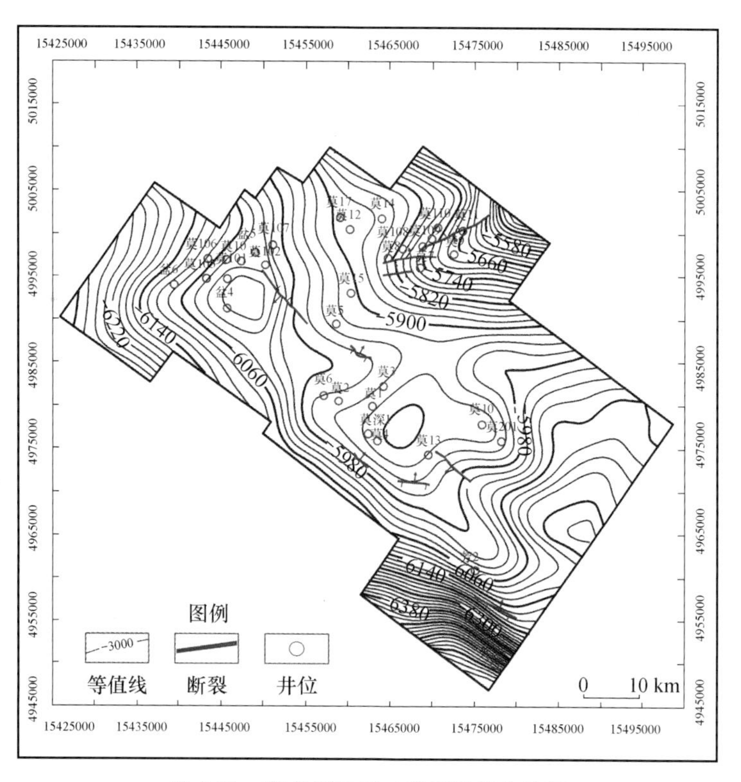

图 6-11 莫索湾地区三叠系底界构造图

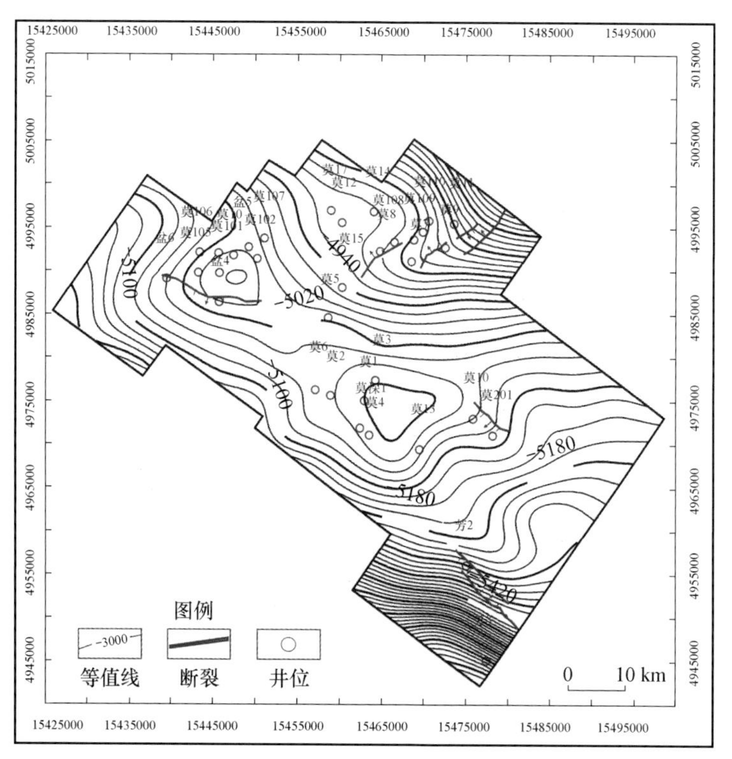

图 6-12 莫索湾地区侏罗系底界构造图

显，东部盆参 2 井背斜面积及圈闭幅度又一次减小，并且高点位置已向莫 3 井附近迁移。莫索湾地区西山窑组地层遭受剥蚀，西山窑组缺失尖灭线沿盆 4—莫 5—莫 13—芳 2 井一线分布（图 6-15）。白垩系底界面披覆背斜消失，整个莫索湾地区过渡为向南倾的单斜构造。

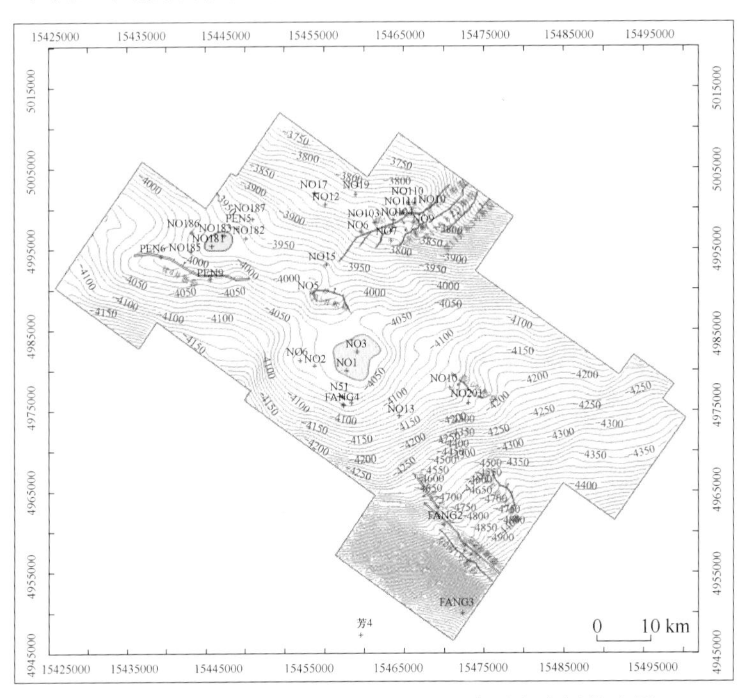

图 6-13 莫索湾地区侏罗系三工河组中下段底界构造图

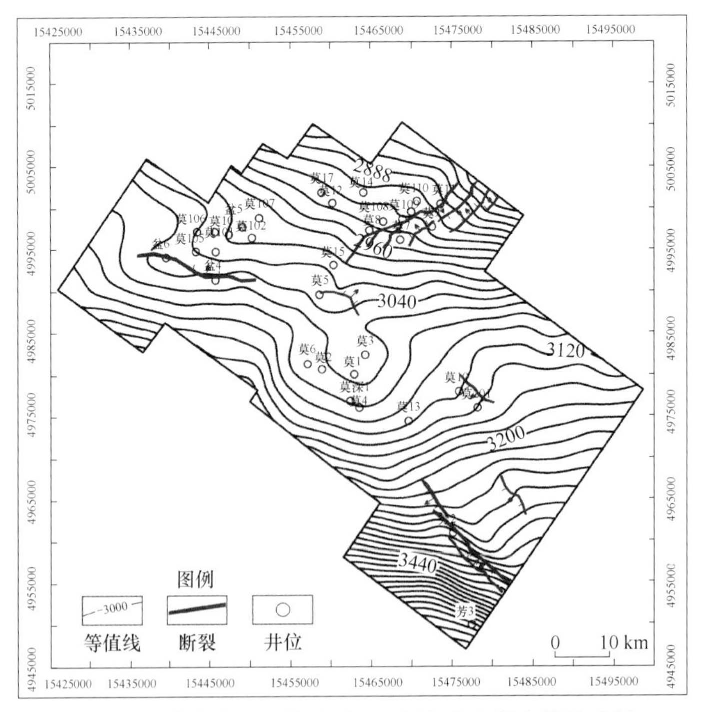

图 6-14 莫索湾地区侏罗系三工河组中上段底界构造图

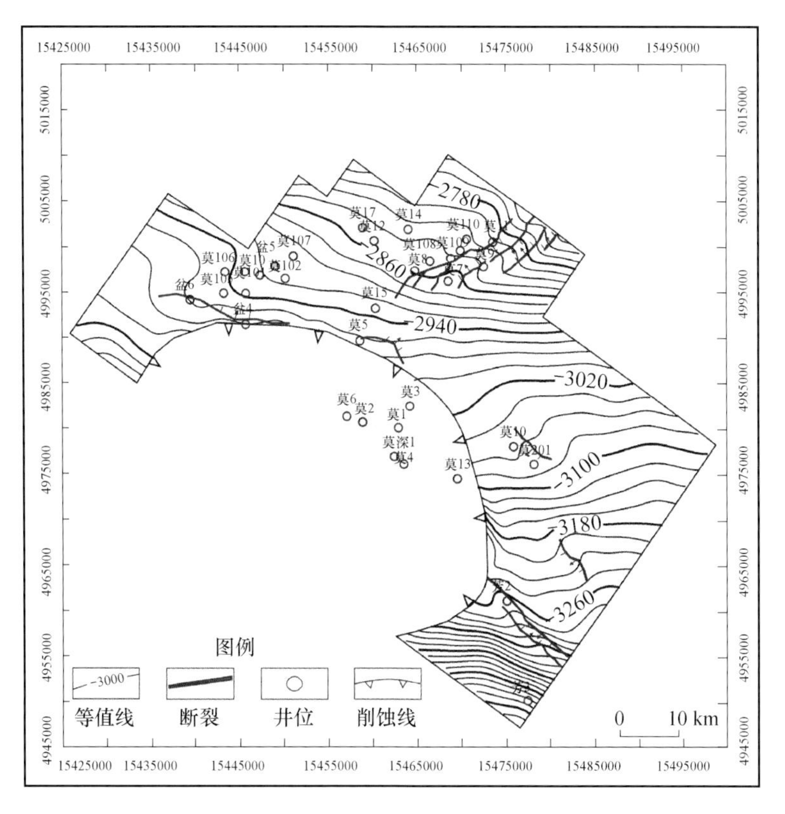

图 6-15 莫索湾地区侏罗系西山窑组底界构造图

三、莫索湾地区相邻凹陷烃源岩特征

莫索湾地区周缘主要发育四个生油凹陷，即：盆 1 井西凹陷、东道海子凹陷、沙湾凹陷及阜康凹陷。这几个生油凹陷均发育多套烃源层，即石炭系、二叠系、侏罗系三套主力生油层系（图 6-16）。经过前人对莫索湾相邻地区烃源岩的对比分析可知，二叠系风城组和下乌尔禾组烃源岩是研究区的主力源岩。油气源分析表明，莫索湾地区三工河组已发现油气藏的油气主要来自盆 1 井西凹陷二叠系风城组和下乌尔禾组的烃源岩，部分油气来自南部东道海子凹陷、沙湾凹陷及阜康凹陷二叠系和侏罗系烃源岩所生成油气。

准噶尔盆地二叠系风城组烃源岩厚度分布特征（图 6-17）显示，盆 1 井西凹陷、沙湾凹陷、阜康凹陷的风城组烃源岩厚度较大，均达到 850m，东道海子凹陷的烃源岩厚度相对较小，仅为 650m。从图中可以看出盆 1 井西凹陷烃源岩的分布范围远大于其他凹陷，说明盆 1 井西凹陷无论在厚度上还是在分布范围上都优于其他凹陷，是莫索湾地区油气供给的主力生油凹陷。

从准噶尔盆地二叠系下乌尔禾组烃源岩厚度图（图 6-18）上能明显看出，盆 1 井西凹陷烃源岩的分布范围和厚度较风城组烃源岩有明显减小，其他凹陷下乌尔禾组烃源岩厚度也明显减小。对比两图可知莫索湾地区相邻凹陷二叠系风城组烃源岩生烃潜力明显优于下乌尔禾组，而莫索湾地区相邻凹陷油源充足，生烃潜力巨大。

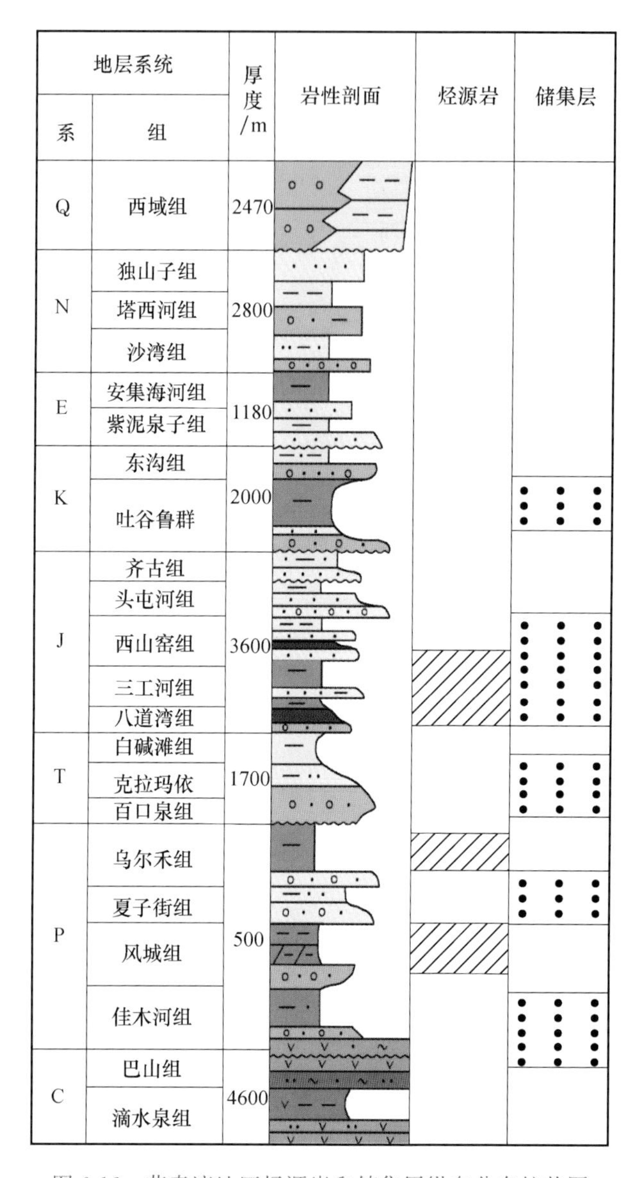

图 6-16　莫索湾地区烃源岩和储集层纵向分布柱状图

四、莫索湾地区侏罗系三工河组主要沉积特征

早侏罗世八道湾组沉积时期，地形高低差异增大，腹部地区主要发育滨浅湖-半深湖、三角洲相沉积，三工河组沉积时期，地势趋于平缓，湖侵范围扩大。莫索湾地区主要发育滨浅湖-半深湖及三角洲相沉积，但由于湖盆的动荡性，具有湖盆扩大-收缩-扩大的特点，相应的沉积具有细-粗-细的特点，形成了一套十分有利的砂岩储集层。

早侏罗世三工河组早中期，莫索湾地区三角洲前缘沉积的发育达到了鼎盛时期，只有很少一部分为浅湖-半深湖沉积，厚层三角洲前缘砂体在整个研究区分布较稳定，可

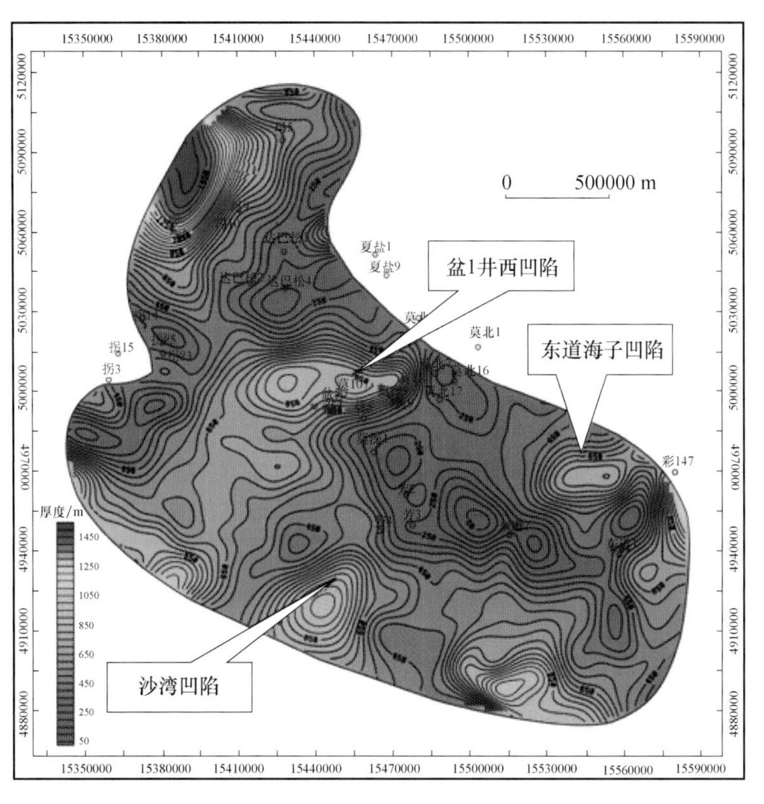

图 6-17 准噶尔盆地腹部地区二叠系风城组烃源岩厚度图

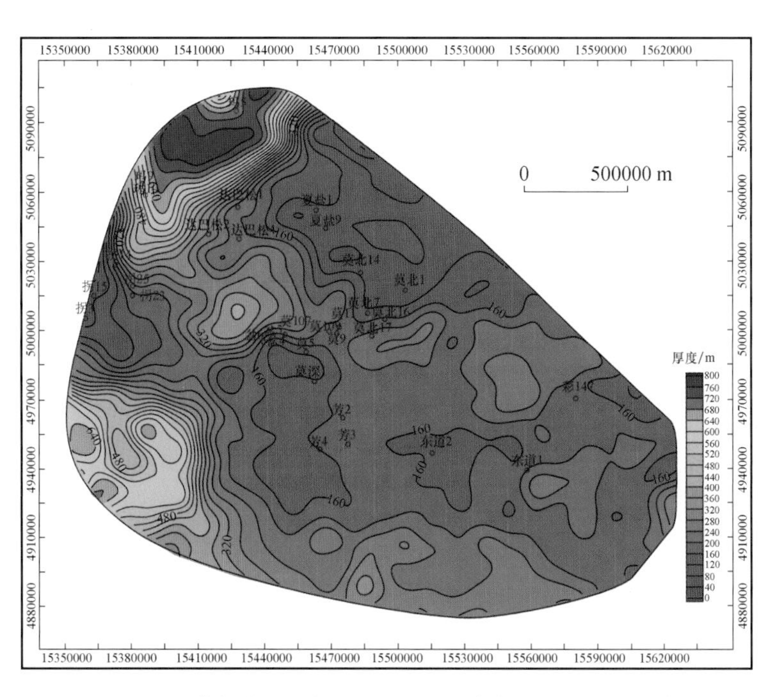

图 6-18 准噶尔盆地腹部地区二叠系下乌尔禾组烃源岩厚度图

以全区追踪对比，主要物源方向是工区的北西向及北东向，物源为北西向的辫状河及东部的辫状河、曲流河，河流发育到了中期，河流不断改道，造成砂体在剖面上交错叠置，平面连接成片，由于物源的增加，莫索湾地区砂体分布更广，砂体的厚度也更大。

早侏罗世三工河组晚中期，莫索湾地区发育的三角洲前缘沉积进入了衰退期，分布范围逐渐减小，而浅湖沉积的范围在不断扩大，虽然仍然具有北西向和北东向的物源，但由于物源的减少，砂体分布范围及厚度都随之减小。

第二节　流体动力系统演化及成藏系统划分

大量研究表明，盆地的流体动力背景既不是在盆地规模上构成一个统一的整体，又不是各处互不相关。在含油气盆地、尤其是大型复杂的含油气盆地中，往往存在多个油气成藏流体动力系统，每个系统具有特定的功能、相对稳定的边界和相对统一的压力体系，其中的油气藏具有类似可比的成藏条件和成藏作用，是由地层格架和其中的流体（油、气、水）构成的多相体系（康永尚等，1999）。

纵向上油气成藏流体动力系统的划分以水文地质格架为基础，包括高渗水文地质单元和低渗水文地质单元的分布、连通性、厚度、倾向以及地质构造，如断层和不整合等内容。在研究构造和水文地质旋回的基础上，压力是划分成藏流体动力系统的关键，流体化学作为佐证，结合压力和流体化学的研究，便可准确划分成藏流体动力系统。

一、地层压力特征

地层压力纵向分布是划分油气成藏流体动力系统的重要依据。由于地层渗透性的差异，断层压力的测量方法也不同。一般渗透性地层多用直接测量的方法获得地层压力，而对于低渗地层则多用间接方法估算。

1. 输导层地层压力

单井砂层段实测（试油静压）压力的纵向分布是认识压力结构和划分油气成藏流体动力系统的直接依据，然而，很难得到一口单井全井段的压力实测值，因为试油是在钻井和测井解释的油气层段进行的，一般单口井的压力测试数据不会超过3～5个层段，只能反映个别层段的地层压力状况，且很多情况下得不到静压数据，这为我们认识纵向上的压力结构带来了困难。克服这一困难的一个途径是针对某个目的层，选用多口井的资料，来研究同一目的层的压力随深度的变化，这为我们认识不同目的层的压力特点提供了一定的信息。

由于莫索湾—莫北实测地层压力数据较少，因此，我们以整个腹部地区的实测地层压力为基础，分层编绘了地层压力随深度变化的关系曲线（图6-19）。

从准噶尔盆地腹部储层压力来看，二叠系在埋深 3200m 以下出现超压［图 6-19(a)］，三叠系在埋深 3500m 以下出现超压［图 6-19(b)］，侏罗系在埋深 4500m 以下出现超压［图 6-19(c)］，白垩系压力点基本上处于静水压力趋势线的下方，呈微弱的低压状态［图 6-19(d)］。这一整体趋势说明，白垩系储层出现超压的可能性很小，整体上处于开放的流体动力环境下，侏罗系、三叠系和二叠系储层在一定的埋深下出现封闭的水动力环境，且二叠系相对于三叠系和三叠系相对于侏罗系更容易出现封闭的流体动力学环境。

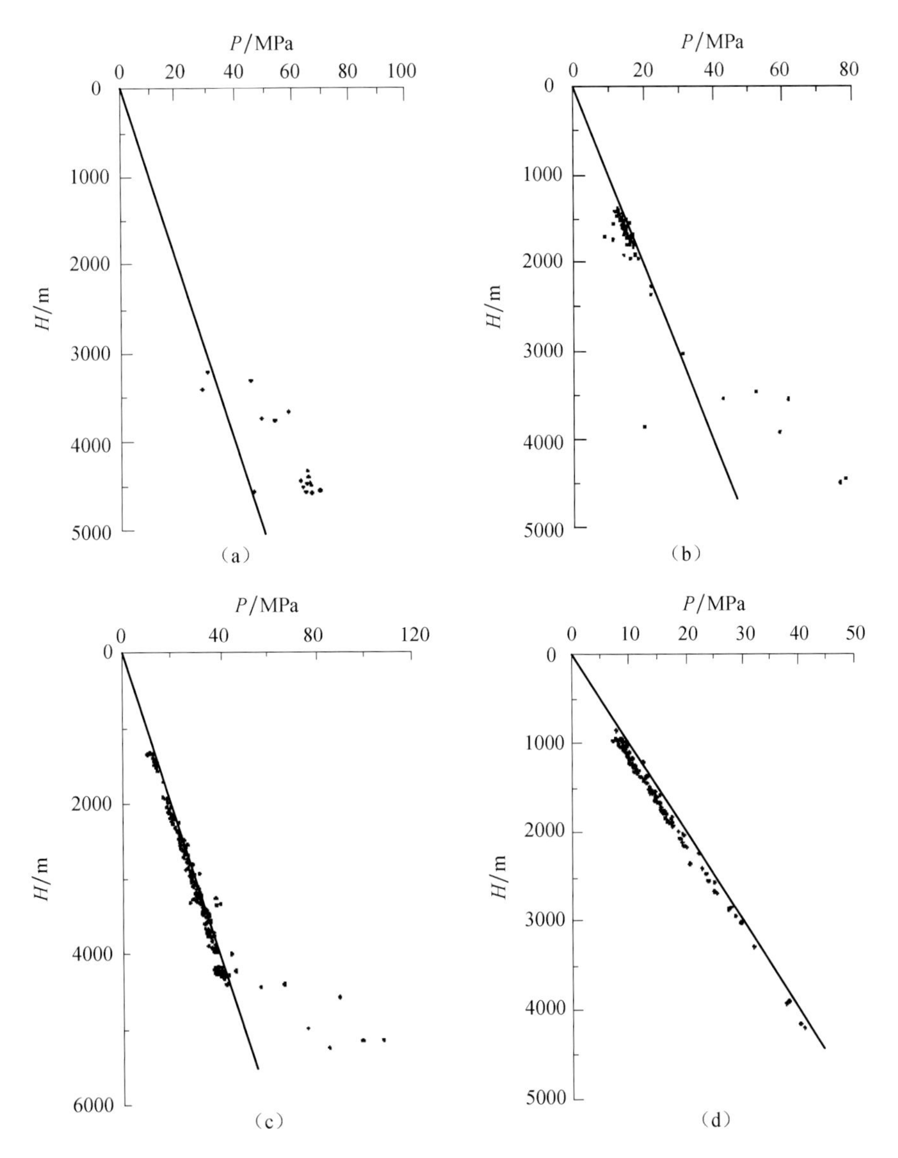

图 6-19　准噶尔盆地腹部储层压力剖面图

(a) 二叠系；(b) 三叠系；(c) 侏罗系；(d) 白垩系

从莫索湾—莫北地区单井压力剖面看，除在莫北 1、莫北 5 井八道湾组见到异常高压数据点外，其他井压力数据点都在正常压力线上。因此，推测异常高压发育在八道湾组及深部地层中，三工河组及以上层系砂层中出现超压的可能性很小。

2. 泥岩地层压力

泥岩声波时差与泥岩的压实程度有关，一般来说，随泥岩埋深增加，泥岩压实程度增加，声波时差减小（即声波速度增大），呈现一定的变化趋势（但未必是直线形式）。若出现泥岩欠压实的情况，则会表现为声波时差偏离正常趋势线而出现异常高值带，该带即为泥岩欠压实带，泥岩欠压实带是指该带泥岩中的沉积水在埋藏过程中未能正常地排出或正处于排出过程中，该欠压实带至少对其下的砂岩在纵向上起到流体封隔作用，但这并不意味着在泥岩欠压实带之下的砂岩中一定发育超压，因为，砂岩中的流体压力状况除了考虑在纵向上的封隔条件之外，还要考虑砂岩在侧向上的连通性等因素。

根据以上分析，可以认为泥岩欠压实带实际上是纵向上的流体封隔带，因此，可以作为纵向上油气成藏流体动力系统划分的依据。

图 6-20(a)是盆参 2 井泥岩和砂岩声波时差随深度变化的散点图，由图可知，在

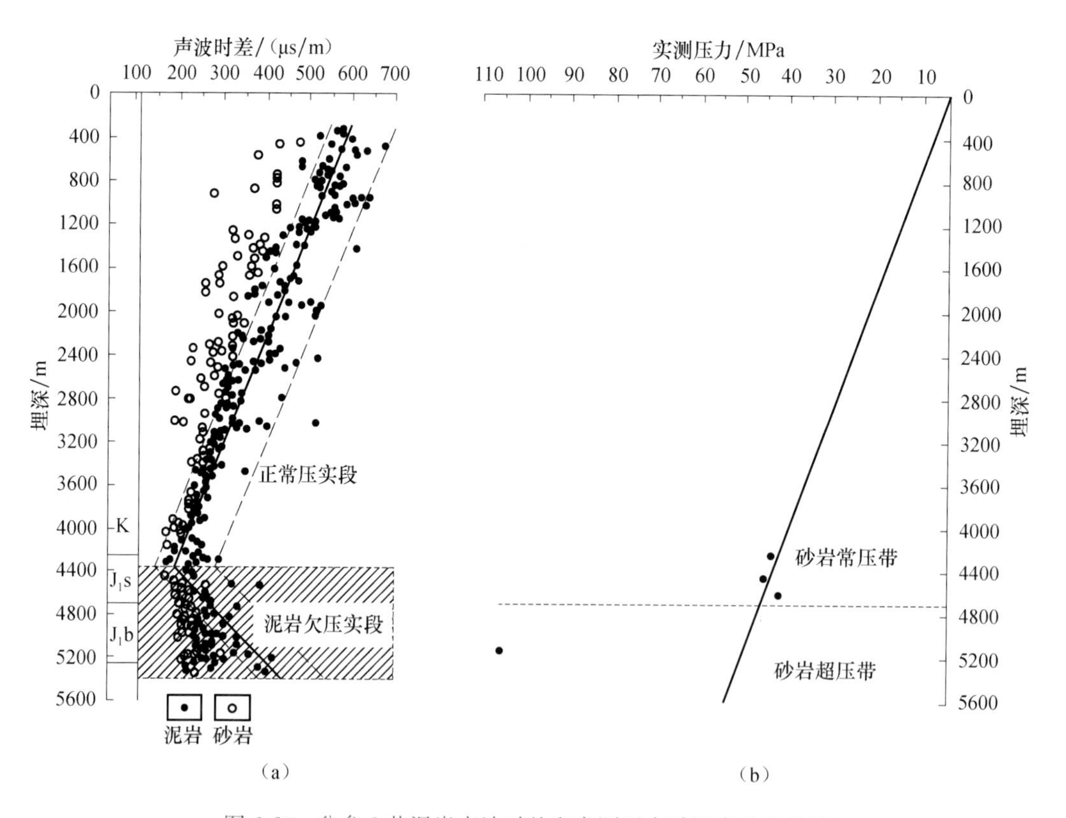

图 6-20 盆参 2 井泥岩声波时差和实测压力随深度的变化图

(a) 声波时差随深度变化，其中的实线代表泥岩声波时差的变化趋势，虚线代表泥岩声波时差的趋势范围；(b) 实测压力随深度变化，其中的实线代表静水压力趋势线

三工河组上部出现声波时差变化趋势的改变，表明三工河组上部泥岩中开始出现欠压实，该泥岩对应侏罗系第 3 个三级层序 JS_3 的水进域。

图 6-20(b)是盆参 2 井各试油层段实测地层压力随深部变化的散点图，由图可知，在三工河组上部泥岩欠压实带之下的砂岩中，地层压力仍然属正常压力，说明欠压实泥岩带之下的砂岩未必出现超压。再往深部到八道湾组砂层，地层压力开始出现超压。因此，可以得出的基本认识是，砂层中超压出现的深度与欠压实泥岩带出现的深度存在“滞后”现象，砂层中超压与泥岩欠压实存在一定的成因联系，即泥岩欠压实意味着其下的砂岩可能出现超压，也可能出现常压，但反过来，我们还未见到过正常泥岩压实带之下的砂岩出现超压的现象。

因而，盆参 2 井下侏罗统可以划分为 2 个油气成藏流体动力系统：①由侏罗系第 2 个三级层序 JS_2 水进域的泥岩（对应 J_1s_3 和 J_1b_1 泥岩）作为边界，由 JS_2 低位域（对应 $J_1b_1^2$ 砂体）和深部地层的砂体组成的二叠系-八道湾组油气成藏流体动力系统；②由侏罗系第 3 个三级层序 JS_3 水进域的泥岩（对应 J_1s_1 泥岩）作为边界，由 JS_3 低位域（对应 $J_1s_2^1$ 砂体）和 JS_2 高位域（对应 $J_1s_2^2$ 砂体）组成的三工河油气成藏流体动力系统。

图 6-21 为莫 8、莫 9、莫北 6、莫北 3、莫北 9 各井声波时差随深度的变化图，由图可知，在白垩系底部同样存在一个泥岩欠压实带，该带与白垩系第 1 个层序 KS_1 水进域富含泥岩的砂泥岩互层段对应，构成了侏罗系西山窑组低位域砂岩、头屯河组砂岩、白垩系底砾岩和底部砂岩的一个区域上的封盖层；在 J_1s 顶部也存在一个低幅的泥岩欠压实带，该带与层序 JS_3 水进域泥岩对应，构成 $J_1s_2^1$ 砂岩和 $J_1s_2^2$ 砂岩的封盖层，成为莫索湾地区三工河油气成藏流体动力系统的顶边界。

通过以上分析可知，泥岩欠压实带与各层序的水进域有很好的对应关系，对这种对应关系的合理解释是，在各层序的水进域发育厚层的泥岩，厚层泥岩段中的沉积水不易排出，从而呈现欠压实。泥岩欠压实带构成纵向上的压力封闭带，是油气成藏流体动力系统划分的重要依据，也可以进一步推出，层序格架中的水进域常常是油气成藏流体动力系统的边界。

另外，需要说明的是，在白垩系第 2 个三级层序 KS_2 水进域泥岩中未见到欠压实现象，只能说该泥岩段对其下的砂岩不存在压力封闭，但对该泥岩段的封盖作用不能否定，但其封盖作用与压力封盖作用相比要弱些。

二、水化学特征分析

因钻井和取样的原因，莫索湾-莫北地区的水化学数据主要集中在侏罗系，总体上看，侏罗系矿化度较高，大都在 10g/L 以上，高的达到 30g/L 以上，水型以 $NaHCO_3$ 水型为主，并有 $CaCl_2$ 水型、Na_2SO_4 水型和 $MgCl_2$ 水型的出现（图 6-22）。从矿化度、氯离子浓度纵向变化趋势看，深部矿化度及氯离子浓度明显较上部高，这说明，莫索湾深部主要是三工河组及以下地层所处环境较为封闭，离子浓度受淡水的影响较小；另一方面说明，莫北侏罗系受浅层淡水的影响较大，离子浓度明显偏低。

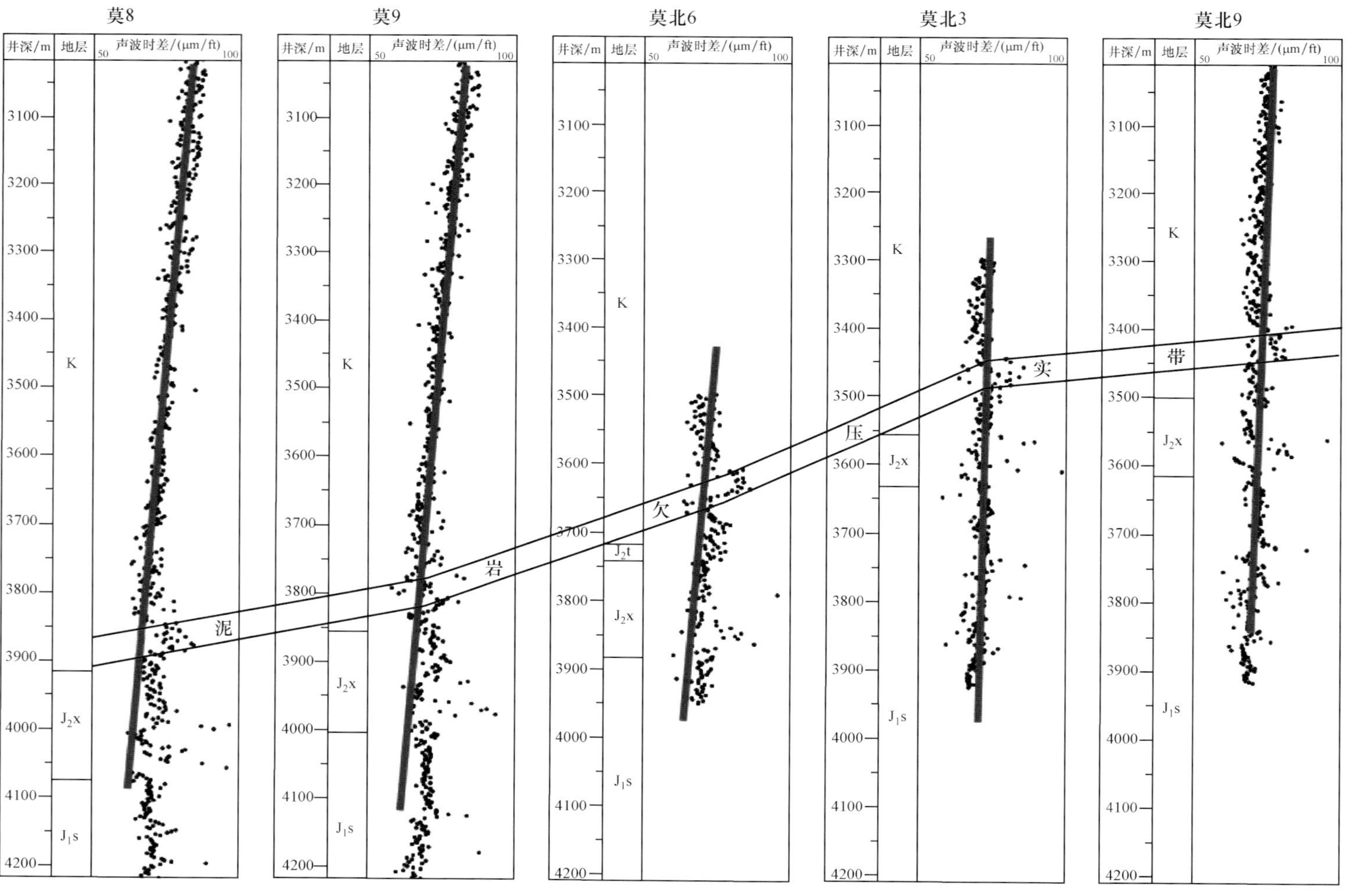

图 6-21 莫8、莫9、莫北6、莫北3、莫北9声波时差随深度变化图

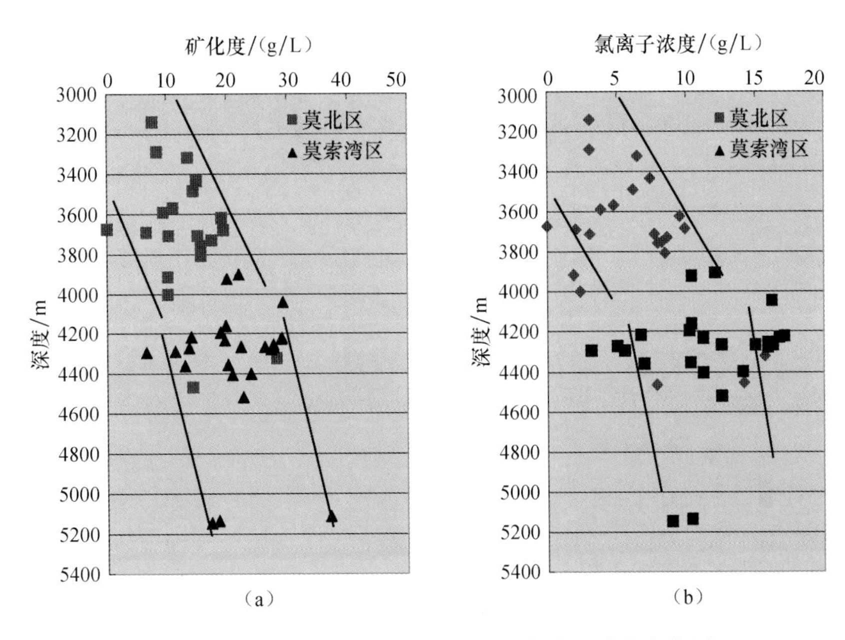

图 6-22 莫索湾—莫北地区矿化度及氯离子浓度变化图

从西山窑组地层水矿化度和氯离子含量看，存在一个明显的变化趋势，即矿化度和氯离子含量从西南向东北、从莫索湾向莫北方向逐渐降低。

三工河组的地层水矿化度和氯离子含量在侏罗系中略偏低，但莫索湾和莫北地区差异明显。对比来看，矿化度和氯离子含量呈现出莫索湾地区普遍较莫北地区高的趋势；在莫北地区，矿化度普遍为 10～20g/L，氯离子含量多为 5～10g/L，并有从西向东不断增加的趋势，预示着该区的水体可能较为活跃；而在莫索湾地区，矿化度普遍在 20g/L 以上，盆 6、盆参 2、芳 1 井甚至超过了 30g/L，氯离子含量也达到 15～20g/L，出现了矿化度和氯离子含量由东南向西北降低的趋势，并且普遍发现了 $CaCl_2$ 水型，表明该区的环境较为封闭（图 6-23）。

八道湾组的水化学数据较少，但可以看出莫索湾、莫北地区都出现了 $CaCl_2$ 水型，矿化度和氯离子含量也较高，总体上环境较为封闭。在莫北地区莫北 2 井的矿化度和氯离子含量明显较其他井高，而且也是莫北唯一一口出现 $CaCl_2$ 水型的井。

从玛湖—盆 1 井西地区侏罗系矿化度展布来看（金爱民等，2006），莫索湾—莫北凸起处于相对的高值区，主要原因是莫索湾—莫北凸起是多侧离心流共同指向的位置，莫北凸起是盆 1 井西凹陷和东道海子北凹陷的叠合越流泄水区，莫索湾凸起则是盆 1 井西凹陷、东道海子凹陷和沙湾—阜康凹陷三者的共同越流泄水区（图 6-23）。

三、构造演化和水文地质旋回划分

区域构造和沉积建造的周期性决定了区域水文地质的旋回性（程汝楠，1981；杨绪充，1985；刘方槐等，1991）。因此，表示沉积、剥蚀和地层上下接触关系的综合柱状图和各时期的岩相古地理图及盆地的构造演化史是划分水文地质旋回和阶段的主要依据。

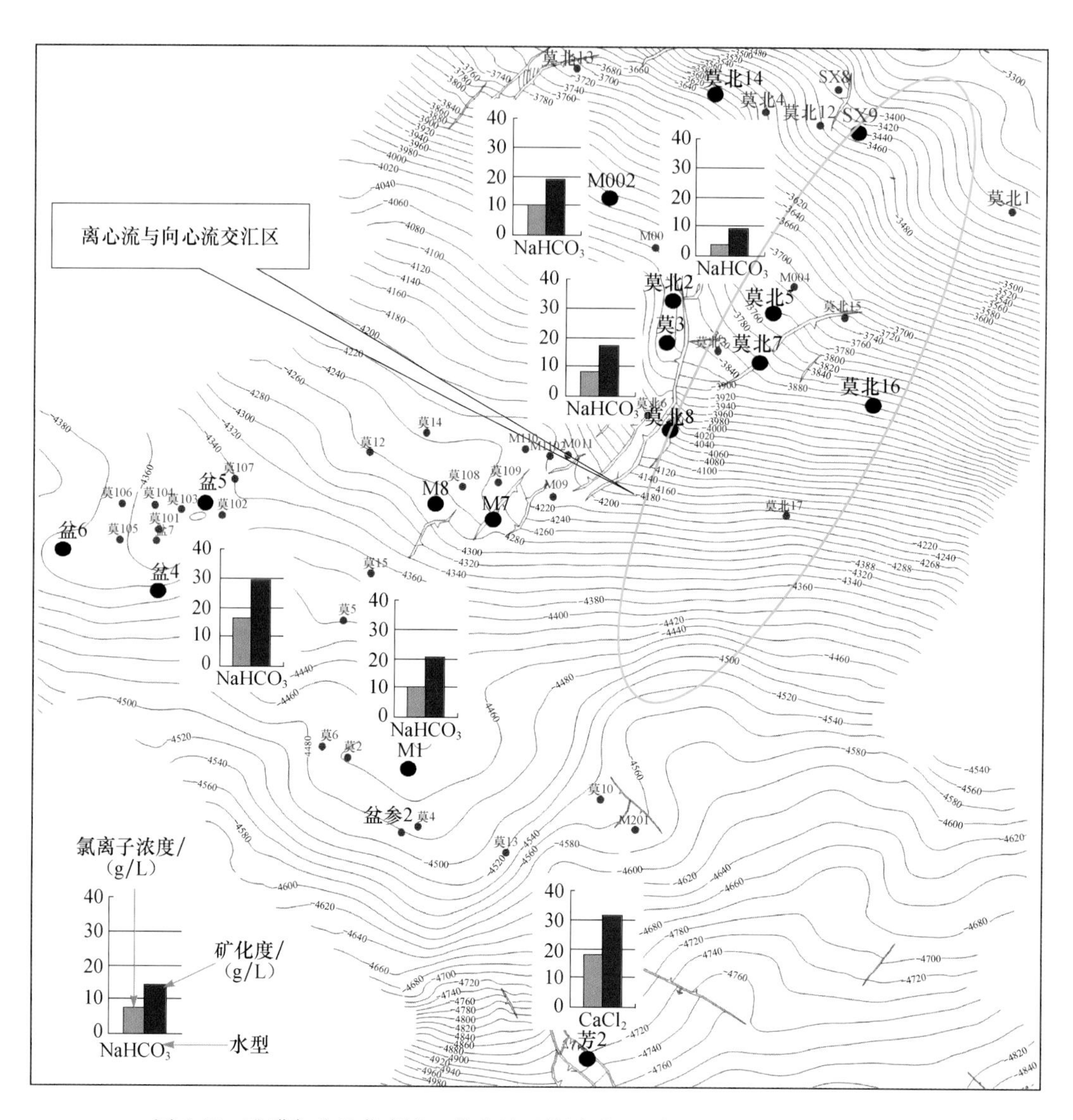

图 6-23　准噶尔盆地莫索湾—莫北地区侏罗系三工河组（J_1s）水化学特征图

图中等值线为 T_{J2} 等高线

准噶尔盆地自晚古生代以来经历了海西运动、印支运动、燕山运动和喜马拉雅运动四次大的构造运动，其中海西运动在二叠纪存在四幕，燕山运动可以分为三幕，且中晚侏罗世的第一、二幕构造抬升剥蚀强烈，形成了西山窑组顶部不整合和侏罗系与白垩系之间的区域不整合，而喜马拉雅运动在莫索湾—莫北地区表现为向北的翘倾运动，从而决定了自晚古生代以来莫索湾—莫北地区经历了二叠纪、三叠纪、侏罗纪、白垩纪和古近纪—第四纪等五个主要水文地质旋回（图 6-24）。

早二叠世佳木河期的第一幕海西运动使得西准噶尔造山带强烈的自西向东推覆，从而造成盆地基底西倾，在盆地腹部抬升剥蚀，大气水下渗淋滤，形成佳木河组顶部不整合。早二叠世末的风城期，盆地周缘海槽已全部褶皱成山，火山活动减弱，同时褶皱的

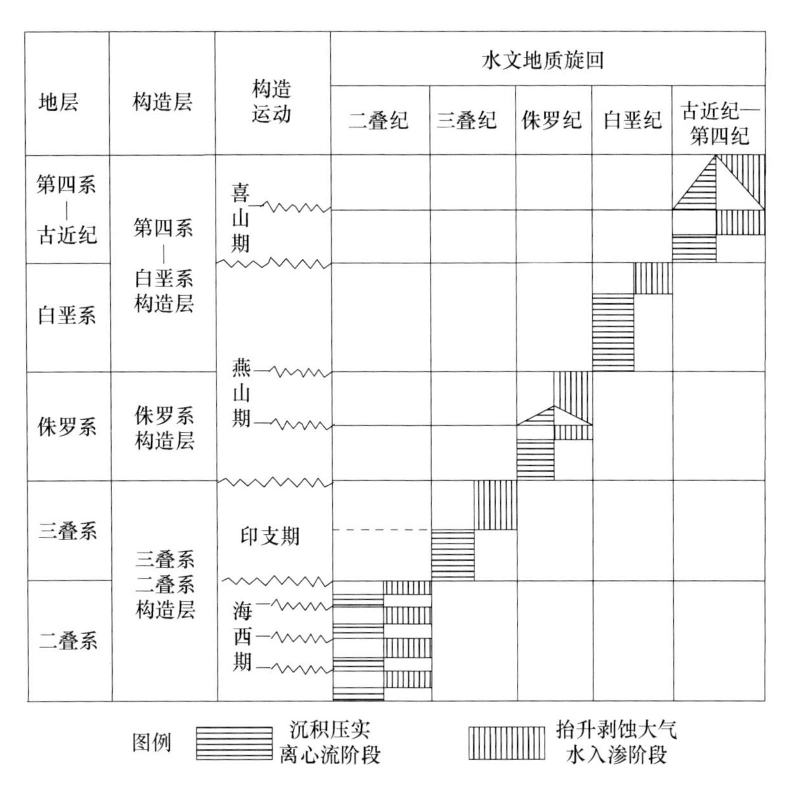

图 6-24 莫索湾—莫北水文地质旋回划分

山系向盆地冲断推覆，腹部则发生不均衡抬升，遭受剥蚀和淋滤作用，在斜坡地带形成早、晚二叠世之间的局部不整合。晚二叠世下乌尔禾期的第三幕海西运动，使得下乌尔禾顶部的局域不整合得以发育。

三叠纪初始，盆地整体抬升遭受剥蚀，腹部的莫北凸起受挤压作用而开始抬升，致使该地区二叠系沉积缺失或遭受剥蚀，发生大气水的下渗淋滤作用；之后，进入了整体沉积-抬升的振荡发展阶段。

印支运动，在西北缘承受了一定的挤压，表现出强烈的推覆活动，形成了一系列冲断、褶皱、不整合及超覆等构造，主控断裂除了逆冲活动外并兼有明显的左、右走滑运动，著名的克夏推覆体主要是印支期发育起来。但在印支期，研究区凹陷内沉积范围扩大，沉积趋于稳定。到三叠纪末，盆地整体抬升，形成三叠系顶部的区域不整合。

燕山期是莫索湾-莫北地区油气储盖组合形成和油气成藏的一个重要阶段，燕山运动在莫索湾—莫北存在三幕。燕山一幕在盆地内的表现是整体上隆，且西强东弱，车莫低凸起此时达到鼎盛时期，上侏罗统基本上被剥蚀或没有沉积，在莫索湾—莫北仅残留部分头屯河组底部地层，西山窑组局部地区遭受剥蚀淋漓，构成了八道湾—三工河沉积压实和西山窑—头屯河剥蚀淋漓水文地质旋回。燕山二幕构造运动后，盆地内表现为以腹部为中心的整体同心式下沉，沉积了分布比较稳定的白垩纪地层，晚白垩世莫索湾—莫北发生微弱抬升，形成了白垩系顶部的局域不整合，白垩系上部地层局部遭受剥蚀淋漓作用，构成了白垩纪沉积压实-剥蚀淋漓水文地质旋回。

古近纪与白垩系沉积范围相当，沉积连续无间断，新近纪—第四纪的喜山运动，莫索湾-莫北整体呈向北的翘倾运动，盆地沉降沉积中心迁移至南缘天山一线，在莫索湾—莫北新近纪—第四系沉积厚度不大，构成古近纪沉积压实—新近纪到第四纪剥蚀淋漓的水文地质旋回。

由于盆地的复杂性，各区旋回发育及保存各有差异，但各自又都可以进一步分为压实水离心流阶段和大气水渗入阶段（图 6-24）：沉积埋藏压实排水的压实水离心流阶段大致相当于柱状剖面图中的地层沉积段；抬升剥蚀导致的大气水下渗—向心流阶段相当于该图中的缺失段。

地层埋藏压实形成的离心流是油气运移的动力来源之一，其发育时也是油气运聚成藏的最主要阶段，而向心流的存在对油气的运聚有一定的破坏、调整和控制作用。因此，水文地质旋回的周期性决定了油气和泥岩压实水运移、流动的阶段性，使得油气从生烃中心向边缘阶段式运移，同时也存在周期性的油气破坏作用，并最终导致阶梯式或环带状分布的油气运移、聚集规律。

依据封盖层的性质和储层压力的特点，对流体动力系统进行分类。根据莫索湾-莫北地区封盖层（边界）的压力性质，把封盖层分为压力封闭和泥岩封闭两类。如作为盖层的泥岩欠压实，为压力封闭；如泥岩为正常压实，为泥岩封闭。而后再根据储层压力特点进行细分，从而把莫索湾—莫北地区划分为四种流体动力系统，分别命名为Ⅰ型、Ⅱ型、Ⅲ型和Ⅳ型。从Ⅳ型至Ⅰ型，反映水化学条件的矿化度和氯离子浓度不断增加。

依据这样的划分标准，莫索湾-莫北地区不同成藏流体动力系统内流体动力系统类型划分如表 6-3 所示。

表 6-3　莫索湾—莫北地区的流体动力系统类型划分表

系统名称	封盖层性质		储层压力特点		系统类型	
	莫索湾	莫北	莫索湾	莫北	莫索湾	莫北
白垩系呼图壁河组系统	泥岩封闭	泥岩封闭	弱低压	弱低压	Ⅳ	Ⅳ
西山窑组-清水河组系统	压力封闭	压力封闭	常压-弱低压	常压-弱低压	Ⅱ	Ⅱ
侏罗系三工河组系统	压力封闭	泥岩封闭	常压	常压	Ⅰ、Ⅱ	Ⅲ
二叠系-八道湾组系统	压力封闭	压力封闭	超压	超压	Ⅰ	Ⅰ

根据以上流体动力系统类型划分标准，莫索湾-莫北地区的流体动力系统类型的平面分布如图 6-25 所示。

四、油气成藏流体动力系统划分

侏罗系第 2 个三级层序 JS_2 水进域的泥岩（对应 J_1s_3 和 J_1b_1 泥岩）在盆参 2 井为欠压实，莫北地区由于缺乏资料，这套泥岩的压实状况不清楚，在盆参 2 井、莫北 1 井和莫北 5 井八道湾以下储层呈现超压的特点；侏罗系第 3 个三级层序 JS_3 水进域的泥岩（对应 J_1s_1 泥岩）在莫索湾具有欠压实特征，在莫北则不具备欠压实特征，而 JS_3 低位域（对应 $J_1s_2^1$ 砂体）和 JS_2 高位域（对应 $J_1s_2^2$ 砂体）砂体无论在莫索湾地区还是莫北地区都呈现常压特征；白垩系第 1 个层序 KS_1 水进域富含泥岩的砂泥岩互层段的泥岩无

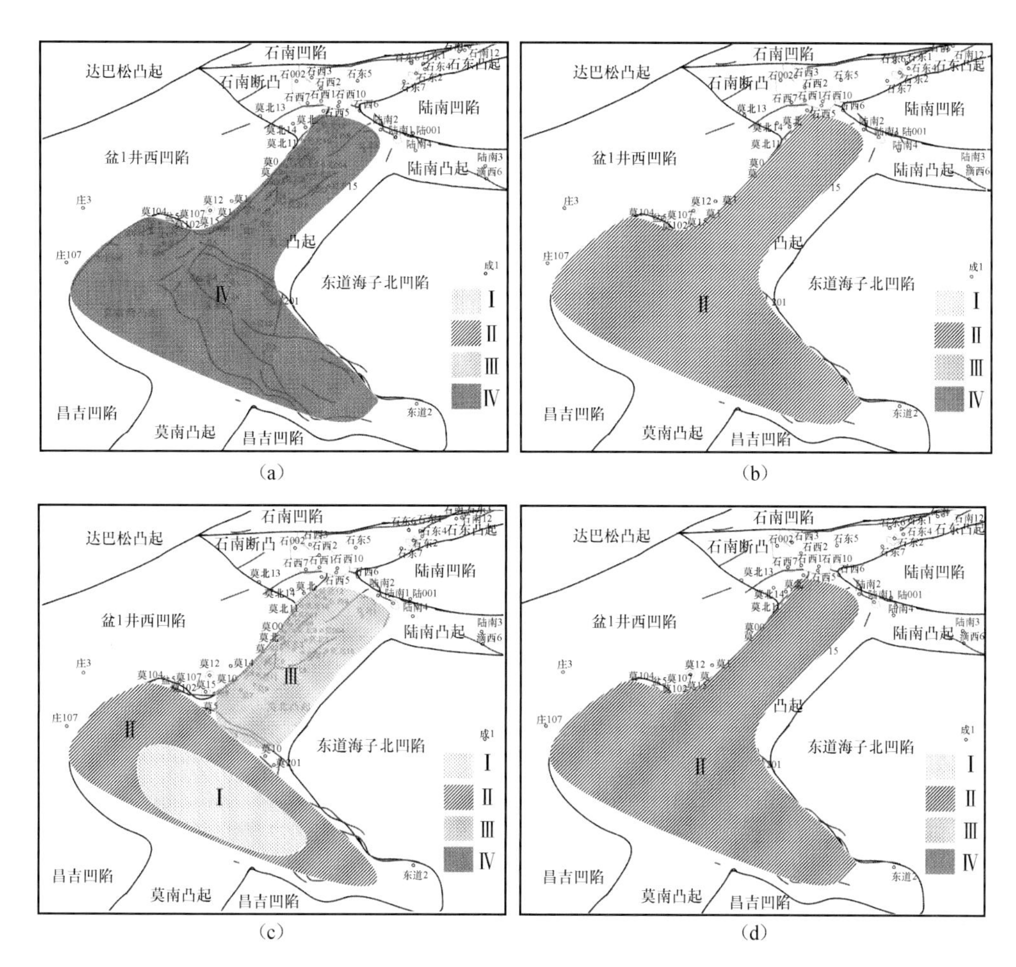

图 6-25 莫索湾—莫北地区流体动力系统类型平面分布图

(a) 二叠系-八道湾组系统类型；(b) 三工河组系统类型；

(c) 西山窑-清水河组系统类型；(d) 白垩系呼图壁河组系统类型

论在莫索湾还是莫北都具有欠压实特征，盆 4 井、盆 5 井和盆参 2 井下的侏罗系西山窑组低位域砂岩、头屯河组砂岩、白垩系底砾岩和底部砂岩呈现常压-弱低压特征，而在莫北地区缺乏资料，砂岩的压实状况不清楚；白垩系第 2 个层序的水进域泥岩（对应胜金口组）无论在莫索湾还是莫北都不存在欠压实特征，呼图壁河组砂岩在区域上也表现为弱低压特征。

根据以上揭示的泥岩欠压实带与各层序的水进域之间的对应关系，以及纵向上的水化学变化特征，我们在纵向上划分出 4 个油气成藏流体动力系统（图 6-26）。

1）二叠系-八道湾组油气成藏流体动力系统

把侏罗系第 2 个三级层序 JS_2 水进域的泥岩（对应 J_1s_3 和 J_1b_1 泥岩）作为边界，以 JS_2 低位域（对应 $J_1b_1^2$ 砂体）和深部地层的砂体作为运载和储集层，构成油气成藏流体动力系统，在盆参 2、莫北 5 和莫北 1 井，八道湾储层测试压力为异常高压，虽然深部储层没有压力数据，但可以推测深部三叠系和二叠系储层也同样处于高压状态。而且水化学与泥岩欠压实发育变化有很好的对应关系。一般欠压实段都伴随着高矿化度

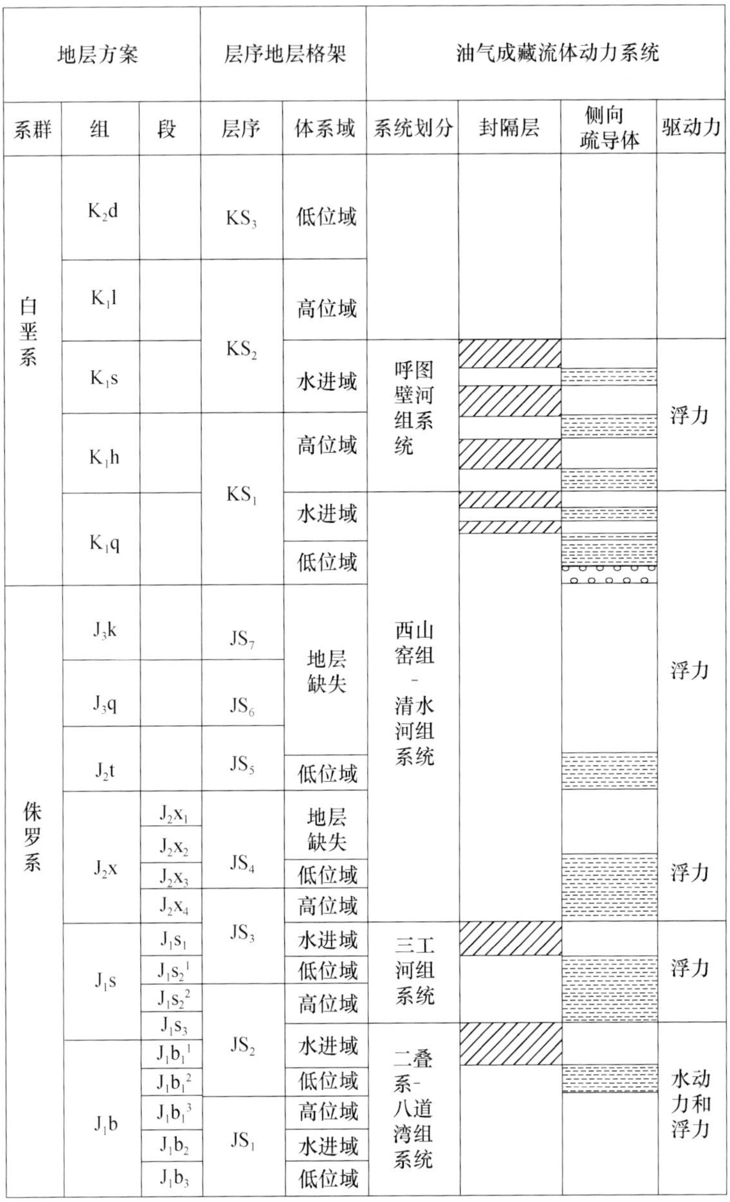

地层方案			层序地层格架		油气成藏流体动力系统			
系群	组	段	层序	体系域	系统划分	封隔层	侧向疏导体	驱动力
白垩系	K_2d		KS_3	低位域				
	K_1l		KS_2	高位域				
	K_1s			水进域	呼图壁河组系统			浮力
	K_1h		KS_1	高位域				
	K_1q			水进域	西山窑组-清水河组系统			浮力
				低位域				
侏罗系	J_3k		JS_7	地层缺失				
	J_3q		JS_6					
	J_2t		JS_5	低位域				
	J_2x	J_2x_1	JS_4	地层缺失				
		J_2x_2						
		J_2x_3		低位域				浮力
		J_2x_4	JS_3	高位域				
	J_1s	J_1s_1		水进域	三工河组系统			浮力
		$J_1s_2^1$		低位域				
		$J_1s_2^2$	JS_2	高位域				
		J_1s_3						
	J_1b	$J_1b_1^1$		水进域	二叠系-八道湾组系统			水动力和浮力
		$J_1b_1^2$		低位域				
		$J_1b_1^3$	JS_1	高位域				
		J_1b_2		水进域				
		J_1b_3		低位域				

图 6-26 莫索湾—莫北油气成藏流体动力系统划分图

值。图 6-27 是盆参 2 井声波时差和矿化度变化关系图，在欠压实出现的层段，矿化度明显增高。整体上，该系统的水化学环境较为封闭，矿化度、氯离子浓度较高，水型多出现以 $CaCl_2$ 为主，发育深大断裂，是距离烃源灶最近的成藏流体动力系统。

2）侏罗系三工河组油气成藏流体动力系统

把侏罗系第 3 个三级层序 JS_3 水进域的泥岩（对应 J_1s_1 泥岩）作为边界，由 JS_3 低位域（对应 $J_1s_2^1$ 砂体）和 JS_2 高位域（对应 $J_1s_2^2$ 砂体）作为运载和储集层，构成油气成藏流体动力系统，该系统是莫索湾—莫北的主要成藏系统，$J_1s_2^1$ 砂体和 $J_1s_2^2$ 砂体是整个

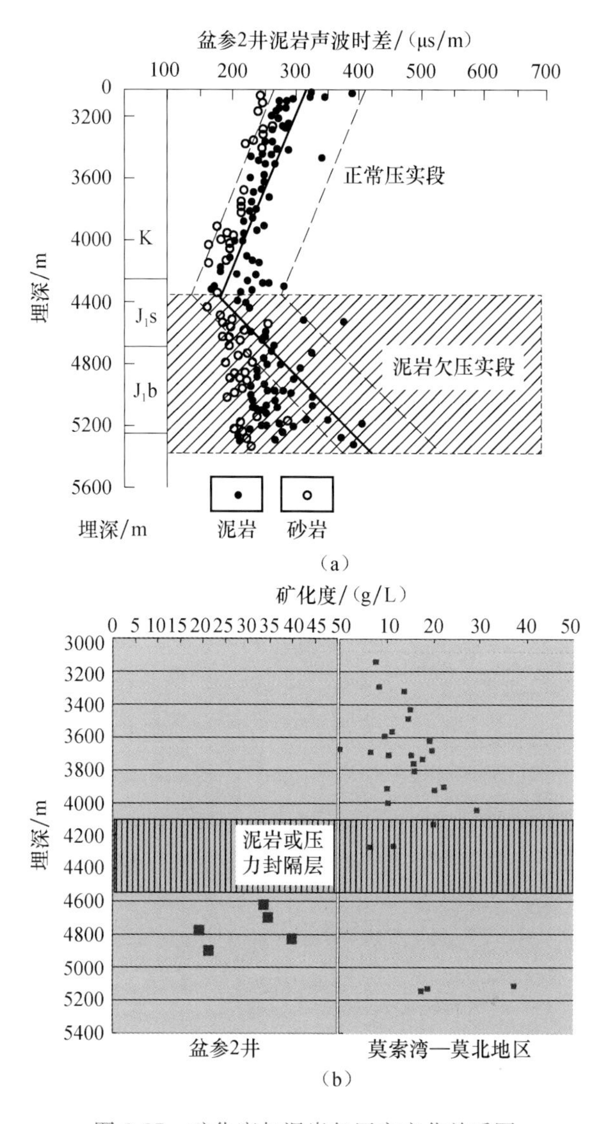

图 6-27 矿化度与泥岩欠压实变化关系图

准噶尔盆地也是莫索湾—莫北侏罗系的主要目的层段，在埋深最大的莫索湾—莫北南侧的盆参 2 井，该系统储层压力表现为正常压力，可以推测在整个莫索湾—莫北地区，该系统储层压力皆为正常压力。该系统水化学环境较为封闭，矿化度、氯离子浓度也比较高，略低于位于其下的二叠系-八道湾组油气成藏流体动力系统，但明显高于其上的西山窑组-呼图壁河组油气成藏流体动力系统，水型以 $NaHCO_3$、$CaCl_2$ 为主，因储集条件较好，该系统是莫索湾—莫北地区最为重要的油气成藏系统。

3）西山窑组-清水河组油气成藏流体动力系统

由白垩系第 1 个层序 KS_1 水进域富含泥岩的砂泥岩互层段的泥岩欠压实带作为边界，由侏罗系西山窑组低位域砂岩、头屯河组砂岩、白垩系底部砾岩和砂岩作为运载和储集层，构成油气成藏流体动力系统。

4）白垩系呼图壁河组油气成藏流体动力系统

由白垩系第 2 个层序的水进域泥岩（对应胜金口组）作为正常封闭边界，由呼图壁河组砂岩作为运载和储集层，构成油气成藏流体动力系统。

西山窑组-清水河组油气成藏流体动力系统、白垩系呼图壁河组油气成藏流体动力系统的水化学环境都较为开放，受侵入水的影响较大，矿化度、氯离子浓度较低，已见不到 $CaCl_2$ 水型，虽距离烃源灶较远，但因运移通道和储集条件较好，也成为该区较为重要的成藏系统。

五、莫索湾—莫北各流体动力系统的油气地质特征

1. 油气成藏期

根据有机包裹体和储层孔隙烃的光学特征、储层流体包裹体均一温度分布、自生伊利石年龄、显微傅里叶红外光谱解析的烃类包裹体和微区孔隙烃的烃类成分特征、储层油气包裹体的含油包裹体颗粒指数 GOI 特征，结合准噶尔盆地第三次油气资源评价结果、腹部地区埋藏热演化史资料，以及区域构造演化史，盆地腹部地区应主要有四次较重要的成藏事件（胡文瑄等，2006）。这四次成藏事件分别发生在三叠纪末—早侏罗世、中晚侏罗世—早白垩世、晚白垩世—古近纪、新近纪—第四纪（图 6-28）。

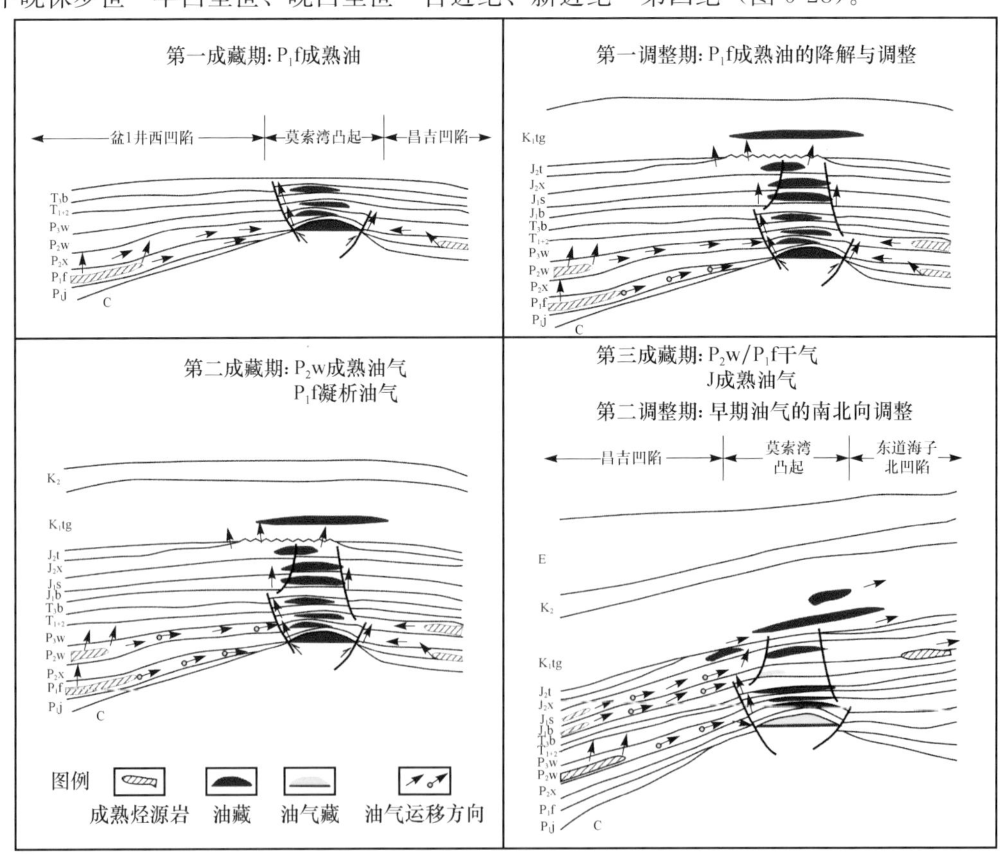

图 6-28 腹部地区四期成藏事件模式图

根据油气成藏历史，可将这四次成藏事件归纳为“三期成藏、两期调整”，即腹部地区的成藏时间序列。

第一次成藏事件发生在三叠纪末—早侏罗世，是腹部地区的第一期成藏期。石西油田石炭系火山岩裂缝中残余固体沥青可能是此次成藏事件留下的痕迹。王飞宇等（1998）对石西油田石西1井、石西3井、石002井和石005井石炭系火山岩储层流体包裹体的研究表明，在三叠纪存在一次成藏事件，以液态烃的注入为主。王绪龙和康素芳（1999）分析认为：在三叠纪时，石炭系火山岩储层的盖层尚未形成，注入储层中的油气逸散，导致在现今储层裂缝中仅保留部分残留沥青。根据烃源岩的演化史进行推算（王绪龙和康素芳，1999），盆1井西凹陷在三叠纪末—早侏罗世时下二叠统达到生油高峰。张义杰等（2004）对储层有机包裹体中烃类的地化分析表明，其三环二萜烷的分布以上升型为主。因此，此次成藏事件中的液态烃应主要来自下二叠统风城组烃源岩。

第二次成藏事件发生在中晚侏罗世—早白垩世，是腹部地区的第一调整期。该期成藏主要是前期已成藏的油气藏的调整。张义杰等（2004）对储层有机包裹体的地化分析结果表明，其烃类的成熟度为中等，三环二萜烷的分布以上升型为主，其他地化指标也接近风城组的特征，该期的储层流体包裹体的测温数据基本一致，均一化温度主要分布在60～80℃，均一化温度和伊利石测年数据显示成藏时间在中晚侏罗世—早白垩世。根据烃源岩的演化史推算，风城组烃源岩在中晚侏罗世—早白垩世已达高过成熟阶段，其生成烃类的特征显然与侏罗系和白垩系储层中的烃类不一致，风城组油的成藏主要在三叠纪。特别是许多样品中有机包裹体的烃类也显示不同程度的降解现象，表明该期油气藏不是原生油气藏。因此这期油藏系先期聚集在侏罗系以地层中的油气藏调整而来。

第三次成藏事件发生在晚白垩世—古近纪，是腹部地区的第二成藏期。该期储层流体包裹体均一化温度主要分布在90～110℃，自生伊利石年龄的测定表明（王飞宇等，1998；郝芳等，2003；张义杰等，2004），该期油气藏的成藏时间为晚白垩世—古近纪。由于此时盆1井西凹陷的下乌尔禾组烃源岩进入成熟到高成熟阶段，处于生油高峰期，风城组烃源已处于过成熟阶段。因此该期油气是下乌尔禾组烃源岩生成，这期油气藏普遍存在于腹部地区不同层位的地层中，是腹部地区的主要油气藏类型。

第四次成藏事件发生在新近纪—第四纪，是腹部地区的第二调整期和第三成藏期。调整期是指此时盆1井西凹陷的主力烃源岩均已进入过成熟阶段，不可能形成原生油气藏。因此此次成藏事件应是前期油气藏再调整。喜山运动的掀斜作用为前期成藏的油气向上向北运移提供了运移的动力背景。王绪龙等（2001）根据原油地球化学特征分析，认为石东地区白垩系油藏是下乌尔禾组油源的原油异地成藏后遭受破坏再次运聚成藏的结果，推测成藏时间为新近纪。陆9井J_2t（2136m）储层自生伊利石K-Ar同位素测年分析表明，其同位素年龄值仅为（12.21±1.02）Ma，对应的地质时代为N_1，即该层位的油藏形成时间为中新世。而第三成藏期是指新近纪后，南部昌吉凹陷中的侏罗系煤系烃源岩开始进入成熟阶段，生成和排出了一定数量的油气，红外检测结果表明，莫索湾地区除具有风城组成熟油和乌尔禾组高成熟油之外，还有少量的低成熟油气，而东道2井侏罗系油的地化特征表明其来源于侏罗系烃源岩，因此推测该期是侏罗系烃源岩生成油气的成藏期。

2. 不同系统的成藏模式

莫索湾—莫北地区深浅层存在两种典型的油气成藏模式，即深部高压侧向运移成藏模式和中上部垂向运移成藏模式。莫索湾—莫北地区在侏罗系八道湾以下出现了超压，一方面超压层为油气的聚集提供了封盖条件；另一方面也为油气向上部地层运移提供了动力。

1）深部高压侧向运移成藏模式

因勘探程度的限制，该区油气显示主要出现在侏罗系，白垩系有少量分布，但根据邻区石西、陆东的勘探结果，侏罗系以下层系特别是石炭系具有很大的勘探潜力，如石西油田下二叠统火山岩油藏、滴西油气田滴西 10 井区块石炭系气藏、滴西 14 井石炭系气藏等的发现就是很好的证明。莫索湾—莫北地区与陆梁地区具有较为相似的构造背景，油源条件也较为相似，只是前侏罗系埋深较大，可以推断该区前侏罗系也有一定的潜力。该区的主力烃源岩是二叠系风城组和乌尔禾组，其油气的运移主要以侧向运移为主。在喜山运动前，受车排子—莫索湾古隆起的控制，二叠系油气沿石炭系顶部不整合面或二叠系内部局部不整合面进行侧向运移，其中部分油气在石炭系或二叠系的圈闭中聚集成藏，部分经深部构造层发育的深大逆断层进入到八道湾圈闭中聚集成藏（图 6-29）。但在新近纪—第四纪，受喜山运动的影响，西北抬升，油气运移格局发生变化，二叠系的高成熟油气及部分低成熟油气向古隆起运移的动力减弱，而以向北或西北方向运移为主。

2）中上部垂向运移调整成藏模式

中上部主要指的是侏罗系三工河组及以上地层，对应三工河组流体动力系统、西山窑组-清水河组流体动力系统以及白垩系呼图壁河组流体动力系统。整个侏罗系发育大量倾角大的正断层，并与深部大型逆断层构成“Y”形组合。深部二叠系的油气也正是通过深部断裂与浅层正断层的联动垂向运移进入到中上部，主要是在 $J_1s_2^1$、$J_1s_2^2$ 中聚集成藏（图 6-29）。喜山运动前，油气的这种垂向运移特征更为明显，特别是在晚白垩世—古近纪，三工河组及以上的油气主要是通过垂向运移聚集成藏。而在喜山运动时期，构造格局发生变化，北部整体抬升，向南翘倾，并造成部分侏罗系正断层的活动，

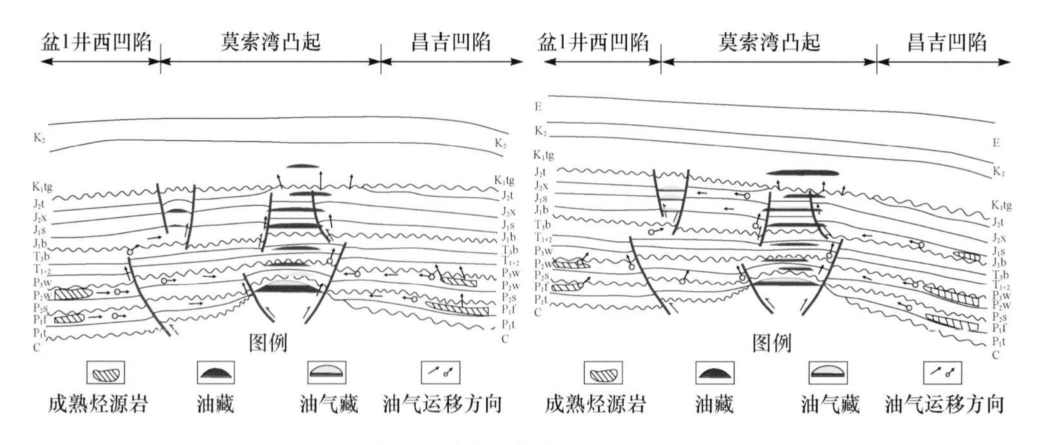

图 6-29　喜山运动前后莫索湾地区油气运移格局

油气除了发生垂向运移，也有部分油气向北、西北方向侧向局部运移调整成藏。在这个时期，南部昌吉凹陷中的侏罗系煤系烃源岩开始进入成熟阶段，生成和排出一定数量的油气，也运移调整到圈闭中聚集成藏。

3）不同流体动力系统成藏差异分析

根据油气成藏流体动力系统的划分，莫索湾—莫北地区在纵向上分为四套流体动力系统。因不同系统所处的位置、距离烃源灶远近、流体动力环境以及成藏条件的不同，它们的油气成藏过程、主控因素也出现明显差异。

（1）二叠系-八道湾组系统主要受储层和高压层控制。

从钻探情况看，八道湾组在莫索湾地区的大部分井都已超过 4500m，在莫北也在 4000m 左右，因埋深较大，储层物性及储集空间受到一定制约。但是，因该系统处于异常高压状态，异常高压有利于保存较大的孔隙空间，也能够改善储集性能。因此，储层的情况还需要进一步研究。异常高压对该系统成藏的控制主要表现在：为油气运移提供动力，一定程度上可能控制油气成藏的规模。在对盆参 2 井、盆 4 井和莫 2 井岩心的观察中发现，高压层段泥岩微裂缝发育，且裂缝中含油，显示油气曾突破封隔层进行幕式排放。从莫索湾地区油样密度与深度的关系（图 6-30）来看，高压封隔层上下原油特征差异大，封隔层以上原油密度高、黏度大、生物降解严重、缺失轻组分；封隔层以下原油密度低、黏度小、生物降解弱、组分较全。这种差异正好说明高压层的控制作用。这也是导致莫索湾地区油气主要聚集在三工河组二段（J_1s_2），而八道湾组普遍含油但又难有规模性聚集的主要控制因素之一。

（2）三工河组系统主要受深浅层断裂联合作用控制。

三工河组系统是该区油气聚集的主要系统，油气显示也非常丰富。该系统储层发育，$J_1s_2^1$、$J_1s_2^2$ 砂岩组厚度大，孔渗条件好，并且断块、牵引背斜等圈闭发育，同时，三工河组上部泥岩发育，不缺乏盖层。该系统处于深浅层断裂的结合部位，油气沿深部逆断层运移上来后，必须沿浅部正断层垂向运移才能进入到浅部地层中聚集成藏。从图 6-29 看，深浅层断裂的联动是控制油气运聚的主要因素，而侏罗系正断层的分布在一定程度上又控制了油气的分布，三工河组油气沿断裂带分布的事实也证明了这一结论。

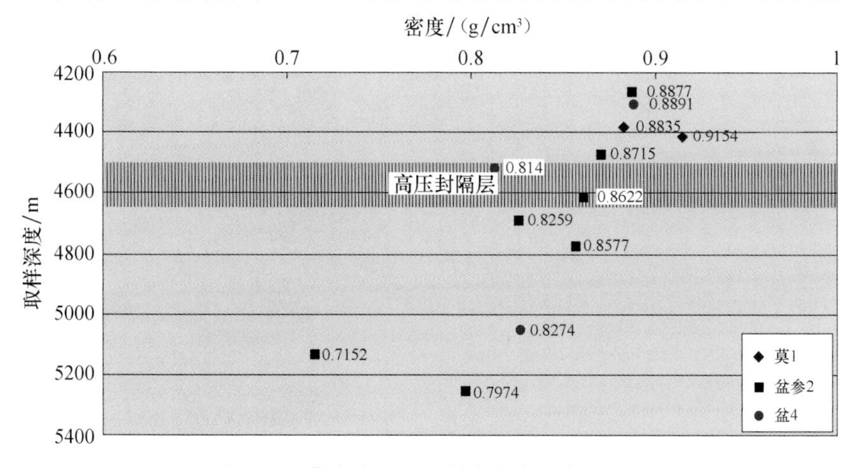

图 6-30 莫索湾地区油样密度与深部关系图

（3）西山窑组-清水河组系统及呼图壁河组系统主要受油源和保存条件控制。

西山窑组-清水河组系统以及白垩系呼图壁河组系统距离油源较远，油气运移的动力较弱，并且处于其下的三工河组系统的储盖条件更好，因此，油气特别是原生油气直接进入到该系统不是很多。但是，来自下部系统调整运移来的油气应该不少，侏罗系西山窑组和白垩系油气显示说明了这一问题。另外，该区的水化学环境较为开放，受浅层地表水的影响较大，油气的保存条件可能是一个重要控制因素，因数据有限，这一问题还需要进一步研究。

第三节　油气运聚地球化学特征

准噶尔盆地腹部存在深浅两套断层系统，深部断层系统的主要活动时期为石炭纪晚期至二叠纪末期，少量断层持续到三叠纪早期，其中深层断层属于油源断层。浅部断层系统形成于燕山运动Ⅰ幕，主要活动期为侏罗纪中、晚期，油气通过深层和浅层“Y”字形断裂组合发生垂向运移。同时三工河组下段孔渗条件相对较好的储集层作为输导层，是油气侧向运移的有利通道。但即便是存在这些输导体系，油气是否按照这一方式进行了运移仍然需要证实，因此，有必要开展油气地球化学研究，确定油气在输导体中发生的运移过程。

一、准噶尔盆地腹部原油类型划分

准噶尔盆地腹部蕴藏着丰富的油气资源，从北向南现已发现了陆梁、石南、石西、莫北和莫索湾等油气田。产出的原油特征多样，既有原油又有凝析气，还有天然气，陆梁油田还发现降解原油。油气的产出层位从石炭系到白垩系都有分布。腹部原油的主要烃源岩为二叠系烃源岩，以及侏罗系烃源岩。此外，腹部石炭烃源岩对该区油气的贡献也是关注的问题，尤其是对腹部天然气的贡献。前人的研究认为腹部地区油气三期成藏，不同期次原油的空间分布及运移方向是值得关注的问题。原油类型的划分是研究油气运移的基础，只有类型相似的原油判断其运移方向才有实际意义。本次研究中根据全油同位素、正异构烷烃、生物标志化合物特征和单体烃碳氢同位素特征，采用聚类分析等对原油的类型进行了划分。

1. 腹部全油同位素特征

原油同位素组成主要受控于烃源岩的沉积环境及其原始生烃母质（Lewan，1986）。此外，原油的成熟度对碳同位素的组成也有一定的影响，但液态烃生成的成熟区间相对较窄，因而成熟度对原油同位素的影响相对较小（Clayton，1991）。对于准噶尔盆地，越来越多的研究显示，全油碳同位素特征可以对准噶尔盆地不同来源的原油类型进行较好的区分（张立平等，1999）。本次研究对准噶尔盆地腹部149个全油样品的碳同位素进行了测试分析，统计结果表明，原油碳同位素总体比较轻，分布在－29‰～－31‰的样品占总样品数的94％。腹部不同油田的碳同位素的分布特征有一定差别，陆梁油田

33 个全油碳同位素的分布为−29.5‰～−30.5‰，平均值为−29.8‰；石南油田 30 个原油碳同位素值为−29.5‰～−30.8‰，均值为−29.9‰；石西油田 15 个原油同位素分布值为−29.0‰～−30.1‰，均值为−29.5‰；35 个莫北油田的原油碳同位素值为−29.1‰～−30.6‰，均值为−30.04‰；21 个莫索湾油田样品的同位素分布范围为−27.5‰～−31.2‰，平均值为−29.9‰。

从腹部全油同位素特征看，在陆梁、石南、石西和莫北油田中，原油碳同位素有非常好的一致性，这可能反映了这些腹部油源相对一致。在莫索湾油田，原油碳同位素有一定的差异，反映了油源类型的多样性，其中东道 2 井原油的碳同位素值为−27.5‰，显示了侏罗系油源。此外，对比不同油气田也可以发现，石西原油略重于其他油气田原油，这可能与石西原油的成熟度相对较高有关。

2. 腹部原油正异构烷烃特征

由图 6-31 和表 6-4 可知，腹部原油正构烷烃分布齐全，主体呈单峰分布的特征明显，以低碳数正构烷烃为主，生物降解的原油仅出现在陆 9 井的浅层（1186m）。碳优势指数 CPI 和奇数碳优势指数 OEP 值都接近 1，说明原油已有相当高的成熟度。C_{21-}/C_{22+} 在腹部的分布范围为 0.62～6.29，平均值为 1.29。轻重比 C_{21+22}/C_{27+28} 分布值为 1.42～14.24，平均为 2.35，表明轻碳数正构烷烃明显占优势。在玛湖凹陷东斜坡的夏盐 2 井、达 1 井和玛东 2 井，以及玛北油田的玛 2 井和玛 6 井，异构烷烃较高，呈现出与腹部主体原油特征不同的特点。

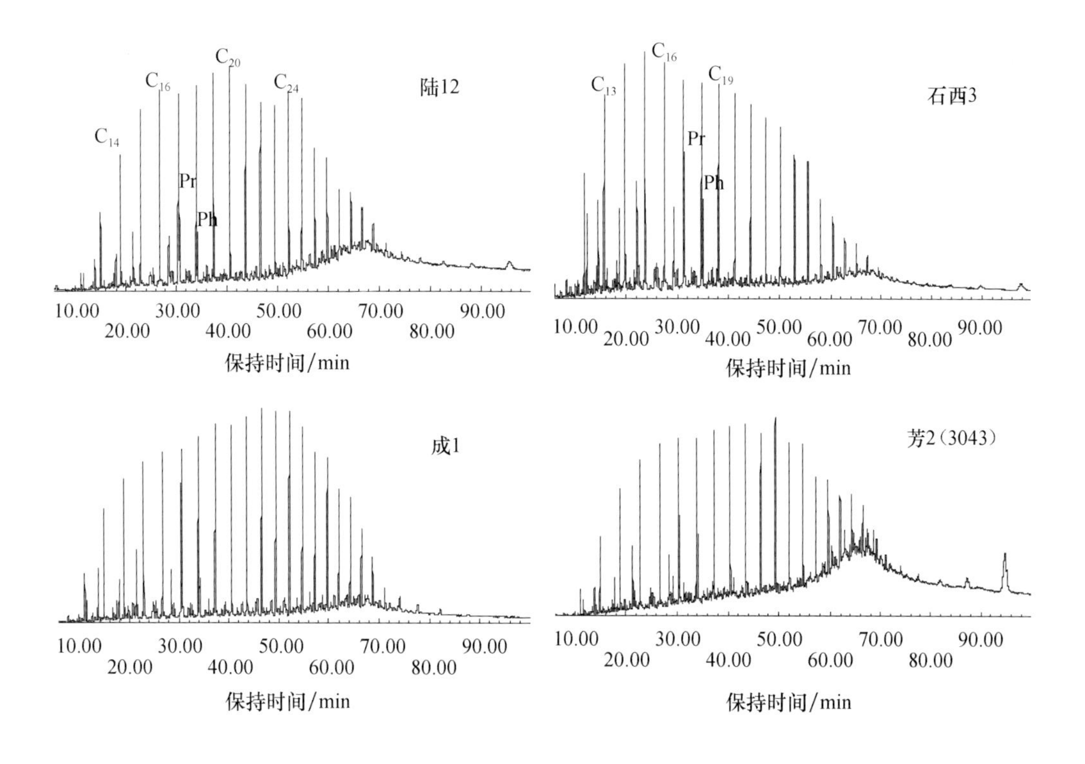

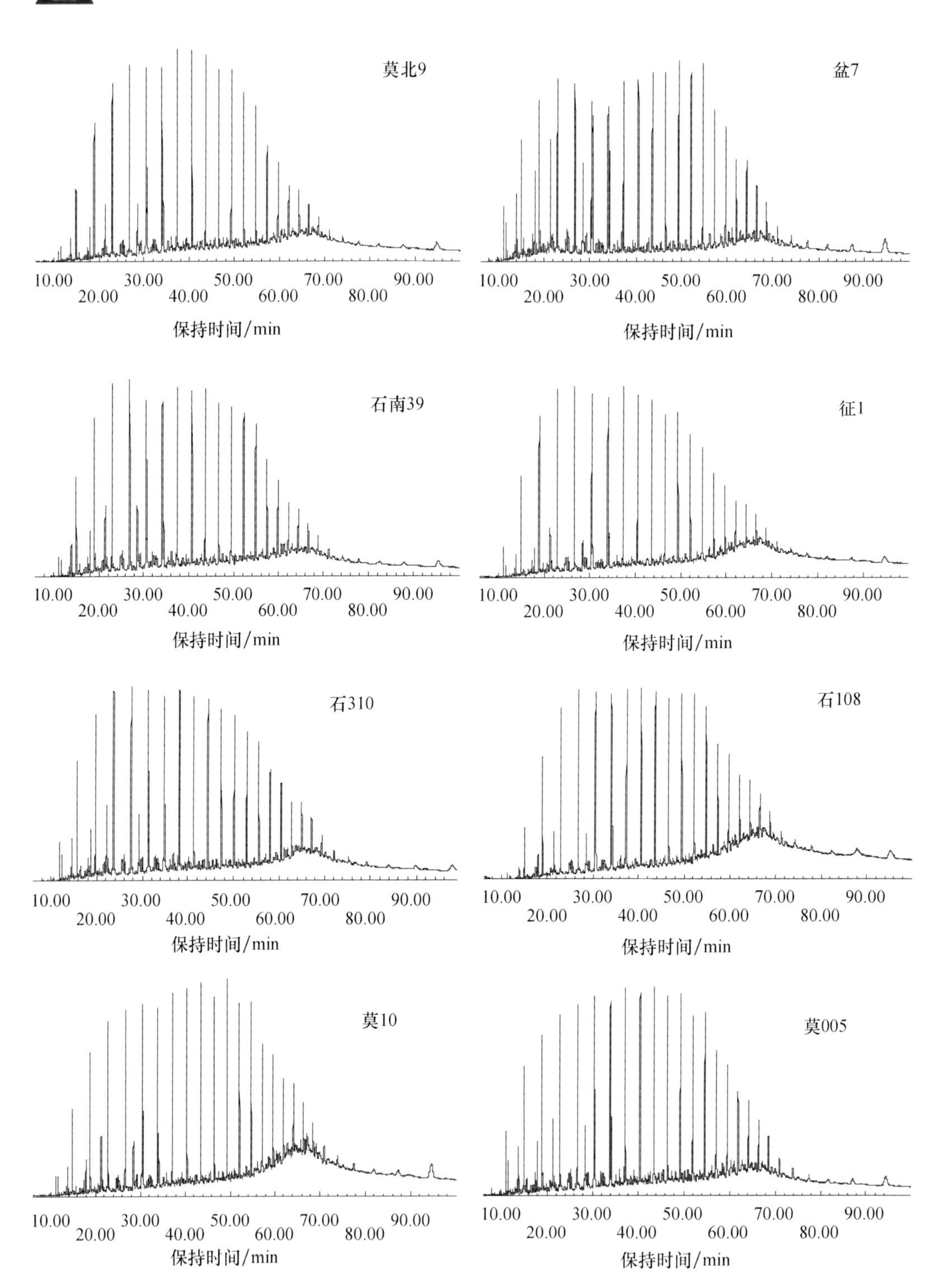

图 6-31 准噶尔盆地腹部原油饱和烃色谱图

表 6-4 准噶尔盆地腹部原油正异构烷烃参数表

油田	样数	Pr/Ph		Pr/nC_{17}		Ph/nC_{18}		OEP		CPI		C_{21-}/C_{22+}		C_{21+22}/C_{27+28}		β/nC_{25}	
		分布范围	均值	分布范围	均值	分布范围	均值	分布范围	均值	分布范围	均值	分布范围	均值	分布范围	均值	分布范围	均值
陆梁	14	0.8～1.5	1.29	0.38～4.2	0.7	0.26～1.58	0.4	1.01～1.08	1.04	1.04～1.19	1.1	0.12～1.42	0.9	0.74～2.16	1.77	0.19～0.84	0.34
石南	15	1.05～1.63	1.36	0.37～0.52	0.4	0.27～0.44	0.32	1.03～1.07	1.05	1.03～1.17	1.1	0.84～1.48	1.2	1.57～2.3	1.97	0.19～0.41	0.33
石西	3	1.06～1.56	1.34	0.39～0.55	0.5	0.29～0.48	0.39	1.01～1.05	1.03	1.08～1.1	1.1	1.28～1.88	1.5	2.29～2.83	2.57	0.09～0.63	0.38
石东	2	1.57～1.71	1.64	0.33～0.40	0.4	0.19～0.25	0.22	1.04～1.05	1.04	1.06～1.09	1.1	0.9～1.07	1	1.62～1.87	1.75	0.21～0.22	0.22
莫北	18	1.18～1.68	1.39	0.36～0.57	0.5	0.22～0.46	0.36	1.02～1.09	1.06	1.05～1.24	1.2	0.91～6.29	2	1.61～14.24	3.19	0.02～0.51	0.36
盆 5 井区	10	1.32～1.91	1.57	0.31～0.91	0.5	0.16～0.73	0.33	1.03～1.09	1.06	1.01～1.24	1.1	0.89～5.05	2.1	1.6～5.58	2.83	0.01～0.96	0.32
盆参 2 井区	8	1.11～1.49	1.25	0.38～0.69	0.5	0.27～0.64	0.42	1.03～1.08	1.06	0.87～1.17	1	1.81～1.44	1	1.42～2.3	1.73	0.3～2.13	1.1
彩南油田	4	1.62～2.09	1.95	0.35～0.55	0.4	0.16～0.3	0.21	1.04～1.07	1.05	1.11～1.16	1.1	0.83～1.29	1.2	2.04～2.53	2.33	0.06～0.36	0.21
东道海子	4	2.07～5.17	3.54	0.28～0.97	0.5	0.09～0.17	0.12	1.02～1.04	1.03	1.08～1.15	1.1	0.82～1.67	1.3	1.51～2.95	2.24	0.02～0.13	0.06
陆东	5	1.57～3.46	2.56	0.23～0.56	0.4	0.08～0.39	0.19	1.02～1.1	1.07	1.06～1.19	1.1	1.1～1.5	1.2	1.72～2.61	2.21	0.03～0.4	0.21
夏盐	3	0.85～1.03	0.96	0.76～1.07	0.9	0.81～1.35	1	0.97～1.01	0.99	1.05～1.1	1.1	0.95～1.41	1.2	1.68～2.14	1.97	0.71～1.03	0.91
玛北	2	0.97～1.05	1.01	1.01～1.11	1.1	1～1.15	1.08	1～1.02	1.01	1.03～1.04	1	0.79～1.17	1	1.56～1.85	1.71	0.73～0.93	0.83
总计	88	0.8～5.17	1.55	0.23～4.2	0.5	0.08～1.58	0.37	0.97～1.1	1.05	0.87～1.24	1.1	0.12～6.29	1.4	0.74～14.24	2.31	0.01～2.13	0.44

注：未明显检测到β胡萝卜烷的降解原油不在统计内。

一般认为姥鲛烷和植烷来源于叶绿素侧链上的植醇，还原条件下植醇脱水、加氢还原形成植烷，在氧化条件下形成植烷酸，而后脱羧基形成姥鲛烷。所以姥鲛烷和植烷的分布特征反映了沉积环境，高姥鲛烷与植烷比值 Pr/Ph 指示着氧化条件下陆源有机质输入为主的沉积环境；在一些强还原环境中的沉积物及其产物中，Pr/Ph 较低（Tissot et al.，1984）。从图 6-31 和表 6-4 可知，莫索湾、石西、莫北、石南和陆梁油田的 60 多个原油样品中，Pr/Ph 的分布范围为 1.05～1.71，平均值为 1.38，腹部不同油田原油之间 Pr/Ph 差别不明显，指示形成腹部的原油烃源岩形成于弱氧化的沉积环境，分布在图 6-32 中的 B 区。从莫索湾盆 5 井区和盆参 2 井原油样品落点看，盆参 2 井区的原油比盆 5 井原油的碳同位素略轻，这可能反映了两者的油源有差别。在夏盐低凸起和莫索湾东南缘，原油的 Pr/Ph 和碳同位素 $\delta^{13}C$(‰)值与腹部主体原油有明显的差别，图 6-32 中 C 区，原油为夏盐、玛东和玛北原油，Pr/Ph 基本小于 1，同位素也较重，这类原油分布在玛东斜坡上，可能来自玛湖凹陷二叠系风城组烃源岩。而在彩南、阜东、东道海子及古牧地（A 区原油），这类原油 Pr/Ph 大于 2，原油的碳同位素较重，它们的油源来自于与煤系相关的侏罗系烃源岩，这类原油在单体烃碳、氢同位素分布特征方面与二叠系来源原油有明显的差别。

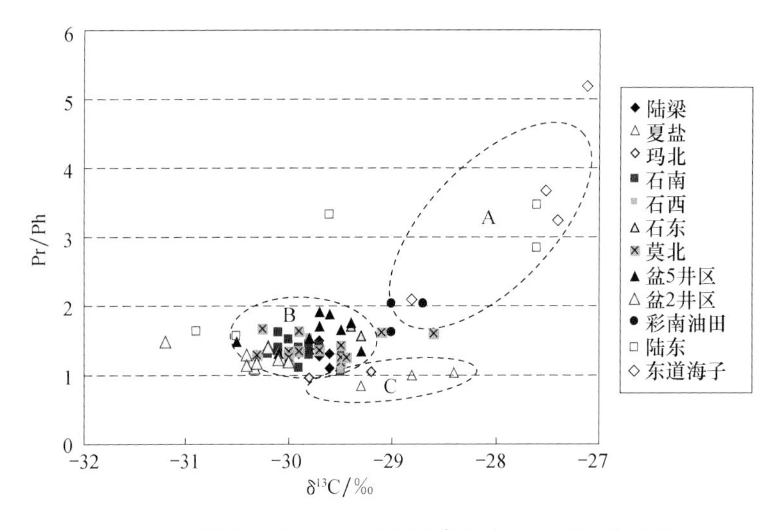

图 6-32 准噶尔盆地原油腹部同素组成与 Pr/Ph 关系图

Pr/nC_{17} 与 Ph/nC_{18} 可以用来指示有机质类型和有机质形成的氧化还原条件（Peters et al.，2005）。从图 6-33 原油 Pr/nC_{17} 与 Ph/nC_{18} 关系图可知，腹部原油 Pr/nC_{17} 分布范围为 0.33～0.91，Ph/nC_{18} 分布范围为 0.19～0.73，表现出较好的正相关关系，腹部油田的多数原油落点在一个非常小的区域内，显示主体原油来自混合型有机质母质（Ⅱ和Ⅲ型）的烃源岩。

在夏盐、玛东和玛北油田，原油的异构烷烃较高，Pr/Ph 值较小，与西北缘北部原油有较好的可比性，油源为在还原环境下形成的有机质类型较好的母质，可能油源为二叠系风城组烃源岩。而陆东、彩南和东道海子北凹陷中的原油落点于氧化环境下，陆源

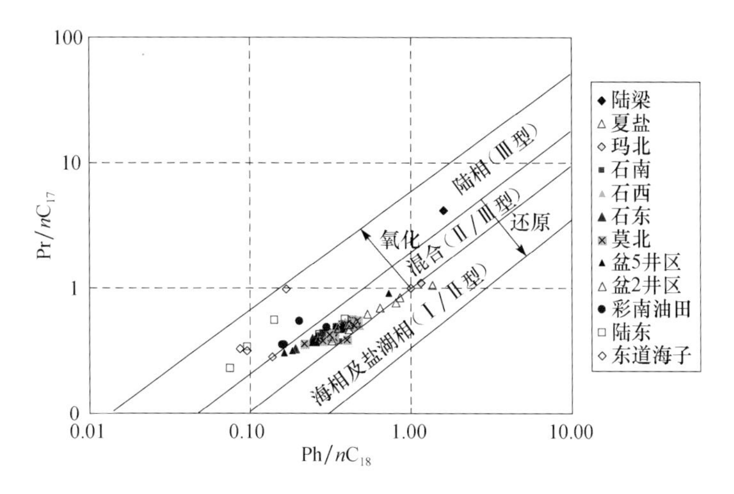

图 6-33 准噶尔盆地腹部原油 Pr/nC_{17} 与 Ph/nC_{18} 关系图

Ⅲ型有机质区域，反映出这些原油来自侏罗系烃源岩。

3. 腹部原油生物标志物特征

1）甾类化合物

甾类化合物是生物标志物研究中应用广泛的一类化合物。在油气地球化学研究中，甾类化合物的相对丰度以及异构体间的转化程度，可以用来进行油源对比，判识母质来源和成熟度。沉积物有机质中规则甾烷的碳数分布主要有 C_{27}、C_{28} 和 C_{29}。不同生物来源各碳数甾烷的相对含量不尽相同，因而地质体中规则甾烷组成分布是确定有机母质来源的较为可靠参数之一。

一般认为中、新生代地层中规则甾烷组成以 C_{27} 甾烷为主，表征以低等水生生物和藻类为主的有机来源，而 C_{29} 甾烷占优势时说明陆生高等植物的输入占主导地位。同时，高含量的甾烷与藿烷比值似乎暗示母质主要来源于浮游或底栖的藻类生物，为海相有机质的特征（Moldowan et al.，1985）；相反，低含量的甾烷和低的甾/藿比值主要指示陆源和/或微生物改造过的有机质输入特征（Tissot et al.，1984）。

准噶尔盆地腹部原油甾类化合物以 C_{27}、C_{28} 和 C_{29} 规则甾烷为主，重排甾烷的含量较低(图 6-34)。从腹部 80 多个样品 C_{27}、C_{28} 和 C_{29} 规则甾烷内组成分布情况统计看，C_{29} 甾烷的分布范围为 79.4%～34.0%，平均值为 48.2%；C_{28} 甾烷的分布为 59.2%～7.16%，平均值为 41.5%。而 C_{27} 甾烷分布为 8.9%～14.8%，平均值为 10.2%(表 6-5)。C_{29} 甾烷具有明显的优势，C_{28} 甾烷略低于 C_{29} 甾烷，C_{27} 甾烷的含量较低，原油的异胆甾烷丰富。从图 6-35 中甾烷内组成分布三角图看，陆东、东道海子和彩南油田原油 C_{29} 甾烷组成最为丰富，根据烃源岩的甾烷分布状况，这些原油可能主要来自侏罗系或石炭系烃源岩。而莫索湾、莫北、石西、石东、石南和陆梁原油分布相对较为集中，C_{27} 相对组成较低，C_{28} 和 C_{29} 甾烷组成相当。

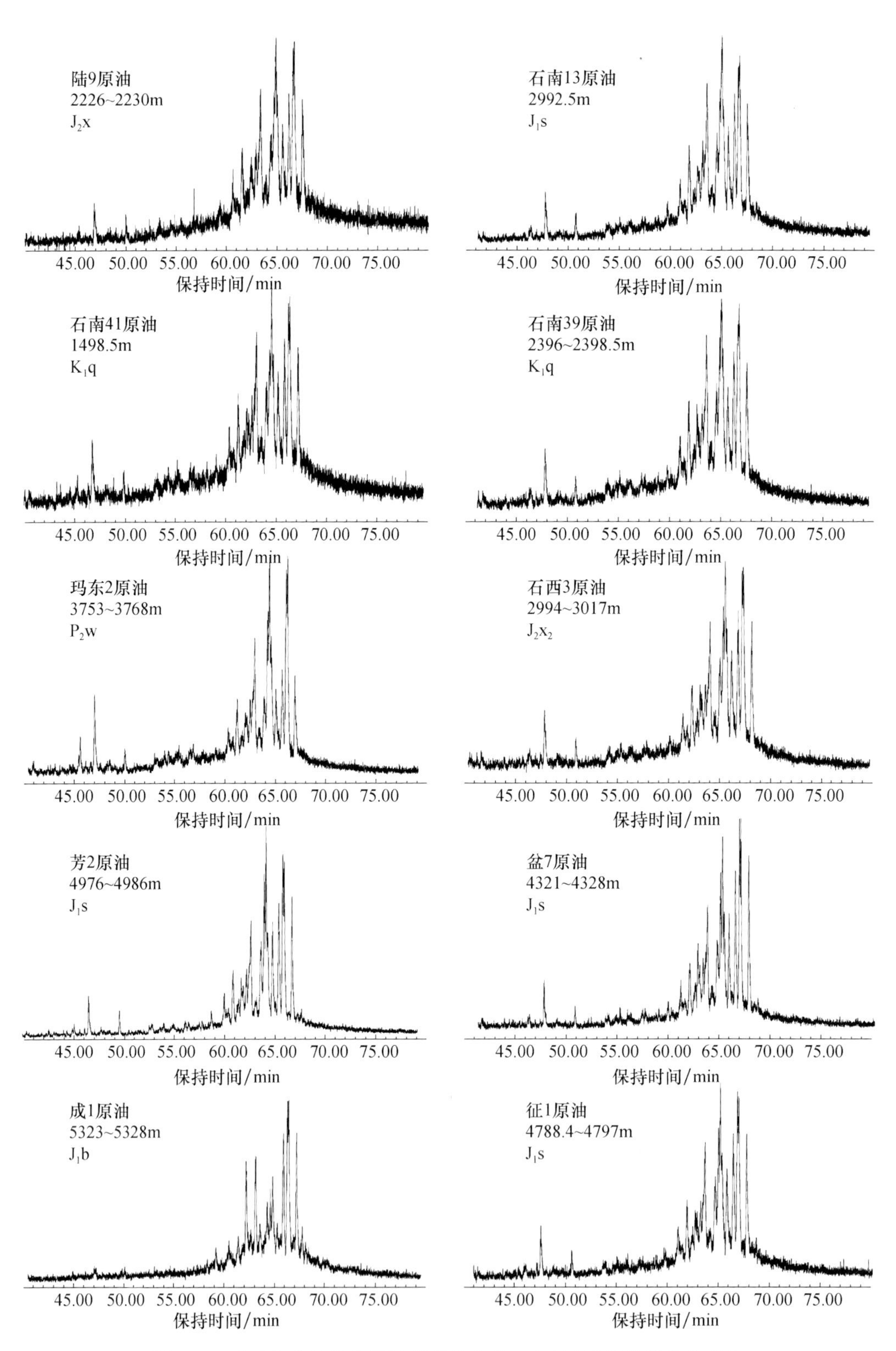

图 6-34 准噶尔盆地腹部原油甾类化合物 m/z217 质量色谱分布对比

表 6-5 准噶尔盆地腹部甾类化合物参数表

油田	样数	分布层位	αααC_{29}甾烷 20S /(20S+20R)		C_{29}甾烷 αββ /(ααα+αββ)		C_{27}规则甾烷		C_{28}规则甾烷		C_{29}规则甾烷		甾烷/藿烷	
			分布范围	均值	分布范围	均值	分布范围	均值	分布范围	均值	分布范围	均值	分布范围	均值
陆梁	14	$J_2x/J_2t/K$	0.45～0.53	0.5	0.5～0.55	0.52	7.82～12.38	9.67	37.16～49.55	44.15	39.81～52.87	46.2	0.53～0.55	0.55
石南	15	$J_1s/J_2t/K$	0.49～0.56	0.52	0.48～0.54	0.52	8.2～13.59	10.37	43.39～50.21	46.6	39.23～46.92	43	0.54～0.56	0.55
石西	3	$J_1s/J_2x/C$	0.47～0.54	0.52	0.51～0.53	0.52	12.12～15	13.23	37.86～50.58	42.66	36.86～50.01	43.1	0.54～0.56	0.55
石东	2	K	0.49～0.53	0.5	0.5～0.50	0.5	10.31～10.76	10.54	36.54～39.39	38.07	49.65～53.15	51.4	0.54～0.55	0.54
莫北	18	J_1s/J_2s	0.49～0.57	0.52	0.49～0.54	0.51	8.46～11.85	9.64	39.02～53.6	45.42	36.7～50.53	44.9	0.54～0.56	0.55
盆 5 井区	10	J_1s/K	0.49～0.55	0.52	0.49～0.55	0.52	6.07～15.22	10.74	35.61～50.25	43.67	36.77～55.75	45.6	0.54～0.56	0.55
盆参 2 井区	8	J_1s/J_3q	0.47～0.55	0.51	0.45～0.53	0.51	6.42～9.69	8.59	42.02～54	47.33	37.68～48.81	44.1	0.54～0.56	0.55
彩南油田	4	J_1s/J_1b	0.47～0.52	0.49	0.43～0.49	0.46	9～12.38	10.47	18.99～25.41	22.18	63.05～72.01	67.4	0.52～0.53	0.53
东道海子	4	J	0.46～0.52	0.5	0.45～0.51	0.48	5.41～10.95	8.23	15.24～28.69	20.41	60.36～79.35	71.4	0.52～0.53	0.52
陆东	5	J/P	0.44～0.51	0.47	0.44～0.53	0.49	5.61～23.70	13.09	7.16～36.54	19.87	51.08～78.67	67	0.52～0.54	0.53
夏盐	3	T/P/C	0.51～0.57	0.53	0.57～0.64	0.6	6.77～15	11.69	31.33～59.22	46.74	34～53.7	41.6	0.30～0.56	0.47
玛北	2	P_2w	0.49～0.50	0.49	0.53～0.54	0.53	10.26～11.32	10.79	42.21～50.22	46.22	39.51～46.47	43	0.545～0.55	0.55
总计	88	K/J/T/P/C	0.44～0.57	0.51	0.43～0.64	0.51	5.41～23.7	10.21	7.16～59.22	41.54	34～79.35	48.3	0.30～0.56	0.54

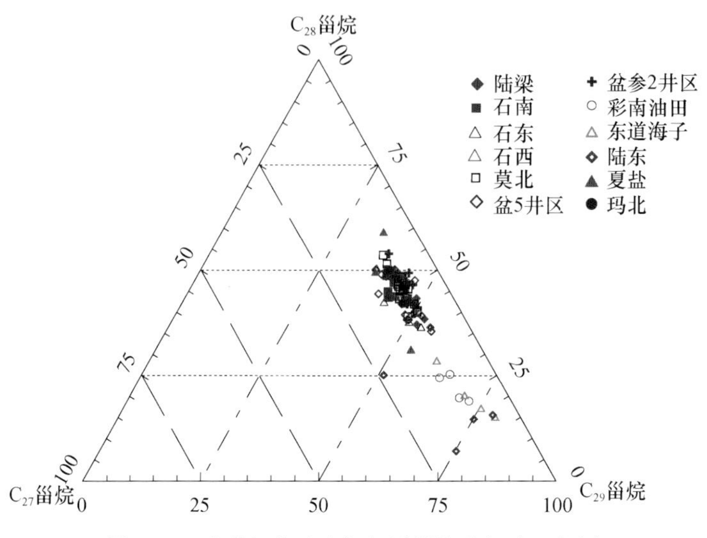

图 6-35　准噶尔盆地腹部规则甾烷内组成三角图

C_{29}甾烷的异构化参数 αααC_{29}甾烷 20S/(20S+20R) 和 C_{29}甾烷 αββ/(ααα+αββ) 常用来表征有机质的热演化程度，一般认为镜质体反射率 R_o<0.6%，以 αααC_{29}甾烷 R 构型为主，而进入生烃门限后，αααC_{29}甾烷 20S/(20S+20R) 的分布为 25%～50%，这两项参数异构化的终点值分别是 0.52～0.55 和 0.55～0.60（Peters，2005）。从表 6-5 和图 6-36 可以看出，准噶尔盆地腹部原油 C_{29}甾烷 20S/(20S+20R) 及 ββ/(αα+ββ) 有正相关关系，两者的分布为 0.44～0.57 和 0.42～0.64。腹部原油比较而言，成熟度较低的样品主要分布在陆东、彩南和陆梁油田；夏盐和玛东原油 C_{29}甾烷 αββ/(ααα+αββ) 异常高，这可能与油气运移效应或成熟度较高有关。此外，在腹部其他几个油田中，原油成熟度相对较高的为石西和石南油田，莫索湾和莫北的成熟度相对较低。

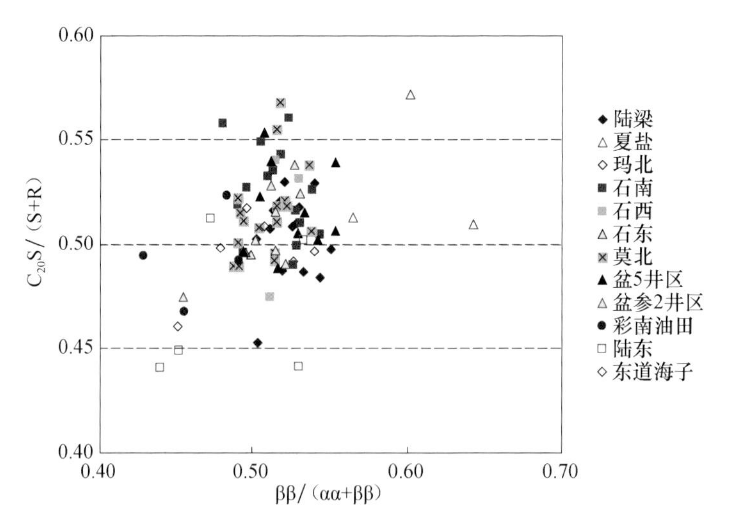

图 6-36　准噶尔盆地腹部 C_{29}甾烷 C_{20}S/(S+R)与 ββ/(αα+ββ)关系图

2）萜类化合物

腹部样品检出的萜类化合物有三环二萜类、五环三萜类及二环倍半萜类化合物等，

其中以五环三萜类和三环二萜类化合物最为丰富（图 6-37）。由于三环二萜类化合物在

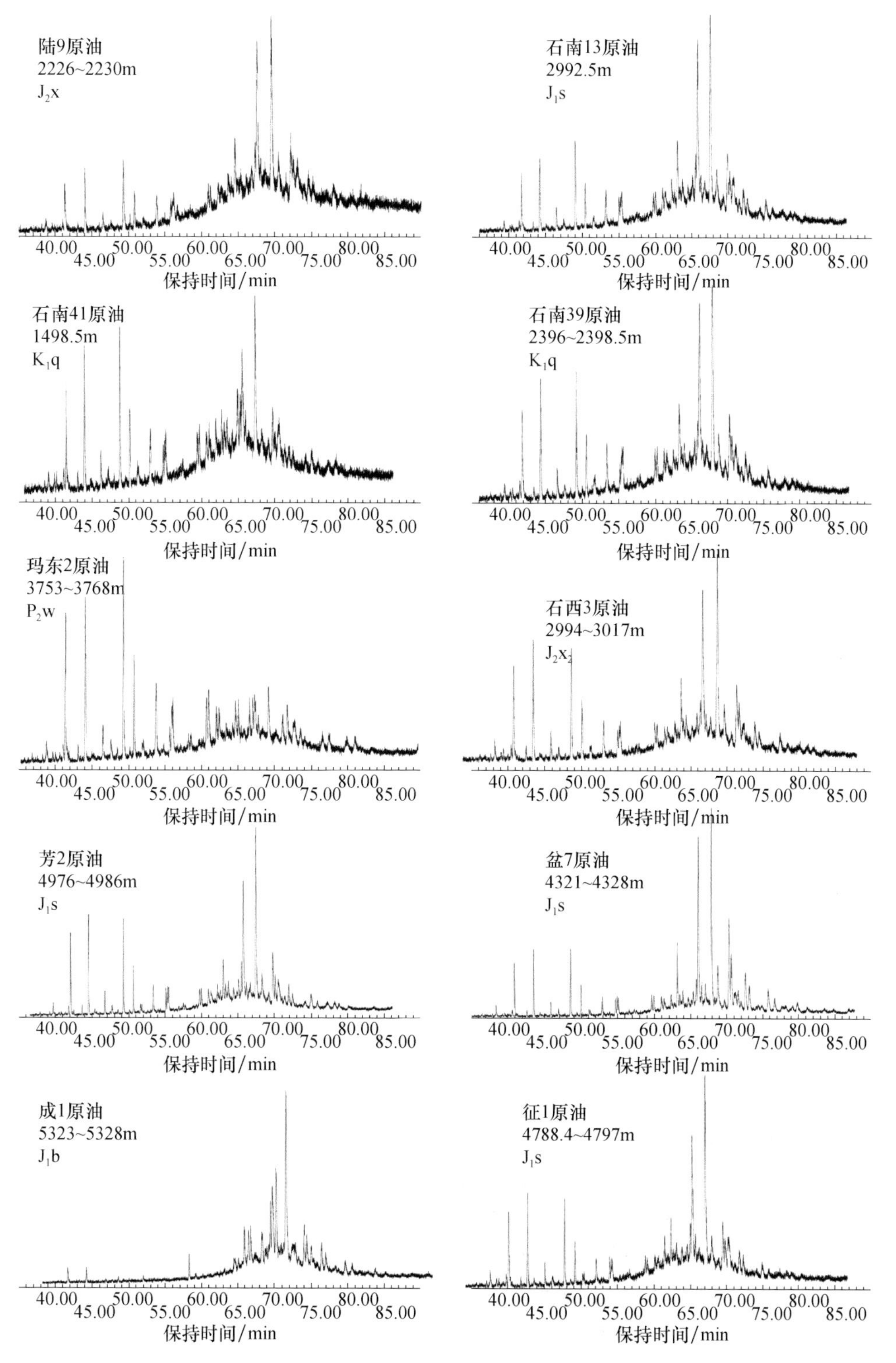

图 6-37　准噶尔盆地腹部原油萜类化合物分布对比图

准噶尔盆地腹部分布较为普遍，并可以用来判断二叠系不同来源的原油的贡献，前人认为 C_{20}、C_{21} 和 C_{23} 三环二萜烷呈“上升型”分布，来源于风城组烃源岩；C_{20}、C_{21} 和 C_{23} 三环二萜烷呈“山峰型”则为乌尔禾组油源；佳木河组油源则表现出三环萜类中 C_{20} 相对较高的特点（王绪龙等，1999，2001）。此外，在针对西北缘原油的研究中，有研究者发现通过萜类化合物中 $C_{27}18\alpha(H)$-22,29,30 三降藿烷（Ts）和重排藿烷特征可以区分二叠系不同来源的原油，与风成城组烃源岩有关的原油具有较高含量的类异戊间二烯烷烃（姥姣烷和植烷等）、胡萝卜烷和 γ 蜡烷等，缺乏 Ts 和重排藿烷，而来源于二叠系佳木河组和乌尔禾组的原油，含有相对较低的类异戊间二烯烷烃、胡萝卜烷和伽马蜡烷，并含有 Ts 和重排藿烷。

在准噶尔盆地腹部，C_{20}、C_{21} 和 C_{23} 三环二萜烷分布模式在不同油田有所差别，但在莫索湾和莫北油田，三环萜烷分布呈“山峰型”占优势，在石西、石南和陆梁油田，表现出既有“山峰型”又有“上升型”的分布模式。

Ts/Tm 常被作为热成熟度指标，该参数被认为随成熟度的升高比值增大。腹部原油该比值的分布为 0.09～1.25，平均值为 0.45。图 6-38 中 Ts/Tm 值较高的点主要分布在陆梁油田，这可能与陆梁油田中部分原油发生降解有关，有研究显示 Ts 和 Tm 的降解速率不同，前者小于后者。石南、石西和石东油田原油 Ts/Tm 参数主要分布在 0.5～1（表 6-6），莫索湾和莫北原油分布在 0～0.5，这可能反映了前者的成熟度高于后者，此外油气运移也可以使该参数增大。

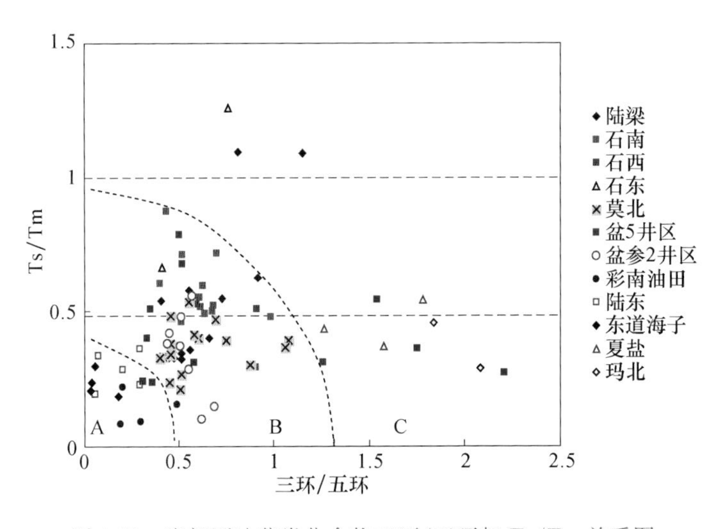

图 6-38　腹部原油萜类化合物三环/五环与 Ts/Tm 关系图

Σ 三环萜烷/Σ 五环萜烷既与有机质的母质来源和环境有关，还与热演化和运移因素有关，一般该值随着成熟度的升高而增大。结合 Ts/Tm 分布，明显可以将准噶尔盆地腹部原油划分为三类：A 类为 Ts/Tm 和 Σ 三环萜烷/Σ 五环萜烷值都较低，主要为陆东、彩南与侏罗系有关的原油；B 类为准噶尔盆地腹部的主体原油，石西、石南、莫北和莫索湾油田中的原油都在这个区域内，其油源主要为盆 1 井西凹陷和昌吉凹陷二叠系烃源岩；C 类原油三环萜类化合物异常高，主要为玛北、玛东和夏盐构造带上的原

表 6-6 准噶尔盆地腹部萜类化合物参数表

油田	样数	分布层位	Ts/Tm		C_{24}/C_{26}		C_{20}/C_{23}		γ/C_{30}		Σ三环萜/Σ五环萜		$C_{31}S/(S+R)$		桉叶油烷/补身烷	
			分布范围	均值	分布范围	均值	分布范围	均值	分布范围	均值	分布范围	均值	分布范围	均值	分布范围	均值
陆梁	14	$J_2x/J_2t/K$	0.32～1.09	0.53	0.86～1.1	0.96	0.65～0.78	0.71	0.13～0.48	0.28	0.41～1.15	0.62	0.45～0.61	0.52	0.08～0.41	0.33
石南	15	$J_1s/J_2t/K$	0.30～0.87	0.53	0.78～1.29	1.02	0.59～0.85	0.7	0.23～0.58	0.33	0.41～0.99	0.62	0.48～0.62	0.56	0.19～0.38	0.31
石西	3	$J_1s/J_2x/C$	0.31～0.53	0.45	1.1～1.3	1.19	0.55～0.86	0.69	0.19～1.34	0.62	0.60～1.26	0.92	0.51～0.62	0.56	0.3～0.34	0.32
石东	2	K	0.66～1.25	0.96	0.77～0.85	0.81	0.63～0.78	0.7	0.26～0.49	0.38	0.42～0.77	0.59	0.53～0.64	0.59	0.28～0.37	0.33
莫北	18	J_1s/J_2s	0.21～0.53	0.39	0.85～1.26	1.04	0.7～1.08	0.83	0.07～0.37	0.21	0.41～1.08	0.61	0.49～0.61	0.56	0.21～0.48	0.29
盆5井区	10	J_1s/K	0.24～0.78	0.44	0.9～1.29	1.09	0.58～0.88	0.78	0.09～0.36	0.22	0.32～2.2	0.84	0.41～0.64	0.55	0.13～0.45	0.33
盆参2井区	8	J_1s/J_3q	0.1～0.58	0.34	0.8～1.3	0.97	0.6～0.88	0.75	0.18～0.39	0.28	0.45～0.7	0.55	0.50～0.63	0.59	0.1～0.37	0.19
彩南油田	4	J_1s/J_1b	0.09～0.22	0.14	0.8～1.97	1.34	0.61～1.23	1	0.11～0.24	0.16	0.2～0.5	0.3	0.6～0.62	0.61	0.23～0.4	0.27
东道海子	4	J	0.19～0.3	0.23	0.88	0.88	0.82～2.86	1.84	0.06～0.16	0.11	0.04～0.19	0.08	0.56～0.61	0.58	0.21～0.53	0.35
陆东	5	J/P	0.2～0.37	0.28	0.62～1.01	0.75	0.7～6.63	2.72	0.04～0.26	0.11	0.06～0.3	0.19	0.54～0.62	0.57	0.16～0.67	0.41
夏盐	3	T/P/C	0.37～0.55	0.45	1.05～1.29	1.39	0.66～0.84	0.76	0.64～1.54	1.12	1.38～1.79	1.63	0.45～0.48	0.47	0.13～0.68	0.42
玛北	2	P_2w	0.29～0.46	0.37	1.14～1.2	1.17	1.13～1.48	1.31	0.56～0.58	0.57	1.74～1.92	1.83	0.74～0.78	0.76	0.01～0.04	0.02
总计	88	K/J/T/P/C	0.09～1.25	0.42	0.62～1.97	1.03	0.55～6.63	0.92	0.04～1.54	0.3	0.04～2.2	0.65	0.41～0.78	0.56	0.01～0.68	0.3

油，这一类原油与陆梁和石南的原油明显不同，其油源可能主要为玛湖凹陷二叠系烃源岩。此外，在盆5井区也有部分原油的该比值较高，在莫101井上下不同油层中，相差85m，但三环与五环萜类比值有明显的差别，上部原油的该比值较大，比值为2.2，下部原油的比值仅0.59，上下层之间全油同位素值也相差1‰，原油期次不同可能是造成这一现象的原因。

γ蜡烷指数（γ蜡烷/C_{30}藿烷）常用做水体咸度的指标，从图6-39可知，γ蜡烷指数较高的样品主要来自玛湖凹陷东斜坡上的夏盐2井、玛东2井以及玛2、玛6井，这些样品的异构烷烃也较高，比较符合西北缘风城组油源类型的特点。

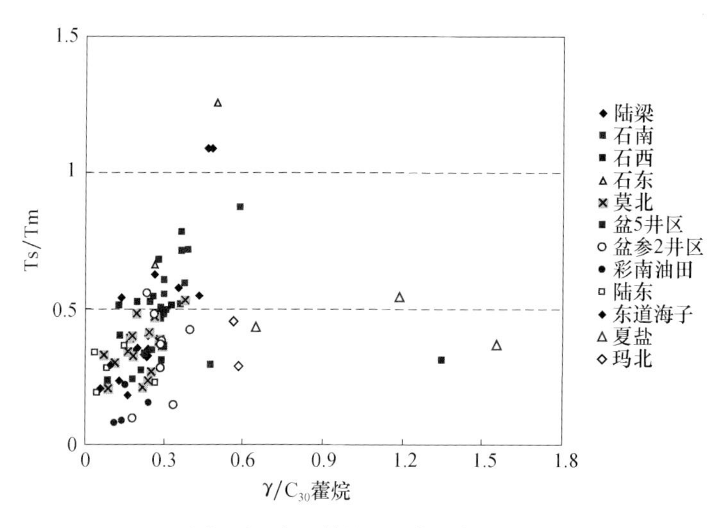

图6-39 腹部原油中γ蜡烷/C_{30}藿烷与Ts/Tm关系图

4. 腹部原油正构烷烃单体烃同位素特征

原油正构烷烃单体烃碳同位素组成可以从另一个角度反映原油的母质来源。从图6-40中腹部东部原油正构烷烃碳同位素特征上看，在莫索湾、莫北构造带以东和东南方向的原油，成1井、董1井、阜4井、古牧5井原油单体烃碳同位素多重于−30‰，

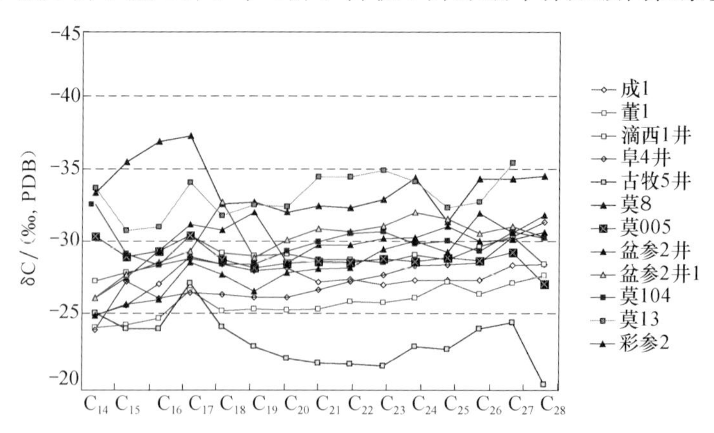

图6-40 腹部莫北和莫索湾及周边原油单体烃碳同位素分布

这与全油碳同位素的特征比较一致，这些原油全油碳同位素值相对较重，平均值约为－27.5‰，表明有丰富的陆源高等植物的母质输入，表现出与煤系烃源岩相关的原油特点，与莫北和莫索湾主体原油的差别较大。

莫北和莫索湾原油的单体烃碳同位素主要分布轻于－30‰，这反映出在莫北和莫索湾构造带上主体的原油是二叠系烃源岩供油的特点；对比单体烃碳同位素的特征，莫索湾隆起盆参 2 井不同层位碳同位素的特征较为一致，虽然有研究报道认为盆参 2 井上下层原油有不同来源原油的贡献，但从单体烃碳同位素的特征对比看，两者的差别不大。图 6-40 中莫 8 井原油的单体烃碳同位素分布变化较大，在 C_{14}～C_{17} 段整体相对较轻，随碳数增加，碳同位素变轻的趋势明显；在 C_{18}～C_{28}，随碳数增加，碳同位素变轻的趋势明显，这表明莫 8 井可能有不同来源原油的混合作用。盆参 2 井区的原油中莫 13 井原油单体烃碳同位素相对较轻，分布的范围为－32.7‰～－37.5‰，平均值为 35.2‰，而全油同位素值为－30.1‰。彩南油田的彩参 2 井原油与腹部莫北和莫索湾油田原油单体烃同位素相比，碳数小于 C_{22} 的正构烷烃的单体烃碳同位素值较重，而碳数大于 C_{22} 的正构烷烃的单体烃同位素值与腹部原油类似，反映了两者在低等水生生物供给方面有所差异。阜 4 井与彩参 2 井单体烃同位素特征较为一致，反映了两者油源有非常好的相似性。

腹部北部陆梁、石南、石西等原油的碳同位素分布特征如图 6-41 所示，从碳同位素的分布特征看，在玛湖凹陷东斜坡上的玛 2 井、夏盐 2 井、玛东 2 井，原油正构烷烃单体烃碳同位素较重，其中夏盐 2 井最重，单体烃的同位素平均值为－27.8‰，与全油同位素值较重的特征一致，结合这些原油的生物标志化合物的特征，可以判断这些原油与来源于陆梁和石南油田的原油不一致，其油源可能来自玛湖凹陷风城组烃源岩。而陆梁油田陆 9、陆 12 单体烃同位素分布特征非常相似，两者的平均值分别为－31.0‰和－31.0‰，结合生物标志化合物和全油同位素的分布特征，两者原油母质来源非常一致。石 314 井与石南 41 井原油都为石南 21 井区原油，两者单体烃同位素分布特征也表现出非常好的一致性，基 003 井原油与石南 21 井原油单体烃同位素分布特征类似。在腹部北部的石 002 井原油的单体烃同位素相对较轻，反映了石西油田原油形成的特殊性，油源与石南油田有所差别。

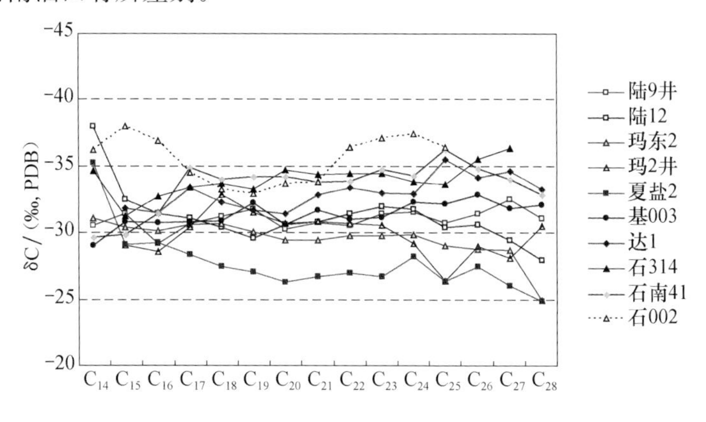

图 6-41 陆梁、石南、石西原油单体烃碳同位素分布特征图

从准噶尔盆地腹部原油单体烃氢同位素的分布特点（图 6-42）可以看出，氢同位素曲线具有轻微的头轻脚重的特征，即随着正构烷烃碳数的增加，其氢同位素组成具有轻微变重的趋势。可以将原油分为两大类：一类是与煤系烃源岩有关的原油，其氢同位素较轻，主体上为－200‰～－150‰，表现出随碳数增加，氢同位素变轻的特点，该类原油在全油碳和单体烃碳同位素都表现出较重的特点，而与单体烃氢同位素变化不同步，这反映了在准噶尔盆地腹部原油有着非常特殊的氢源；另一类为二叠系源岩产出的原油，单体烃氢同位素的分布范围为－150‰～－75‰，这类原油的氢同位素特征（全油和正构烷烃单体氢同位素）较轻。对比莫索湾构造上原油的单体氢同位素分布特点看，莫 13 井原油的单体氢同位素较重，该井的原油碳同位素较轻，可能与该构造带上其他原油油源有所差别。盆参 2 井上下层不同原油在氢同位素组成方面有明显的差别，反映了两者在油源方面有所差异。莫北油田的莫 005 井的原油单体氢同位素最重，表现出不同的单体氢同位素的特点。

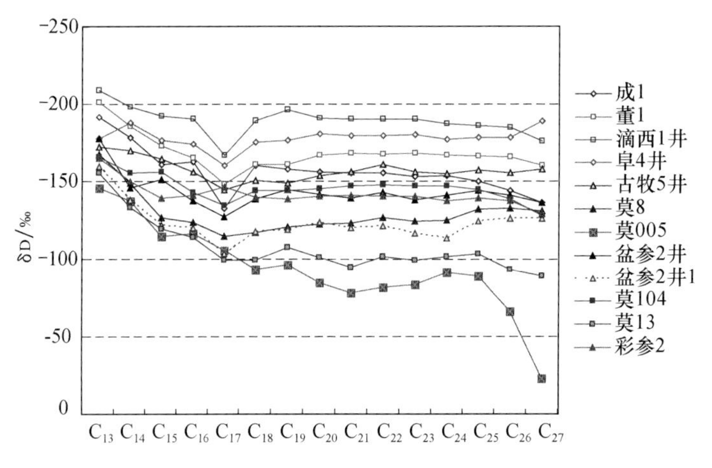

图 6-42　莫北和莫索湾及周边原油单体烃氢同位素分布图

从图 6-43 中腹部北部油田原油氢的同位素分布特征看，夏盐 2 和达 1 井原油正构烷烃氢同位素表现出较重的特点，主体分布为－100%～－80‰，结合其他的生标组合

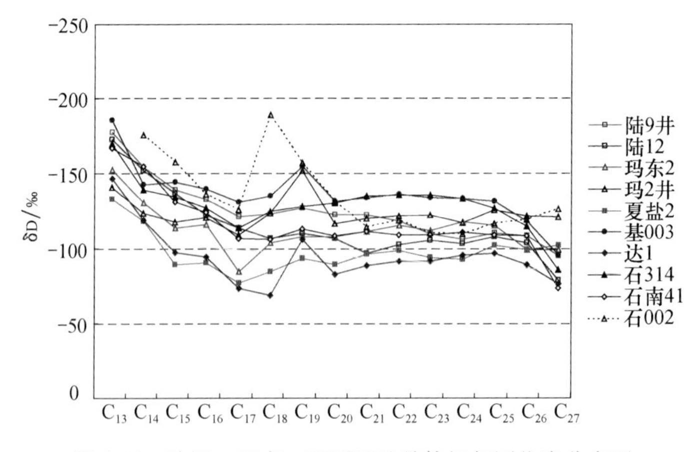

图 6-43　陆梁、石南、石西原油单体烃氢同位素分布图

特征，两者有相同的油源。陆 9 井和陆 12 井的氢同位素的分布基本一致，这与单体烃碳同位素和生物标志物特征所反映的特征一致，说明两者的油源较为一致；石南、石西的原油正构烷烃氢同位素较为一致，比玛湖凹陷东斜坡原油的单体烃氢同位素要轻，表明了它们在油源方面的差异。

5. 腹部原油聚类分析研究

前面已从单项参数及双项参数探讨了准噶尔盆地原油类型的划分，为综合这些重要的参数对原油的类型进行划分，采用多元统计中聚类分析法，对腹部的原油类型进行系统划分。

对腹部 87 个样品中采用分层聚类的方法进行多元统计分析。选取 $\delta^{13}C$、Pr/Ph、γ/C_{30}藿烷、三环萜/五环萜、桉叶油烷/（补身烷＋高补身烷）、Ts/Tm、β/nC_{25}、R_o（芳烃甲基菲指数计算）、二苯并噻吩总含量（DBT）9 个参数对 87 个原油样品聚类。每个样品代表 9 维空间中的一个点，用欧氏距离计算每个点之间的距离，距离的远近表示样品亲缘关系的远近。

从腹部原油的谱系分布图（图 6-44）可知，可以将腹部原油分为 5 大类：第一类把距离标尺 10 以内的样品划为一类，陆梁油田、石南油田、石西油田、莫北油田、莫索湾油田和石东 1 井的 74 个样品中有 72 个样品聚合为一类，反映了这些原油的油源都为二叠系烃源岩，其余两个未聚合的样品一个为石西 2 井二叠系佳木禾组储层原油，另一个为石东 1 井白垩系储层原油；第二类为石东 1 井、滴西 1 井和昌 1 井原油，可能与石炭系烃源岩有关；第三类为玛东 2 井、石西 2 井和达 1 井原油，这些原油的烃源岩可能与二叠系风城组烃源岩有关；第四类为玛北油田的玛 2 井和玛 6 井原油，明显与玛湖凹陷风城组烃源有关；第五类是侏罗系烃源岩油源，包括东道 2 井、阜 4 井、董 1 井、成 1 井和古牧 5 井的原油。此外，从统计分析结果看，夏盐 2 井和阜 5 井原油有其特殊性，代表了不同来源。

莫索湾到陆梁地区的第一类 72 个原油可进一步划分为 4 大类：最南端的芳 2 井 3 个样品和盆参 2 井的一个浅层样品为一类；庄 107 井、盆 5 井、莫 171 井和莫 101 井的一个浅层样品聚为一类，从宏观物理性质也可以看出这几个均为低黏度轻质油或凝析油；庄 106 井、石 121 井、石东 1-2 井、陆 9-2 井、陆 22-1 井和 LUHW1831 井为一类，这些样品相对周围样品埋藏浅，石东 1-2 井、陆 9-2 井、LUHW1831 井均为白垩系储层；其余 57 个原油样品从这 9 项参数的聚类分析看，其地球化学特征相似，这类原油的分布范围较广，都主要围绕盆 1 井西凹陷分布，说明盆 1 井西凹陷二叠系烃源岩的生烃强度相对较大，烃源充足，油气运移分布范围较大。

二、腹部天然气成因类型

准噶尔盆地腹部紧邻玛湖凹陷、盆西 1 井西凹陷和昌吉凹陷，这些生烃凹陷中含有多套烃源岩，包括下石炭统海陆过渡相煤系烃源岩、二叠系统风城组、乌尔禾组、佳木和组，以及侏罗系八道湾组、三工河组和西山窑组煤系。本次研究采集了准噶尔腹部不

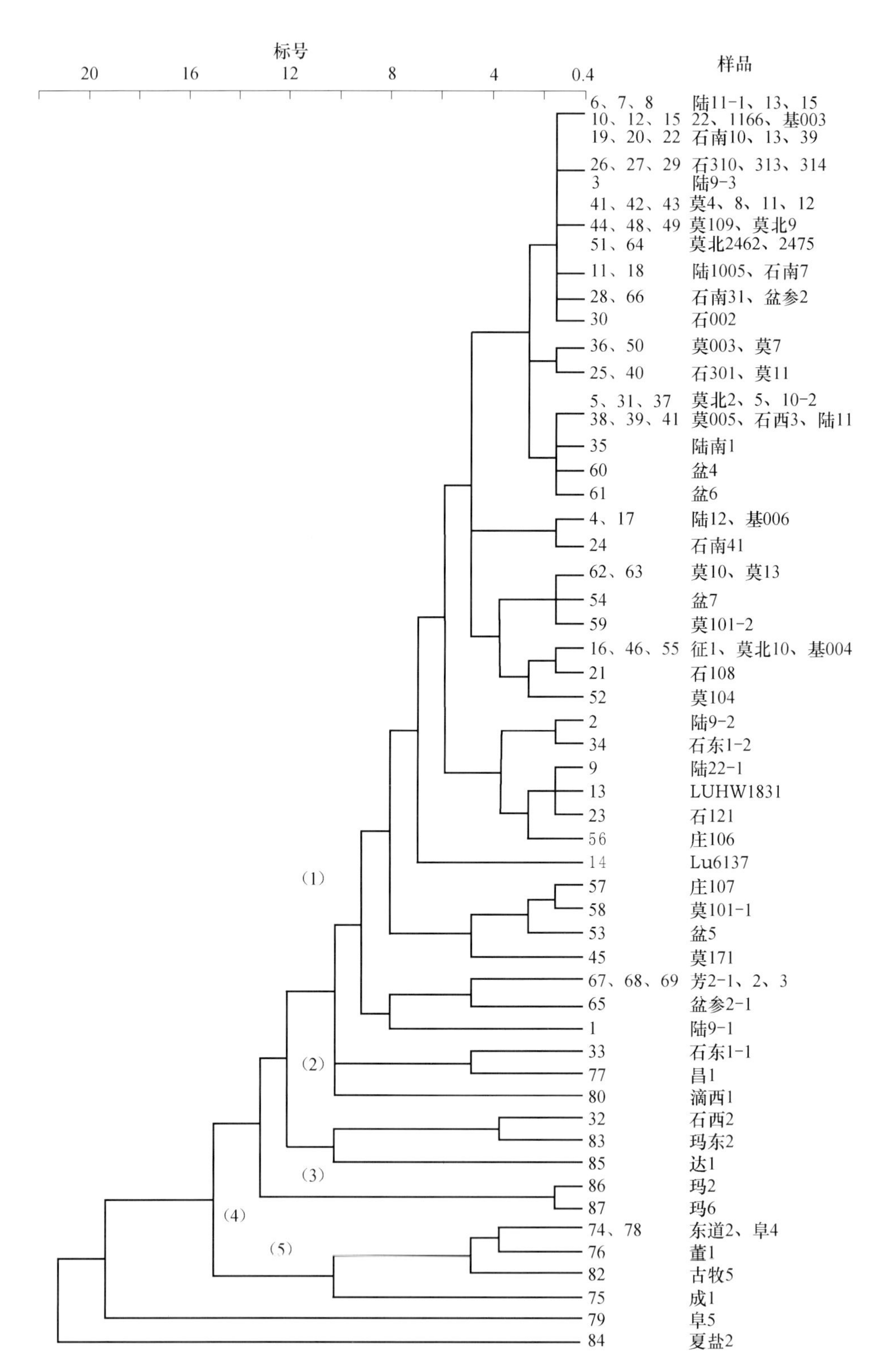

图 6-44 准噶尔盆地腹部原油样品聚类分析谱系图

同构造带天然气样品14个，并对其碳、氢及稀有气体同位素进行了测试和分析，研究了天然气碳、氢同位素分布范围和分馏控制因素及其相互关系，利用天然气成因类型的判识指标和热演化模式，对天然气的气源进行了追踪，结合前人的研究工作对天然气的成因类型进行了划分。

1. 腹部天然气组分特征

准噶尔盆地腹部天然气赋存状态主要表现为原油伴生气的特点，天然气组成以烃类气体甲烷为主，但有一定含量的重烃类气体。从93个天然气样品的统计分析看，甲烷含量为70.8%～95.9%，平均值为86.1%。重烃分布为0.13%～20.81%，平均值为8.61%。图6-45显示腹部天然气的干燥系数（$C_1/C_{1\text{-}5}$）分布范围相对较宽，分布在0.78～0.99，主频分布范围为0.88～0.96，主体属于湿气演化阶段。比较而言，干燥系数相对较高的天然气主要分布在陆梁油气田。

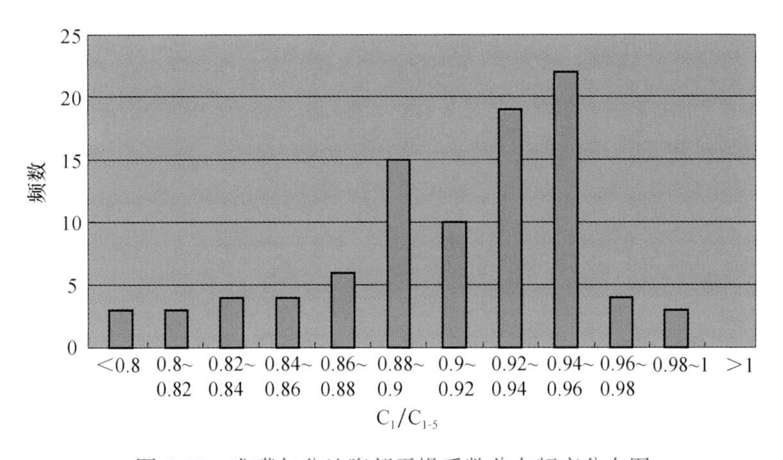

图6-45 准噶尔盆地腹部干燥系数分布频率分布图

常见的非烃气体有CO_2、N_2、H_2S、H_2及He、Ar等。在腹部天然气中主要的非烃气体为N_2、CO_2，其中氮气的含量相对较高，相对含量为0.39%～13.6%，天然气中N_2含量较高的天然气出现在石西和石南油气田（表6-7）。N_2的高丰度与火山作用和高成熟度有关，但从陆东-五彩湾气田的石炭系火山岩储层的天然气组成看，其N_2的丰度并不十分高。这反映了天然气总体并没有达到过成熟的演化阶段，表明火山作用对于准噶尔盆地天然气组成的影响有限。腹部天然气中CO_2含量较低，分布的范围为0%～1.9%，平均值仅为0.53%。

表6-7 准噶尔盆地腹部天然气组分分析统计表

油气田	N_2/%	CO_2/%	C_1/%	C_{2+}/%	$C_1/C_{1\sim5}$
莫索湾	0.75～2.95 (2.46)/12	0.02～0.74 (0.51)/12	80.2～93.4 (88.2)/13	3.3～16.4 (8.6)/13	0.85～0.97 (0.92)/13
莫北	0.39～4.64 (2.37)/19	0～0.98 (0.39)/19	85.7～93.7 (90.6)/19	3.4～9.3 (5.6)/19	0.91～0.97 (0.94)/19
石西	1.6～9.78 (4.28)/9		80.4～91.3 (86.2)/9	3.33～9.54 (6.83)/9	0.89～0.96 (0.930)/9

续表

油气田	N_2/%	CO_2/%	C_1/%	C_{2+}/%	$C_1/C_{1\sim5}$
石南	0.6～13.6 (4.1)/48	0.16～1.9 (0.71)/20	70.8～91.9 (83.3)/48	0.6～20.8 (10.4)/48	0.78～0.99 (0.88)/48
陆梁	2.3～4.8 (3.7)/3	0.03～0.56 (0.22)/3	81.8～95.9 (90.7)/3	0.13～13.7 (5.35)/4	0.88～0.99 (0.95)/4
陆东-五彩湾	2.76～5.84 (4.32)/5	0.75/1	73.3～94.5 (86.6)/13	2.37～22.4 (8.28)/13	0.79～0.98 (0.92)/13

注：表中数据的含义为：最小值～最大值（平均值）/样品数。

2. 腹部天然气碳同位素特征

天然气中碳同位素系组成主要反映了母质类型和演化程度，其中甲烷碳同位素主要受热演化程度的控制，而乙烷碳同位素主要受母质类型的控制。因此，天然气碳同位素组成的研究对天然气成因的判识具有重要意义。

从表 6-8 和图 6-46 可知，陆东—五彩湾地区石炭系天然气碳同位素总体较重，$\delta^{13}C_1$ 值为－29.5‰～－48.4‰，均值为－32.5‰；$\delta^{13}C_2$ 值为－24.2‰～－30.7‰，均值为－26.7‰。因此，该地区天然气为腐殖型天然气，且由于天然气组分碳同位素表现为正序关系，即$\delta^{13}C_4>\delta^{13}C_3>\delta^{13}C_2>\delta^{13}C_1$，说明该地区天然气的源岩并不是十分复杂。在这一地区石炭系天然气的同位素相对较重，这给腹部天然气的对比研究提供了佐证。

表 6-8　准噶尔盆地天然气碳同位素统计表

油气田	$\delta^{13}C_1$/‰	$\delta^{13}C_2$/‰	$\delta^{13}C_3$/‰	$\delta^{13}C_4$/‰
莫索湾	－32.35～－43.88 (－37.37)/28	－22.63～－28.77 (－27.42)/27	－25.81～－27.83 (－26.86)/24	－25.53～－28.24 (－26.96)/23
莫北	－34.69～－45.57 (－38.25)/22	－25.54～－31.39 (－27.50)/22	－24.68～－28.67 (－26.24)/22	－23.64～－27.66 (－26.24)/22
石西	－31.2～－42.5 (－35.23)/16	－24.7～－30.2 (－26.55)/16	－23.8～－26.8 (－25.21)/16	－24.2～－26.7 (－25.31)/16
石南	－32.5～－43.2 (－35.8)/25	－23.8～－27.9 (－26.2)/25	－23.4～－26.3 (－25.0)/25	－23.2～－26.6 (－25.6)/21
陆梁	－35.6～－49.9 (－43.5)/7	－25.5～－26.7 (－26.2)/6	－20.3～－28.3 (－24.8)/4	－21.4～－26.1 (－24.1)/3
陆东-五彩湾	－29.5～－48.4 (－32.5)/31	－24.2～－30.7 (－26.7)/31	－21.2～－26.9 (－25.0)/30	－21.3～－27.1 (－24.9)/26

注：表中数据的含义为：最小值～最大值（平均值）/样品数。

莫索湾天然气主体表现为凝析气的特征，$\delta^{13}C_1$ 值为－32.35‰～－43.88‰，均值为－37.37‰；$\delta^{13}C_2$ 值为－22.63‰～－28.77‰，均值为－27.42‰。莫索湾油气藏分布在侏罗系三工河组和八道湾组，从乙烷碳同位素值看，以碳同位素为－28‰为划分煤型气和油型气的界限，莫索湾主体为煤型气。莫深 1 井 7209m 的石炭系中的天然气代表了腹部石炭系烃源岩的气源，其甲烷同位素值为－32.35‰，乙烷同位素值为－24.16‰，明显重于该区域主体天然气对应的天然气的同位素值。

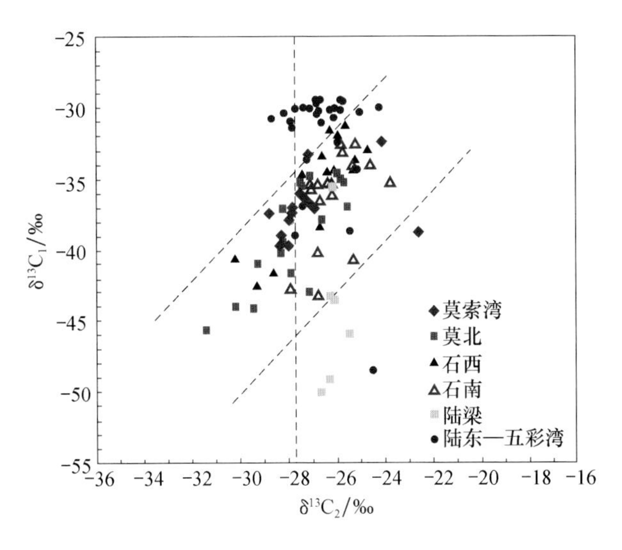

图 6-46 准噶尔盆地腹部天然气 $\delta^{13}C_1$ 和 $\delta^{13}C_2$ 关系图

莫北油气田的储层主要为三工河组，$\delta^{13}C_1$ 值为－34.69‰～－45.57‰，均值为－38.25‰；$\delta^{13}C_2$ 值为－25.54‰～－31.39‰，均值为－27.50‰。从甲烷碳同位素的分布特征看，莫北天然气的分布成熟度区间相对较大。而从乙烷碳同位素分布看，既有煤型气，同时还有油型气。

石西油气田主要为石炭系和侏罗系储层，其 $\delta^{13}C_1$ 值为－31.2‰～－42.5‰，均值为－35.23‰；$\delta^{13}C_2$ 值为－24.7‰～－30.2‰，均值为－26.55‰，从甲烷碳同位素特征看，石西地区天然气甲烷碳同位素相对较高，是腹部天然气中成熟度相对较高的。从乙烷碳同位素的特征看，主体表现为腐殖天然气的特点，但有部分天然气表现出腐泥型天然气的特征。这与原油分布特征表现出石西成熟度相对较高非常一致。

石南天然气储集主要为侏罗系的头屯河组、西山窑组，以及白垩系，甲烷碳同位素分布为－32.5‰～－43.2‰，平均值为－35.8‰，成熟度与石西天然气有较大的相似性，为腹部天然气成熟度相对较高的区域。乙烷碳同位素分布的范围是－23.8‰～－27.9‰，平均值为－26.2‰，乙烷碳同位素特征表明，这一区域主要为煤型气的特点。

陆梁天然气主要的储集层也主要为侏罗系和白垩系，但油气的赋存深度相对较浅，该区甲烷的分布范围为－35.6‰～－49.9‰，平均值为－43.5‰，由于与降解原油相伴生，很多的研究认为，陆梁天然气为次生生物气成因。乙烷碳同位素的分布区间相对较小，分布范围为－25.5‰～－26.7‰，平均值为－26.2‰，为煤型气的特点。

天然气重烃来源相对单一，主要为干酪根或原油热解成因，同时，其碳同位素（$\delta^{13}C_2$、$\delta^{13}C_3$）分馏范围较窄，与母质的碳同位素组成最接近，是推断气源岩类型的有效指标（Stahl et al.，1975；James，1983；徐永昌等，1994；戴金星，1995）。从天然气中乙烷和丙烷的碳同位素的特征看，两者的正相关关系非常明显（图 6-47）。由此可以判断，准噶尔盆地腹部天然气以煤型气类型为主。

随着热演化程度的增加，重烃之间的同位素差值减小，从图 6-48 可知，从 A 区到 E 区，为甲烷与乙烷同位素减小方向，应为成熟度逐渐增加方向，这与地质实际情况比

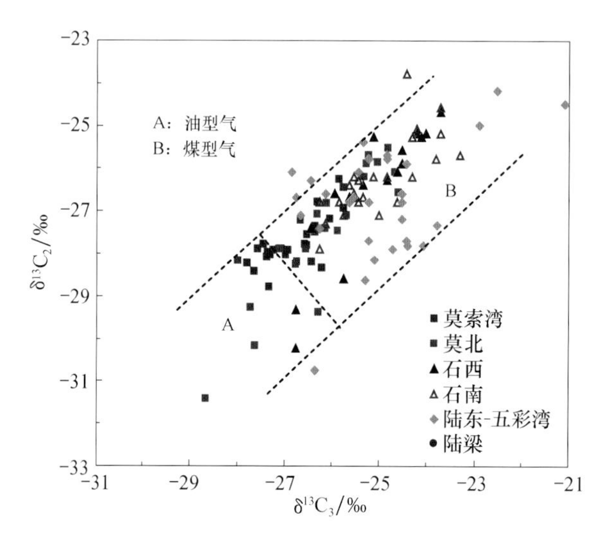

图 6-47 准噶尔盆地腹部天然气 $\delta^{13}C_3$ 和 $\delta^{13}C_2$ 关系图

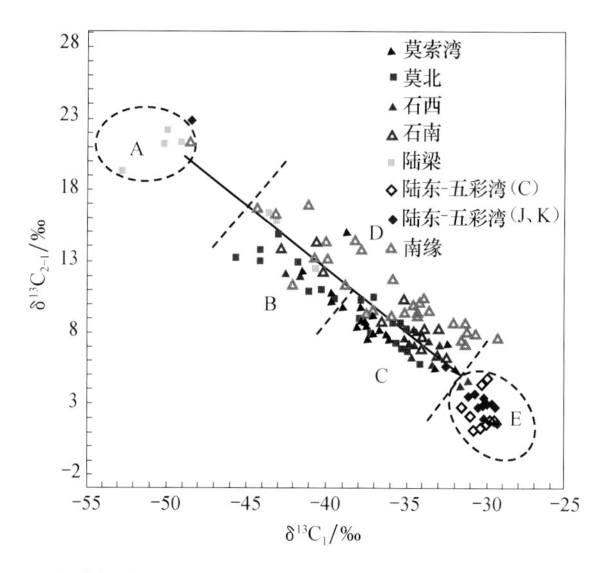

准噶尔盆地腹部、陆东及南缘天然气 $\delta^{13}C_1$ 与 $\delta^{13}C_{2-1}$ 关系图

较吻合。A 区主要分布的为陆梁油气田的天然气样品，甲、乙烷同位素的差值最大，代表成熟度非常低，是准噶尔盆地天然气中成熟度最低的，陆梁油气田天然气藏的深度较浅，并伴有降解原油，因此该天然气代表了次生生物气。B 区中主体为莫北油气田天然气，表明在腹部天然气中莫北的天然气成熟度相对较低；C 区中相对差值加大，并且甲烷同位素值较轻的为莫索湾油气田的天然气样品，莫北的样品中另有一部分分布在该区，但甲烷、乙烷已有进一步减小，这部分天然气的成熟度较 B 区的高；D 区主要为准噶尔盆地南缘天然气，对于相同甲烷同位素值的样品，其甲烷、乙烷同位素的差值相对较大，反映了准噶尔盆地南缘主要为腐殖型煤型气的特点。E 区为准噶尔盆地中甲乙烷同位素差值最小区，并且甲烷同位素最重的天然气主要为陆东-五彩湾区不同储层中的天然气样品，反映了陆东整体天然气的成熟度较高；同时也必须要引起重视的是，石

西也有部分天然气样品落在了该区域，表现出较高的成熟度，主要分布在石西石炭系火山岩储层中。

3. 腹部天然气氢同位素特征

来源于不同母质和沉积环境的甲烷，其碳、氢同位素的组成有明显差别，而同一母质类型在不同演化阶段产生同位素分馏，使同位素组成随热演化程度的增加而由轻变重。基于此，可以利用甲烷碳、氢同位素的相互关系对天然气进行分类、对比判识其成因和来源。

图 6-49 是准噶尔盆地腹部天然气氢同位素分布图，氢同位素分布特征表现为 $\delta DCH_4 < \delta DC_2H_6 < \delta DC_3H_8$ 的特征，陆梁的甲烷和乙烷氢同位素相对较轻，这与样品中甲烷碳同位素相对较轻相一致，表明陆梁地区天然气中有生物气的混入现象。

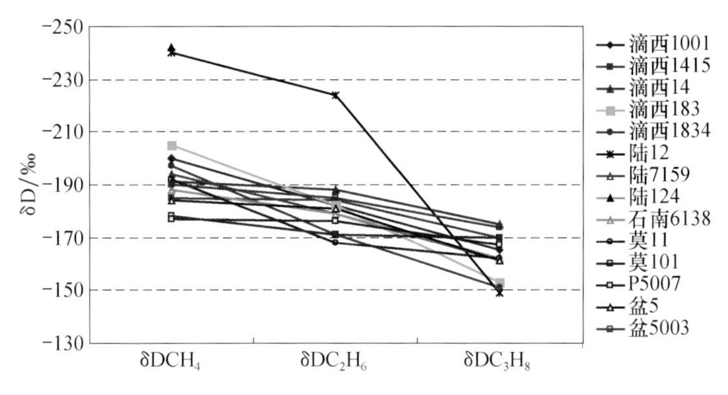

图 6-49 准噶尔盆地腹部天然气氢同位素分布序列图

甲烷碳、氢同位素特征常用来判识天然气成因，从图 6-50 天然气的分布特征看，准噶尔盆地天然气总体属于热成因原油伴生气，陆梁油气田中部分天然气氢同位素较轻，这反映了陆梁天然气的成熟度较低，而石炭系气源的陆东-五彩湾天然气与二叠系或侏罗系气源的莫索湾、石南、莫北之间的氢同位素的差别不大。

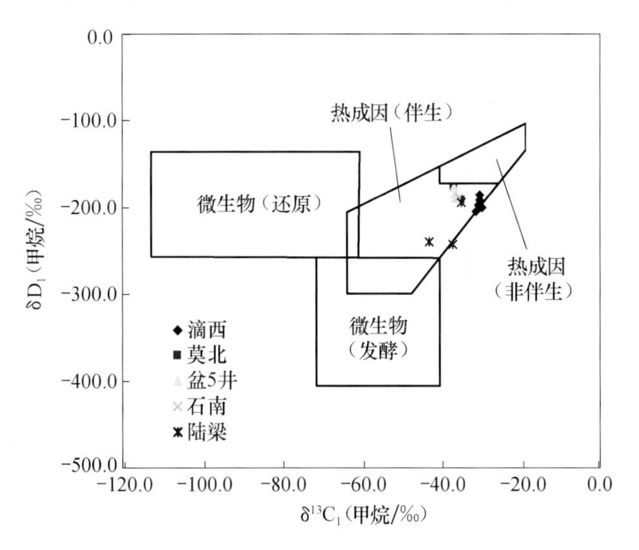

图 6-50 准噶尔盆地腹部天然气甲烷 $\delta^{13}C_1$ 与 δD_1 关系图

三、油气运聚过程分析

1. 腹部油气分布特征

莫北油田位于莫索湾隆起北部的莫北凸起，属中央拗陷中次一级的凸起。该油气田西临盆1井凹陷，东邻东道海子凹陷，这两个凹陷都是准噶尔盆地重要的生烃凹陷。莫北油田包括有莫109井、莫北2井、莫北11井、莫005井4个区块，沿北东向分布。油气分布在侏罗系三工河组，主要为油藏，但也含有凝析油和天然气。

从图6-51展示的油层分布特征看，莫北油田从莫8井向莫北10井，油藏变浅的趋势较为明显。从表6-7中全油的同位素特征分布看，莫北油田原油的碳同位素分布非常集中，主要分布在－29.1‰～－30.3‰，平均值为－29.7‰。莫北原油碳同位素分布特征以及生物标志化合物分布特征表明这些井的原油来源一致，油源都为二叠系烃源岩。

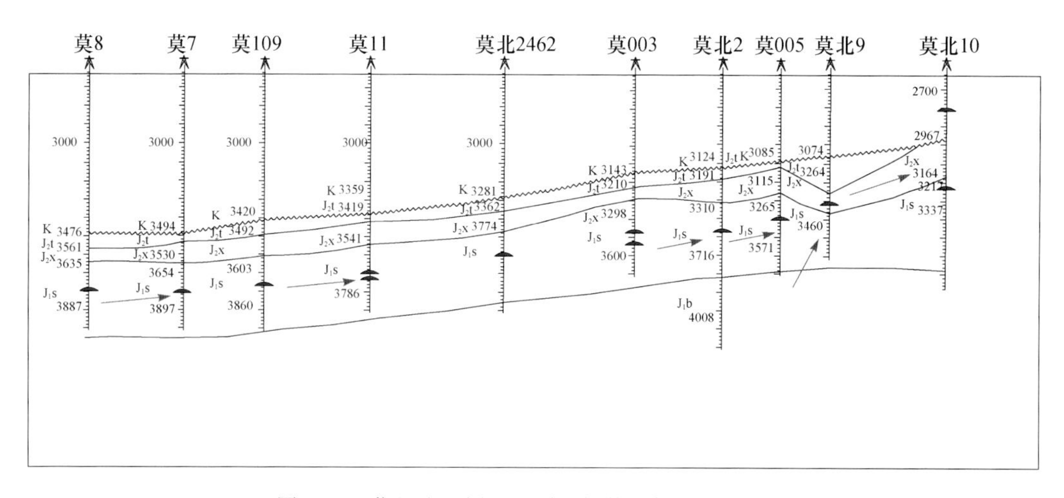

图6-51　莫北油田剖面不同油气井油气运移模式图

从表6-9莫北油田原油密度看，莫7井、莫8井、莫11井和莫003井中的原油密度都小于0.8g/cm³，明显表现出轻质油的特点，在构造部位较高的莫北5井、莫北9井、莫北10井和莫005井原油的密度都大于0.80g/cm³，研究者认为，原油在地下的运移过程中，随着运移距离的增加，沿着运移方向，地层原油的物性发生变化，饱和压力和油气比逐渐减小，密度和黏度逐渐增加。因此从原油密度等资料看，莫北油田原油有明显的从西南向北东方向运移的特征。在莫11井同一井中仅相差几十米到上百米，原油的密度就有变化，并且表现出底部原油的密度较大，这可能与原油的垂向运移有关。油气成藏过程具有差异性油气聚集现象，在油气运移的方向上，临近烃源岩的圈闭一般为晚期油气驱替所形成的气藏，气油比大，而远离烃源岩区的圈闭一般为油藏。莫北油田莫7井、莫8井和莫11井以天然气为主，而莫北9、10井以油藏为主，根据油气藏分布状况，推断莫北原油有向北东向运移的趋势。

表 6-9 莫北油田剖面江河组油气地化特征分布表

井号	井深/m	层位	密度/(g/cm³)	$\delta^{13}C$/‰	Pr/Ph	$\alpha\alpha\alpha C_{29}$甾烷 20S/(20S+20R)	$\beta\beta/\alpha\alpha+\beta\beta$	R_o/%
莫8	4230-4236	J_1s	0.7945	−30	1.45	0.52	0.49	0.94
莫7	4223-4232	J_1s	0.7925	−29.7	1.32	0.49	0.49	0.91
莫109	4180-4190	J_1s	0.8648	−30.3	1.29	0.51	0.49	0.92
莫11	4136-4155	J_1s	0.7968	−29.9	1.64	0.52	0.49	0.86
莫11	4172-4182	J_1s	0.8281	−30.0	1.35	0.56	0.52	0.89
莫003	3920-3931	J_1s	0.7558	−29.1	1.62			0.91
莫003	3975-3968	J_1s	0.8145	−29.5	1.18	0.51	0.50	0.87
莫北2	3874-3940	J_1s	0.7051	−29.5	1.44	0.50	0.51	0.85
莫005	3820-3829	J_1s	0.8433	−29.7	1.36	0.52	0.52	0.84
莫北9	3767-3756	J_1s	0.8535	−29.9	1.34	0.50	0.49	0.90
莫北5	3726.2	J_1s	0.8183	−29.5	1.26	0.49	0.49	0.81
莫北10	3208-3292	J_1s	0.8658	−30.3	1.68	0.51	0.54	0.77
莫北10	3666-3668.6	J_1s	0.8175	−29.4	1.25	0.51	0.52	0.84

注：R_o值根据甲基菲指数换算获得。

油藏内部原油成熟度的变化，可以反映石油运移和充注的过程。先前充注的原油成熟度较低，后期充注的原油成熟度较高，相对成熟度较高的原油更接近油源烃源灶和充注点，成熟度显著降低的方向代表了油气运移的方向。C_{29}甾烷 20S/(20S+20R) 和 ββ/(αα+ββ) 参数是最常用生物标志物成熟度参数，一般认为这两项参数的适用成熟度范围为 0.2～0.8(0.9)，前者的异构化演化终点值为 0.52～0.55，后者的异构化终点值为 0.67～0.71。从表 6-9 中莫北原油的这两项参数看，甾烷 C_{29} 20S/(20R+20S) 值均在 0.51 附近，显然该参数已经钝化，无法表征原油间同位素的差异。ββ/(αα+ββ) 参数虽未达到异构化终点，但莫北原油该参数的分布范围为 0.49～0.54，表征出原油的成熟度差别不大。

为了能表征相对较高成熟度的原油，我们进一步选择芳烃成熟度参数对莫北原油的成熟度进行了研究，芳烃化合物成熟度指标使用范围相对较宽，且在较高成熟度阶段仍可使用。菲系列化合物是芳烃化合物中应用最为广泛的一类化合物，其中甲基菲指数 (MPI-1) 使用最为广泛（陈琰等，2010）。基于的原理是 α 甲基取代的 1-MP 和 9-MP，随着热演化程度的增加，向稳定构型 β 甲基取代的 3-MP 和 2-MP 转化。甲基菲指数与 R_o 有经验换算关系：$R_o<1.35\%$ 时，$R_o=0.6(\text{MPI}-1)+0.4$；当 $R_o>1.35\%$ 时，$R_o=-0.6(\text{MPI}-1)+2.3$。从莫北油田 13 个原油的芳烃的分析，计算获得这些原油的成熟度 Ro 值，分布范围为 0.77%～0.94%，平均值为 0.87%。明显呈现出，位于西南部的莫 7 井、莫 8 井和莫 109 井区原油的成熟度较高，而位于构造较高部位的莫北 2 井、莫 005 井和莫北 5 井的成熟度较低，这表明原油有从莫 109 井油区向东北方向运移。

天然气碳同位素组成是目前研究天然气成因和成熟度的主要地球化学参数，大量的实验研究和勘探均表明天然气中甲烷的碳同位素组成主要受控于热成熟度（Stahl，1977；Schoell，1983；戴金星，1985；徐永昌等，1985；廖永胜，1981；徐永昌等，1990；沈平等，1991），可以根据甲烷碳同位素值反演天然气形成的成熟度。从表 6-10 可知，虽然不同的经验公式反演获得的成熟度有较大的差别，油型和煤型气的差别非常大，但总体反映出在莫 11 井和莫 8 井区天然气的成熟度较高，而在莫北油田东北部分布的天然气成熟度相对较低。因此从原油和天然气所表征的成熟度的特征看，油气从莫 7 井、莫 8 井区沿北东方向运移的特征明显。莫北油气田断层的走向为北东向，侏罗系三工河组砂体分布逐渐增高，有利于油气沿该方向运移。

表 6-10 莫北油田天然气碳同位素特征值

井号	层位	取样井段/m	甲烷/‰	乙烷/‰	R_{o1}/%	R_{o2}/%	R_{o3}/%
莫 7	$J_1s_2^1$	4230.00	−37.1	−25.5	0.65	0.84	2.12
	$J_1s_2^2$	4260.00	−37.9	−27.9	0.57	0.80	1.88
	$J_1s_2^1$	4223.0～4232.0	−35.2	−26.5	0.88	0.94	2.79
莫 8	$J_1s_2^1$	4230.0～4236.0	−35.8	−26.2	0.79	0.90	2.53
	$J_1s_2^2$	4263.0～4268.0	−34.7	−25.9	0.95	0.96	2.99
莫 11	$J_1s_2^1$	4147.5～4155.0	−35.0	−25.9	0.90	0.94	2.85
	$J_1s_2^2$	4172.0～4182.0	−34.8	−27.1	0.93	0.95	2.92
莫 003	$J_1s_2^1$	3899.0～3910.0	−41.1	−29.3	0.34	0.67	1.18
	$J_1s_2^2$	3968.0～3975.0	−37.8	−26.6	0.57	0.80	1.89
	$J_1s_3^1$	3975.0～3988.0	−35.3	−27.5	0.87	0.93	2.75
莫 005	$J_1s_2^1$	3820.0～3829.0	−40.2	−28.3	0.39	0.70	1.33
	$J_1s_2^2$	3886.0～3894.5	−44.1	−30.2	0.21	0.56	0.76
莫 006	$J_1s_2^2$	3758.5～3760.0	−39.5	−28.2	0.44	0.73	1.49
莫北 2	$J_1s_2^1$	3874.0～3940.0	−35.7	−26.8	0.81	0.91	2.60
	$J_1s_2^2$	3953.0～3958.0	−44.1	−29.4	0.20	0.56	0.76
莫北 5	$J_1s_2^2$	3726.2	−35.6	−27.4	0.82	0.91	2.62
莫北 9	$J_1s_2^1$	3756.0～3766.5	−42.9	−27.1	0.25	0.60	0.90
	$J_1s_2^2$	3774.0～3782.0	−45.6	−31.4	0.16	0.52	0.61
莫北 10	$J_1s_2^2$	3666.0～3668.6	−41.7	−27.9	0.30	0.64	1.07
莫北 11	$J_1s_2^2$	3707.5～3714.0	−37.1	−28.2	0.64	0.84	2.10

注：R_{o1}，煤型气，$\delta^{13}C_1 = 14.12\lg R_o - 34.39$（戴金星，1985）；$R_{o2}$，$\delta^{13}C_1 = 40.49\lg R_o - 34.0$（沈平等，1991）；$R_{o3}$，油型气 $\delta^{13}C_1 = 15.8\lg R_o - 42.2$（戴金星，1985）。

2. 莫索湾油气藏特征

莫索湾油气田北接莫北凸起，南临莫南凸起，东邻东道海子凹陷，西连盆 1 井西凹陷，西南为沙湾凹陷，东南是阜康凹陷，为典型的凹中凸，是石炭系、二叠系以及侏罗系生成油气的有利指向区。目前发现的原油既有正常油，又有凝析油气，储层主要为侏罗系三工河组、八道湾组和白垩系。

本次研究对莫索湾构造带盆参 2 井区、盆 5 井区、芳 2 井和东道 2 井的 21 个原油样品进行了研究，从表 6-11 和图 6-52 中原油样品地球化学特征看，根据全油碳同位素特征可以将莫索湾隆起原油初步划分为三类：第一类原油主体为盆 5 井区原油，其全油同位素重于−30‰，见丰富的凝析油和轻质油，与莫北原油在同位素方面有较好的一致性；第二类原油主体分布在盆参 2 井区，原油整体同位素相对较轻，基本都轻于−30‰。结合生物标志化合物特征对比研究，认为这两类原油的烃源岩为二叠系烃源岩，但可能是不同期次油气演化的产物。另外，分布在莫索湾构造带东南方向的东道 2 井及中石化探区的成 1 井及董 1 井全油碳同位素较重（约−27.2‰），这一类原油的油源为侏罗系烃源岩。

表 6-11 莫索湾油田剖面油气地化特征分布表

井号	层位	取样深度/m	密度 g/cm³	$\delta^{13}C$/‰	20S/(20S+20R)	ββ/(αα+ββ)	R_o/%
莫 104	K	3901	0.853	−29.8	0.52	0.50	0.67
盆 5	$J_2s_2^2$	4243	0.7523	−29.7	0.55	0.51	1.00
盆 7 井	J_1s	4321	0.844	−30.1	0.49	0.52	0.81
庄 106	J_1s	4313		−29.4	0.51	0.55	0.84
庄 107	J_1s	4274		−29.7	0.54	0.55	0.96
莫 101	J_1s	4173	0.7652	−29.5	0.54	0.51	0.94
莫 101	J_1s	4258	0.8992	−30.5	0.52	0.53	0.75
盆 4	J_1s	4515	0.8474	−29.3	0.51	0.53	0.92
盆 6	J_1s	4234	0.8146	−29.6	0.50	0.54	0.85
盆参 2	J_2t	4260	0.8259	−30.0	0.47	0.45	0.93
盆参 2	J_1b	4678	0.8833	−31.2	0.50	0.50	0.80
莫 4	J_1s	4391	0.8828	−30.3	0.54	0.53	0.97
莫 10	$J_1s_2^2$	4517	0.8929	−30.2	0.54	0.51	0.87
莫 13	$J_1s_2^2$	4520	0.8621	−30.1	0.50	0.51	0.84
芳 2	J_2x	4812	0.8881	−30.4	0.52	0.52	0.79
芳 2	$J_2s_2^1$	4944	0.8898	−30.3	0.52	0.53	0.77
芳 2	$J_2s_2^2$	4976	0.8991	−30.4	0.49	0.52	0.82
东道 2 井	$J_2s_2^2$	4959	0.8237	−27.5	0.50	0.48	0.77
征 1	J_1s	4788		−30.2	0.50	0.49	0.77
成 1	J_1b	5323	0.85	−27.1	0.51	0.51	0.89
董 1	J_2t	4871	0.79	−27.4	0.46	0.45	0.77

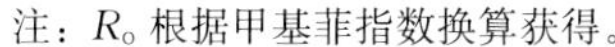
注：R_o 根据甲基菲指数换算获得。

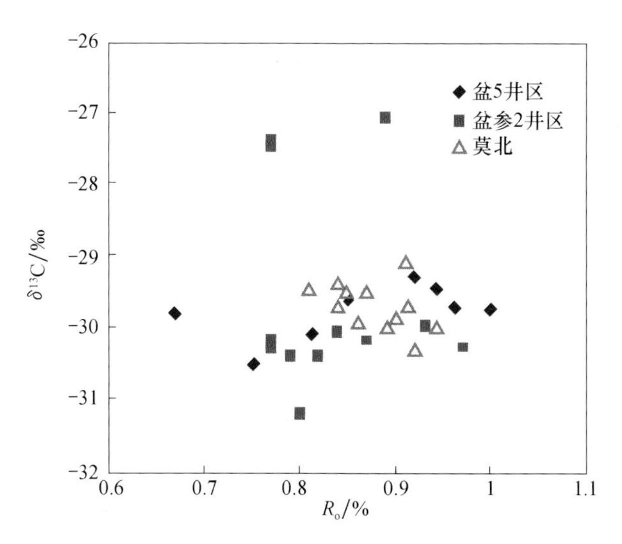

图 6-52 莫索湾和莫北油田原油 R_o 与全油同位素关系图

从表 6-11 中原油密度来看，芳 2 井原油及盆参 2 井下部原油密度较大，盆 5 井区原油为密度低的轻质油，虽然原油密度可以用来示踪原油的运移方向，但同一烃源岩不同演化阶段形成的产物，原油的物性差别较大，后期热演化程度高的原油的密度变小。从图 6-53 看，密度相对较小的轻质油，根据芳烃甲基菲指数获得的原油成熟度也相应较高，莫北与莫索湾原油密度与成熟度呈负相关关系，这与地质实际非常吻合。同时也说明甲基菲参数是准噶尔盆地腹部判断原油形成成熟度的有效参数。对比研究发现，盆5井区原油密度相对较小，盆参2井区密度相对较大，这可能与原油形成的期次有关。

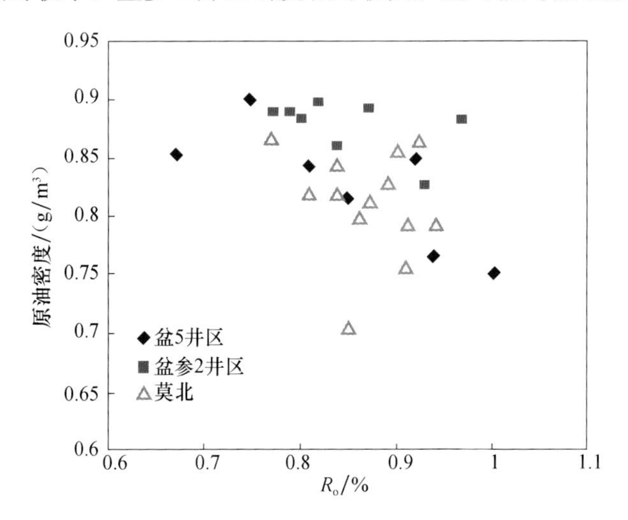

图 6-53　莫北、莫索湾原油密度与原油成熟度关系图

莫索湾原油甾烷成熟度参数 C_{29} 20S/(20S+20R) 和 C_{29} ββ/(αα+ββ) 的分布为0.46～0.55 和 0.45～0.55，两者的平均值都为 0.51。从 20S/(20S+20R) 在莫索湾的分布看（表 6-11），莫 101 井、盆 5 井和庄 107 井等的成熟度较高，基本已经达到了该参数的平衡值。这与这些井基本都表现出凝析油气的实际地质情况十分吻合，甾烷 C_{29} ββ/(αα+ββ) 参数在莫索湾凸起上的变化规律不明显。

通过计算莫索湾油田原油样中芳烃的甲基菲指数，获得莫索湾原油的 R_o 值，该值分布为 0.67%～1%，平均值为 0.84%。较高的值出现在盆 5 井和盆参 2 井（图 6-53），最低值出现在莫 104 井，仅从成熟度的指标看，原油有可能发生了从盆 5 井—盆参 2 井方向的油气运移（图 6-54）。

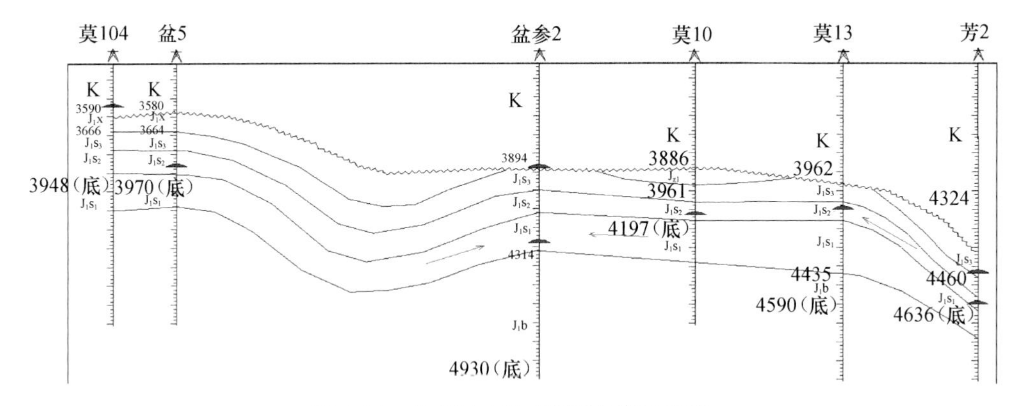

图 6-54　莫索湾油气田剖面油藏分布图

从输导格架的特征看，莫索湾腹部存在北西—南东向的深浅两类断层，深层断层起到了油源断层作用，将二叠系烃源岩形成的油气运移至储层中；从地震解释获得的三工河砂体分布看，莫 9 井与莫 10 井之间有厚的砂体相连，可以作为好的油气运移通道。

盆2井区原油有其特殊性，原油密度比盆5井区大，全油碳同位素相对较轻，显示成熟度也较盆5井低，在侏罗纪—白垩纪时期，莫索湾地区为一个连片的古隆起区，古地形高部位在莫深1井—莫13井以南和芳2井以西所在地区。车莫古隆起芳2井分布在东斜坡高点上，而莫10井和莫13井分布在北斜坡的相对高点上，在这种古构造的背景下，根据现有的原油分布特点，对这一地区的原油的运移方向进行推断，盆1井西凹陷二叠系烃源岩早期形成的油气，从盆5井和莫7井注入，沿着孔渗条件都比较优越的三工河砂体向当时构造的高点盆参2井及莫13井区运移，形成目前成熟度较低、密度较大、碳同位素相对较低的一类原油。综合分析芳2井，该井原油密度大、成熟度低，并且β-胡萝卜烷丰度较高，与近临的盆参2井区的原油有较大的差别，可能代表了相对独立的油源，该井原油来自于阜康凹陷或者东道海子凹陷二叠系烃源岩，但目前东道海子的二叠系是否已有油气形成仍然有待证实，由于在莫北油田东部勘探的探井中尚未发现二叠系原油，而东道海子凹陷中成1井为侏罗系油源。同时必须引起注意的是，盆参2井八道湾组原油的物理性质、生标参数特征明显与该井中三工河组中原油不同，这说明在盆参2井区有不同来源的原油在此混合。

莫索湾油气田天然气分布以原油伴生气为特征，从表6-12可知，以莫深1井7209m的石炭系储层中天然气甲烷最重，为−32.4‰，其乙烷同位素值为−24.2‰，为典型的煤型气，这一类型的天然气在莫索湾分布有限。

表 6-12 莫索湾油田天然气碳同位素特征值

井号	层位	取样井段/m	甲烷/‰	乙烷/‰	R_{o1}/%	R_{o2}/%	R_{o3}/%
盆参2	$J_1s_3^1$	4470.0～4485.0	−38.71	−22.63	0.49	0.77	1.66
	$J_1s_3^1$	4478.0～4492.5	−37.08	−26.93	0.64	0.84	2.11
	$J_1b_1^1$	4721.0	−34.66	−26.81	0.96	0.96	3.00
	$J_1b_1^1$	5122	−39.63	−28.33	0.43	0.73	1.45
	$J_1b_3^2$	5206.00	−35.99		0.77	0.89	2.47
莫10	$J_1s_3^1$	4564.0～4576.0	−35.26	−26.26	0.87	0.93	2.75
盆4	$J_1s_3^3$	4514.0～4520.0	−43.88	−28.42	0.21	0.57	0.78
	$J_1b_1^3$	4676.00	−37.99	−28.02	0.56	0.80	1.85
	J_1b_2	4787.53	−39.66	−27.92	0.42	0.72	1.45
	J_1b_2	4824.60	−37.98	−27.77	0.56	0.80	1.85
	J_1b_2	4888.09	−38.08	−27.92	0.55	0.79	1.82
	J_1b_2	4893.64	−37.14	−27.89	0.64	0.84	2.09
	J_1b_2	4969.12	−38.98	−28.22	0.47	0.75	1.60
	$J_1b_3^1$	5032.45	−37.01	−27.77	0.65	0.84	2.13
	$J_1b_3^2$	5100.57	−37.52	−27.88	0.60	0.82	1.98
	$J_1b_3^2$	5101.75	−37.40	−28.77	0.61	0.82	2.01
	$J_1b_3^3$	5217.75	−37.67	−27.97	0.59	0.81	1.94
	$J_1b_3^3$	5221.55	−37.13	−28.07	0.64	0.84	2.09
盆5	$J_1s_2^2$	4243.0～4257.0	−36.76	−27.55	0.68	0.85	2.21
莫3	$J_1s_3^1$	4421	−33.3	−27.2	1.19	1.04	3.66
P5007	$J_1s_2^2$		−37.10	−27.80	0.64	0.84	2.10
P5003	$J_1s_2^2$		−37.50	−27.77	0.60	0.82	1.98
莫101	$J_1s_2^2$	4204.0～4214.0	−36.64	−27.21	0.69	0.86	2.25
莫102	$J_1s_2^2$	4248.0～4254.0	−36.11	−27.51	0.76	0.89	2.43

续表

井号	层位	取样井段/m	甲烷/‰	乙烷/‰	R_{o1}/%	R_{o2}/%	R_{o3}/%
莫 103	$J_1s_2^2$	4249.0～4252.0	−36.28	−27.36	0.73	0.88	2.37
庄 1	J_1s_3	4361～4367	−38.08	−28.58	0.55	0.79	1.82
	J_1b_1	4748.73	−37.85	−26.96	0.57	0.80	1.89
莫深 1	C	7209	−32.4	−24.16	1.38	1.10	4.17

注：R_{o1}，煤型气，$\delta^{13}C_1=14.12\lg R_o-34.39$（戴金星，1985）；$R_{o2}$，$\delta^{13}C_1=40.49\lg R_o-34.0$（沈平等，1991）；$R_{o3}$，油型气，$\delta^{13}C_1=15.8\lg R_o-42.2$（戴金星，1985）。

侏罗系储层中天然气甲烷分布为−33.3‰～43.9‰，平均值为−37.5‰；乙烷的同位素分布为−22.6‰～28.8‰，平均值为−27.4‰，如果以乙烷碳同位素值−27.5‰作为区分油型和煤型气的界限，那么莫索湾隆起产出的天然气主要为混合型天然气。按照油型气经验公式，侏罗系储层天然气的 R_o 为 0.78%～3.0%，平均值为 2.0%。从天然气分布来看，庄 1 井和盆 4 井的天然气成熟度最低，而成熟度较高为莫 3 井、盆 5 井和盆参 2 井，这与原油所表现出的成熟特征并不一致，进一步比较盆 4 井不同深度天然气的成熟度特征，随深度增加，成熟增加的趋势明显，这可能表示了油气垂向运移。

从天然气的分析数据看，盆 1 井西凹陷二叠系烃源岩沿盆 5 井区是一个重要的油气注入点。结合原油生标参数（图 6-55），目前莫索湾凸起的油气有四个凹陷向其供油

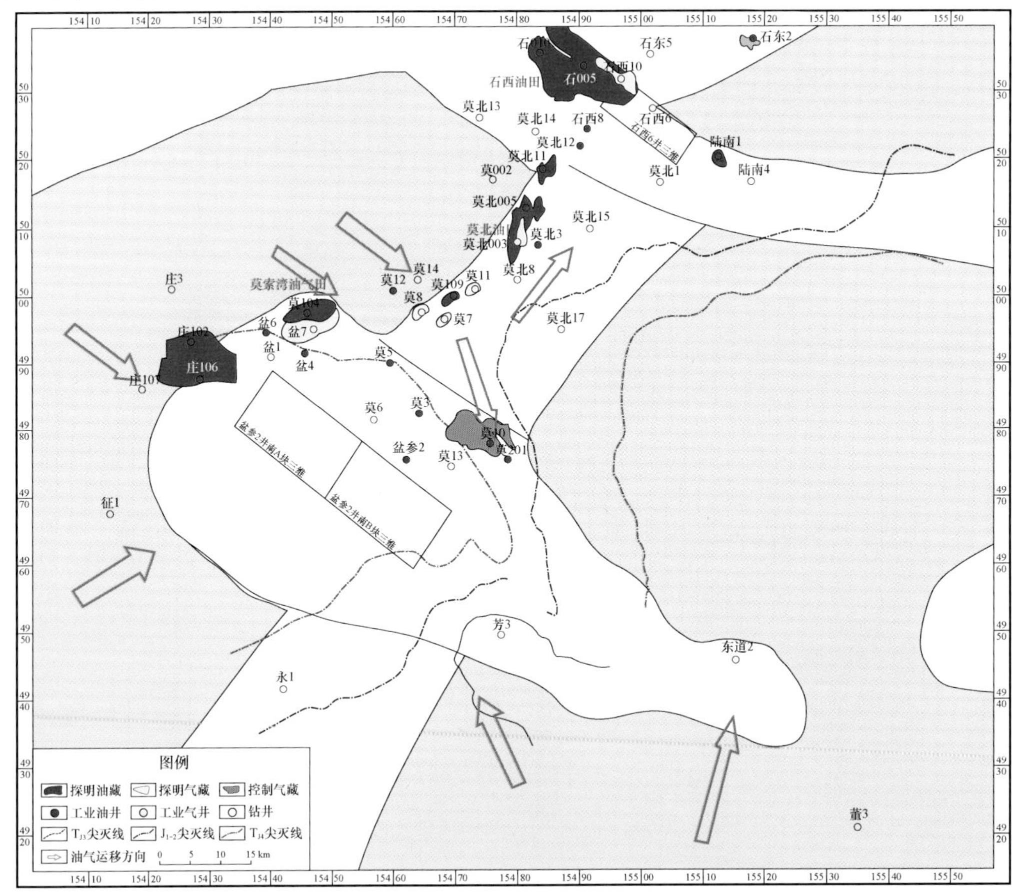

图 6-55　莫北—莫索湾地区侏罗系油气运移路径图

气，在莫索湾的西北角，主体是由盆 1 井西凹陷和沙湾凹陷中二叠系烃源岩提供油源，形成盆 5 井区油气藏。在莫索湾东南部，有两类原油存在，东南部东道 2 井表现为侏罗系油源。芳 2 井、盆参 2 井区仍然为二叠系原油，莫北油气田主要油源为盆 1 井西凹陷中二叠系烃源岩，油气的充注点在莫 8 井、莫 7 井区，早期形成的原油可能向莫 10 井和莫 13 井进行了运移，随着喜山期的构造活动向西北方向运移。

第四节 莫索湾地区三工河组输导层量化表征

一、三工河组输导层纵向分布特征

输导层纵向分布特征是指砂体纵向叠置关系厚度变化以及其非均质性。通过砂层连井精细对比、地震属性分析及地震反演等手段，综合研究了侏罗系三工河组输导层的纵向分布特征。

1. 输导层连井对比

图 6-56 为莫索湾地区三工河组砂层连井对比图，图中三工河组上段（J_1s_1）主要为泥岩，夹有上下两层薄砂岩，即 $J_1s_1^1$、$J_1s_1^2$ 砂层，两砂层都具有厚度小、连续性差、延

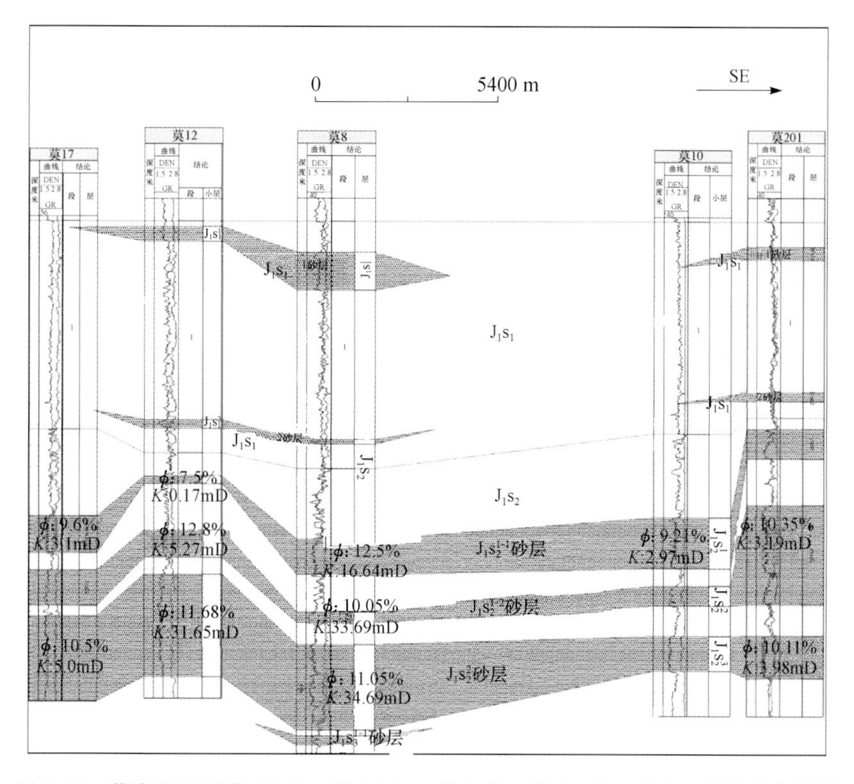

图 6-56 莫索湾地区莫 17 井—莫 12 井—莫 8 井—莫 10 井—莫 201 井连井剖面图

伸距离短的特点，其输导及储集条件较差。三工河组中上段（$J_1s_2^1$）具有两套砂层，$J_1s_2^{1-1}$ 砂层和 $J_1s_2^{1-2}$ 砂层横向变化趋势相似，横向较连续，厚度变化较大。图中可以看到 $J_1s_2^{1-1}$ 砂层在莫 102 井的北西向和莫 5 井的南东向尖灭，相比之下，$J_1s_2^{1-2}$ 砂层在厚度和连续性上都略优于 $J_1s_2^{1-1}$ 砂层。三工河组中下段（$J_1s_2^2$）为大套砂层，砂层厚度大、连续性好。

三工河组砂层厚度横向变化与物源方向关系紧密。根据前人分析可知，莫索湾地区在早侏罗世三工河早期和中期主要为三角洲前缘亚相沉积，其物源方向为北东向和北西向。图 6-56 是垂直北东向物源的剖面，从图中可以看出近物源的莫 17 井、莫 8 井三工河组中下段（$J_1s_2^2$）砂层厚度较大，且厚度分布稳定，而远离物源的莫 10 井、莫 201 井厚度减小。在垂直北西向物源的剖面上，砂岩断层厚度的变化与图中的变化规律相同，近物源的盆 5 井、莫 102 井砂层厚度较大，而远物源的莫 3 井、莫 13 井砂层厚度较小。砂层厚度的变化也与距物源的距离有关系。

2. 井间输导层横向预测

图 6-57、图 6-58 为东西方向沿盆 5 井—莫 107 井—莫 12 井—莫 108 井—莫 109 井—莫 9 井连井波阻抗反演剖面、伽马反演剖面和速度反演剖面。从图 6-56 中可知三工河组中下段（$J_1s_2^2$）砂体厚度大、连续性好，且剖面两端砂体厚度大，而中部莫 108 井-莫 12 井位置处砂体厚度变薄，这是因为北西方向和北东方向物源在相向推移时，在距离物源较远的中间位置沉积物减少，导致砂体厚度减小。从图 6-58 中也可以看到在莫 108 井附近砂体厚度变小的特点。图 6-59 反映砂岩速度约为 4550m/s，泥岩速度约为 4350m/s，砂岩速度明显大于泥岩厚度。

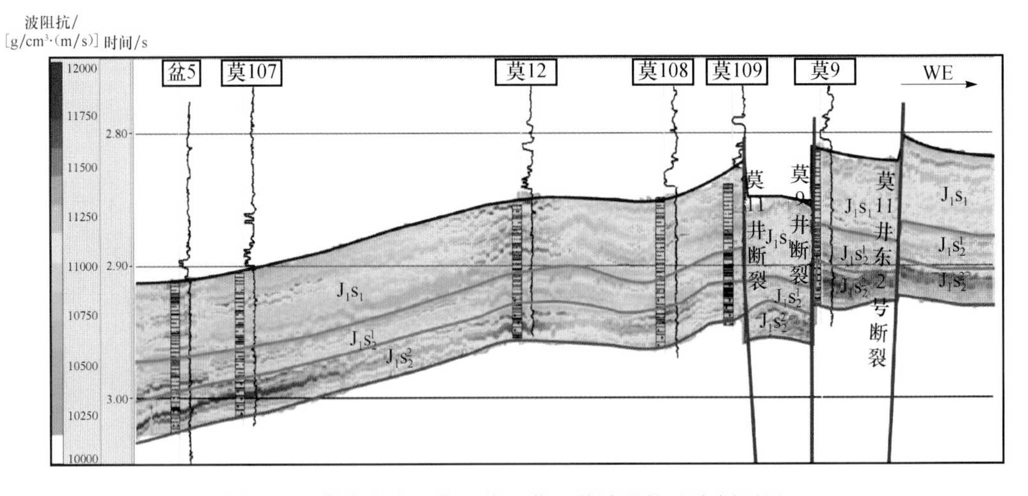

图 6-57　莫索湾地区盆 5 井—莫 9 井波阻抗反演剖面图

上述反演剖面也反映了三工河组中上段（$J_1s_2^1$）输导层具有与三工河组中下段（$J_1s_2^2$）输导层相似的变化特征，但砂体发育程度和砂层厚度明显不如三工河组中下段（$J_1s_2^2$）输导层。

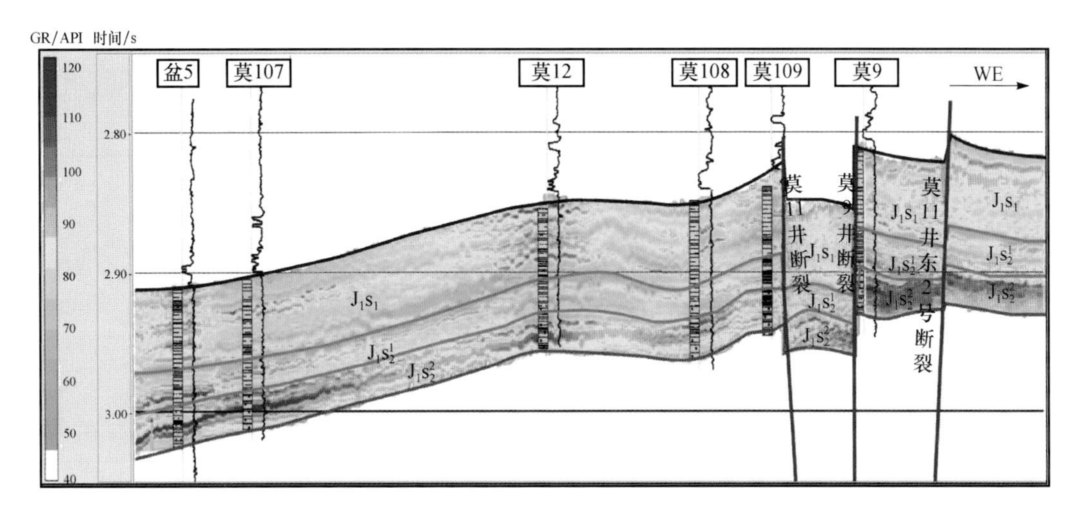

图 6-58 莫索湾地区盆 5 井—莫 9 井伽马参数反演剖面图

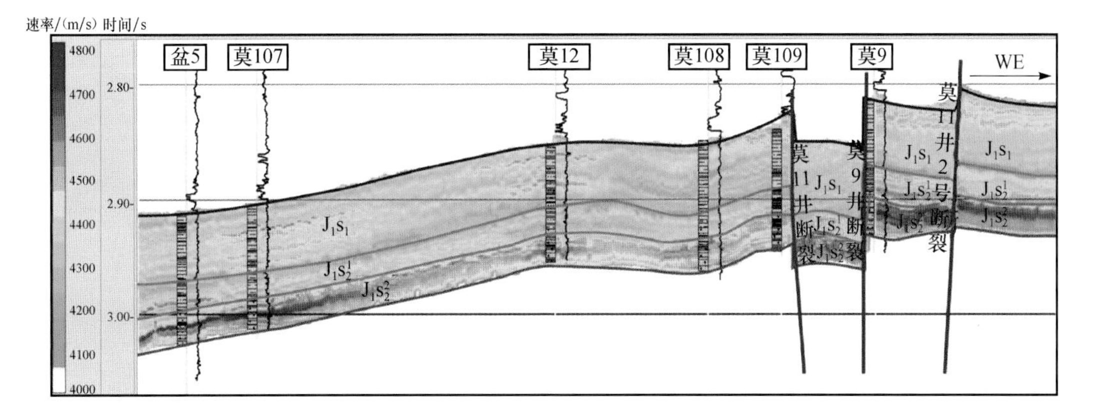

图 6-59 莫索湾地区盆 5 井—莫 9 井速度参数反演剖面图

图 6-60～图 6-62 为位于莫索湾地区中部莫 13 井—莫 4 井—盆参 2 井—莫深 1 井—莫 2 井—莫 6 井连井波阻抗反演剖面、伽马反演剖面及速度反演剖面。波阻抗反演剖面、伽马反演剖面和速度反演剖面均表明三工河组中下段（$J_1s_2^2$）发育大套砂层，砂层横向连通性好。而伽马反演剖面较真实地反映了三工河组中上段（$J_1s_2^1$）输导层砂体的发育特征，该输导层砂体由西向东欠发育。

由连井砂层对比、第二章中的地震属性和地震反演（图 2-45、图 2-46）综合分析可知，三工河组中下段（$J_1s_2^2$）输导层砂体厚度大，砂体侧向分布稳定，连续性好，砂体孔隙度渗透率都大于其他砂体，利于油气运移；三工河组中上段（$J_1s_2^1$）输导层可分为两套砂体：$J_1s_2^{1\text{-}1}$ 砂层、$J_1s_2^{1\text{-}2}$ 砂层，两套砂体厚度均较小，厚度变化快，砂体延伸距离短，连通性较差，其输导性差于中下段输导层；三工河组上段（J_1s_1）主要为泥岩，中间夹少量砂层，其砂层也可以分为两套砂层，厚度小，砂层连通性差，延伸距离短，不利用油气的运移。

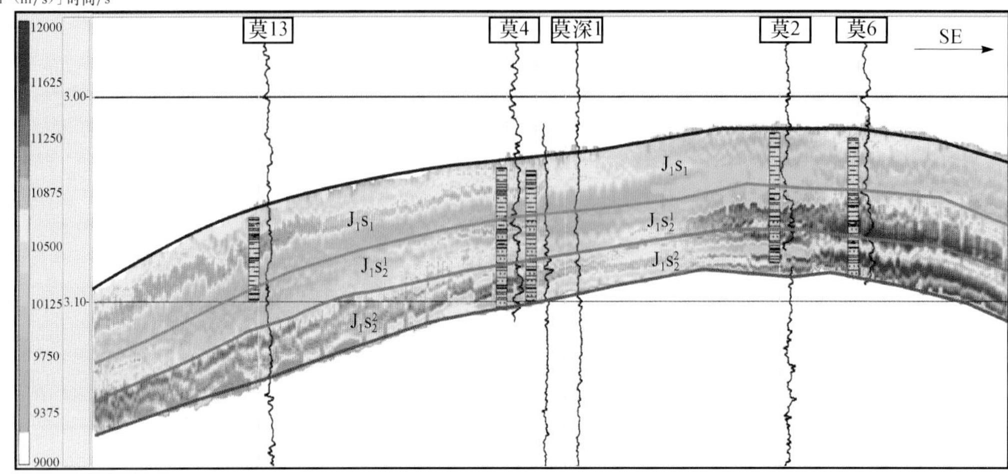

图 6-60　莫索湾地区莫 13 井—莫 6 井波阻抗反演剖面图

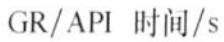

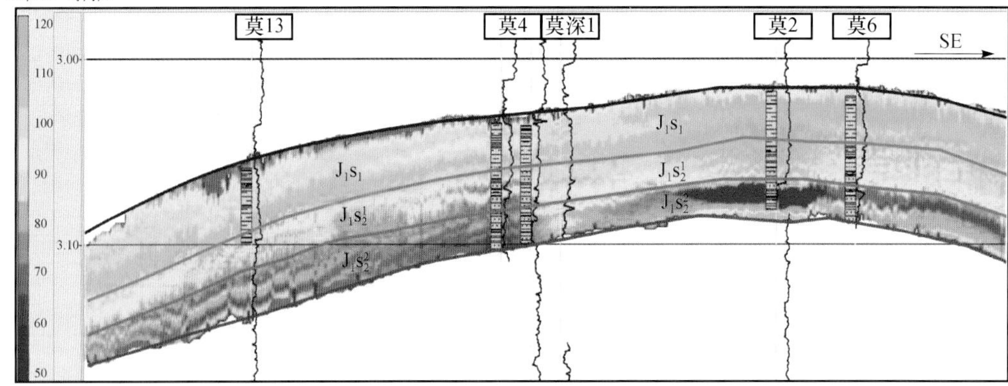

图 6-61　莫索湾地区莫 13 井—莫 6 井伽马参数反演剖面图

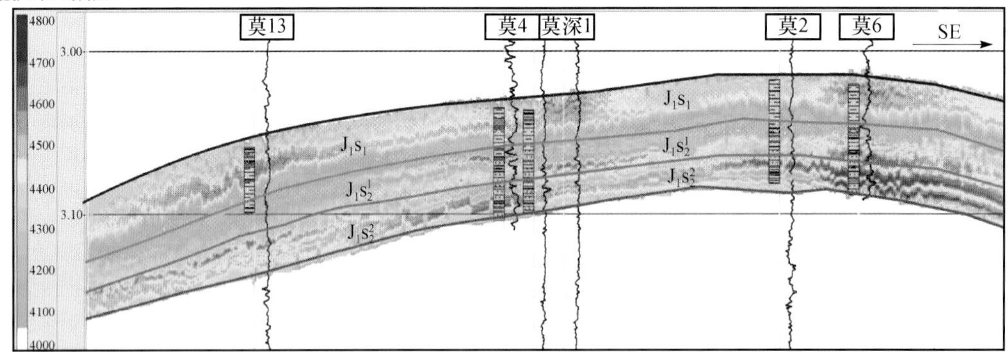

图 6-62　莫索湾地区莫 13 井—莫 6 井速度参数反演剖面图

二、三工河组输导层平面分布特征

根据地震属性和地震反演结果（图 2-45、图 2-46），研究认为三工河组中下段输导层平面上可以分为五个砂体，分别以其相邻井命名为盆 5 井砂体、莫 9 井砂体、莫 10 井砂体、莫 6 井砂体及芳 3 井砂体。盆 5 井砂体位于莫索湾地区西北部盆 5 井附近；莫 9 井砂体位于莫索湾地区北东方向莫 9 井附近；莫 10 井砂体位于莫索湾地区东部莫 10 井附近，它与莫 9 井砂体相连；莫 6 井砂体位于莫索湾地区西部莫 6 井附近，它与莫 9 井砂体相连通；芳 3 井砂体位于莫索湾地区南部。从图 2-45、图 2-46 可以看出，莫 9 井砂体、盆 5 井砂体和莫 6 井砂体规模较大，而莫 10 井砂体、芳 3 井砂体平面分布范围较小。

与莫索湾地区沉积相图进行对比可知，莫索湾地区在早侏罗世早中期为三角洲前缘亚相发育的鼎盛时期，整个工区主要岩性为砂岩或含泥质砂岩，从地震属性平面图（图 2-45）中也可以看出整个工区砂岩广泛分布。莫索湾地区三工河组砂体的形成与发育与北东及北西两个方向物源的发育有密切关系，来自北东向的砂体在沿工区推进时逐渐减薄，因此形成了工区北东向砂体分布较多工区南西部砂体分布较少的布局。

结合地震属性和地震反演平面分布特征（图 2-46），三工河组中上段输导层平面上可以分为三个砂体，分别为盆 5 井砂体、莫 9 井砂体、莫 10 井砂体。盆 5 井砂体位于盆 5 井附近；莫 9 井砂体位于莫 9 井附近，它与盆 5 井砂体相连；莫 10 井砂体位于莫 10 井附近，它与莫 9 井砂体相连。与三工河组中下段（$J_1s_2^2$）输导层相比，三工河组中上段（$J_1s_2^1$）输导层砂体规模较小。砂体主要在研究区的北部莫 9 井—莫 12 井附近、盆 5 井附近及东部的莫 10 井附近，而莫索湾地区的南部和西南部主要为泥岩沉积，砂岩厚度较小。这与该时期的沉积相图吻合较好，在早侏罗世中晚期，莫索湾地区由于湖进的影响，随着湖盆面积扩张，三角洲前缘亚相进入衰退期，砂岩分布范围减小，造成莫索湾地区南部和西南部为大片泥岩的沉积区。

三、三工河组输导层物性特征

1. 砂体厚度分布特征

早侏罗世三工河早中期，莫索湾地区辫状河三角洲前缘沉积达到了鼎盛时期，只有很少的一部分为浅湖-半深湖沉积，由于河流不断改道，造成砂体在剖面上交错叠置，平面连接成片，因此，三角洲前缘砂体在整个莫索湾地区分布范围大，井下钻遇三工河组中下段 $J_1s_2^2$ 砂层厚度也较大（图 6-63）。图 6-63 中莫索湾地区三工河组中下段 $J_1s_2^2$ 输导层砂层厚度变化总体规律为北厚南薄，北部盆 5 井区和莫 9 井区砂层厚度大于 60m，莫索湾地区中部莫 13—莫 5 井一带砂层厚度小于 30m。反映了沿近物源到远物源方向砂体厚度逐渐减小的沉积特征。

地震反演砂层厚度图（图 6-64）与钻井统计砂层厚度图（图 6-63）所反映的砂层厚度变化规律基本相似，但前者在莫索湾东部莫 10 井区有厚层砂岩发育。

早侏罗世三工河中晚期，莫索湾地区三角洲前缘沉积进入衰退期，而浅湖沉积范围不断扩大，虽然还是具有北西和北东向的物源，但是由于物源的减少，砂体分布范围及厚度都随之减小。井下钻遇三工河组中上段 $J_1s_2^1$ 砂层厚度平面变化特征反映了这种沉积特点（图 6-65）。图中大部分地区砂层厚度小于 20m，仅北部莫 109 井区和东部莫 10

井区砂层厚度大于 30m，盆 5 井区和莫深 1 井区砂层厚度大于 20m。

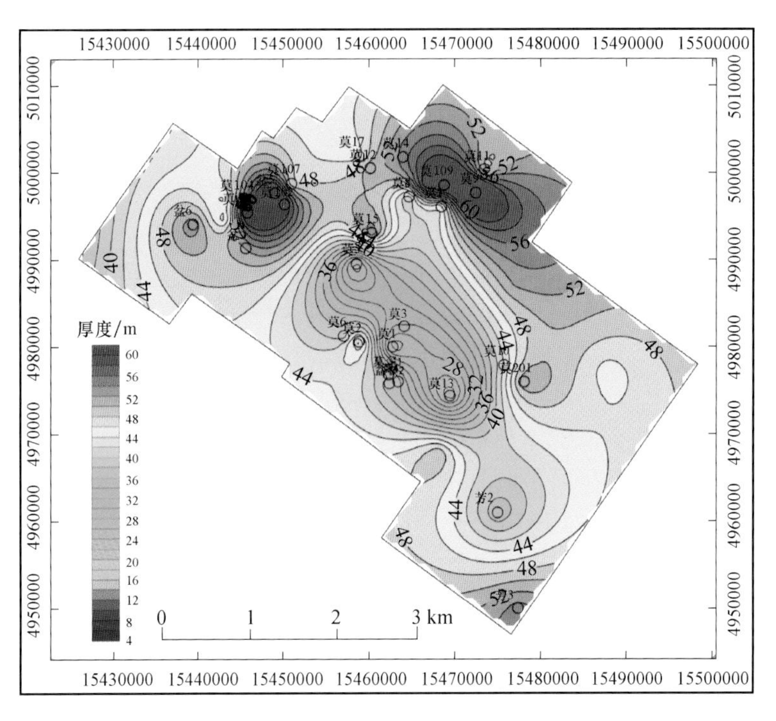

图 6-63 莫索湾地区三工河组中下段钻井统计砂层厚度平面分布图

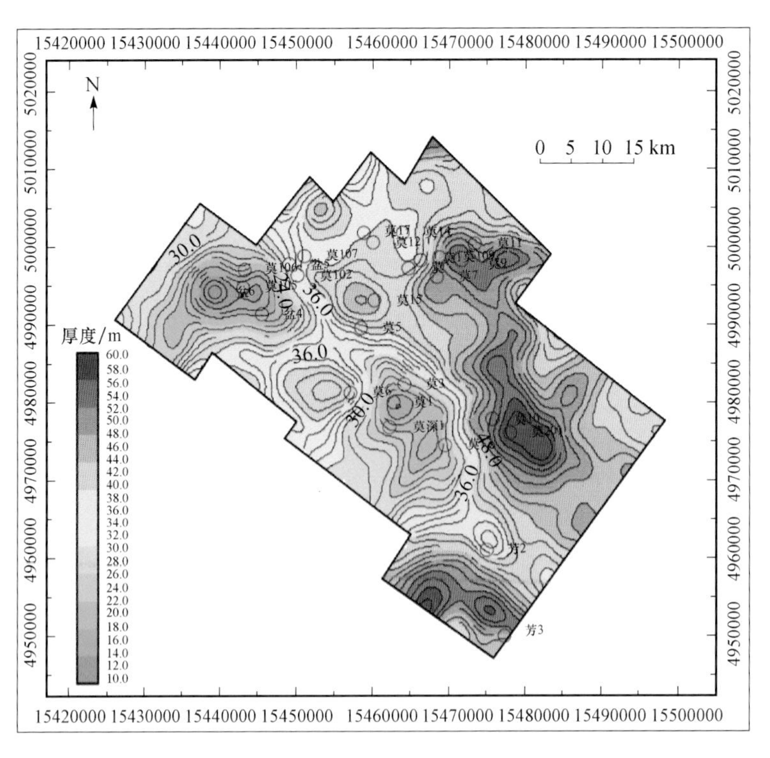

图 6-64 莫索湾地区三工河组中下段地震反演砂层厚度图

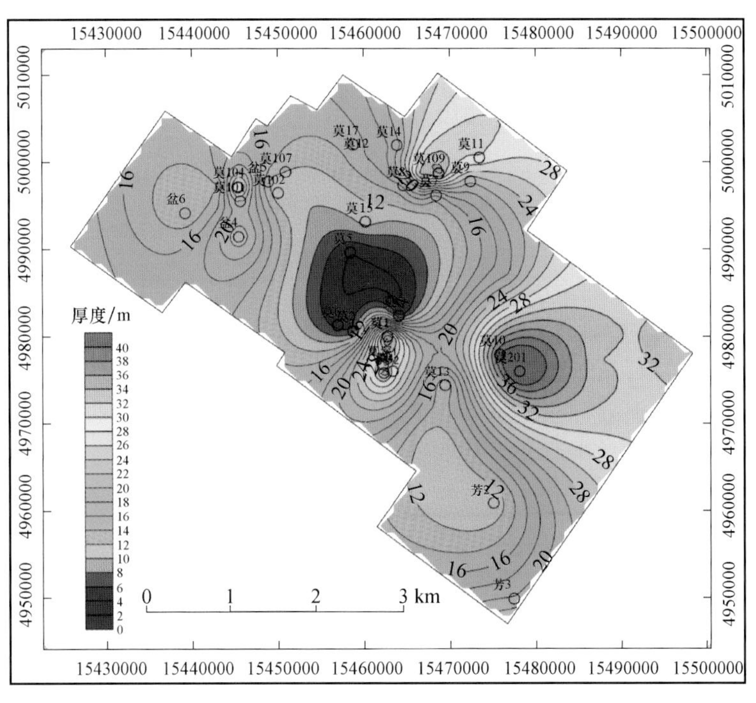

图 6-65 三工河组中上段钻井统计砂层厚度平面分布图

地震反演砂层厚度图（图 6-66）与井上统计砂层厚度图（图 6-65）所反映的三工河组中上段 $J_1s_2^1$ 砂层厚度变化规律十分相似。

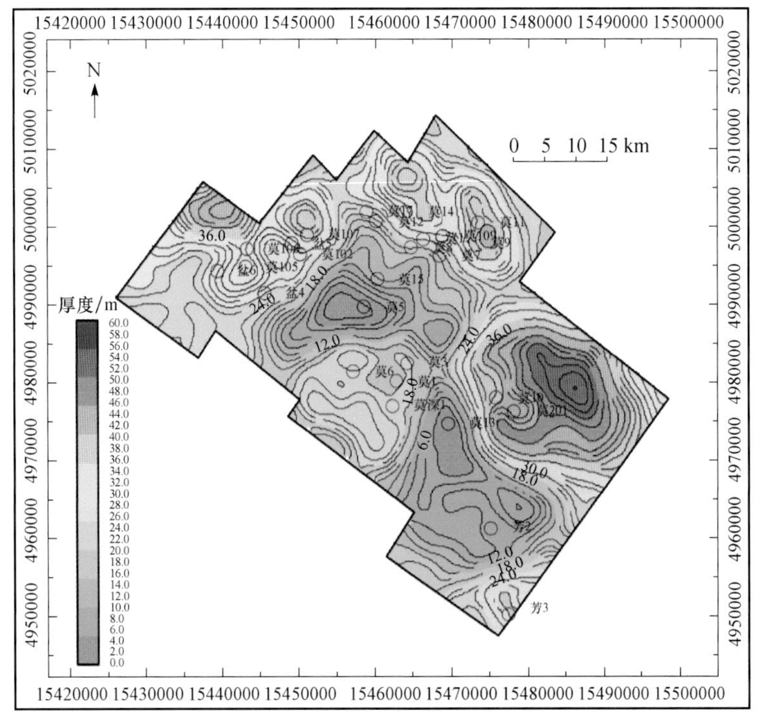

图 6-66 莫索湾地区三工河组中上段地震反演砂层厚度图

2. 孔隙特征

侏罗系三工河组上段（J_1s^1）砂体孔隙度略大于 10%，其渗透率较小，小于 $1\times10^{-3}\mu m^2$。三工河组中上段（$J_1s_2^1$）砂体孔隙度都小于 10%，渗透率都小于 $10\times10^{-3}\mu m^2$。三工河组中下段（$J_1s_2^2$）砂体孔隙度大于 10%，渗透率在 $30\times10^{-3}\mu m^2$ 左右，相比之下，三工河组中下段砂体岩性、物性均优于中上段砂体。

据铸体薄片资料，三工河组中下段（$J_1s_2^2$）储层的储集空间主要为剩余粒间孔和原生粒间孔，含量分别为 49.3% 和 47.5%，少量粒内溶孔，平均为 4%，粒内溶孔主要见于长石，微量高岭石晶间微孔，偶见微裂缝。

根据前人的研究成果，三工河组中下段（$J_1s_2^2$）储层毛管压力曲线形态为略中—偏细歪度，少量为粗歪度，孔隙发育较好，连通性较好，孔喉配位数为 0.07～0.32，最大孔隙直径为 59.56～279μm，平均为 131.99μm；平均孔隙直径为 34.4～142.9μm，喉道分选较差，孔喉均值为 6.73～11.74，孔喉分选系数为 3.39，储层排驱压力为 0.01～0.70MPa，平均为 0.18MPa，连通孔喉半径为 1.05～147.54μm，平均为 17.30μm；饱和度中值压力为0.06～5.41MPa，平均为 1.48MPa，中值半径为 0.14～11.88μm，平均为 1.46μm。

根据研究区地质资料和前人的研究成果，将最大孔喉半径及孔喉比作为影响输导层砂体微观输导性能的主要因素，统计研究区各井目的层段的平均最大孔喉半径和孔喉比作为该井对应层段的代表值，分别做三工河组中下段和中上段的直方图（图 6-67～图 6-70）。

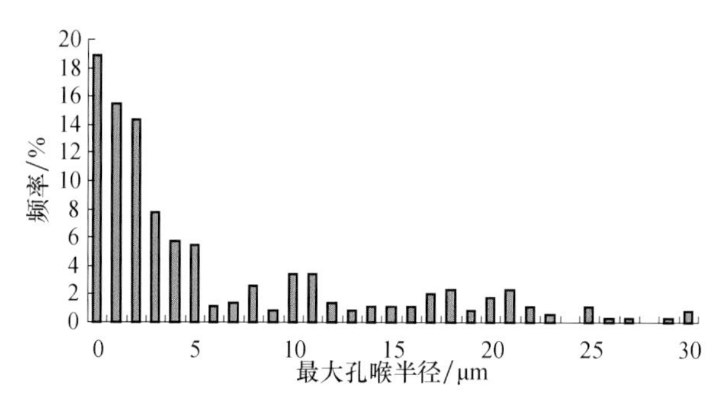

图 6-67　莫索湾地区三工河组中下段最大孔喉半径直方图

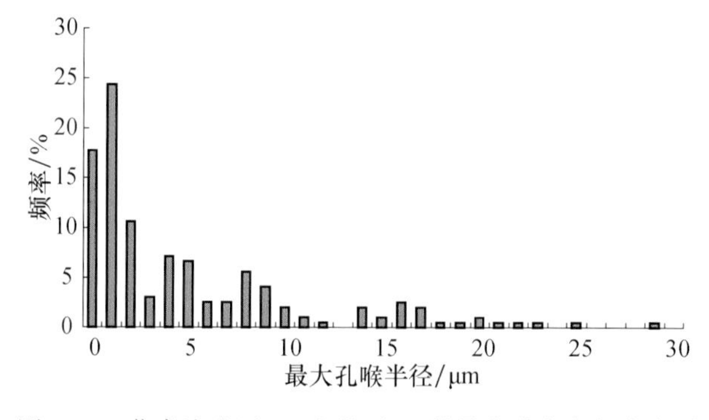

图 6-68　莫索湾地区三工河组中上段最大孔喉半径直方图

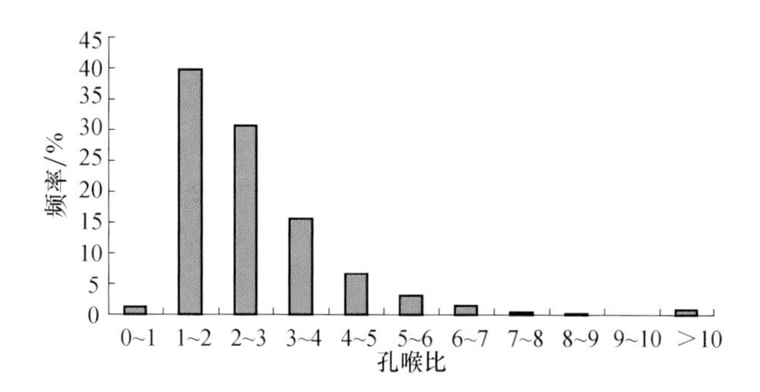

图 6-69　三工河组中下段孔喉比直方图

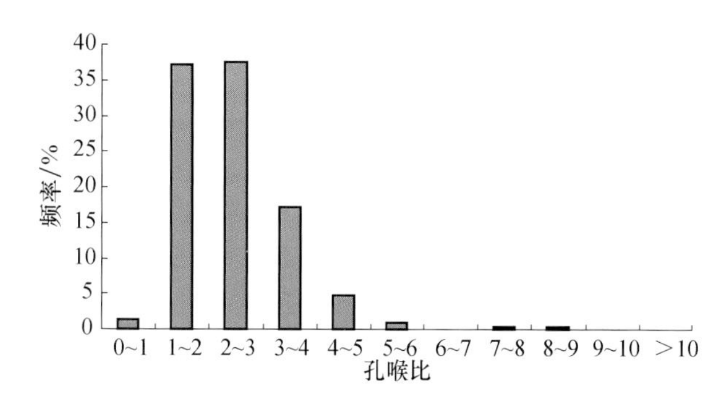

图 6-70　三工河组中上段孔喉比直方图

莫索湾地区三工河组中下段（$J_1s_2^2$）砂岩的最大孔喉半径呈多峰状（图 6-67），主峰为0～5μm，次峰为 5～12μm、12～25μm，以 0～1μm 的峰值最高。三工河组中上段（$J_1s_2^1$）砂岩的最大孔喉半径的分布呈单峰状（图 6-68），半径在 0～10μm 的峰值较高，以 1～2μm 的峰值最高，0～1μm 的峰值次之，2～3μm 的峰值再次之，9～10μm 的峰值最低。相比之下，中下段（$J_1s_2^2$）孔喉分选优于中上段（$J_1s_2^1$）砂体，利于油气运移。

三工河组中下段（$J_1s_2^2$）砂岩的孔喉比（图 6-69）分布呈单峰状，以 1～2μm 的峰值最高，之后，随着孔喉比的增大，频率递减，在 9～10μm 减小为零。三工河组中上段（$J_1s_2^1$）砂岩的孔喉比（图 6-70）的分布呈单峰状，半径为 0～6μm 的峰值较高，以 2～3μm 的峰值最高，1～2μm 的峰值次之，3～4μm 的峰值再次之，5～6μm 的峰值最低。相比之下，中下段（$J_1s_2^2$）砂体孔喉比小于中上段（$J_1s_2^1$）砂体，即中下段砂体输导性优于中上段砂体。

3. 孔隙度平面分布特征

三工河组中下段（$J_1s_2^2$）输导层井下砂层孔隙度在平面上（图 6-71）主要分为两个部分，西部和北部砂体孔隙度较大（>10%），东部砂体孔隙度较小（<9.5%），砂体孔隙度发育区主要集中在盆 5 井区和莫 109 井—莫 5 井—莫深 1 井区。

三工河组中下段井下孔隙度平面分布图（图 6-71）与三工河组中下段地震反演孔隙度平面分布图（图 6-72）非常相似。

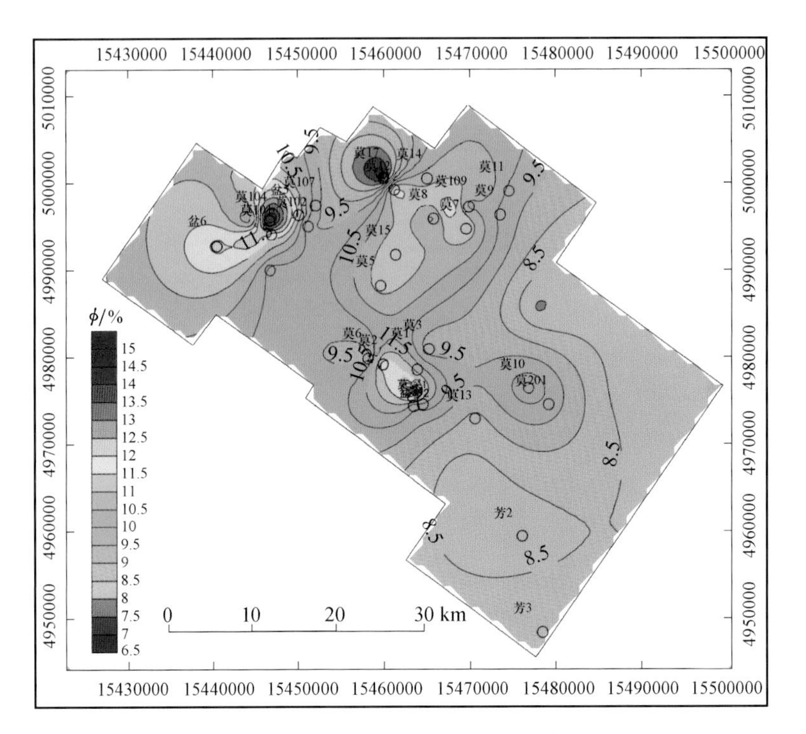

图 6-71　莫索湾地区三工河组中下段井下孔隙度平面分布图

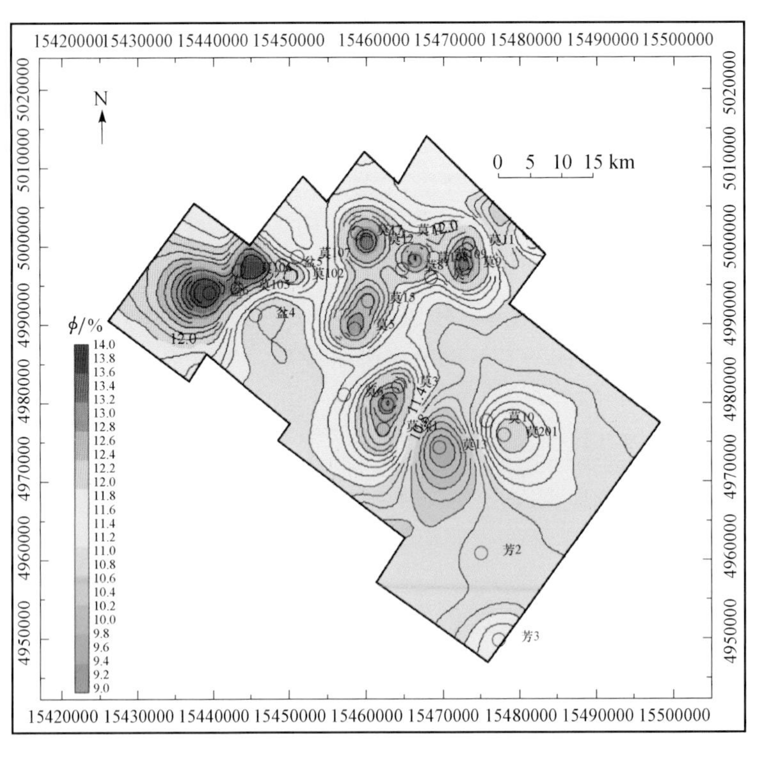

图 6-72　莫索湾地区三工河组中下段地震反演孔隙度平面分布图

图 6-73 为侏罗系三工河组中上段（$J_1s_2^1$）输导层井下砂体平均孔隙度平面分布图，其孔隙度平面分布特征与三工河组中下段（$J_1s_2^2$）输导层具有相似性，东部砂体孔隙度普遍较小（＜9%），西部盆 6 井区和北部莫 109 井—盆 5 井区砂体孔隙度较大（＞12%），盆 4 井区存在孔隙低值区。

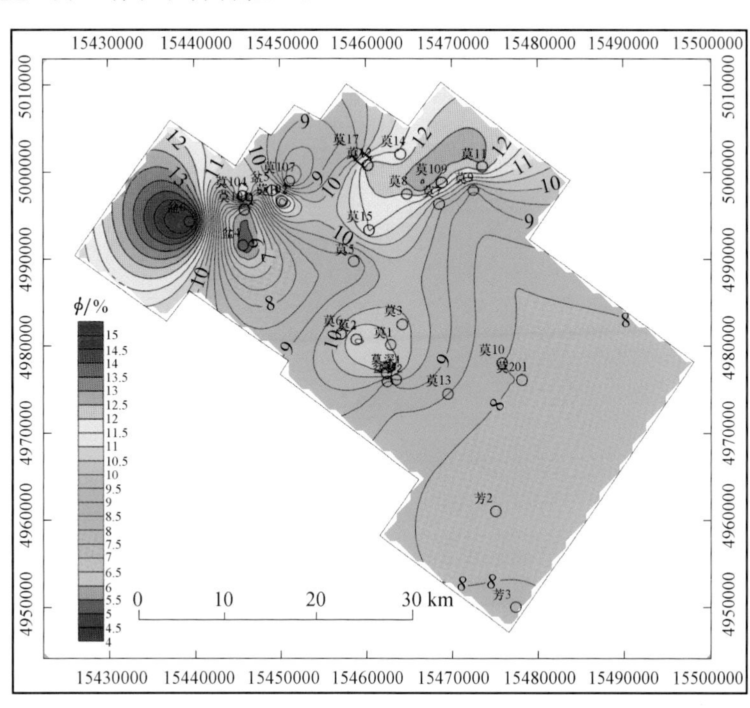

图 6-73　莫索湾地区三工河组中上段井下孔隙度平面分布图

三工河组中上段（$J_1s_2^1$）输导层地震反演孔隙度平面分布特征（图 6-74）与砂体井下统计孔隙度平面图（图 6-73）具有相似特征，其孔隙低值区主要分布在莫 10 井以南地区，孔隙高值区主要分布在莫 109 井—莫 15 井区。

4. 渗透率平面分布特征

图 6-75 为三工河组中下段（$J_1s_2^2$）输导层井下砂岩样品渗透率平面分布图，图中砂岩渗透率高值区（$>20\times10^{-3}\mu m^2$）主要集中在两个带，即北部莫 11 井—莫 109 井—莫 8 井—莫 12 井区和西部盆 5 井—莫 5 井—莫 1 井—莫深 1 井区，其中盆 5 井区渗透率大于 $40\times10^{-3}\mu m^2$，莫索湾东部地区渗透率较低（$<10\times10^{-3}\mu m^2$）。

图 6-76 是利用地震反演方法所获得的三工河组中下段（$J_1s_2^2$）输导层渗透率平面分布图，其渗透率平面分布特征与井下砂岩样品分析统计渗透率特征（图 6-75）基本相似。其中图 6-76 北部与中部高渗透率发育区连为一片。

图 6-77 为三工河组中上段（$J_1s_2^1$）输导层井下砂岩样品渗透率平面分布图，图中三工河组中上段（$J_1s_2^1$）输导层渗透率总体规律是渗透率数值明显小于三工河组中下段（$J_1s_2^2$）输导层，渗透率高值区主要集中在北部莫 109 井区和中部莫 2 井与莫 13 井区，西北部莫 102 井区也有较高渗透率分布，其中莫 109 井区渗透率最大值在 $30\times10^{-3}\mu m^2$ 以上。

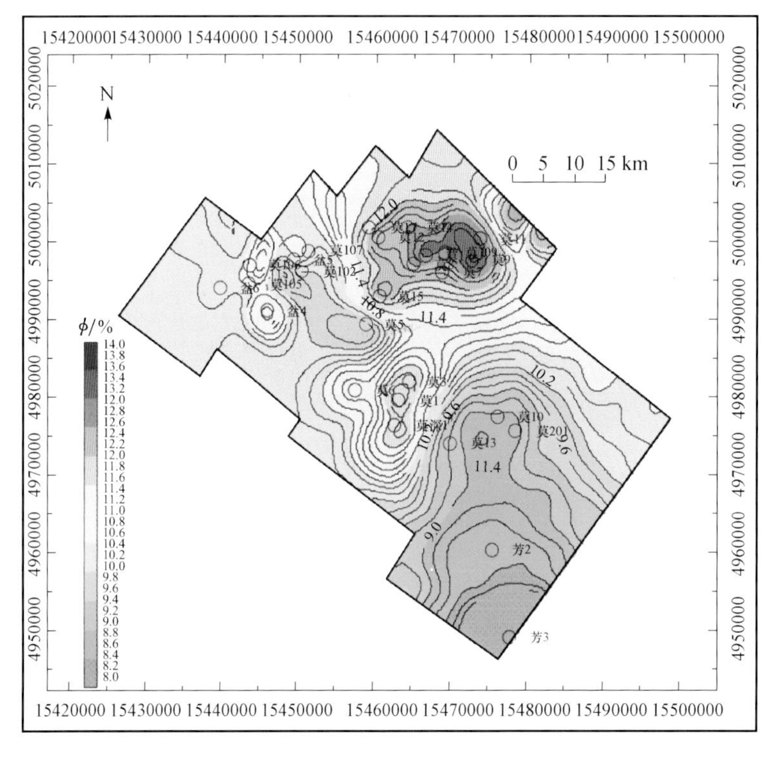

图 6-74 莫索湾地区三工河组中上段地震反演孔隙度平面分布图

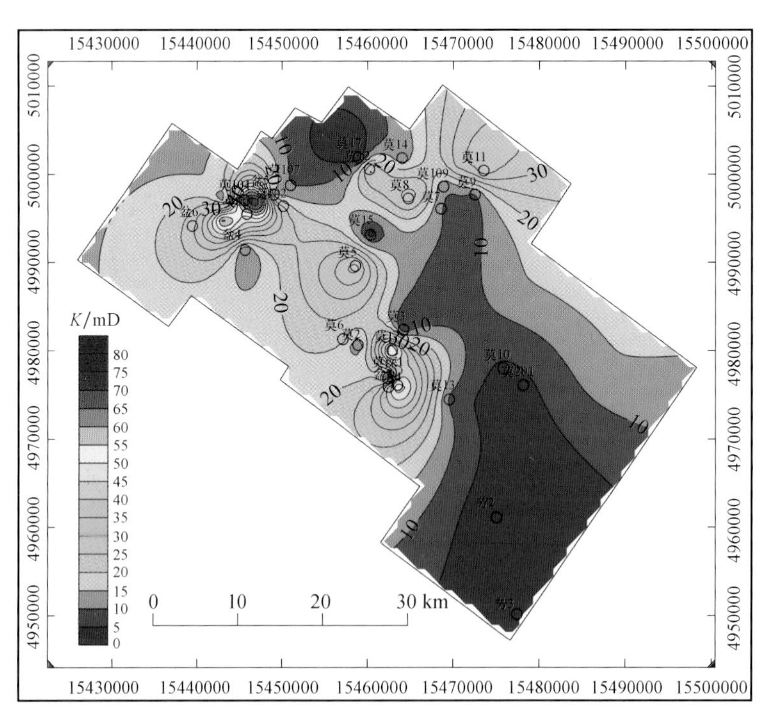

图 6-75 莫索湾地区三工河组中下段井下渗透率平面分布图

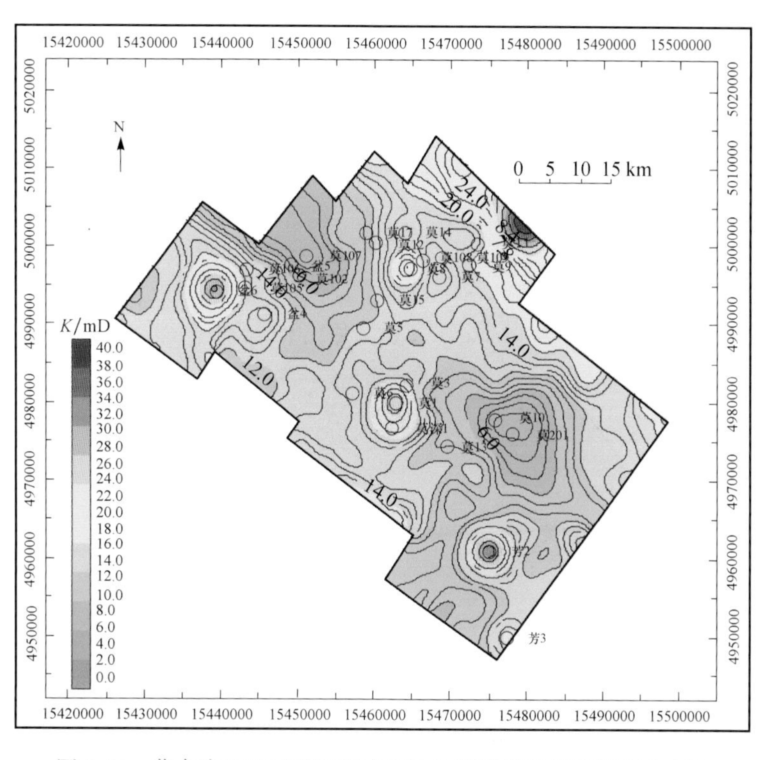

图 6-76 莫索湾地区三工河组中下段地震反演渗透率平面分布图

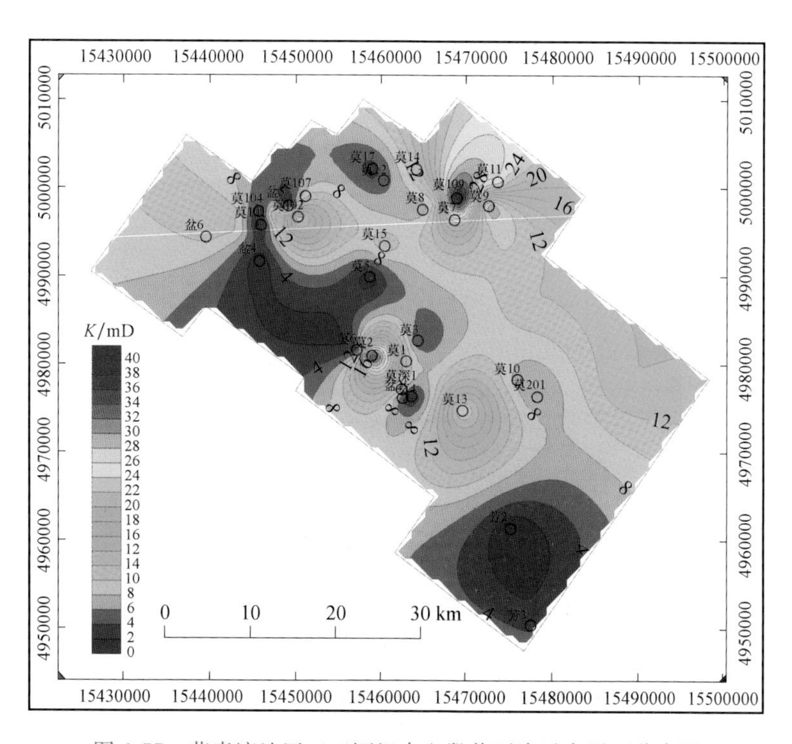

图 6-77 莫索湾地区三工河组中上段井下渗透率平面分布图

渗透率低值区主要分布在东部芳2井—芳3井区和西部盆4井—莫6井区，其渗透率值都在$10\times10^{-3}\mu m^2$以下。

三工河组中上段（$J_1s_2^1$）输导层地震反演渗透率平面分布特征（图6-78）与图6-77具有相似性，渗透率发育区主要集中在莫13井和莫109井区。

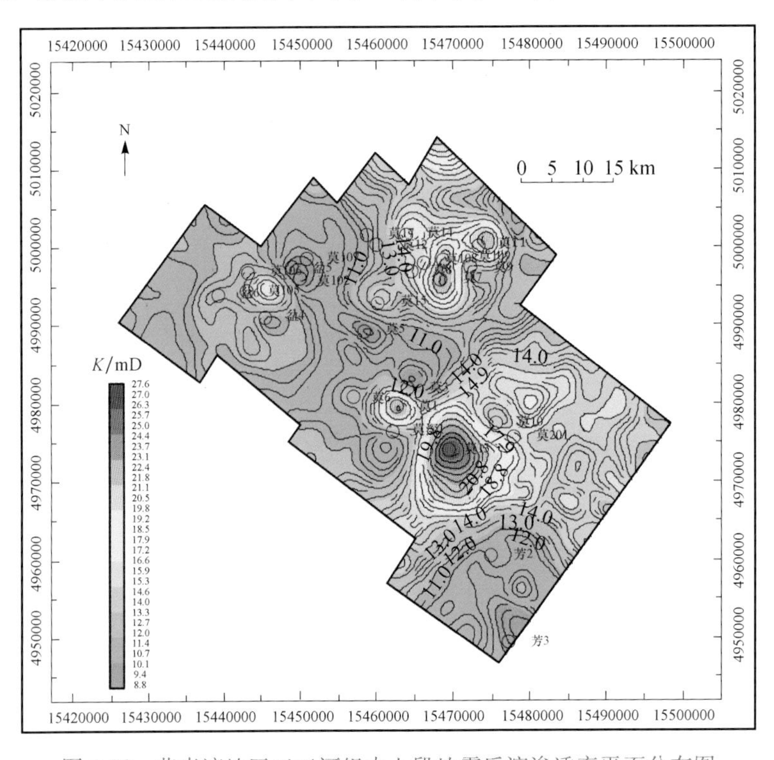

图6-78 莫索湾地区三工河组中上段地震反演渗透率平面分布图

5. 孔渗交会特征

对侏罗系三工河组中下段（$J_1s_2^2$）和中上段（$J_1s_2^1$）输导层样品的孔隙度和渗透率分别进行孔渗交会分析（图6-79），从中可以看出，研究区各砂层的有效孔隙度较低，主要为5%～13%，而渗透率也相对较低，平均渗透率均在$100\times10^{-3}\mu m^2$以下，表明

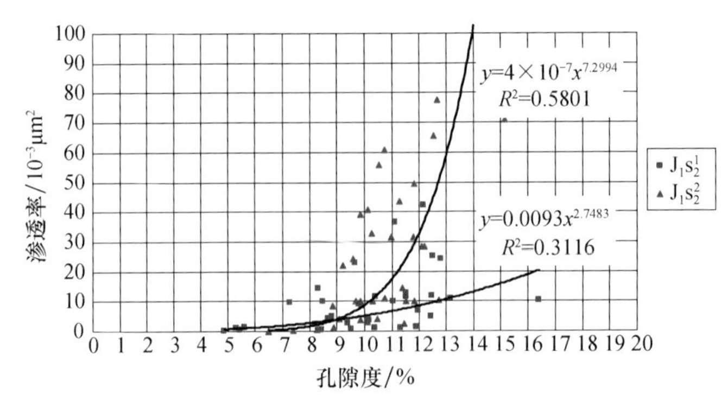

图6-79 莫索湾地区三工河组中段孔隙度与渗透率交会图

莫索湾地区 $J_1s_2^2$、$J_1s_2^1$ 储层主要为低孔中渗储层。孔隙度分布区间数据离散特征表明这两套输导层的孔隙度具有很强的非均质性，对两套输导层的物性进行比较，$J_1s_2^2$ 输导层孔隙度和渗透率均优于 $J_1s_2^1$ 输导层，且 $J_1s_2^2$ 输导层孔隙度与渗透率的相关系数可达 0.76，$J_1s_2^1$ 输导层孔隙度与渗透率的相关系数为 0.56。因此，三工河组中下段（$J_1s_2^2$）输导层物性最好，最有利于油气运移，三工河组中上段（$J_1s_2^1$）输导层物性较好，也是良好的油气运移输导层。

四、输导层输导性能分析

输导层的输导性能主要的影响因素包括砂岩厚度、孔隙度、渗透率，一般情况下，砂岩厚度越大，孔隙度越大，渗透率越高，砂岩输导层的输导性能就越好。单一参数只能反映输导层单方面的特征，不能综合反映输导层的输导性能，我们为此尝试将参数进行组合，提出有效孔隙因子、有效渗透因子、有效孔渗因子等参数，用以综合评价输导层的输导性能。砂体厚度大、有效孔隙度高，其有效孔隙因子就越大，说明允许流体存储或通过的孔隙空间就越大，其输导层的输导性能就越好；砂体厚度大、渗透率大，其有效渗透因子就越大，说明流体流通的可能性就越大，流通的效率就越高。砂体厚度、孔隙度、渗透率与有效孔隙因子、有效渗透因子、有效孔渗因子之间的相互关系如下。

有效孔隙因子：有效孔隙因子指在储层中能储存油气的那部分输导体的厚度，计算公式为 $H_f = H\phi_e$，即砂体厚度乘上有效孔隙度。

有效渗透因子：有效渗透因子指在储层中能渗滤油气的那部分输导体的厚度，计算公式为 $H_k = HK_e$，即砂体厚度乘上有效渗透率。

有效孔渗因子：有效孔渗因子指在储层中既能存储油气，又允许油气在其中运移的那部分输导体厚度，计算公式为 $H_e = HK_e\phi_e$，即砂体厚度乘上有效孔隙度和有效渗透率。

1. 有效孔隙因子平面分布特征

从图 6-80 中可以看出，三工河组中下段（$J_1s_2^2$）输导层井下有效孔隙因子在莫索湾地区具有北高南低的特征，北部由西向东盆 6 井—盆 5 井—莫 15 井—莫 9 井区为连片有效孔隙因子高值区，表明莫索湾北部地区东西向三工河组中下段（$J_1s_2^2$）输导层具有良好的输导性能。特别是盆 5 井区和莫 9 井区输导层具有较大的容纳流体孔隙空间。莫索湾南部地区莫 13 井—芳 2 井区具有较低的有效孔隙因子。

图 6-81 为用地震反演方法获得的莫索湾地区侏罗系三工河组中下段输导层有效孔隙因子平面分布图，该图与图 6-80 具有相似性，但莫 10 井区具有较大的有效孔隙因子，并与北部有效孔隙因子高值区连为一片。主要的低值区集中分布在莫 3 井—莫 13 井区和盆 6 井—盆 4 井区。

图 6-82 三工河组中上段（$J_1s_2^1$）输导层井下有效孔隙因子平面分布特征表明，该输导层有效孔隙因子普遍低于三工河组中下段（$J_1s_2^2$）输导层，其有效孔隙因子高值区主要分布在北部莫 109 井区和东部莫深 1 井—莫 201 井区，西部盆 5 井区有小范围高值区分布。南部芳 2 井区和中部莫 5 井—莫 3 井—莫 6 井区为大片低值分布区。

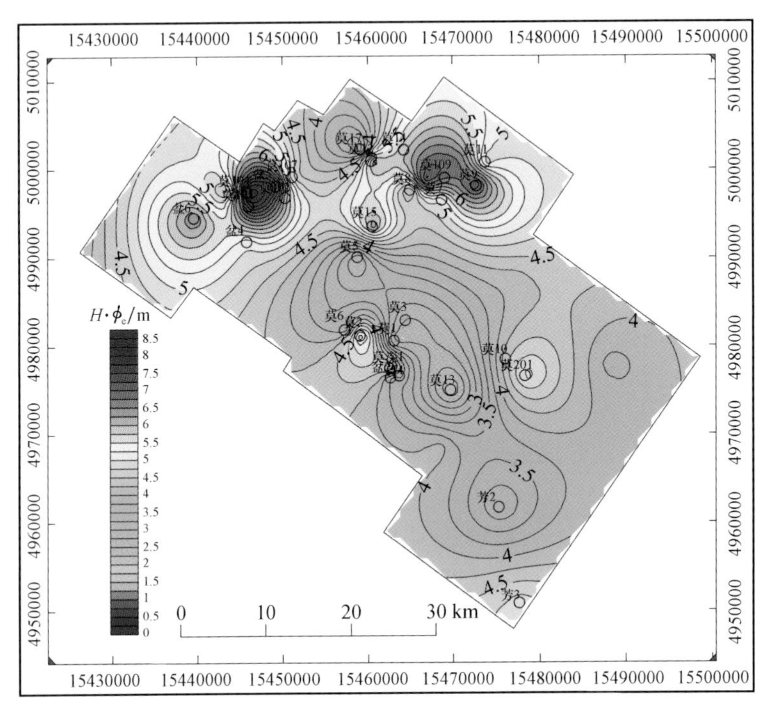

图 6-80 莫索湾地区三工河组中下段井下有效孔隙因子平面分布图

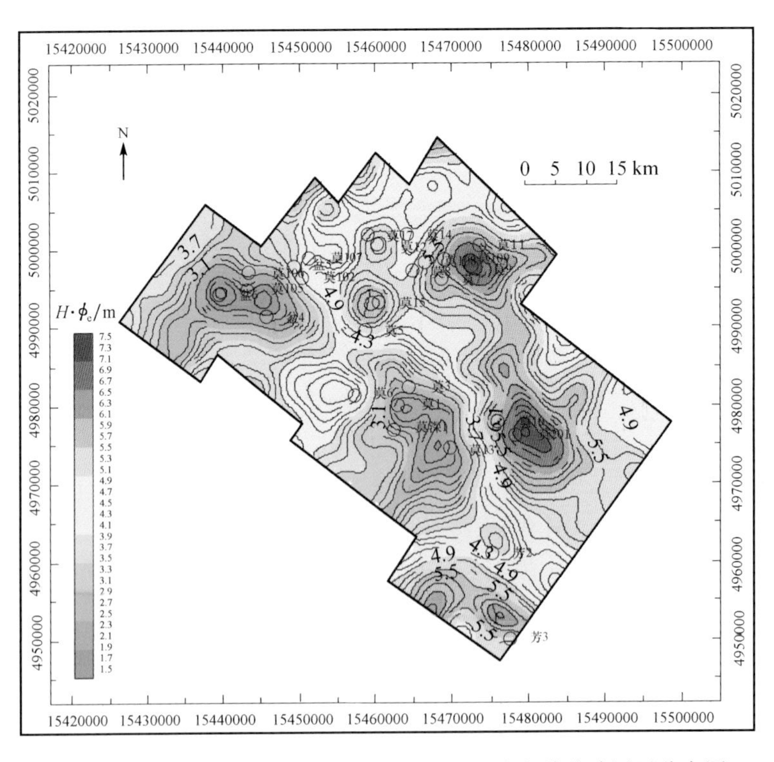

图 6-81 莫索湾地区三工河组中下段地震反演有效孔隙因子分布图

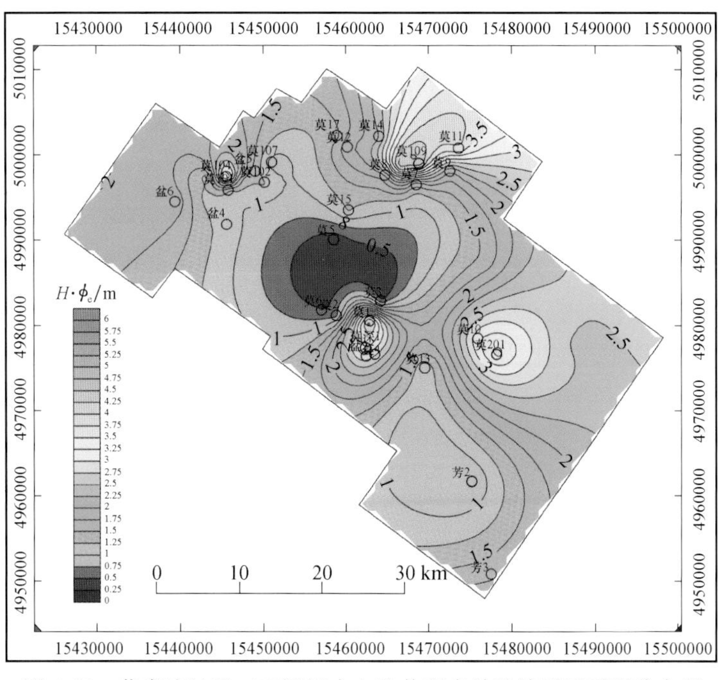

图 6-82　莫索湾地区三工河组中上段井下有效孔隙因子平面分布图

侏罗系三工河组中上段输导层地震反演有效孔隙因子平面分布特征（图 6-83）与图 6-82相似，有效孔隙因子高值区主要分布在研究区北部和东部地区，且西部盆 6 井—盆 5 井区也有相对高值分布，这三个有效孔隙因子高值区互相连为一片，中部低值区的范围在缩小。

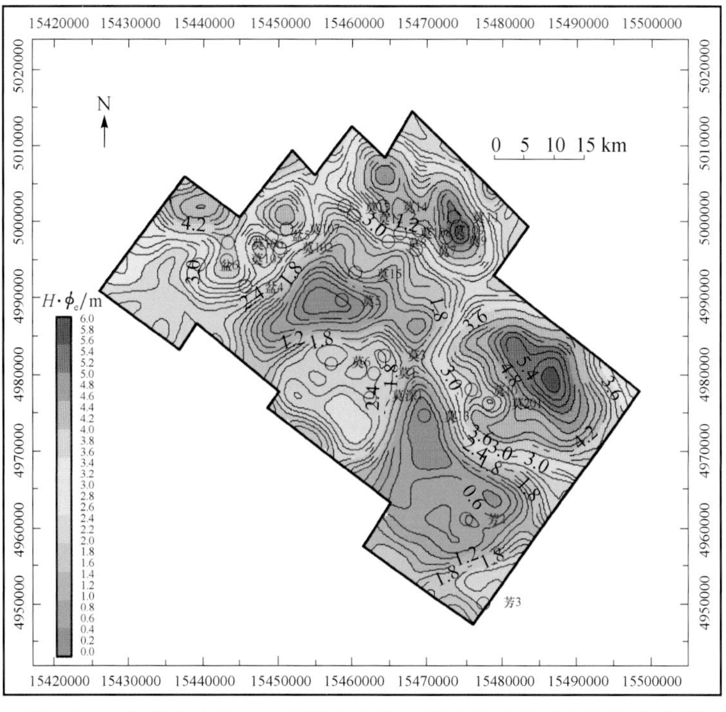

图 6-83　莫索湾地区三工河组中上段地震反演有效孔隙因子分布图

对比图 6-80～图 6-83，侏罗系三工河组中上段输导层储存油气的能力明显要弱于侏罗系三工河组中下段输导层，且三工河组两套输导层在莫索湾地区北部和东部都有较强的油气储集能力，在地震反演有效孔隙因子图中它们互相连为一体，在油气储集与输导过程中具有连通性。

2. 有效渗透因子平面分布特征

由于渗透率的范围从几毫达西至几十或几百毫达西，直接与厚度相乘，不能有效反映有效渗透因子的变化情况，因此，需要对渗透率的值进行简单的线性归一化处理，然后再与厚度相乘。线性归一化公式如下：

$$G=\frac{X-\mathrm{MIN}}{\mathrm{MAX}-\mathrm{MIN}} \tag{6-1}$$

式中，G 为归一化之后的渗透率值；X 为某层段某点渗透率值，$10^{-3}\mu\mathrm{m}^2$；MAX 为某层段对应的最大渗透率值，$10^{-3}\mu\mathrm{m}^2$；MIN 为某层段对应的最小渗透率值，$10^{-3}\mu\mathrm{m}^2$。

莫索湾地区三工河组中下段（$J_1s_2^2$）输导层井下有效渗透因子在平面上表现为三个高值区（图 6-83），其中西部盆 5 井附近的有效渗透因子最大，达到 50；北部莫 11 井附近的有效渗透因子次之，可达 25 左右；中部莫深 1 井附近有效渗透因子为 15 左右；其他地区的渗透因子都较小，都在 10 以下。

莫索湾地区三工河组中下段输导层地震反演有效渗透因子在平面上的分布特征（图 6-85）与图 6-84 具有一定的相似性，有效渗透因子高值区主要分布在莫索湾北部大片地区，相对低值区出现在莫索湾西部和中南部。

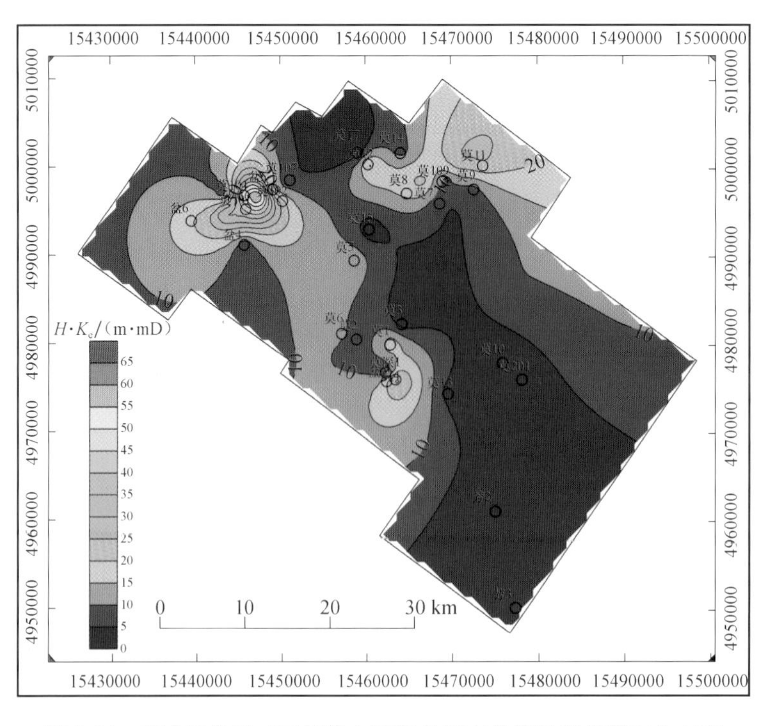

图 6-84　莫索湾地区三工河组中下段井下有效渗透因子平面分布图

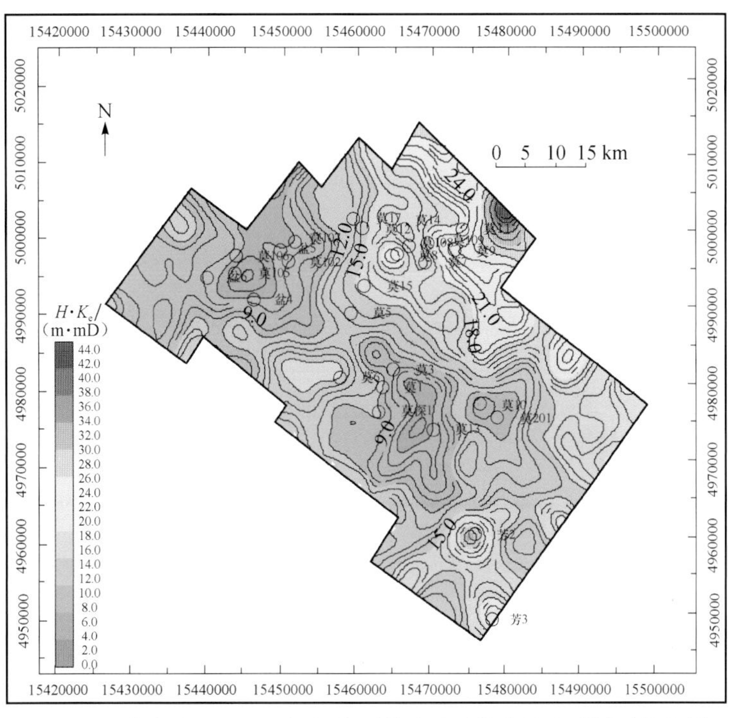

图 6-85 莫索湾地区三工河组中下段地震反演有效渗透因子分布图

莫索湾地区三工河组中上段（$J_1s_2^1$）输导层井下有效渗透因子普遍小于三工河组中下段（$J_1s_2^2$）输导层，其平面分布特征分带性明显（图 6-86），北东部、东部地区为高值区（>6），其中莫 109 井区有效渗透因子最大，其他地区为低值区（<4）。

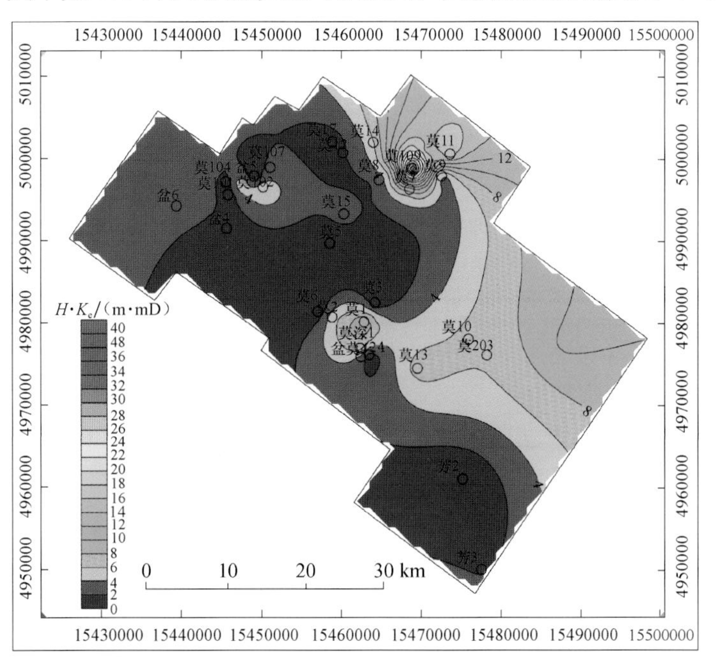

图 6-86 莫索湾地区三工河组中上段井下有效渗透因子平面分布图

莫索湾地区三工河组中上段输导层地震反演有效渗透因子在平面上的分布特征（图 6-87）与图 6-86 具有很大的相似性，有效渗透因子高值区集中分布在莫索湾北部和东部，但这两个高值区的相互连通性较差。

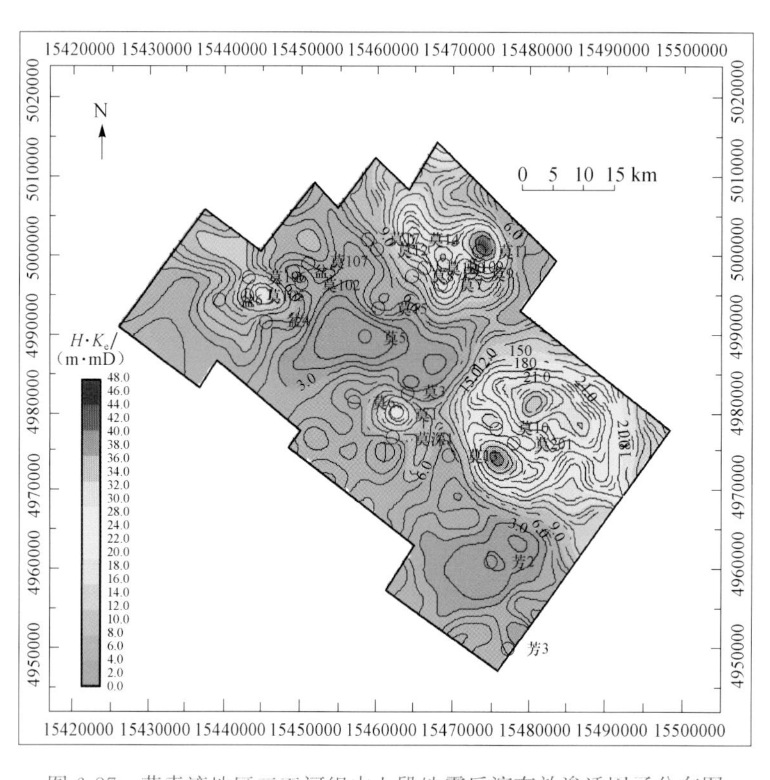

图 6-87　莫索湾地区三工河组中上段地震反演有效渗透因子分布图

从图 6-84～图 6-87 的对比可知，莫索湾地区三工河组中上段输导层有效渗透因子的值普遍偏小，油气在该套输导层中的运移聚集的能力要比莫索湾地区三工河组中下段输导层差。但在莫索湾北部地区三工河组两套输导层均表现了较大的有效渗透因子，因此，油气在莫索湾北部地区三工河组两套输导层中更容易发生横向运移。

3. 有效孔渗因子平面分布

在分析了输导层的有效孔隙因子和有效渗透因子之后，将这两个参数叠合起来，构成了有效孔渗因子，莫索湾地区三工河组中下段输导层井下有效孔渗因子在平面上分布上具有北部和西部高、东南部低的特征（图 6-88），高值区沿盆 6 井—盆 5 井—莫 12 井—莫 8 井—莫 109 井—莫 11 井一线呈北东—南西向分布，且横向相互连通，其中最高值在盆 5 井区。东南部莫 10 井—芳 2 井区为最低值分布区。

莫索湾地区三工河组中下段输导层地震反演有效孔渗因子在平面上的分布特征（图 6-89）与图 6-88 具有一定的相似性，其有效孔渗因子高值区集中分布在莫索湾北部地区，西部盆 6 井—盆 4 井区和中部莫 1 井—莫 13 井区为相对低值区。东南部有效孔渗因子具有渐变的特征。

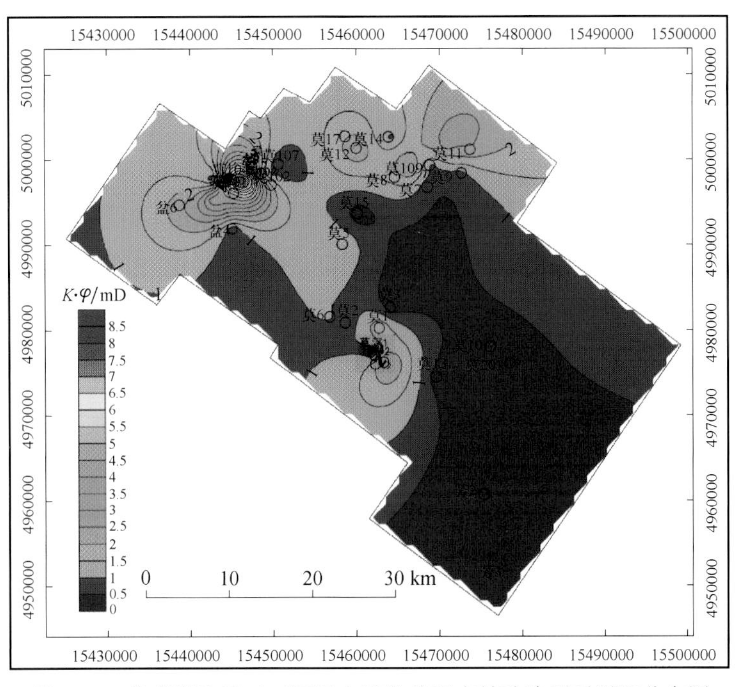

图 6-88 莫索湾地区三工河组中下段井下有效孔渗因子平面分布图

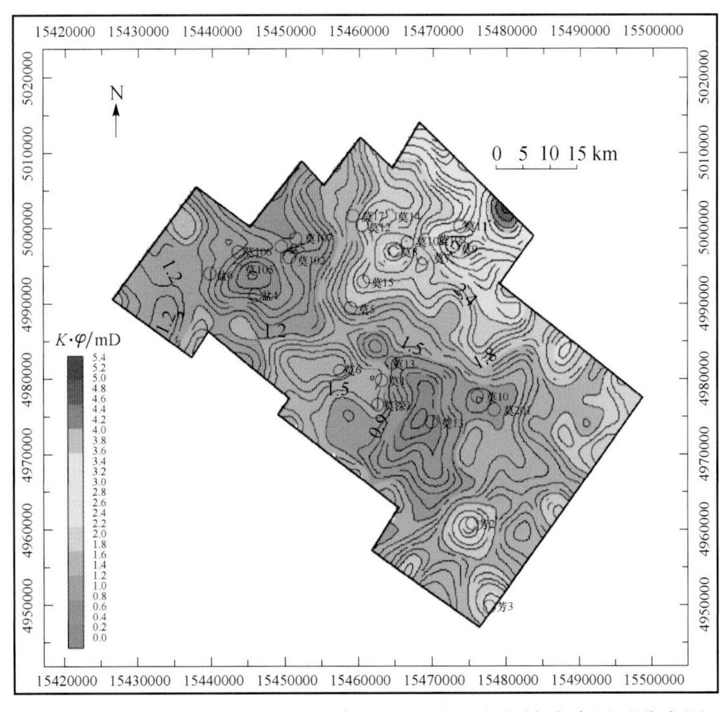

图 6-89 莫索湾地区三工河组中下段地震反演有效孔渗因子分布图

莫索湾地区三工河组中上段输导层井下有效孔渗因子普遍比三工河组中下段输导层小，其平面分布特征表现为大范围的低值区（图 6-90），高值区仅分布在北部莫 109 井—莫 11 井区。因此，三工河组中下段输导层在莫索湾北部地区（盆 5 井—莫 9 井区）输导性能最好，东南部地区输导性能较差。

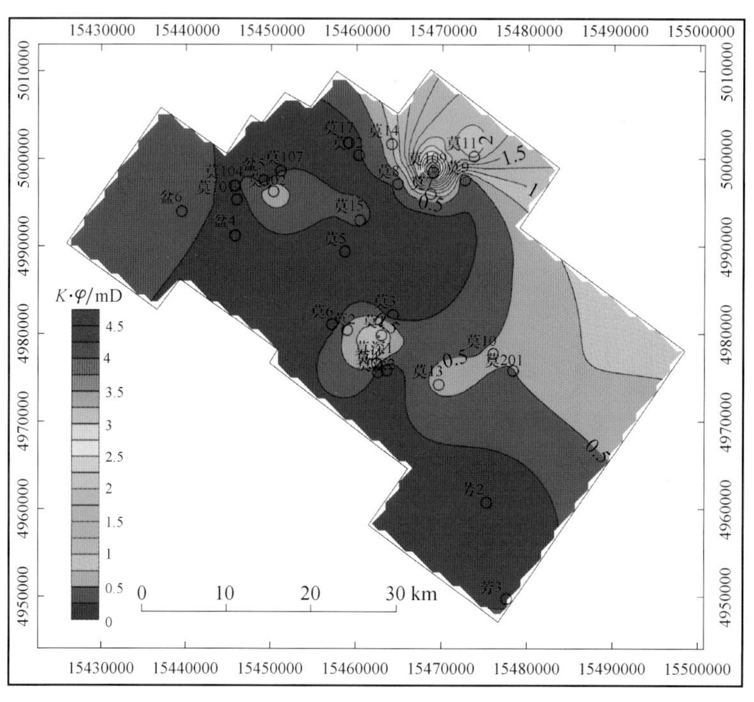

图 6-90　莫索湾地区三工河组中上段井下有效孔渗因子平面分布图

莫索湾地区三工河组中上段输导层地震反演有效孔渗因子在平面上的分布特征(图 6-91)与图 6-90 具有相似性，但莫索湾东部莫 13 井—莫 10 井区高值区范围扩大，

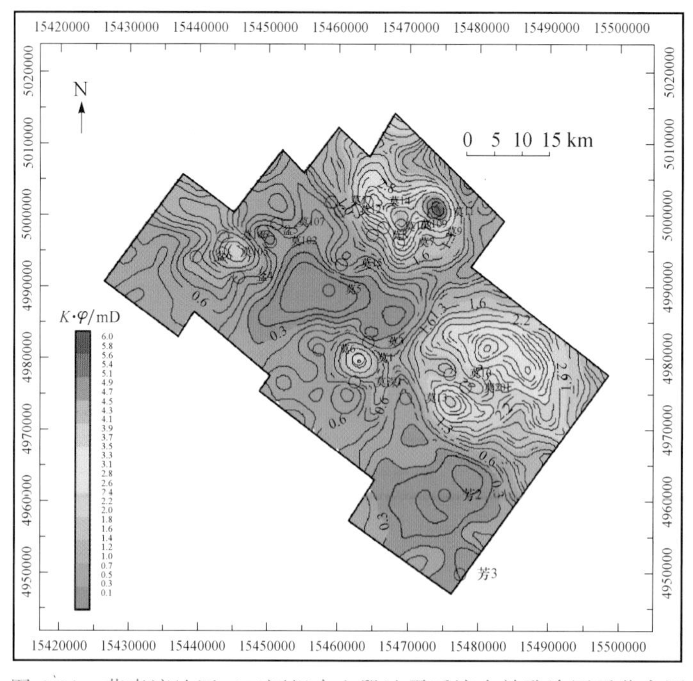

图 6-91　莫索湾地区三工河组中上段地震反演有效孔渗因子分布图

北部和东部两高值区连通性较差。因此，莫索湾北部是侏罗系三工河组中上段输导层油气输导性能和输导效率最好的地区，莫索湾东南部（莫 13 井—莫 10 井区）也具有较好的输导条件。

结合输导层剖面及平面孔渗、有效厚度特征参数分析，总体上三工河组中下段输导层输导性能优于三工河组中上段输导层，而在各输导层内，各个地区的输导性能也有较大差别。两套输导层在莫索湾北部地区（莫 9 井区）都具有较好的输导性能，且横向连通性好，其他地区输导性能相对较差。

第五节 莫索湾地区复合输导格架建立

通过对典型井附近油气输导体系的分析，本区断层对油气的运移起到了较大的作用，几乎所有有油气显示的井的油气都是先将油气由深层断层运移到浅层，再由浅层断层继续向上运移或通过不整合面、输导层进行侧向运移，并最终在圈闭中聚集成藏。

一、侏罗系三工河组中段输导层

深层油气首先通过深层断裂发生垂向运移，将油气由深层输送到浅层。然后油气一方面沿着侏罗系三工河组中段输导层向构造高部位进行侧向运移，另一方面通过浅层断裂系统运移到白垩系底部，并沿白垩系底部不整合面输导体继续向高部位运移，最终在圈闭内聚集成藏。

前人的研究认为，莫索湾地区油气主要发生了三期成藏，第一期发生在侏罗系末期，第二期在白垩纪末期，这两期的油源分别为下二叠统风城组和上二叠统乌尔禾组；第三期成藏在新近纪，油源来自中下侏罗统，仅在莫索湾地区东部和莫南凸起油气成藏。莫索湾地区油气成藏期油气沿三工河组输导层运移方向与该时期三工河组的古构造形态有着密切关系。为此分别编制了三工河组两套输导层与白垩系底界面和古近系底界面的厚度图，并以此了解该油气成藏时期这两套输导层的古构造特征。

图 6-92 为三工河组中下段（$J_1s_2^2$）输导层底界面与白垩系底界面残余厚度图，从图中可知侏罗纪末期莫索湾地区三工河组中下段（$J_1s_2^2$）输导层为一个完整的巨大古隆起，古隆起隆起幅度在 240m 左右，隆起高部位在莫深 1 井区，盆 5 井区和莫 9 井区分别为古隆起的西北翼和北东翼，莫 10 井区为古隆起的东翼，芳 2 井—芳 3 井区为古隆起的南翼。

图 6-93 为三工河组中上段（$J_1s_2^1$）输导层底界面与白垩系底界面残余厚度图，其古构造特征与图 6-92 十分相似。

图 6-94 为三工河组中下段（$J_1s_2^2$）输导层底界面与新近系底界面残余厚度图，从图中可知在白垩纪末期莫索湾地区三工河组中下段（$J_1s_2^2$）输导层仍为一个完整的古隆起，古隆起隆起幅度在 300m 左右，隆起高部位向南迁移。盆 5 井区和莫 9 井区为古隆起的西北斜坡和北东斜坡区，莫 10 井区为古隆起的东斜坡区，芳 3 井区为古隆起的南斜坡区，芳 2 井位于隆起高部位。

图 6-95 为三工河组中上段（$J_1s_2^1$）输导层底界面与古近系底界面残余厚度图，其古构造特征与图 6-94 十分相似。

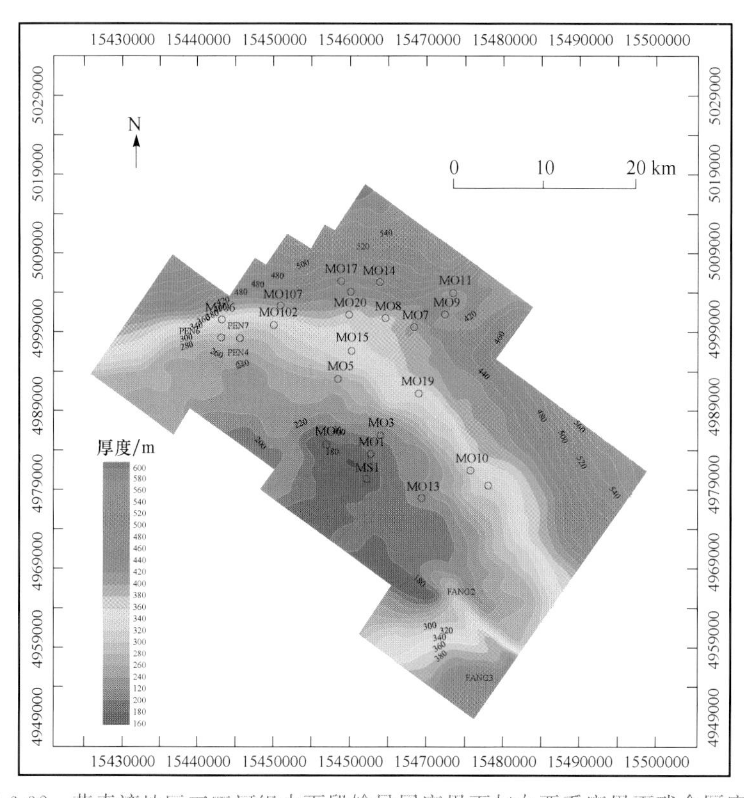

图 6-92 莫索湾地区三工河组中下段输导层底界面与白垩系底界面残余厚度图

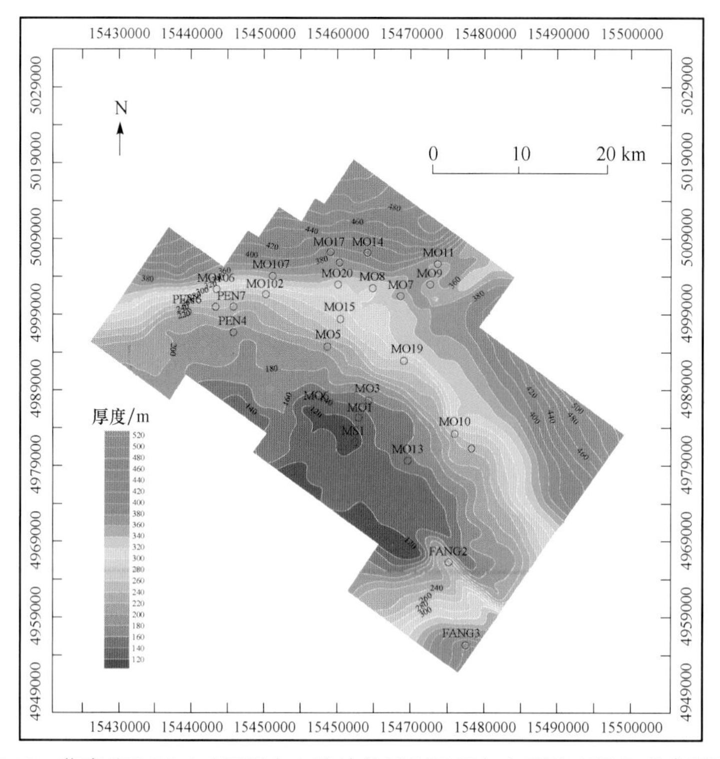

图 6-93 莫索湾地区三工河组中上段输导层底界面与白垩系底界面残余厚度图

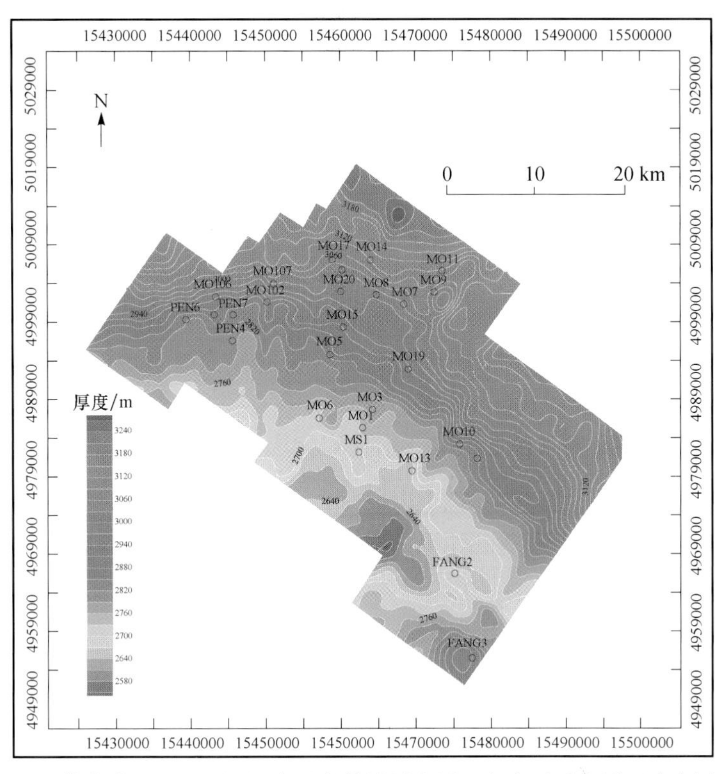

图 6-94 莫索湾地区三工河组中下段输导层底界面与古近系底界面残余厚度图

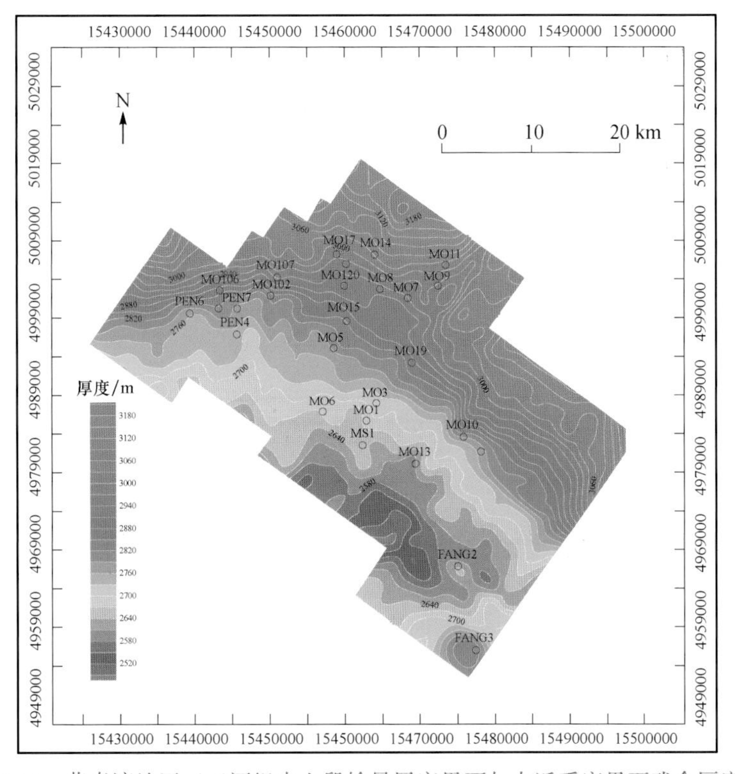

图 6-95 莫索湾地区三工河组中上段输导层底界面与古近系底界面残余厚度图

1. 莫 11 井砂体

位于断层附近的钻井的油气显示可认为是油气沿着断层向上运移的结果，而远离断层的井的油气显示可认为是油气侧向运移的结果。从三工河组两套输导层波阻抗与孔渗因子乘积平面分布图（图 6-96、图 6-97）中可以看出，莫索湾东北部油气垂向运移主要来自莫 11 井断裂，该垂向运移结果使断裂附近多口井在三工河组两套储层段获得了油气显示，但距离莫 11 井断裂较远的莫 12 井、莫 17 井、莫 5 井和莫 15 等井在三工河组两套储层段获得了不同程度的油气显示，且这些井所在位置处于具有良好孔渗因子的砂体发育区，该地区三工河组两套输导层具有良好的储集能力和输导性能，并且在古构造图中各井点位置都比莫 11 井高（图 6-92、图 6-94），因此，可以认为通过莫 11 井断裂垂直运移到三工河组两套输导层中的油气沿该输导层继续向古构造高部位发生侧向运移，从而使处于构造高部位的莫 12 井、莫 17 井、莫 5 井、莫 15 井和莫 3 井捕获到油气。

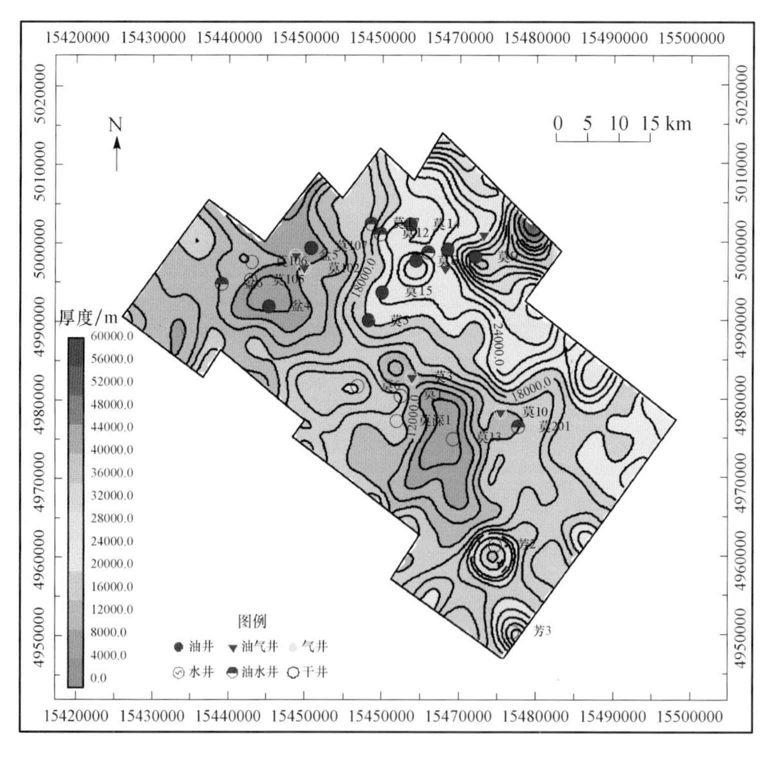

图 6-96　莫索湾地区三工河组中下段砂体与有效孔渗因子叠合图

图 6-97 中莫 5 井、莫 15 井和莫 3 井三工河组中上段输导层处于低孔渗因子和低波阻抗区，表明莫 5 井、莫 15 井和莫 3 井三工河组中上段砂体相对不发育，输导性能差，从而使莫 5 井、莫 15 井和莫 3 井三工河组中上段含油气性变差。

2. 盆 5 井砂体

盆 5 井区断裂输导体系主要为盆 4 井断裂和盆 5 井区小断裂，从而使靠近断裂的盆 4 井、盆 6 井、盆 5 井、莫 101 井、莫 102 井、莫 103 井、莫 107 井三工河组两套储层

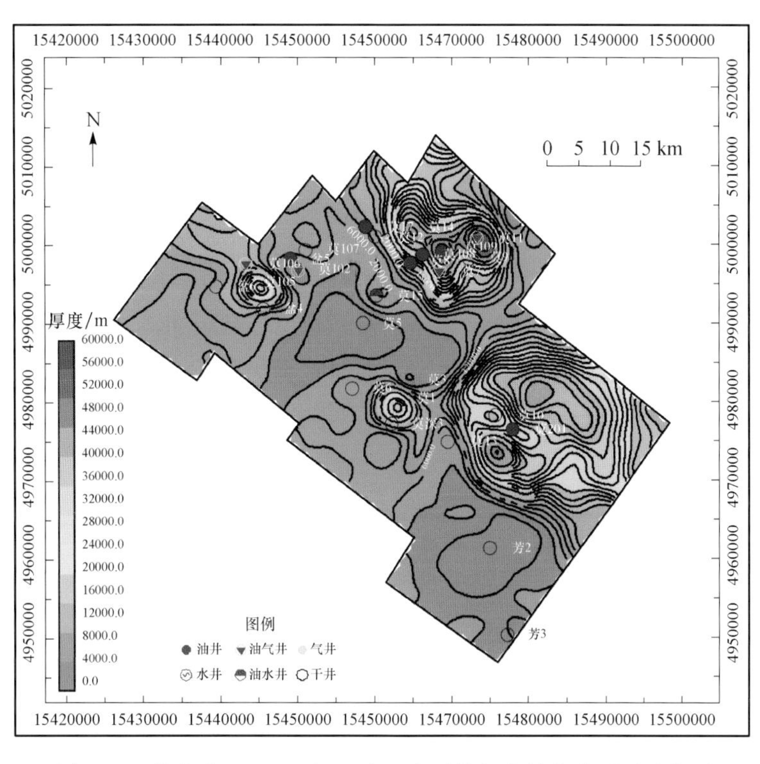

图 6-97 莫索湾地区三工河组中上段砂体与有效孔渗因子叠合图

不同程度捕获油气，但莫 104 井、莫 105 井、莫 106 井位于砂体较薄、输导性能较差的低孔渗因子范围内（图 6-96），且其古构造位置相对较低（图 6-92～图 6-95），未处于油气侧向运移方向上，因此，造成莫 104 井、莫 105 井、莫 106 井油气显示普遍较差。

3. 莫 10 井砂体

莫 10 井砂体位于莫索湾古隆起的东斜坡区，在古构造图中莫 10 井和莫 201 井位置均比北部莫 9 井区高（图 6-92～图 6-95），图 6-96 显示莫 10 井砂体范围三工河组中下段输导层有效孔渗因子和砂体厚度相对较高，且与北部莫 9 井区连为一片，因此，可以认为莫 10 井和莫 201 井三工河组中下段所含的油气应是北部莫 9 井油气侧向运移的结果。图 6-97 中莫 10 井砂体三工河组中上段输导层有效孔渗因子和砂体厚度都较高，但与北部莫 9 井高孔渗因子区连通性较差，因此造成莫 10 井和莫 201 井三工河组中上段含油气性较差。

二、断层输导体

按照第二章中建立的断层输导体量化模型方法，对研究区主要断层的启闭性进行定量评价，进而对其输导性能进行评价。研究中根据三维地震资料解释密度，以 20 道地震测线线距为间隔，利用断层相邻钻井资料、地质资料及测井资料计算每条横切断层测线上断层各深度点的泥岩地层流体压力、断层面正应力、断层带泥岩涂抹因子及断层开启系数，最后利用建立的连通概率模型计算各点的连通概率，并分别做出对应的断层面拓展图。本节中以莫 11 井断层为例，说明涉及的工作方法和过程，并对断层输导体的流体连通概率特征进行表述。

1. 莫 11 井断层

莫 11 井断层断面处泥岩地层流体压力、断面正应力主要是随深度变化而变化，泥岩地层流体压力的变化为 38～47MPa，断面正应力的变化为 56.6～62MPa。泥岩涂抹因子表现为两端大、中间小，开启系数的变化与泥岩涂抹因子的变化相反，表现为两端小、中间大，可以看出断裂带泥岩涂抹因子是影响开启系数的主要因素，也是影响断面连通概率的主要因素（图 6-98）。

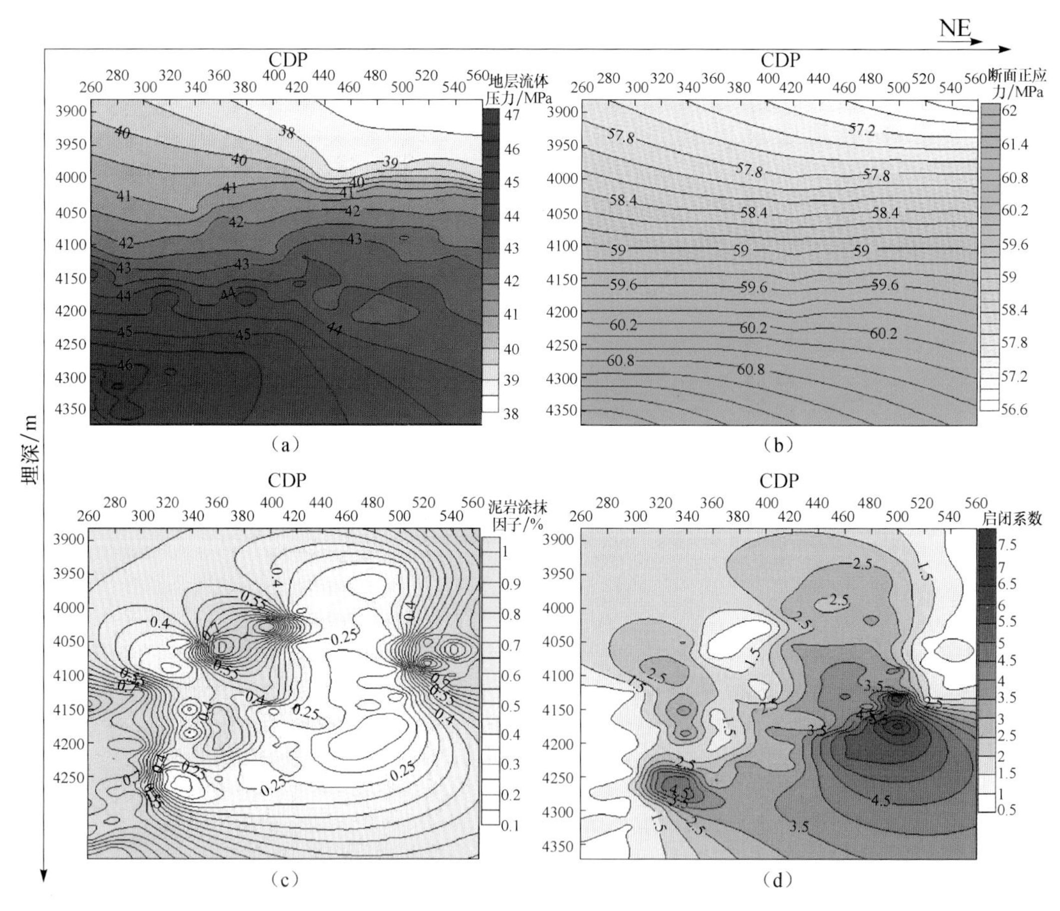

图 6-98 莫 11 井断层启闭系数在断层面上的拓扑分布图

(a) 泥砂地层流体压力；(b) 断面正应力；(c) 断裂带泥岩涂抹因子；(d) 启闭系统

从图 6-99 中可以看出莫 11 井断层断面不同位置处连通概率存在很大的差别，主要特征是近莫 11 井一侧断面下部连通概率大，上部连通概率小，而近莫 8 井一侧，连通概率在整个断面上都较小。在莫 11 井附近下部的侏罗系三工河组中段 J_1s_2 连通概率较大（>0.8），说明下部油气能够沿断层运移到上部，而在三工河组上段 J_1s_1 连通概率较小（<0.4），说明断层对油气起遮挡作用，莫 11 井在 $J_1s_2^2$ 的累计油气产量为 1974.21t，在 $J_1s_2^1$ 的累计油气产量为 313.74t，断面连通概率的分布特征与油气显示相符。在莫 111 井附近断面从上到下连通概率都很大（约为 0.8），油气沿着断层运移到上面，由于没有断面的遮挡作用而逸散了，因此莫 111 井并没有油气显示。莫 109 井到莫 8 井之间的连通概率在三工河组中下段较大（约为 0.8），向上逐渐变小，在三工河组上段 J_1s_1 处减小到 0.4，说明下部断面主要起输导作用，而上部断面主要起遮挡作用，这也与三工河组中下段的油气显示相符。

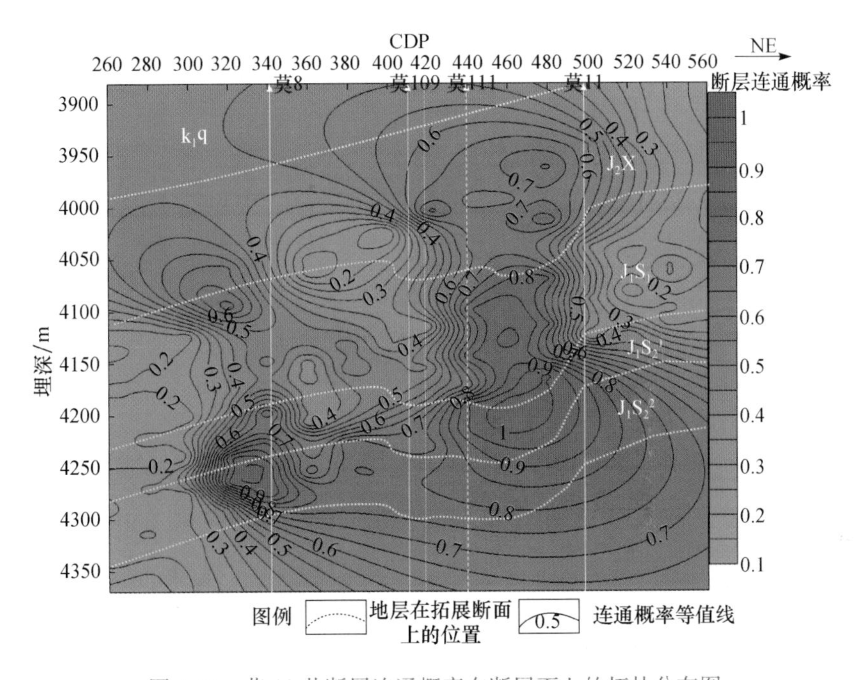

图 6-99 莫 11 井断层连通概率在断层面上的拓扑分布图

2. 其他断层

用同样的方法，我们对研究区其他 11 条主要浅层断层都进行了断层启闭性分析，这些断层包括：莫 9 井断层、盆 4 井断层、芳 2 井断层、莫 10 井断层、芳 2 井北 1 号断层、芳 2 井北 2 号断层、芳 2 井南 1 号断层、莫 5 井断层、莫 11 井东 1 号断层、莫 11 井东 2 号断层和莫 11 井东 3 号断层。图 6-100～图 6-102 展示了部分断层面上的连通概率分布特征。

三、不整合输导体系

莫索湾地区白垩系底不整合面具有三层结构，不整合面之上岩层的岩性主要有泥岩、含泥质砂岩、砾状砂岩、砂砾岩；风化黏土层岩性主要有泥岩、砂质泥岩、泥质粉砂岩、砂泥岩互层、不等粒砂岩；半风化淋滤带岩性主要有泥岩、不等粒砂岩、泥质砂岩、砂泥岩互层、砂岩、泥岩夹煤层（表 4-1）。

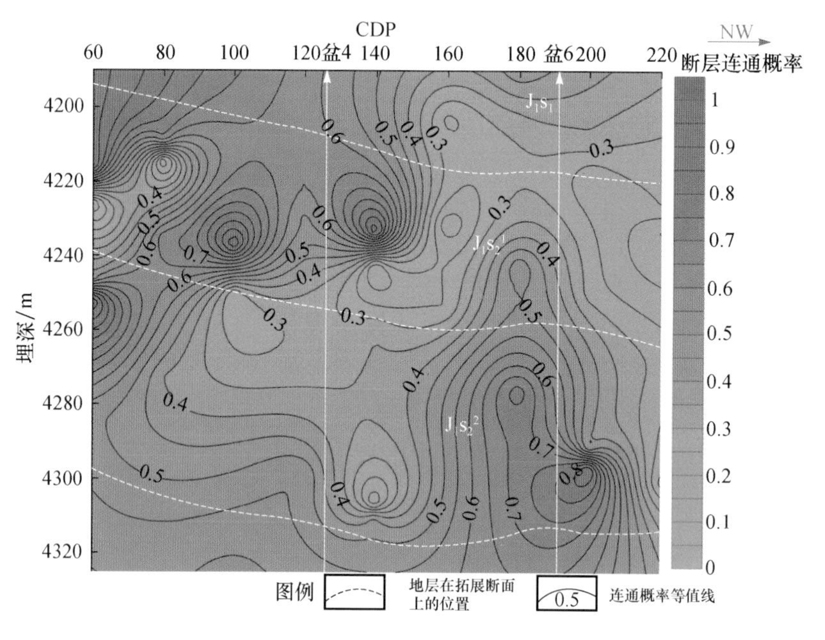

图 6-100　盆 4 井断层连通概率在断层面上的拓扑分布图

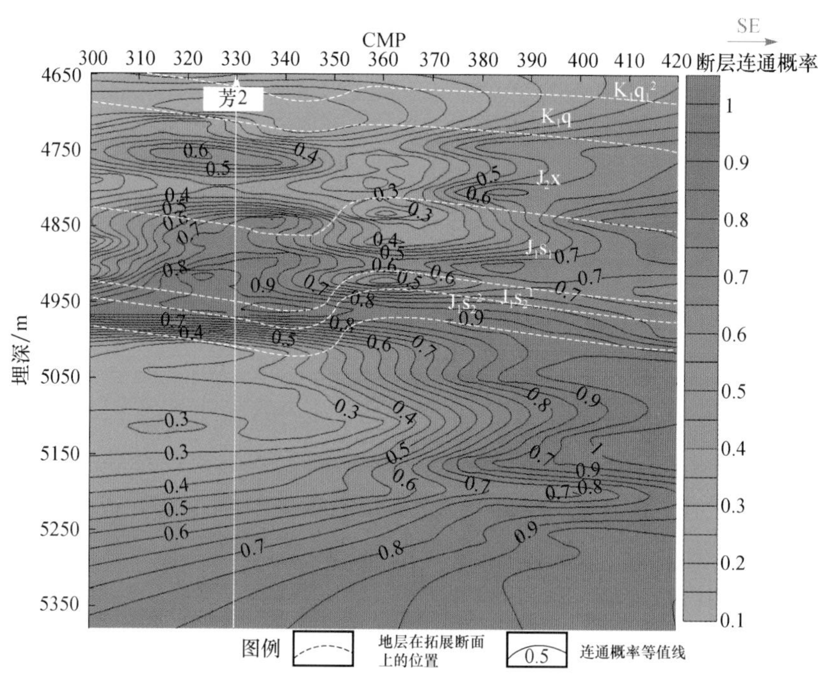

图 6-101　芳 2 井断层连通概率在断层面上的拓扑分布图

统计莫索湾地区井下白垩系底不整合面附近岩性组合情况，表明莫索湾地区白垩系底不整合面附近具有 8 种不同的岩性组合模式(4-2)，这些组合模式在平面上的分布范围如图 4-22 所示。

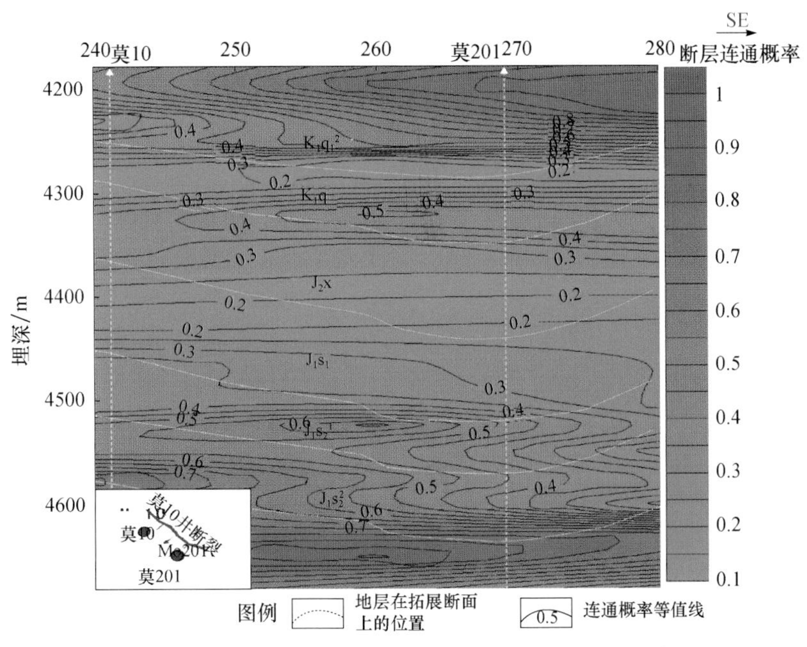

图 6-102 莫 10 井断层连通概率在断层面上的拓扑分布图

研究区莫 3 井—莫 4 井—莫 6 井—盆参 2 井区处于西山窑组缺失区，且处于古隆起高部位，白垩系与三工河组直接接触，因此，该地区不整合输导层与三工河组输导层相连接，来自不整合输导层的油气可在该地区有利部位聚集成藏，莫 3 井、莫 4 井、盆参 2 井三工河组储层所捕获的油气可能有一部分与不整合输导层的贡献有关（图 6-103，图 6-104）。

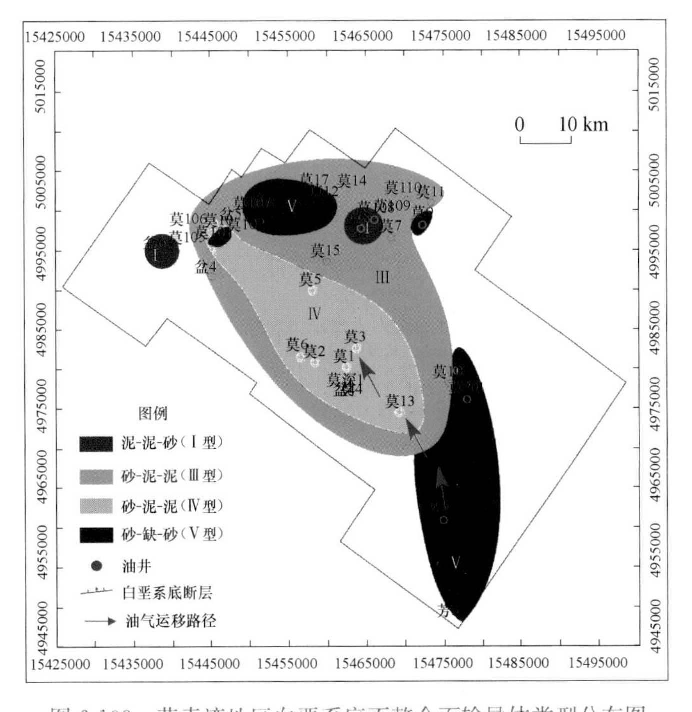

图 6-103 莫索湾地区白垩系底不整合面输导体类型分布图

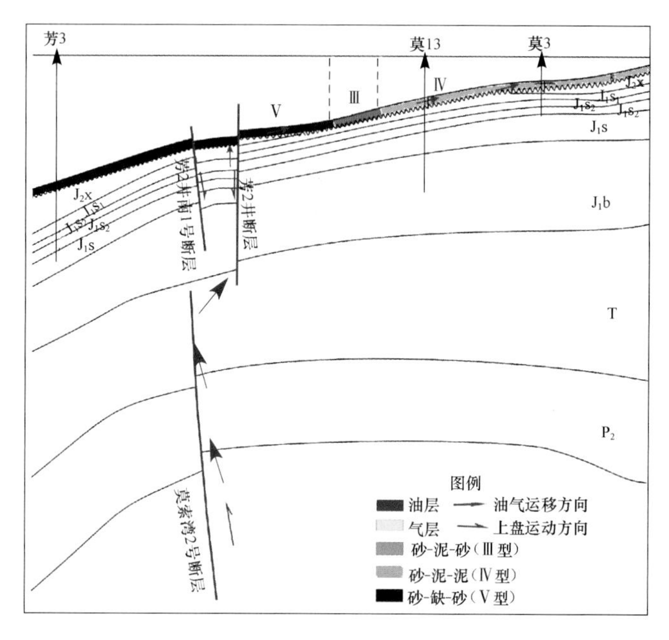

图 6-104 芳 2 井断层与不整合输导体过程的油气运移模式图

深层油气沿白垩系底不整合面发生侧向运移是由断层输导体系与不整合输导体系共同作用而完成的，断层输导体系的作用是将深层油气由下向上输送到白垩系底部不整合输导层。研究区由三工河组至白垩系底的断层有莫 10 井断层、芳 2 井断层及芳 2 井南 1 号断层，其中莫 10 井断层由于断面在侏罗系三工河组中上段连通概率小，油气被断面遮挡，无法沿断层运移到白垩系。而芳 2 井断层附近断面连通概率较大，断面输导性能较好，能有效地将来自南部阜康凹陷二叠系烃源岩所生成油气向上运移到白垩系底部。白垩系不整合面的输导性能在Ⅴ区最好，Ⅲ区较好，Ⅳ区较差，因此，通过芳 2 井断层运移到白垩系底部的油气将继续沿着输导性能好、地形较高的Ⅴ区向Ⅲ区运移，再向Ⅳ区运移，并最终在侏罗系西山窑组缺失区向三工河组输导层进行油气注入，且油气继续沿三工河组输导层向构造高部位发生侧向运移。

四、复合输导体系模型

断层对于本区油气成藏起到了非常重要的作用，但不是所有的断层都是开启的，也就是说，有些断层在断面上不同的部位封闭性能不同，某些油藏是由于断层下部位开启先让油气运移上来，然而该断层上部位出现封堵，结果导致油气在封堵部位聚集成藏。同时砂岩输导层和不整合面输导层对于油气的侧向运移也起了很大的作用，但由于研究区复杂的地质条件，使得输导层非均质性很强，这样砂岩输导层和不整合面输导层作用下的油气侧向运移就显得更加复杂。

1）深浅层断裂组合形成纵向运移通道

莫索湾北 1 号断层与三叠系深层断层、浅层断层的结合构成了有效的断层输导体系

（图 6-105），而浅层断层莫 11 井断层、莫 9 井断层的断层启闭性是决定断层两盘井是否有油气显示的关键，由于莫 11 井断层在三工河组中段连通性能好，而在上段连通性能差，从而使油气易于在三工河组中段运移和聚集，因此，位于莫 11 井断层下盘的莫 11 井、莫 108 井、莫 109 井、莫 8 井均在三工河组中段具有油气显示。而同样位于断层下盘的莫 110 井、莫 111 井却由于该断层位置处三工河组中段和上段断层都具有较好的连通性，从而没有形成油气聚集条件，造成莫 110 井、莫 111 井没有油气显示。由于莫 9 井断层在莫 7 井处三工河组中段连通性能好，而在三工河组上段连通性能差，从而使位于莫 9 井断层上盘的莫 7 井在三工河组中段具有油气。上述油气显示证明，来自深层二叠系烃源岩生成的油气的确通过深浅层断裂系统运移通道运移到了侏罗系三工河组输导层。

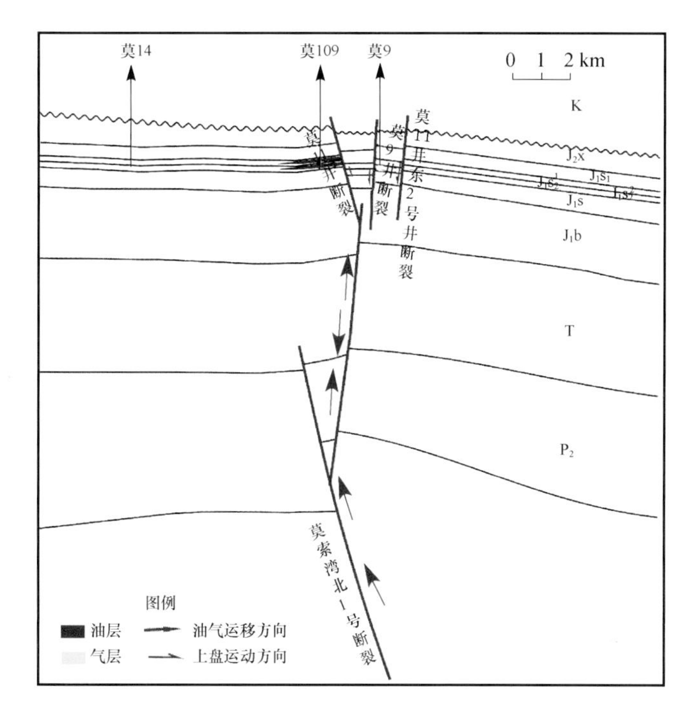

图 6-105　莫 11 井断层油气运移通道模式图

2）深浅断裂与输导层组合形成复合运移通道

莫索湾 1 号断层与三叠系输导层和浅层莫 10 井断层的有效配置，形成了提供莫 10 井、莫 201 井油气的断层输导体系（图 6-106），而由于莫 10 井断裂在莫 10 井位置处三工河组中段连通性能好，在三工河组上段连通性能差，因此，莫 10 井在中下段和中上段均有油气显示，而莫 201 井位置处莫 10 井断层在三工河组中下段连通性能好，在三工河组中上段连通性能差，因此，莫 201 井在中下段有油气显示，而在中上段未见油气显示。

盆 1 井西 1 号断层与三叠系、侏罗系输导层和浅层盆 4 井断层的有效配置，形成了油气的断层+输导层纵向输导体系（图 6-107）。位于断层下盘的盆 6 井在三工河组中下

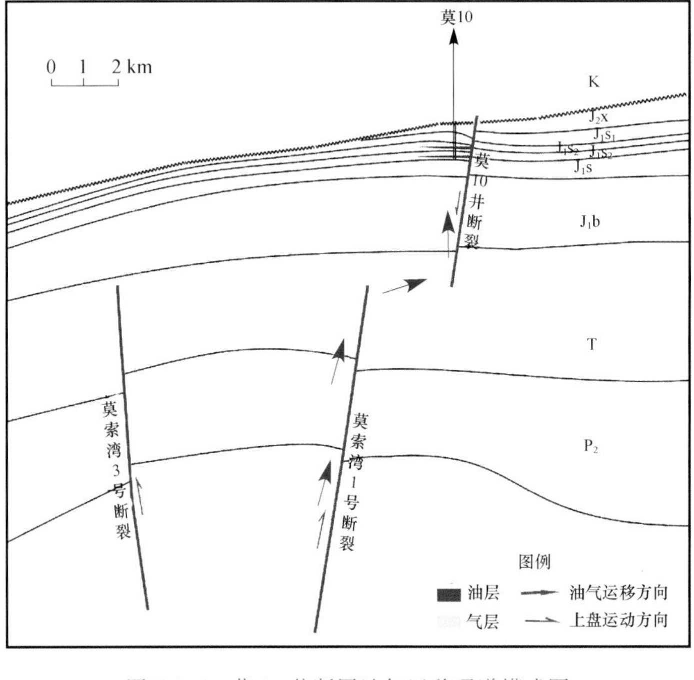

图 6-106 莫 10 井断层油气运移通道模式图

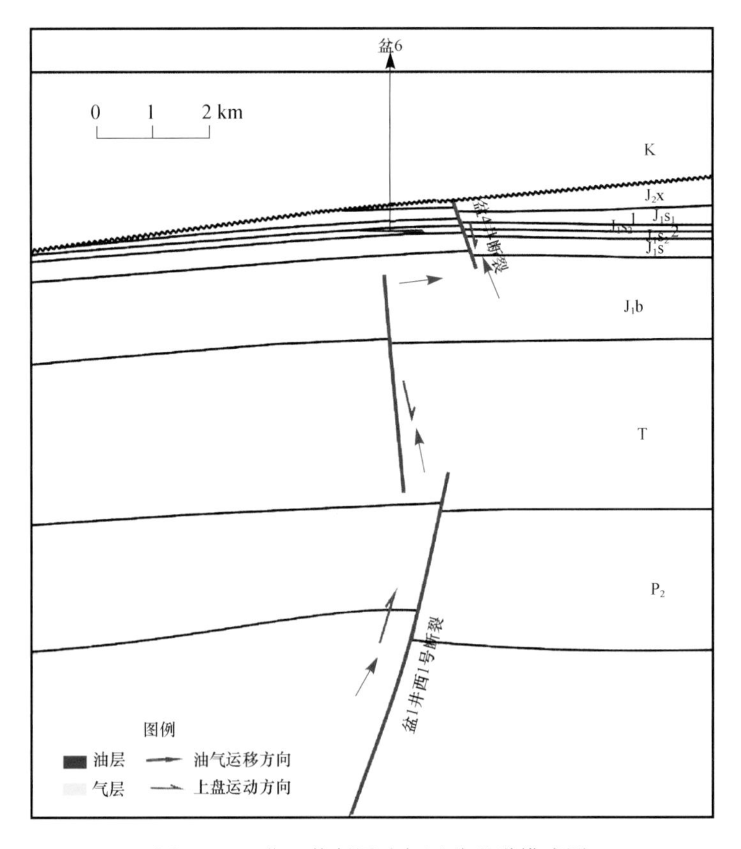

图 6-107 盆 4 井断层油气运移通道模式图

段有油气显示，而盆 4 井没有油气显示，主要原因是靠近盆 6 井处断层在侏罗系三工河组中下段连通性能较好，在三工河组中上段连通性能较差，因此，造成了盆 6 井三工河组中下段有油气显示，而靠近盆 4 井处断层在三工河组中下段连通性能较差，因此，造成了盆 4 井在三工河组中下段未见油气显示。靠近盆 4 井断层的莫 104 井、莫 105 井、莫 106 井，油气显示为水层，远离断层的莫 101 井、莫 102 井、莫 103 井、莫 107 井、盆 5 井等具有较好的油气显示，主要原因是盆 5 井附近三工河组中下段存在一个低幅度背斜，莫 101 井、莫 102 井等距离构造高点近，而莫 104 井、莫 105 井距离构造高点较远，断层、构造形态在此共同作用于油气的运移。

上述油气运移通道与油气显示的关系表明，深浅断层与深层输导层的有机组合可以作为深层油气向侏罗系三工河组运移的有效通道。

3）油气纵向运移路径平面分布位置

从图 6-108 和图 6-109 可知，莫索湾地区油气垂向运移可能发生的区域主要分布在莫索湾北部莫 11 井—莫 9 井—莫 109 井—莫 8 井—莫 15 井区、盆 5 井—盆 6 井—盆 4 井区、莫 10 井—莫 201 井区、芳 2 井区，这些地区深浅断裂发育，且断层平面分布位置能够为油气垂向运移路径提供最佳组合，结合莫索湾地区古隆起构造特征和盆 1 井西凹陷烃源岩发育位置，可判断莫索湾北部莫 11 井—莫 9 井—莫 109 井—莫 8 井—莫 15 井区和盆 5 井—盆 6 井—盆 4 井区深浅层断裂组合区是盆 1 井西凹陷烃源岩生成油气向莫索湾地区发生垂向运移的主要运移通道。莫 10 井—芳 2 井区和芳 2 井区深浅断裂组合区是莫索湾南部和东部生油凹陷区烃源岩生成油气向莫索湾地区发生垂直运移的主要运移通道。

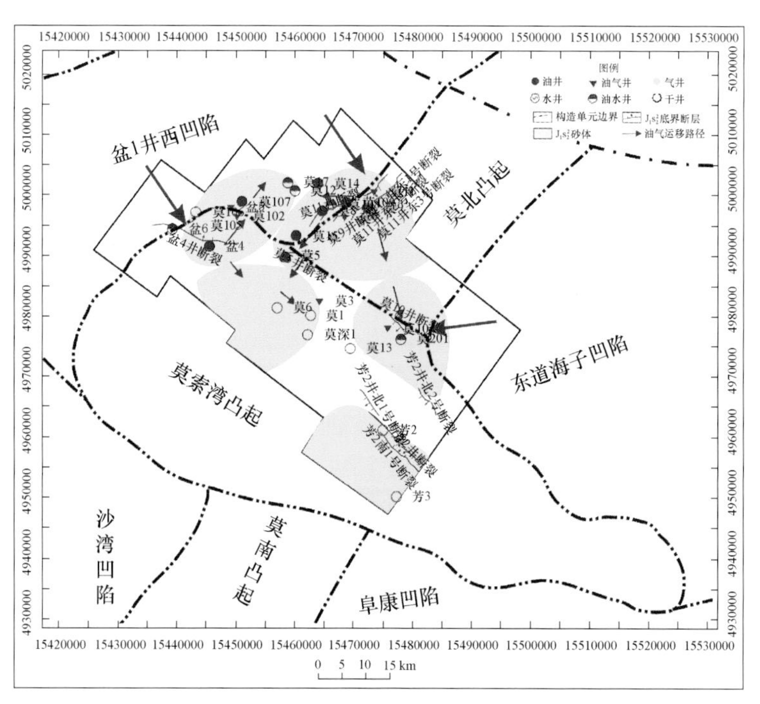

图 6-108　莫索湾地区三工河组中下段输导层油气运移方向分析图

对比井下有效输导层展布特征与地震反演的有效输导层平面展布特征，结合研究区油气显示，对油气沿三工河组中段输导层运移路径做出以下预测，其中油气沿三工河组中下段输导层运移的可能路径为（图 6-109）：①盆 1 井西凹陷→莫 9 井→莫 14 井→莫 12 井→莫 17 井砂体；②盆 1 井西凹陷→莫 9 井砂体→莫 10 井砂体；③盆 1 井西凹陷→莫 9 井砂体→莫 6 井砂体；④盆 1 井凹陷→盆 5 井砂体→莫 6 井砂体。油气沿三工河组中上段输导层运移的可能路径为（图 6-109）：①盆 1 井西凹陷→盆 5 井→莫 106 井砂体；②盆 1 井西凹陷→莫 9 井砂体→莫 17 井砂体；③东道海子凹陷→莫 10 井砂体。

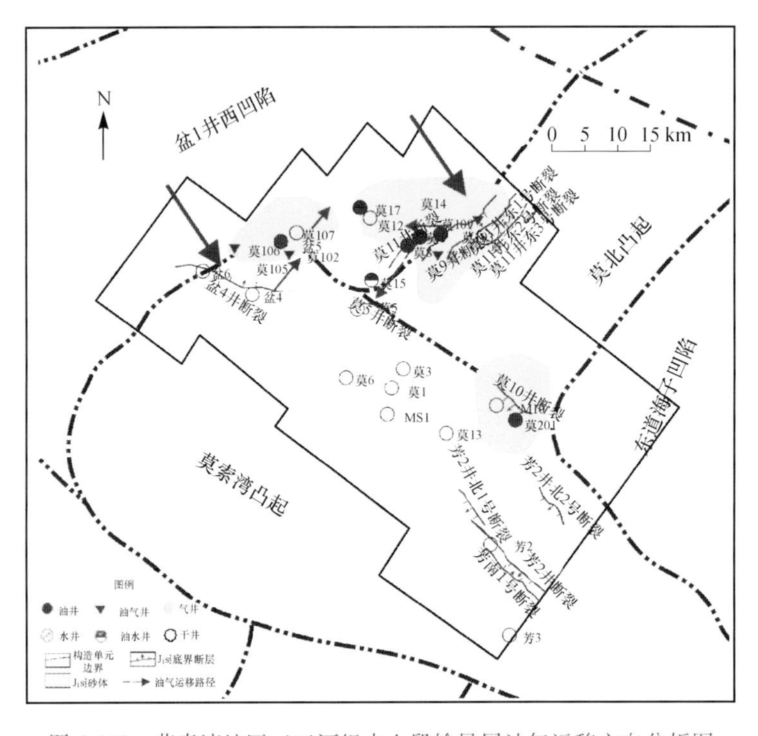

图 6-109　莫索湾地区三工河组中上段输导层油气运移方向分析图

五、油气运聚模拟及有利勘探区块预测

通过对以上典型井油气藏的分析，研究区油气的侧向运移距离都不大，属于就近聚集成藏，因此，侏罗系三工河组的油气主要是靠深浅断层的有效配置，从邻近的生油凹陷将油气往上运移，再借助于砂岩输导层和不整合面的侧向运移，最终在适合的圈闭中聚集成藏。

根据输导层的发育特征、输导层的几何连通性及断层输导体的控油作用及成藏模式的分析，结合三工河组油气分布规律和成藏特征分析所获得的认识，将输导层、断裂进行有机配置，建立了三工河组复合输导格架，包括深浅断裂、三叠系和侏罗系输导层、三工河组中上段（$J_1s_2^1$）和中下段（$J_1s_2^2$）输导层、白垩系底部不整合面输导层，这些输导体所构成的复合输导格架如图 6-110 所示。

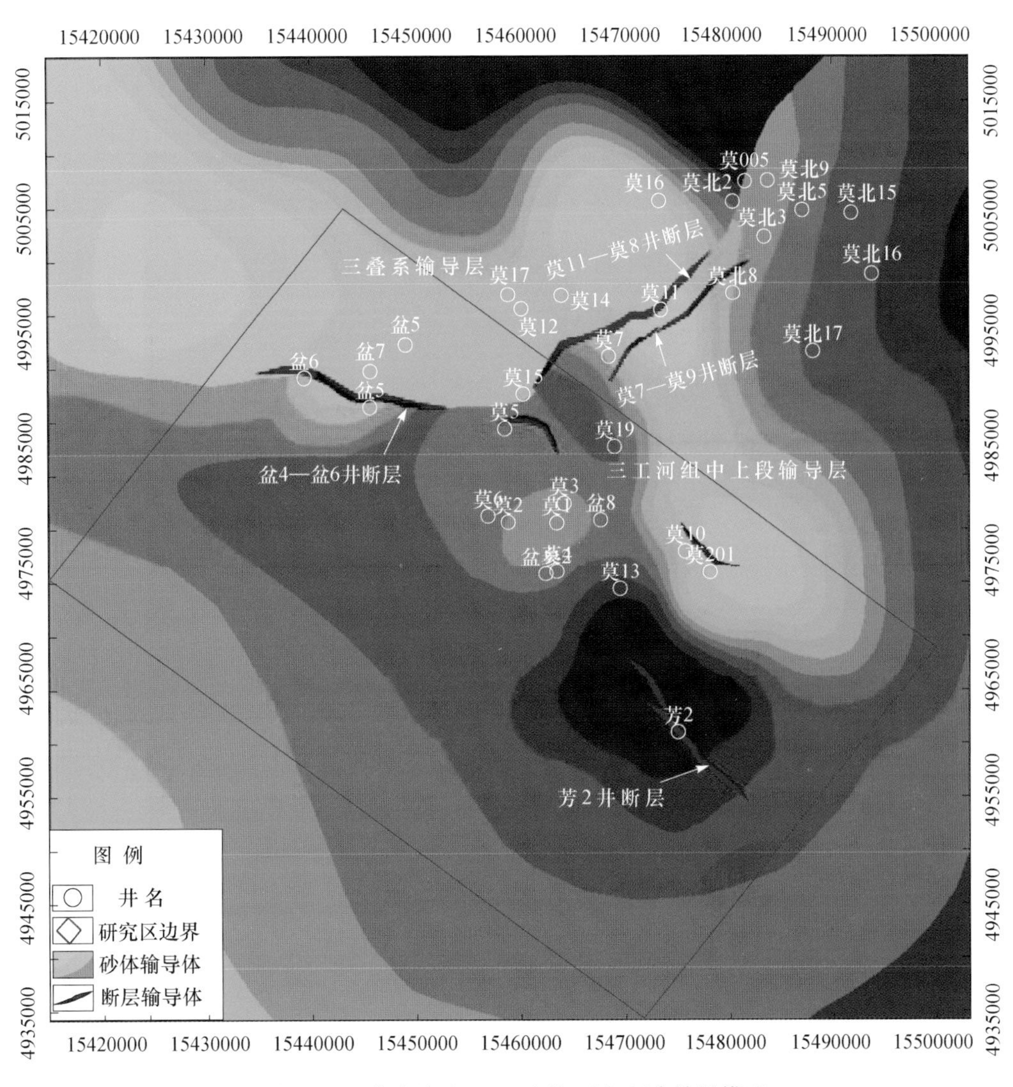

图 6-110 莫索湾地区三工河组油气复合输导模型

该模型中盆 1 井西二叠系烃源岩生成的油气沿深层断裂运移到三叠系砂岩输导层中后发生侧向运移，再由浅层断裂运移至侏罗系三工河组中下亚段或中上亚段输导层中，然后在侏罗系三工河组中下亚段或中上亚段输导层中发生侧向运移，盆 4 井—盆 6 井断层、莫 11 井—莫 8 井断层以北为三叠系输导层，断层以南为三工河组中上亚段和中下亚段砂岩输导层，油气运移至三叠系后再沿三叠系输导层发生侧向运移，当油气运移至研究区的盆 4 井—盆 6 井断层、莫 11 井—莫 8 井断层、莫 9 井—莫 7 井断层处时，沿断层发生垂向运移至三工河组中上亚段和中下亚段砂岩输导层，然后再沿输导层发生侧向运移。

图 6-111 为图 6-110 油气输导模型的油气运聚数值模拟结果，油气运聚路径特征与利用地震反演方法获得的输导层孔渗因子参数分布（图 1-108），并结合深浅层断裂组合特征和古构造特征确定的油气运移过程相符合。这表明复合输导体系建立方法及莫索湾地区三工河组中段输导层运移路径数值模拟结果具有可信性。

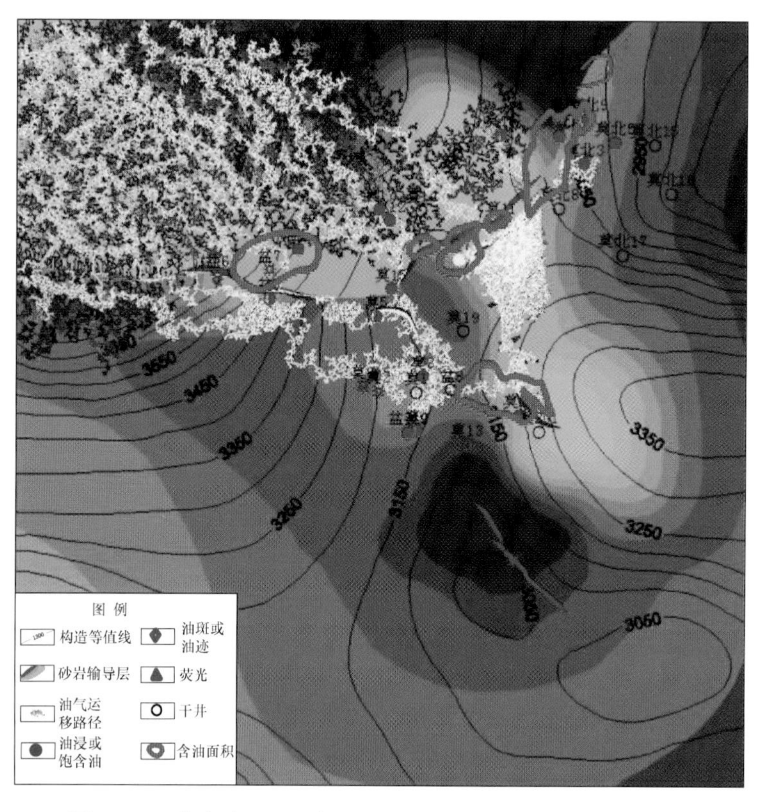

图 6-111 莫索湾地区油气运聚模拟结果与已发现油气叠合图

综合研究区的构造、沉积、物性特征，加上对研究区的断层输导体、不整合输导体以及砂岩输导层输导体的分析，应用信息叠合法，最终对侏罗系三工河组中下段和三工河组中上段的有利勘探区块进行了预测，具体结果如下。

莫索湾地区三工河组有利勘探区主要沿断层展布，特别是大的深层和浅层断层，由于多数油藏属就近聚集成藏，所以靠近生油凹陷的断裂带和圈闭发育区是最有利的油气聚集区。综上所述，三工河组中下段最有利的勘探目标区位于盆 6 井—盆 4 井—莫 9 井一线，其次为莫 6 井—莫深 1 井—莫 201 井一线和芳 2 井附近（图 6-112）；三工河组中上段最有利勘探目标区位于盆 5 井—莫 102 井—莫 9 井一线，其次为莫 201 井—莫深 1 井—莫 6 井一线和芳 2 井附近（图 6-113）。

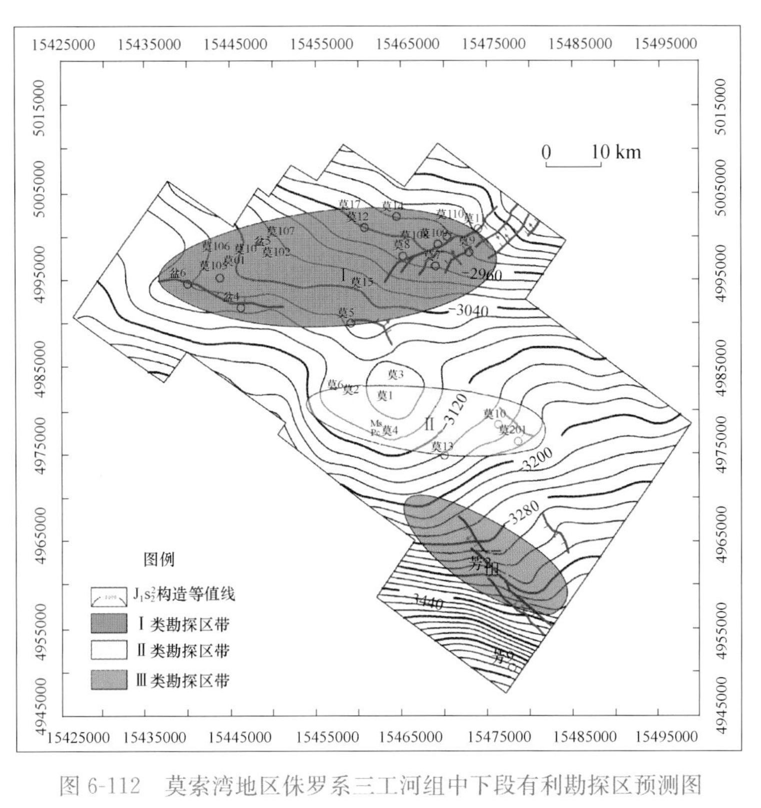

图 6-112 莫索湾地区侏罗系三工河组中下段有利勘探区预测图

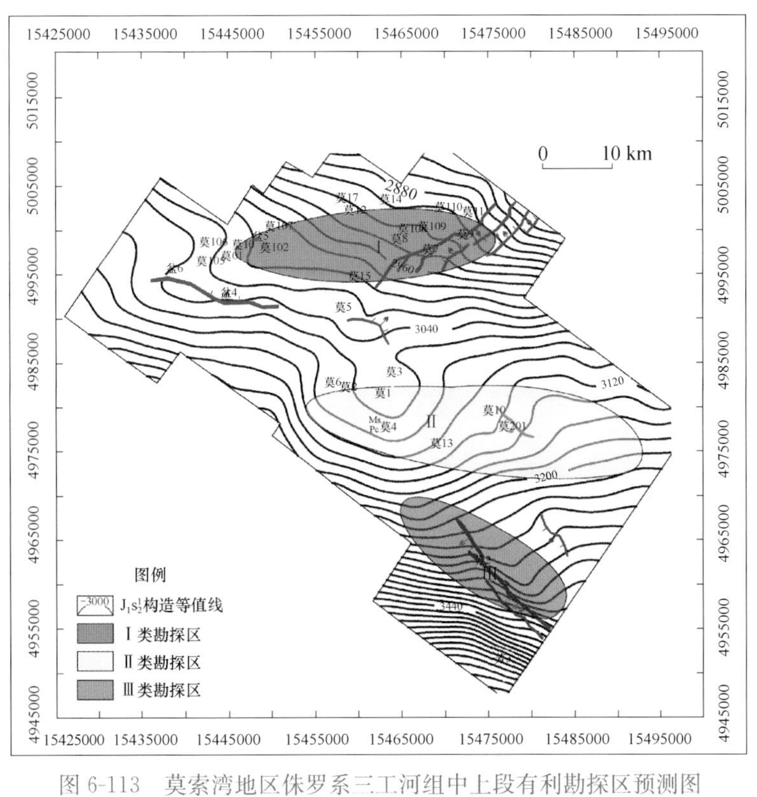

图 6-113 莫索湾地区侏罗系三工河组中上段有利勘探区预测图

小　结

根据层序地层格架、流体压力和水化学的垂向变化特点，把莫索湾-莫北地区在纵向上分为四套流体动力系统，即二叠系-八道湾组油气成藏流体动力系统、侏罗系三工河组油气成藏流体动力系统、西山窑组-清水河组油气成藏流体动力系统和白垩系呼图壁河组油气成藏流体动力系统，其中，侏罗系三工河组油气成藏流体动力系统是莫索湾—莫北地区主要的成藏流体动力系统，提出深部系统高压成藏模式和中浅部系统垂向运移调整成藏模式。

依据封盖层的性质（压力封闭和泥岩封闭）和储层压力（高压和常压-低压）的组合特点，把莫索湾-莫北地区划分出四种流体动力系统。

通过地球化学分析，对莫索湾的原油类型、天然气类型和成熟度进行了划分，从天然气的数据和原油生标参数看，莫索湾凸起的油气来源于四个凹陷，在莫索湾的西北角，主体是由盆1井西凹陷和沙湾凹陷中二叠系烃源岩提供油源，形成盆5井区油气藏；在莫索湾东南部，存在两类原油，东道2井表现为侏罗系油源，芳2井、盆参2井区主要为二叠系原油。莫北油田主要油源为盆1井西凹陷二叠系烃源岩，油气的充注点位于莫8井、莫7井区，然后沿西北方向运移。

根据莫索湾-莫北地区油气来源和成藏条件的不同，将该区划分为2个成藏体系，即盆1井西凹陷东环带成藏体系、昌吉凹陷-莫索湾成藏体系。

针对侏罗系三工河组油气成藏流体动力系统，利用钻井和三维地震资料系统开展了 $J_1s_2^1$ 和 $J_1s_2^2$ 两个砂层组的波阻抗剖面和平面反演，提取了两个砂层组地震反演砂岩厚度、孔隙度、渗透率等信息，并在此基础上，编制了定量表征砂岩储层输导体的有效孔隙因子（$H_\phi = H\phi_e$）、有效渗透因子（$H_k = HK_e$）和有效孔渗因子（$H_e = HK_e\phi_e$）等图件，为开展油气运聚定量模拟奠定了基础。

莫索湾地区三工河组有利勘探目标区主要沿断层展布，特别是大的深层和浅层断层，由于多数油藏属就近聚集成藏，所以靠近生油凹陷的断裂带和圈闭发育区是最有利的油气聚集区，对侏罗系三工河组油气成藏流体动力系统内的主要控藏断裂，利用断层连通概率方法对断层的启闭性进行了综合定量的表征。

在侏罗系三工河组砂岩输导层和断裂输导体定量表征及复合输导格架建立的基础上，开展了三工河组油气运聚定量模拟，研究表明，三工河组中下段最有利的勘探目标区位于盆6井—盆4井—莫9井一线，其次为莫6井—莫深1井—莫201井一线和芳2井附近，三工河组中上段最有利勘探目标区存在于盆5井—莫102井—莫9井一线，其次为莫201井—莫深1井—莫6一线和芳2井附近。

参考文献

蔡春芳，顾家裕，蔡洪美. 2001. 塔中地区志留系烃类侵位对成岩作用的影响. 沉积学报，19（1）：60-65

曹瑞成，陈章明. 1992. 早期探区断层封闭评价方法. 石油学报，13（1）：33-37

陈强路，范明. 2006. 塔里木盆地志留系沥青砂岩储集性非常规评价. 石油学报，27（1）：30-33

陈庆宣，王维襄，孙叶，等. 1998. 岩石力学与构造应力场分析. 北京：地质出版社

陈瑞银，罗晓容，吴亚生. 2007. 利用成岩序列建立油气输导格架. 石油学报，28（6）：43-46

陈瑞银，罗晓容，陈占坤，等. 2006. 鄂尔多斯盆地埋藏演化史恢复. 石油学报，27（2）：43-47

陈琰，包建平，刘昭茜，等. 2010. 甲基菲指数及甲基菲比值与有机质热演化关系——柴达木盆地北缘地区为例. 石油勘探与开发，37（4）：508-512

陈义才，沈忠民，黄泽光，等. 2002. 碳酸盐烃源岩排烃模拟模型及应用. 石油与天然气地质，23（3）：203-207

陈元壮，刘洛夫，陈利新，等. 2004. 塔里木盆地塔中、塔北地区志留系古油藏的油气运移. 地球科学，29（4）：473-482

陈占坤，吴亚生，罗晓容，等. 2006. 鄂尔多斯盆地陇东地区长 8 段古输导格架恢复. 地质学报，80（5）：718-723

陈中红，查明，王克，等. 2003. 烃源岩生排烃研究方法进展. 地学前缘，10（3）：86-92

程汝楠. 1981. 古水文地质及其应用. 北京：地质出版社

达江，宋岩，柳少波，等. 2007. 准噶尔盆地南缘前陆冲断带油气成藏组合及控制因素. 石油实验地质，29（4）：355-360

戴金星. 1985. 中国含硫化氢的天然气分布特征、分类及其成因探讨. 沉积学报，（4）：109-120

戴金星. 1995. 中国含油气盆地的无机成因气及其气藏. 天然气工业，13（5）：22-27

德勒达尔，张有平，帕尔哈提，等. 2003. 莫索湾地区侏罗系三工河组储集层沉积及成岩作用特征. 新疆地质，21（3）：269-273

邓起东，冯先岳，张培震，等. 1999. 乌鲁木齐山前拗陷逆断裂—褶皱带及其形成机制. 地学前缘，6（4）：191-202

邓起东，冯先岳，张培震，等. 2000. 天山活动构造. 北京：地质出版社

杜春国，郝芳，邹华耀，等. 2007. 断裂输导体系研究现状及存在的问题. 地质科技情报，26（1）：51-56

杜社宽. 2005. 准噶尔盆地西北缘前陆冲断带特征及对油气聚集作用的研究. 广州：中国科学院广州地球化学研究所博士学位论文

付广，薛永超，杨勉，等. 1999. 天然气在二次运移中的损失量初探. 海相油气地质，4（1）：34-39

付广，张云峰，陈昕，等. 2001. 实测天然气扩散系数在地层条件下的校正. 地球科学进展，16（4）：484-489

高侠. 2007. 东营凹陷南斜坡下第三系油气输导体系研究. 青岛：中国石油大学（华东）硕士学位论

文
郭永强，刘洛夫，吴元燕，等. 2005. 应用模糊集成法预测油气空间分布——以大民屯凹陷潜山为例. 石油天然气学报，27（6）：854-856
郝芳，邹华耀，姜建群. 2000. 油气成藏动力学及其研究进展. 地学前缘，7（3）：11-21
郝芳，邹华耀，杨旭升，等. 2003. 油气幕式成藏及其驱动机制和识别标志. 地质科学，38（3）：413-424
郝石生，黄志龙，杨家琦. 1994. 天然气运聚动聚动平衡及其应用. 北京：石油工业出版社
郝雪峰. 2007. 东营凹陷输导体系及其控藏模式研究. 杭州：浙江大学博士学位论文
何登发. 1996. 前陆盆地分析. 北京：石油工业出版社
何登发，贾承造. 2004. 叠合盆地概念辨析. 石油勘探与开发，31（1）：1-5
何登发，雷振宇，周路，等. 2000. 中国中西部前陆冲断带构造特征//中国科协2000年学术年会文集·西部大开发科教先行与可持续发展，西安
何永垚. 2009. 塔里木盆地塔中地区构造演化与油气成藏关系研究. 成都：成都理工大学硕士学位论文
侯平，罗晓容，周波，等. 2005. 石油幕式运移实验研究. 新疆石油地质，26（1）：33-35
胡玲，何登发，胡道. 2005. 准噶尔盆地南缘霍尔果斯—玛纳斯—吐谷鲁断裂晚新生代构造变形的ESR测年证据. 地球学报，26（2）：121-126
胡素云，郭秋麟，谌卓恒，等. 2007. 油气空间分布预测方法. 石油勘探与开发，34（1）：113-117
胡文瑄，金之钧，张义杰，等. 2006. 油气幕式成藏的矿物学和地球化学记录——以准噶尔盆地西北缘油藏为例. 石油与天然气地质，27（4）：442-450
华保钦，林锡祥，杨小梅. 1994. 天然气二次运移和聚集研究. 天然气地球科学，5（4）：1-37
黄庆华，黄汉纯. 1987. 三维变弹性模量光弹性模拟在地学上的应用. 科学通讯，（6）：352-358
季汉成，赵澄林，刘孟慧. 1995. 塔里木盆地志留系与泥盆系岩石学及成岩作用研究//王英平，鲍志东，朱筱敏. 沉积学及岩相古地理学新进展. 北京：石油工业出版社
贾爱林. 2011. 中国储层地质模型20年. 石油学报，32（1）：181-188
贾承造. 1997. 中国塔里木盆地构造特征与油气. 北京：石油工业出版社
焦志峰，高志前. 2008. 塔里木盆地主要古隆起的形成、演化及控油气地质条件分析年. 天然气地球科学，19（5）：639-646
金爱民，高兴友，楼章华，等. 2006. 准噶尔盆地玛湖——盆1井西复合含油气系统侏罗系地下水动力场的形成与演化. 地质科学，41（4）：549-563
金之钧. 1995. 五种基本油气藏规模概率分布模型比较研究及其意义. 石油学报，16（3）：6-12
金之钧，张金川. 1999. 油气资源评价技术. 北京：石油工业出版社
金之钧，姜振学. 2003. 油气成藏定量模式. 北京：石油工业出版社
金之钧，王清晨. 2004. 中国典型叠合盆地与油气成藏研究新进展——以塔里木盆地为例. 中国科学D辑：地球科学，34（S1）：1-12
康永尚，郭黔杰. 1998. 论油气成藏流体动力系统. 地球科学—中国地质大学学报，23（3）：281-284
康永尚，张一伟. 1999. 油气成藏流体动力学. 北京：地质出版社
孔祥言. 1999. 高等渗流力学. 合肥：中国科学技术大学出版社
雷裕红，罗晓容，潘坚，等. 2010. 大庆油田西部地区姚一段油气成藏动力学过程模拟. 石油学报，31（2）：204-210
李大伟. 2003. 试论天然地震与油气成藏和开发的关系. 新疆石油地质，24（1）：19-23

李明诚．1994．石油与天然气运移．第二版．北京：石油工业出版社
李明诚．2004．石油与天然气运移．第三版．北京：石油工业出版社
李丕龙，张善文，宋国奇，等．2004．断陷盆地隐蔽油气藏形成机制——以渤海湾盆地济阳拗陷为例．石油实验地质，26（1）：3-10
李思田，王华，路凤香．1999．盆地动力学——基本思路与若干研究方法．武汉：中国地质大学出版社
李素梅，庞雄奇，杨海军，等．2008．塔中隆起原油特征与成因类型．地球科学，33（5）：635-642
李树新，何光玉，何开泉，等．2008．准噶尔盆地南缘霍玛吐构造带晚新生代构造变形特征及时间．浙江大学学报（理科版），35（4）：460-463
李宇平，陈利新，王勇，等．2007．塔里木盆地塔中志留系油藏运移和聚集成藏的主控地质要素．科学通报，53（增刊Ⅰ）：185-191
李宇平，王勇，孙玉善，等．2002．塔里木盆地中部地区志留系油藏两期成藏特征．地质科学，37（增刊）：45-50
廖永胜．1981．应用碳同位素探讨油、气成因．石油学报，（S1）：52-60
刘方槐，颜婉荪．1991．油气田水文地质学原理．北京：石油工业出版社
刘国臣，张一伟．1999．从波动观点看塔里木盆地的成藏演化史．石油学报，20（2）：7-11
刘洛夫，赵建章，张水昌，等．2000a．塔里木盆地志留系沥青砂岩的形成期次及演化．沉积学报，18（3）：475-479
刘洛夫，赵建章，张水昌，等．2000b．塔里木盆地志留系沥青砂岩的成因类型及特征．石油学报，21（6）：12-17
刘洛夫，赵建章，张水昌，等．2001．塔里木盆地志留系沉积构造及沥青砂岩的特征．石油学报，22（6）：11-17
刘洛夫，康永尚，齐雪峰，等．2002．准噶尔盆地侏罗系层序地层格架中的烃源岩评价．沉积学报，20（4）：687-694
刘震，张善文，赵阳，等．2003．东营凹陷南斜坡输导体系发育特征．石油勘探与开发，33（3）：83-86
吕明胜，杨庆军，陈开远．2006．塔河油田奥陶系碳酸盐岩储集层井间连通性研究．新疆石油地质，27（6）：731～732
吕修祥．1997．塔里木盆地塔中低凸起志留系油气成藏机理初探．石油实验地质，19（4）：328-331
吕修祥，赵风云，杨海军，等．2005．塔中隆起志留系混源多期油气聚集特征与勘探对策．西安石油大学学报（自然科学版），20（3）：1251
吕修祥，白忠凯，赵风云．2008．塔里木盆地塔中隆起志留系油气成藏及分布特点．地学前缘，15（2）：156-166
吕延防．1996．断层封闭性的定量评价方法．石油学报，17（3）：39-43
吕延防，陈发景．1995．非线性映射分析判断断层封闭性．石油学报，16（2）：36-41
吕延防，马福建．2003．断层封闭性影响因素及类型划分．吉林大学学报（地球科学版），33（2）：163-166
罗群，庞雄奇，姜振学．2005．一种有效追踪油气运移轨迹的新方法——断面优势运移通道的提出及其应用．地质论评，51（2）：156-162
罗晓容．1998．沉积盆地数值模型的概念、设计及检验．石油与天然气地质，19（3）：196-204
罗晓容．1999．断裂开启与地层中温压瞬态变化的数学模型．石油与天然气地质，20（1）：1-6
罗晓容．2003．油气运聚动力学研究进展及存在问题．天然气地球科学，14（5）：337-346

罗晓容. 2008. 油气成藏动力学研究之我见. 天然气地球科学，19（02）：149-156
罗晓容，喻健，张刘平，等. 2007a. 二次运移数学模型及其在鄂尔多斯盆地陇东地区长8段石油运移研究中的应用. 中国科学，37（增I）：73-82
罗晓容，张立宽，廖前进，等. 2007b. 埕北断阶带沙河街组油气运移动力学过程模拟分析. 石油与天然气地质，28（2）：191-197
罗晓容，张刘平，杨华，等. 2010. 鄂尔多斯盆地陇东地区长81段低渗油藏成藏过程研究. 石油与天然气地质，卷31（6）：770-778
罗晓容，雷裕红，张立宽，等. 2012. 油气运移输导层研究及量化表征方法. 石油学报，33（3）：428-436
马锋. 2007. 塔里木盆地塔中Ⅱ号构造带演化及其对油气藏的控制作用. 北京：中国石油大学（北京）博士学位论文
米石云，石广仁，李阿梅. 1994. 有机质成气膨胀运移模型研究. 石油勘探与开发，21（6）：35-39
牟中海，何琰，唐勇，等. 2005. 准噶尔盆地陆西地区不整合与油气成藏的关系. 石油学报，26（3）：16-20
潘钟祥. 1983. 不整合对于油气运聚的重要性. 石油学报，4（4）：1-10
潘钟祥. 1986. 潘钟祥石油地质文选. 北京：石油工业出版社
庞雄奇. 2003. 地质过程定量模拟. 北京：石油工业出版社
庞雄奇，李素梅，黎茂稳，等. 2002. 八面河油田油气运移成藏模式探讨. 地球科学，6：666-670
庞雄奇，邱楠生，姜振学. 2005. 油气成藏定量模拟. 北京：石油工业出版社
庞雄奇，高剑波，孟庆洋. 2006. 塔里木盆地台盆区构造变动与油气聚散关系. 石油与天然气地质，27（5）：594-603

庞雄奇，罗晓容，姜振学，等. 2007. 中国典型叠合盆地油气聚散机理与定量模拟. 北京：石油工业出版社
秦启荣，张烈辉，邓辉，等. 2004. 古构造应力量值确定及其在构造地质建模中的应用. 岩石力学与工程学报，23（23）：3979-3983
邱楠生，胡圣标，何丽娟. 2004. 沉积盆地热体制研究的理论与应用. 北京：石油工业出版社
裘怿楠. 1990. 储层沉积学研究工作流程. 石油勘探与开发，17（1）：85-90
曲江秀，查明，田辉，等. 2003. 准噶尔盆地北三台地区不整合与油气成藏. 新疆石油地质，24（5）：386-388
任纪舜. 2002. 中国及邻区大地构造图. 北京：地质出版社
任战利. 1999. 中国北方沉积盆地热演化史研究. 北京：石油工业出版社
沈平，徐永昌. 1991. 气源岩和天然气地球化学特征及成气机理研究. 甘肃：甘肃科学技术出版社：166-176
石广仁. 1994. 油气盆地数值模拟方法. 北京：石油工业出版社
石广仁. 2010. 油气运聚定量模拟技术现状、问题及设想. 石油与天然气地质，30（1）：1-10
石广仁，张庆春. 2004. 烃源岩压实渗流排油模型. 石油学报，25（5）：34-38
宋国奇，隋风贵，赵乐强. 2010. 济阳拗陷不整合结构不能作为油气长距离运移的通道. 石油学报，31（5）：744-747
宋建国，吴震权. 2004. 关于塔里木台盆区志留系油气勘探的几点思考——以塔中地区为例. 石油勘探与开发，31（5）：127-129
隋风贵，赵乐强. 2006. 济阳拗陷不整合结构类型及控藏作用. 大地构造与成矿，30（2）：162-166
汤良杰，金之钧，庞雄奇. 2000. 多期叠合盆地油气运聚模式. 石油大学学报，24（1）：67-71

陶一川. 1993. 石油地质流体力学分析基础. 武汉：中国地质大学出版社

田世澄. 1996. 论成藏动力学系统. 勘探家，1（2）：25-31

王飞宇，雷加锦. 1998. 砂岩储层中自生伊利石定年分析油气藏形成期. 石油学报，19（2）：40-43

王福焕，韩剑发，向才富，等. 2010. 叠合盆地碳酸盐岩复杂缝洞储层的油气差异运聚作用——塔中83井区表生岩溶缝洞体系实例解剖. 天然气地球科学，21（1）：33-41

王尚文，等. 1985. 中国石油地质学. 北京：石油工业出版社

王少依，张惠良，寿建峰，等. 2004. 塔中隆起北斜坡志留系储层特征及控制因素. 成都理工大学学报（自然科学版），31（2）：1482-1521

王喜双，李晋超，王绍民. 1997. 塔里木盆地构造应力场与油气聚集. 石油学报，18（1）：23-28

王喜双，宋惠珍，刘洁. 1999. 塔里木盆地构造应力场的数值模拟及其对油气聚集的意义. 地震地质，21（3）：268-274

王显东，姜振学，庞雄奇，等. 2004. 塔里木盆地志留系盖层综合评价. 西安石油大学学报（自然科学版），19（4）：49-53，57

王绪龙，康素芳. 1999. 准噶尔盆地腹部及西北缘斜坡区原油成因分析. 新疆石油地质，20（2）：108-112

王绪龙，杨海波，康素芳，等. 2001. 准噶尔盆地陆梁隆起陆9井油源与成藏分析. 新疆石油地质，22（3）：213-216

王震亮，陈荷立. 1999. 有效运聚通道的提出与确定初探. 石油实验地质，21（1）：71-75

王子煜，陆克政. 1998. 塔里木盆地塔中凸起的构造演化及其与油气藏的关系. 石油大学学报（自然科学版），22（4）：14-17

邬光辉，李启明，张宝收，等. 2005. 塔中Ⅰ号断裂坡折带构造特征及勘探领域. 石油学报，30（3）：332-341

吴孔友，查明，洪梅. 2003. 准噶尔盆地不整合结构模式及半风化岩石的再成岩作用. 大地构造与成矿学，27（3）：270-276

吴孔友，查明，王绪龙，等. 2007. 准噶尔盆地成藏动力学系统划分. 地质论评，53（1）：75-82

吴晓智，王立宏，宋志理. 2000. 准噶尔盆地南缘构造应力场与油气运聚的关系. 新疆石油地质，21（2）：97-100

武芳芳，朱光有，张水昌，等. 2009. 塔里木盆地油气输导体系及对油气成藏的控制作用. 石油学报，30（3）：332-341

武明辉，张刘平，罗晓容，等. 2006. 西峰油田延长组长8段储层流体作用期次分析. 石油与天然气地质，27（1）：33-36

向才富，王建忠，庞雄奇，等. 2009. 塔中83井区表生岩溶缝洞体系中油气的差异运聚作用. 地学前缘，16（6）：349-358

肖丽华，高大岭. 1998. 地化录井中一种新的生，排烃量计算方法. 石油实验地质，20（1）：98-102

熊继辉，贾承造，王毅，等. 1996. 层序地层学及其在塔里木盆地石炭系研究中的应用. 北京：石油工业出版社：181

徐永昌，等. 1994. 天然气成因理论及应用. 北京：科学出版社

徐永昌，沈平. 1985. 中原、华北油气区煤型气地化特征初探. 沉积学报，3（2）：37-46

徐永昌，孙明良. 1990. 天然气氦同位素的测定及其在天然气研究中的应用. 石油实验地质，12（3）：316-325

杨海军，邬光辉，韩剑发，等. 2007. 塔里木盆地中央隆起带奥陶系碳酸盐岩台缘带油气富集特征. 石油学报，28（4）：26-30

杨甲明，龚再升，吴景富，等. 2002. 油气成藏动力学研究系统概要（上）. 中国海上油气（地质），16（2）：92-97
杨绪充. 1985. 东营凹陷水文地质条件与油气. 华东石油学院学报（自然科学版），18（2）：8-13
杨振强，陈开旭. 1999. 沉积地层中成矿作用的碳同位素特征和含矿缺盆地成因新观点. 岩相古地理，19（6）：21-28
姚光庆，孙永传. 1995. 成藏动力学模型研究的思路、内容和方法. 地学前缘，22（3-4）：200-204
于翠玲，曾溅辉. 2005. 断层幕式活动期和间歇期流体运移与油气成藏特征. 石油实验地质，27（2）：129-133
于海波，李国蓉，童孝华. 2007. 塔河油田 4 区奥陶系洞穴系统连通性分析. 内蒙古石油化工，（5）：316-320
于兴河. 2009. 油气储层地质学基础. 北京：石油工业出版社
岳伏生，郭彦如，李天顺，等. 2003. 成藏动力学系统的研究现状及发展趋向. 地球科学进展，18（1）：122-126
张发强，罗晓容，苗盛，等. 2003. 石油二次运移的模式及其影响因素. 石油实验地质，25（1）：69-75
张发强，苗盛，王为民，等. 2004. 石油二次运移优势路径形成过程实验及其影响因素. 地质科学，39（2）：159-167
张光亚，包建平. 2002. 塔里木盆地满西寒武系——下奥陶统油气系统的确定及其在勘探上的应用. 中国石油勘探，7（4）：18-24
张厚福，方朝亮，高先志，等. 1999. 石油地质学. 北京：石油工业出版社
张厚福，方朝亮. 2002. 盆地油气成藏动力学初探——21 世纪油气地质勘探新理论探索. 石油学报，23（4）：7-12
张金亮，杜桂林. 2006. 塔中地区志留系沥青砂岩成岩作用及其对储层性质的影响. 矿物岩石，26（3）：85-93
张俊，庞雄奇，刘洛夫，等. 2004. 塔里木盆地志留系沥青砂岩的分布特征与石油地质意义. 中国科学（D 辑地球科学），34（增刊 1）：169-176
张克银，艾华国. 1996. 碳酸盐岩顶部不整合面结构层及控油意义. 石油勘探与开发，23（5）：16-19
张立宽，罗晓容，廖前进. 2007. 断层连通概率法定量评价断层的启闭性. 石油天然气地质，28（2）：181-190
张立平，黄第藩，廖志勤. 1999. 伽马蜡烷——水体分层的地球化学标志. 沉积学报，01：136-140
张善文，王永诗，石砥石，等. 2003. 网毯式油气成藏体系——以济阳拗陷新近系为例. 石油勘探与开发，30（1）：1-10
张水昌，梁狄刚，黎茂稳，等. 2002. 分子化石与塔里木盆地油源对比. 科学通报，47（增）：16-23
张水昌，王招明，王飞宇，等. 2004. 塔里木盆地塔东 2 油藏形成历史——原油稳定性与裂解作用实例研究. 石油勘探与开发，31（6）：25-31
张卫海，查明，曲江秀. 2003. 油气输导体系的类型及配置关系. 新疆石油地质，（2）：118-121
张义杰. 2004. 准噶尔盆地断裂控油特征与油气成藏规律. 北京：石油工业出版社
张照录，王华，杨红. 2000. 含油气盆地的输导体系研究. 石油与天然气地质，21（2）：133-135
张振生，李明杰，刘社平. 2002. 塔中低凸起的形成和演化. 石油勘探与开发，29（1）：28-31
赵健，罗晓容，张宝收，等. 2011. 塔中地区志留系柯坪塔格组砂岩输导层量化表征及有效性评价. 石油学报，32（6）：949-958

赵风云，吕修祥，杨海军，等. 2004. 塔里木盆地塔中低凸起志留系油气成藏模式初探. 西安石油大学学报（自然科学版），19（4）：54-58

赵靖舟. 1997. 塔里木盆地石油地质基本特征. 西安石油学院学报，12（2）：8-20

赵密福，刘泽容，信荃麟，等. 2001. 控制油气沿断层纵向运移的地质因素. 石油大学学报（自然科学版），25（6）：21-24

赵树贤，罗晓容. 2003. 石油微观渗流数值模拟实验. 系统仿真学报，15（10）：1477-1480

赵文智，何登发. 2002. 中国含油气系统的基本特征与勘探对策. 石油学报，23（4）：1-11

赵文智，胡素云，沈成喜. 2005a. 油气资源评价的总体思路和方法体系. 石油学报，26（增刊）：12-17

赵文智，张光亚，汪泽成. 2005b. 复合含油气系统的提出及其在叠合盆地油气资源预测中的作用. 地学前缘，12（4）：458-467

赵忠新，王华，郭齐军，等. 2002. 油气输导体系的类型及其输导性能在时空上的演化分析. 石油实验地质，24（6）：527-536

钟大康，朱筱敏，周新源，等. 2006. 次生孔隙形成期次与溶蚀机理——以塔中地区志留系沥青砂岩为例. 天然气工业，26（9）：21-25

周长迁. 2010. 塔中地区断裂系统对油气输导作用与模拟. 北京：中国石油大学（北京）硕士学位论文

周杰，庞雄奇. 2002. 一种生、排烃量计算方法探讨与应用. 石油勘探与开发，29（1）：24-27

周新桂，孙宝珊，谭成轩，等. 2000. 现今地应力与断层封闭效应. 石油勘探与开发，27（5）：127-131

朱东亚，金之钧，胡文瑄，等. 2007. 塔中地区志留系砂岩中孔隙游离烃和包裹体烃对比研究及油源分析. 石油与天然气地质，28（1）：25-35

Allen J R L. 1978. Studies in fluviate sedimentation：An exploratory quantitative model for the architecture of avulsion-controlled alluvial suites. Sedimentary Geology，(21)：129-147

Allen P A，Allen J R. 1990. Basin Analysis：Principles and Applications. London：Blackwell Scientific Publishing

Allen U S. 1989. Model for hydrocarbon migration and entrapment within faulted structures. AAPG，73（7）：803-811

Anderson R，Flemings P，Losh S，et al. 1994. Gulf of Mexico growth fault drilled，seen as oil，gas migration pathway. Oil & Gas Journal，92：97-103

Antonelini M，Aydin A. 1994. Effect of faulting on fluid in porous sandstones：Petrophysical properties. AAPG，78：355-377

Athy L F. 1930. Density，porosity，and compaction of sedimentary rocks. AAPG，14（1）：1-24

Aydin A，Johnson A M. 1983. Analysis of faulting in porous sandstones. Journal of Structural Geology，5：19-31

Barton C A，Zoback M D，Moos D. 1995. Fluid flow along potentially active faults in crystalline rock. Geology，23：683-686

Bekele E，Person M，de Marsily G. 1999. Petroleum migration pathways and charge concentration：A three-dimensional model：Discussion. AAPG，83（6）：1015-1019

Berkowitz B. 2002. Characterizing flow and transport in fractured geological media：A review. Advances in Water Resources，25：861-884

Berg P R. 1975. Capillary pressure in stratigraphic traps. AAPG，59：939-956

Berg R R，Alana H A. 1995. Sealing properties of tertiary growth faults，texas gulf coast. AAPG，79 (3)：375-393

Bethke C M，Harrison W J，Pson C U，et al. 1988. Supercomputer analysis of sedimentary basins. Science，239：261-267

Bouvier J D，Kaars-Sijpesteijn C H，Kluesner D F，et al. 1989. Three-dimensional seismic interpretation and fault sealing investigations，Nun River Field，Nigeria. AAPG，73：1397-1414

Bretan P，Yielding G，Jones H. 2003. Using calibrated shale gouge ratio to estimate hydrocarbon column heights. AAPG，87：397-413

Carruthers D J. 2003. Modeling of secondary petroleum migration using invasion percolation techniques //Duppenbecker S，Marzi R. Multidimensional Basin Modeling：AAPG/Datapages Discovery Series 7：21-37

Carruthers C，Ringrose P. 1998. Secondary oil migration：Oil-rock contact volumes，flow behaviour and rates//Parnell J. Dating and Duration of Fluid Flow and Fluid Rock Interaction. London：Geological Society Special Publication 144：205-220

Catalan L，Xiao W F，Chatzis I，et al. 1992. An experimental study of secondary oil migration. AAPG，76 (5)：638-650

Childs C，Walsh J J，Watterson J. 1997. Complexity in fault zone structure and implications for fault seal prediction//Møller-Pedersen P K，Hydrocarbon S A G. Importance for Exploration and Production. Norwegian Petroleum Society (NPF) Special Publication 7. Amsterdam：Elsevier：61-72

Clayton C J. 1991. Effect of maturity on carbon isotope ratios of oils and condensates. Organic Geochemistry，17 (6)：887-899

Dembicki H J ，Anderson M J. 1989. Secondary migration of oil：Experiments supporting efficient movement of separate，buoyant oil phase along limited conduits. AAPG，3 (8)：1018-1021

Dreyer T，Scheie A，Walderhuug O. 1990. Minipermeter-base study of permeability trends in channel sand bodies. AAPG，4：359-374

Engelder J T. 1974. Cataclasis and the generation of fault gouge. Geological Society of America Bulletin，85 (10)：1515-1522

England D A，Mackenzie A S，Mann D M，et al. 1987. The movement entrapment of petroleum fluid in the subsurface. Journal of Geological Society，114：327-347

England W A，Muggoridge A H. 1995. Modelling density-Driven mixing rates in petroleum reservoirs on geological timescales，with application to the detection of barriers in the Forties Fied (UKCS)// Cubitt J M，England W A. The Geochemistry of Reservoirs. London：Geological Society Special Publication 86：185-201

England W A，Mann A L，Mann D M. 1991. Migration from source to trap// Merrill R K. Source and Migration Processes and Evaluation Techniques. AAPG Treatise of Petroleum Geology，Handbook of Petroleum Geology，Tulsa：23-46

Escalona A. 2006. Petrophysical and seismic properties of lower eocene clastic rocks in the central Maracaibo Basin. AAPG，90 (4)：679-696

Evans J P. 1990. Thickness-displacement relationships for fault zones. Journal of Structural Geology，12：1061-1065

Fisher Q J，Knipe R J. 2001. The permeability of faults within siliciclastic petroleum reservoirs of the North Sea and Norwegian continental shelf. Marine and Petroleum Geology，18：1063-1081

Fowler W A. 1970. Pressures, hydrocarbon accumulation, and salinities-chocolate bayou field, Brazoria County, Texas. Journal of Petroleum Technology, 22: 411-422

Fulljames J R, Zijerveld L J J, Franssen R C M W. 1997. Fault seal processes. Systematic analyses of fault seals over geological and production time scales// Møller-Pedersen P, Koestler A G. Hydrocarbon Seals: Importance for Exploration and Production. Norwegian Petroleum Society (NPF) Special Publication 7. Amsterdam: Elsevier: 51-59

Galeazzi J S. 1998. Structral and stratigraphic evolution ofthe western Malvinas basin , Argentina. AAPG, 82 (4): 596-636

Gibson R G. 1994. Fault-zone seals in siliclastic strata of the Columbus Basin, Offshore Trinidad. AAPG, 78: 1372-1385

Gradstein F M, Ogg J G, Smith A G, et al. 2004. Geologic Time Scale 2004. Cambridge: Cambridge University Press: 589

Gudmundsson A, Berg S S, Lyslo K B, et al. 2001. Fracture networks and fluid transport in active fault zones. Structural Geology, 23: 343-353

Gueguen Y, Palciouskas V. 1994. Introduction to the Physics of Rocks. Princeton: Princeton University Press

Hao F, Li S T, Gong Z S, et al. 2000. Thermal regime, inter-reservoir compositional heterogeneities, and reservoir-filling history of the Dongfang Gas Field, Yinggehai Basin, South China Sea: Evidence for episodic fluid injections in overpressured basins. AAPG, 84 (5): 607-626

Hao F, Guo T L, Du C G, et al. 2009. Accumulation mechanisms and evolution history of the Puguang gas field, Sichuan Basin, China. Acta Geologica Sinica, 83, 136-145

Harding T P, Tuminas A C. 1989. Structur al interpretation of hydrocarbon traps sealed by basement normal fault blocks at stable flank of foredeep basins and at rift basins. AAPG, 73 (7): 812-840

Harper T R, Lundin E R. 1997. Fault seal analysis: reducing our dependence on empiricism// Møller-Pedersen, Koestler P A G. Hydrocarbon Seals: Importance for Exploration and Production. Norwegian Petroleum Society (NPF), Special Publication 7. Amsterdam: Elsevier: 149-165

Hentschel T, Kauerauf A I. 2007. Fundamentals of Basin and Petroleum Systems Modeling. Berlin: Springer: 470

Hesthammer J, Bjørkum P A, Watts L. 2002. The effect of temperature on sealing capacity of faults in sandstone reservoirs. AAPG, 86: 1733-1751

Hindle A D. 1997. Petroleum migration pathways and charge concentration: A three-dimensional model. AAPG Bulletin, 81 (9): 1451-1481

Hirsch L M, Thompson A H. 1995. Minimum saturations and buoyancy in secondary migration. AAPG Bulletin, 79: 696-710

Hobson G D. 1954. Some Fundamentals of Petroleum Geology. London: Oxford University Press: 1-139

Hobson G D. 1956. Faulting and oil accumulation. Journal of the Institute of Petroleum, 42: 23-26

Hobson G D, Tiratsoo E N. 1981. Introduction to Petroleum Geology. Beaconsfield: Scientific Press: 352

Hooper E C D. 1991. Fluid migration along growth faults in compacting sediments. Journal of Petroleum Geology, 14: 161-180

Houghton J C, Dolton G L, Mast R F, et al. 1993. US geological survey estimation procedure for accumulation size distributions by play. AAPG Bulletin, 77: 454-466

Hubbert M K. 1953. Entrapment of petroleum under hydrodynamic conditions. AAPG Bulletin, 37: 1954-2026

Hubbert M K. 1957. Darcy's law and the field equations of the flow of underground fluids. Bulletin de l'Association d'Hydrologie Scientifique, 5: 24-59

Hubbert M K, Rubey W W. 1959. Mechanics of fluid filled porous solids and its application to over thrust faulting, 1, role of fluid pressure in mechanics of over thrust faulting. Geological Society of America Bulletin, 70: 115-166

Hull J. 1988. Thickness-displacement relationships for deformation zones. Journal of Structural Geology, 10: 431-435

Jackson J A. 1997. Glossary of Geology. Virginia: American Geological Institute, Falls Church: 769

Jackson M D, Yoshida S, Muggeridge A H, et al. 2005. Three-dimensional reservoir characterization and flow simulation of heterolithic tidal sandstones. AAPG, 89 (4): 507-528

Jeager J C, Cook G. 1979. Fundamentals of Rock Mechanics. London: Chapman and Hall: 593

James J T. 1983. Correlation of natural gas by use of carbon isotopic distribution between hydrocarbon components. AAPG, 67: 1176-1191

Jones R M, Hillis R R. 2003. An integrated, quantitative approach to assessing fault-seal risk. AAPG Bulletin, 87 (3): 507-524

Karlsen D A, Skeie J E. 2006. Petroleum migration, faults and overpressure, Part I: Calibrating basin modelling using petroleum in traps-A review. Journal of Petroleum Geology, 29 (3): 227-256

King P R. 1990. The connectivity and conductivity of overlapping sand bodies: North sea oil and gas reservoirs-11//Buller A J, et al. North Sea Oil and Gas Reservoirs II. London: Graham & Trotman: 353-362

Knipe R J. 1992. Faulting processes and fault seal//Larsen R M, Brekke H, Larsen B T, et al. Structural and Tectonic Modelling and Its Application to Petroleum Geology. Amsterdam: Elsevier: 325-342

Knipe R J. 1997. Juxtaposition and seal diagrams to help analyze fault seals in hydrocarbon reservoirs. AAPG, 81 (2): 187-195

Knott S D. 1993. Fault seal analysis in the North Sea. AAPG Bulletin, 77: 778-792

Knott S D. 1994. Fault zone thickness versus displacement in the Permo-Triassic sandstone of NW England. Journal of the Geological Society of London, 151: 17-25

Landau L D, Lifshitz E M. 1967. Nonrelativistic Quantum Mechanics. Mir, Moscow

Lee P J, Wang P C C. 1983. Probabilistic formulation of a method for the evaluation of petroleum resources. Mathematical Geology, (1): 163-181

Lehner F, Pilaar W. 1997. The emplacement of clay smears in syn-sedimentary normal faults, inference from field observations near Frechen, Germany//Møller-Pedersen P, Koestler A G. Hydrocarbon Seals: Importance for Exploration and Production. Special Publication 7. Amsterdam: Elsevier: 39-50

Lerche I. 1990. Basin Analysis, Quantative Methods. San Diego: Academic Press: 562

Lewan M D. 1986. Stable carbon isotopes of amorphous kerogen from Phanerozoic sedimentary rocks. Geochim Cosmochim Acta, 50: 1583-1591

Lewan M D, Winters J C, McDonald J H. 1979. Generation of oil-like pyrolyzates from organic~rich shale. Science，203 (3)：897-899

Lindsay N G，Murphy F C ，Waslsh J J ，et al. 1993. Outcrop studies of shale smear on fault surfaces. International Association of Sendimentologists Special Publication，15：113-123

Linjordet A，Skarpnes O. 1992. Application of horizontal stress directions interpreted from borehole breakouts recorded by four arm dipmeter tools//Vorren T O. Arctic Geology and Petroleum Potential. Norwegian Petroleum Society Special Publication 2，681-690

Lorenz U C，Cooper S P，Olsson W A. 2006. Natural fracture distributions in sinuous，channel-fill sandstones of the cedar mountain formation. AAPG Bulletin，90 (9)：1293-1308

Losh S，Eglington L B，Schoell M，et al. 1999. Vertical and lateral fluid flow related to a large growth fault，South Eugene Island Block 330，offshore Louisiana. AAPG Bulletin，82：1694-1710

Luo X R. 2011. Simulation and characterization of pathway heterogeneity of secondary hydrocarbon migration. AAPG Bulletin，95 (6)：881-898

Luo X R，Zhang F Q，Miao S，et al. 2004. Experimental verification of oil saturation and loss during secondary migration. Journal Petroleum Geology，27 (3)：241-251

Luo X R，Wang Z M，Zhang L Q，et al. 2007a. Overpressure generation and evolution in a compressional tectonic setting，the southern Margin of Junggar Basin，NW China. AAPG，91 (8)：1123-1139

Luo X R，Zhou B，Zhao S X，et al. 2007b. Quantitative estimates of oil losses during migration，part Ⅰ：The saturation of pathways in carrier beds. Journal of Petroleum Geology，30 (4)：375-387

Luo X R，Yan J Z ，Zhou B ，et al. 2008. Quantitative estimates of oil losses during migration，part Ⅱ：Measurement of the residual oil saturation in migration pathways. Journal of Petroleum Geology，31 (2)：179-189

Magoon L B，Dow W G. 1992. The petroleum system-status of research and methods. USGS Bulletin，20 (7)：98

Magoon L B，Dow W G. 1994. The petroleum system//Magoon L B，Dow W G. The Petroleum System-From Source to Trap. Tulsa：AAPG：3-24

Mann U. 1997. Petroleum migration：Mechanisms，pathways，efficiencies and numerical simulations //Welte D H，Baker D R. Petroleum and Basin Evolution. Berlin：Springer：405-520

McAuliffe C D. 1979. Oil and gas migration-chemical and physical constraints. AAPG Bulletin，65：761-781

Moldowan J M，Seifert W K，Gallegos E J. 1985. Relationship between petroleum composition and depositional environment of petroleum source rocks. AAPG Bulletin，69 (8)：1255-1268

Phillips O M. 1991. Flow and Reaction in Permeable Rocks. New York：Cambridge University. Press：285

Pranter M J，Sommer N K. 2011. Static connectivity of fluvial sandstones in a lower coastal-plain setting：An example from the upper cretaceous lower williams fork formation，Piceance Basin，Colorado. AAPG Bulletin，95 (6)：899-923

Ringrose P S，Larter S R，Corbett P W M，et al. 1996. Scaled physical model of secondary oil migration：Discussion. AAPG Bulletin，80 (2)：292-293

Robertson E C. 1983. Relationship of fault displacement to gouge and breccia thickness. Colorado Society of Mining Engineers，American Institute of Mining Engineers Transactions，35：1426-1432

Saxby J D, BemettA J R, Corran J F. 1986. Petroleum generation: Simulation over six years of hydrocarbon formationfrom torbanite and brown coal in a subsiding basin. Organic Geochemistry, 12 (9): 69-81

Schoell M. 1983. Genetic characterizations of natural gases. AAPG Bulletin, 67: 2225-2238

Schowalter T T. 1979. Mechanics of secondary hydrocarbon migration and entrapment. AAPG Bulletin, 63 (5): 723-760

Scotese C R. 2001. Atlas of Earth History: Paleogeographic. Arlington: 52

Sibson R H. 1981. Fluid flow accompanying faulting: Field evidence and models//Simpson D W, Richards P G. Earthquake Prediction: An Inernational Review, Am Geophys Union, Maurice Ewing, 4: 593-603

Sibson R H. 1994. Crustal stress, faulting and fluid flow//Parnell J. Geofluids. Origin, Migration and Evolution of Fluids in Sedimentary Dasins. London: Geological Society Special Publication 78: 69-84.

Sibson R H, Moore J M M, Rankin A H. 1975. Seismic pumping—A hydrothermal fluid transport mechanism. Journal of Geological Society, 131: 653-659

Smith D A. 1966. Theoretical considerations of sealing and non-sealing faults. AAPG, 50 (2): 363-374

Smith D A. 1980. Sealing and non～sealing faults in Louisiana gulf coast salt basin. AAPG Bulletin, 64: 145-172

Smith J E. 1971. The dynamics of shale compaction and evolution of pore-fluid pressures. Mathematical Geology, 3: 239-263

Sperrevikb S, Færseth R, Gabrielsen R. 2000. Experiments on clay smearformation along faults. Petroleum Geoscience, 6: 113-123

Sperrevik S, Gillespie P A, Fisher Q J, et al. 2002. Empirical estimation of fault rock properties// Koestler A G, Hunsdale R. Hydrocarbon Seal Quantification. Norwegian Petroleum Society (NPF), Special Publication 11. Amsterdam: Elsevier: 109-125

Stahl W J. 1977. Carbon and nitrogen isotopes in hydrocarbon research and exploration. Chemical Geology, 20: 121-149

Stahl W J, Carey B D. 1975. Source-rock identification by isotope analyses of natural gases from fields in the Val Verde and Delaware Basins, west Texas. Chemical Geology, 16: 257-267

Sun J M, Zhang L Y, Deng C L, et al. 2008. Evidence for enhanced aridity in the Tarim Basin of China since 5.3 Ma. Quaternary Science Reviews, 27: 1012-1023

Sweeney J J, Braun R L, Burnham A K, et al. 1995. Chemicalkineticsmodel of hydrocarbon generation, expulsion, and destruction applied to the Maracaibo Basin, Venezuela. AAPG Bulletin, 79 (10): 1515-1532

Thomas M M , Clouse J A. 1995. Scaled physical model of secondary oil migration. AAPG Bulletin, 76 (1): 19-29

Tissot B P, Pelet R, Ungerer P. 1987. Thermal history of sedi-mentary basins, maturation indices and kinetics of oil andgas generation. AAPG Bulletin, 71 (12): 1445-1466

Tissot B P, Welte D. 1984. Petroleum Formation and Occurrence: A New Approach to Oil and Gas Exploration. Second Edition. Berlin: Springer: 1-699

Tokunaga T, Mogi K, Matsubara O, et al. 2000. Buoyancy and interfacial force effects on two-phase displacement patterns: An experimental study. AAPG Bulletin, 84: 65-74

Toth J. 1980. Cross-formational gravity-flow of groudwater: A mechanism of the transport and accumulation of petroleum (the genealized hydraulic theory of petroleum migration), in problem of petroleum migration. AAPG Studies in Geology, (10): 121-167

Ungerer P, Bessis F, Chenet Y, et al. 1984. Geological and geochemical models in oil exploration: principles and practical examples//Demaison. Petroleum Geochemistry and Basin Evaluation. American Association of Petroleum Gedogists, Memoir (35): 53-57

Ungerer P, Burrus J, Doligez B, et al. 1990. Basin evaluation by integrated two-dimensional modeling of heat transfer, fluid flow, hydrocarbon generation, and migration. AAPG Bulletin, 74: 309-335

Wagner G, Birovljev A, Meakin P, et al. 1997. Fragmentation and migration of invasion percolation cluster: Experiments and simulations. Physical Review E, 55 (6): 7015-7029

Weast R C. 1975. Handbook of Chemistry and Physics. Cleveland: CRC Press

Weber K J, Daukoru E M. 1975. Petroleum geology of the niger delta//Ninth World Petroleum Congress. London: Applied Science Publishers: 210-221

Weber K J. 1986. How heterogeneity affects oil recovery//Lake L W, Carroll J. Reservoir Characterization. New York: Academic Press: 487-544

Weber K J, Mandl G, Pilaar W F, et al. 1978. The role of faults in hydrocarbon migration and trapping in nigerian growth fault structures//Offshore Technology Conference, 4: 2643-2653

Welte D H, Antschel T H, Wygrala B P, et al. 2000. Aspects of petroleum migration modelling. Journal Geochemical Exploration: 69-70, 711-714

White D. 1993. Geologic risking guide for prospect and plays. AAPG Bulletin, 77, (12): 2048-2061

Wilkinson D. 1986. Percolation effects in immiscible displacement. Physical Review A, 34: 1380-1391

Wilson J L. 1975. Carbonate Facies in Geologic History. New York: Springer: 472

Xie X N, Li S T, Dong W L, et al. 2001. Evidence for episodic expulsion of hot fluids along faults near diapiric structures of the Yinggehai Basin, South China Sea. Marine and Petroleum Geology, 18: 715-728

Yielding G. 2002. Shale gouge ratio calibration by geohistory//Koestler A G, Hunsdale R. Hydrocarbon Seal Quantification. Norwegian Petroleum Society (NPF), Special Publication 11. Amsterdam: Elsevier: 1-15

Yielding G, Freeman B, Needham D T. 1997. Quantitative fault seal prediction. AAPG, 81 (6): 897-917

Zhang L K, Luo X R, Liao Q J, et al. 2010. Quantitative evaluation of synsedimentary fault opening and sealing properties using hydrocarbon connection probability assessment. AAPG Bulletin, 194: 1379-1399

Zhang L K, Luo X R, Vasseur G. 2011. Evaluation of geological factors in characterizing fault connectivity during hydrocarbon migration: Application to the bohai bay basin. Marine and Petroleum Geology, 28: 1634-1647

Zhu H C, Ouyang S, Zhan J Z, et al. 2005. Comparison of permian palynological assemblages from Junggar and terim basins and their phytoprovincial significance. Review of Palaeobotany and Palynology, 136: 181-207

索　引

K

L

M

P

Q

S

T

W

Y

Z